これも知っておきたい
電気技術者の基本知識

大嶋輝夫・山崎靖夫　共著

電気書院

本書は，小社刊行の月刊誌『電気計算』にて連載している「これだけは知っておきたい電気技術者の基本知識」の内容を抜粋し，再編集したものです．

まえがき

　2011年3月11日午後2時46分ごろ，三陸沖を震源に国内観測史上最大のM9.0の地震が発生し，福島第1原子力発電所に巨大津波が押し寄せ，原子炉は停止したものの，冷却システム用の非常用自家発電機が損傷し，システム電源の確保ができなかったことから深刻な事故に至ってしまった．

　このことに端を発し，我が国の電力政策は大きく変化の道をたどることとなることは間違いなく，さらに今後も電力不足に伴う電気使用制限の実施，節電の継続的な実施が長期に亘って続くと思われる．

　したがって，可変速揚水発電技術，コンバインドサイクル発電技術による発電効率の向上はもとより，電力損失の低減となる50万V地下変電所の建設・運用技術，100万V基幹送電線路の建設技術や直流連系技術，家庭配電まで含めたスマートグリッド技術に加え，太陽光，風力，地熱などのいわゆる再生可能エネルギーを利用した発電についても，時代のニーズに対応すべく着実な技術開発も急務となるであろう．

　また，電気機器や材料技術では，スイッチングデバイス技術の進歩をはじめ，最新のデバイスが機器の中に組み込まれ，高機能化，コンパクト化，高信頼化が図られてきている．

　本書は，2010年7月発行の「これだけは知っておきたい電気技術者の基本知識」に引き続き，重要なテーマを分野別に整理し，一冊にまとめたものである．

　本書の内容は，設備管理者をはじめとする電気技術者のために，発変電，送配電，施設管理，電気機器，電気応用，電子回路，パワーエレクトロニクス，情報伝送・処理までの広範囲にわたり，それぞれのテーマに対して基本的な内容からやさしく深く，最近の動向まで初学者でも理解しやすいよう図表も多く取り入れて平易に解説してある．

　電験第1・2種二次試験ならびに技術士第二次試験において一般記述方式により解答することとなっており，これらの難関試験を征するためには，既存の電気技術を確実に把握したうえで，最新の電気技術についても要点をつかんでおくことが重要である．

本書は，電験第1・2種ならびに技術士第二次試験突破を目指す受験者の皆さんの必携の一冊として，さらには電力業界の第一線でご活躍の方々にも，座右の書としていただければ幸いである．

　「継続は力なり」とよくいわれる．本書をマスターすることにより電験第1・2種ならびに技術士第二次試験を克服し，合格の栄冠を勝ち取っていただくことを，心より祈念している．

2011年9月

大嶋　輝夫
山崎　靖夫

目　次

1　水　力

テーマ1　水力発電所における水車および発電機の振動原因とその対策
1　水車の振動原因とその対策 …………………………………………… 1
2　発電機の振動原因と対策 ……………………………………………… 4
3　水車および発電機に共通する機械的振動と対策 …………………… 5

テーマ2　揚水発電所における負荷遮断試験およびポンプ入力遮断試験
1　試験の目的 ……………………………………………………………… 8
2　ポンプ入力遮断時の運転状態の変化 ………………………………… 10
3　試験時における注意すべき異常状態と留意事項 …………………… 10

2　火　力

テーマ3　汽力発電所の熱効率
1　熱勘定図と効率計算 …………………………………………………… 15
2　汽力発電所の熱効率に与える事項 …………………………………… 21
3　熱効率向上対策 ………………………………………………………… 25

テーマ4　蒸気タービン・タービン発電機に発生する軸電流
1　軸電流発生のメカニズム ……………………………………………… 27
2　軸電流による障害と防止対策 ………………………………………… 30

テーマ5　タービン発電機に不平衡負荷がかかった場合の現象・影響
1　タービン発電機に起こる現象 ………………………………………… 32
2　高速度単相再閉路を行った場合の影響と対策 ……………………… 33

テーマ6　火力発電所の環境保全対策の概要と大気汚染対策
1　環境保全対策の対象 …………………………………………………… 37
2　大気汚染対策の種類 …………………………………………………… 41

テーマ7　汽力・原子力発電所の所内単独運転
1　汽力発電所の所内単独運転の概要 …………………………………50
2　汽力発電所のFCBを知る …………………………………………51
3　原子力発電所の所内単独運転の概要 ………………………………52
4　BWRの100%タービンバイパスシステムの動作フロー………53

テーマ8　汽力・原子力発電所の蒸気条件の差異とタービン系設備
1　蒸気条件の差異を知る ………………………………………………55
2　蒸気タービンと付属設備へ与える影響 ……………………………56

3　その他の発電

テーマ9　冷熱発電
1　LNG冷熱の利用……………………………………………………59
2　冷熱発電の原理 ………………………………………………………60
3　冷熱発電の方式 ………………………………………………………60
4　直接膨張方式の原理と特徴 …………………………………………61
5　二次媒体方式の原理と特徴 …………………………………………62
6　高効率LNG冷熱発電の開発 ………………………………………63

テーマ10　風力発電システム
1　風力発電の特徴 ………………………………………………………66
2　動作原理の概要 ………………………………………………………67
3　風力発電システムの概要 ……………………………………………68
4　風車の出力制御方法 …………………………………………………72
5　単独運転防止と転送遮断装置 ………………………………………73

4　変　　　電

テーマ11　変圧器の過負荷運転
1　過負荷運転の条件 ……………………………………………………75
2　過負荷運転時の留意事項 ……………………………………………78

テーマ12　変圧器の負荷試験方法
1　実負荷法による試験 …………………………………………………80
2　等価負荷法による試験 ………………………………………………81

| | 3 | 返還負荷法による試験 …………………………………………83 |

テーマ13　油入変圧器の絶縁（寿命）診断方法
	1	劣化要因と寿命の関係概要 ……………………………………86
	2	絶縁状態診断試験の方法概要 …………………………………87
	3	絶縁劣化（寿命）診断の概要 …………………………………91
	4	変圧器の寿命と更新時期 ………………………………………94

テーマ14　SF_6ガス絶縁開閉装置の現地据付け・試験
	1	輸送に関しての配慮事項 ………………………………………95
	2	据付けに関しての配慮事項 ……………………………………95
	3	現地試験に関しての配慮事項 ………………………………… 102

テーマ15　SF_6ガス絶縁開閉装置（GIS）の診断技術
	1	GISの劣化・異常からトラブルに至るまでのメカニズム …… 103
	2	GISの劣化の種類の概要 ……………………………………… 104
	3	GISの診断項目の概要 ………………………………………… 104
	4	GIS絶縁部の診断技術 ………………………………………… 105
	5	GIS通電部の診断技術 ………………………………………… 107
	6	SF_6ガス遮断器の主回路部と構造部の診断技術 ……………… 107

テーマ16　変電機器の絶縁診断手法の一つである部分放電の検出法
	1	部分放電発生のメカニズム概要 ……………………………… 110
	2	部分放電の検出方法概要 ……………………………………… 111
	3	外部ノイズの影響と除去 ……………………………………… 115

テーマ17　発変電所に設置される断路器および接地開閉器の電流遮断現象
	1	断路器の進み小電流遮断現象と特徴 ………………………… 120
	2	断路器の母線ループ電流の遮断現象と特徴 ………………… 121
	3	接地開閉器の電磁誘導電流および静電誘導電流の遮断現象と特徴 …………………………………………………………… 123

テーマ18　電力系統用遮断器における代表的な電流遮断条件
| | 1 | 進み小電流遮断現象とその責務 ……………………………… 126 |
| | 2 | 遅れ小電流遮断現象とその責務 ……………………………… 127 |

	3	近距離線路故障遮断現象とその責務 ………………………	128
	4	端子短絡故障遮断現象とその責務 …………………………	132

テーマ19　交流遮断器の構造と特徴

	1	遮断器の種類 …………………………………………………	133
	2	真空遮断器の構造と特徴を知る ………………………………	134
	3	ガス遮断器の構造 ……………………………………………	137
	4	SF_6 ガスの特性・特徴 ………………………………………	140

テーマ20　変電所を建設する際に考慮すべき環境保全対策

	1	環境保全対策のおもな事項 …………………………………	144
	2	騒音防止対策の実際 …………………………………………	145
	3	防災対策の実際 ………………………………………………	148
	4	変電所の縮小化対策の実際 …………………………………	149
	5	変電所の美化・緑化対策の実際 ……………………………	150

テーマ21　変電所等に設置される変流器の概要と特性

	1	変流器の使用目的 ……………………………………………	152
	2	CT の巻線方式による種類 …………………………………	153
	3	CT の巻線方式の特性のうち重要な事項 …………………	153
	4	CT の負担とは ………………………………………………	155
	5	CT のバックターンとは ……………………………………	157
	6	CT 巻線方式の取扱上の注意 ………………………………	158
	7	光 CT の種類・概要 …………………………………………	159

5　送　　　電

テーマ22　電線の微風振動

	1	微風振動発生機構の概要 ……………………………………	161
	2	微風振動による影響 …………………………………………	162
	3	微風振動の防止対策 …………………………………………	163

テーマ23　UHV 送電の必要性と設計概要

	1	UHV 送電導入の必要性 ……………………………………	166
	2	UHV 送電の設計概要 ………………………………………	169

テーマ24　UHV送電線の絶縁設計概要
1　送電線へのサージに対する基本的な考え方 …………………… 174
2　開閉サージに対する設計 ………………………………………… 174
3　短時間交流過電圧に対する設計 ………………………………… 180

テーマ25　送電系統保護の基本的考え方と保護継電方式の種類・適用
1　送電系統保護の三つの基本的考え方 …………………………… 183
2　各保護継電方式の検出方法の概要とその適用 ………………… 185

6　配　　　電

テーマ26　配電用変電所の地絡故障検出
1　高圧配電線の地絡故障検出方法 ………………………………… 191
2　接地変圧器とは …………………………………………………… 193
3　その他の地絡保護方式 …………………………………………… 193

テーマ27　配電自動化
1　配電自動化導入の目的と効果 …………………………………… 196
2　配電自動化の概要 ………………………………………………… 197
3　配電自動化における伝送方式 …………………………………… 201

テーマ28　高圧カットアウト
1　高圧カットアウトの施設と種類・仕様 ………………………… 203
2　高圧カットアウトの構造 ………………………………………… 205

テーマ29　高圧配電線路の雷害防止対策
1　フラッシオーバ防止対策 ………………………………………… 210
2　フラッシオーバ後の続流アーク防止 …………………………… 211

テーマ30　電力用ＣＶケーブルの絶縁劣化原因と絶縁性能評価方法
1　電気的劣化 ………………………………………………………… 216
2　水トリー劣化 ……………………………………………………… 219
3　化学的劣化 ………………………………………………………… 219
4　熱的劣化 …………………………………………………………… 220
5　トラッキング劣化 ………………………………………………… 221

  6 高圧 CV ケーブルの絶縁性能評価方法 ……………………… 221

テーマ31 高圧ケーブルの活線劣化診断法
  1 直流成分法の概要と原理 ……………………………………… 227
  2 直流電圧重畳法の概要と原理 ………………………………… 229
  3 低周波重畳法の概要と原理 …………………………………… 233
  4 活線 tan δ 法の概要と原理 …………………………………… 235
  5 その他の方法の概要 …………………………………………… 236

7 施 設 管 理

テーマ32 電気設備の非破壊試験
  1 直流試験と交流試験の概要 …………………………………… 237
  2 絶縁抵抗測定（メガー測定）の概要 ………………………… 238
  3 tan δ 法（誘電正接試験）の概要 …………………………… 240
  4 直流高圧法の概要 ……………………………………………… 243
  5 交流電流法の概要 ……………………………………………… 244
  6 部分放電試験の概要 …………………………………………… 245

テーマ33 電力系統で必要な予備力
  1 供給計画面で考えられる予備力（供給予備力）…………… 248
  2 日常運用面で必要な予備力の種類 …………………………… 250

テーマ34 電力系統の短絡電流抑制対策
  1 短絡電流増大の要因と問題点 ………………………………… 253
  2 短絡電流抑制の対応策 ………………………………………… 253
  3 短絡容量が増大した場合の対応策 …………………………… 259

テーマ35 電力系統の安定度向上対策
  1 送電系統の送電容量を決定する要因 ………………………… 260
  2 安定度の定義を知る …………………………………………… 260
  3 安定度向上対策 ………………………………………………… 262
  4 AVR と PSS で安定度向上 …………………………………… 263
  5 大容量電源脱落事故時の対応策は …………………………… 264

テーマ36 タービン発電機における系統の安定度向上対策
  1 超速応励磁制御方式および電力系統安定化装置の採用 ……… 266

2　制動抵抗方式の採用 …………………………………… 268
　　3　タービン高速バルブ制御方式の採用 ………………… 269
　　4　発電機本体の改善による対策 ………………………… 270

テーマ37　電力用保護制御システムのサージ対策技術
　　1　アナログ形からディジタル形に ……………………… 272
　　2　低圧制御回路におけるサージの種類 ………………… 272
　　3　低圧制御回路のサージ対策 …………………………… 274

8　電子回路

テーマ38　演算増幅器
　　1　演算増幅器とは ………………………………………… 279
　　2　差動増幅器の構成 ……………………………………… 279
　　3　演算増幅器（オペアンプ）の構成 …………………… 281
　　4　演算増幅器を用いた回路 ……………………………… 282

テーマ39　半導体と電子デバイス
　　1　半導体の性質は ………………………………………… 287
　　2　原子の構造は …………………………………………… 287
　　3　エネルギーバンド理論とは …………………………… 288
　　4　半導体の種類は ………………………………………… 290
　　5　ダイオードの原理は …………………………………… 291
　　6　トランジスタの原理は ………………………………… 295

9　機　　　械

テーマ40　三相かご形誘導発電機と三相同期発電機
　　1　三相かご形誘導発電機が三相同期発電機に比べて優れている点 … 299
　　2　三相かご形誘導発電機が三相同期発電機に比べて劣っている点 … 299
　　3　誘導発電機とは ………………………………………… 300

テーマ41　同期発電機の三相突発短絡電流
　　1　三相突発短絡電流とは ………………………………… 305
　　2　同期機のインピーダンス測定方法 …………………… 308

10 パワーエレクトロニクス

テーマ42　誘導電動機のインバータ制御
 1　インバータ制御による速度制御の原理 …………………………… 315
 2　インバータの各種制御方法 …………………………………………… 315
 3　インバータの種類 ……………………………………………………… 319
 4　ベクトル制御とは ……………………………………………………… 320

テーマ43　誘導電動機のベクトル制御
 1　ベクトル制御とは ……………………………………………………… 321
 2　ベクトル制御の種類は ………………………………………………… 322
 3　滑り周波数形の原理は ………………………………………………… 322
 4　磁界オリエンテーション形の原理は ………………………………… 326

テーマ44　半導体電力変換装置が電力系統に与える影響と対策
 1　無効電力の影響と対策は ……………………………………………… 328
 2　高調波の影響と対策とは ……………………………………………… 333

11 電 気 化 学

テーマ45　鉛蓄電池
 1　鉛蓄電池の原理 ………………………………………………………… 335
 2　鉛蓄電池の構造 ………………………………………………………… 335
 3　鉛蓄電池の特性 ………………………………………………………… 337
 4　鉛蓄電池の取扱い上の注意 …………………………………………… 339

テーマ46　電食とその防止対策
 1　電食とは ………………………………………………………………… 342
 2　電食の防止対策は ……………………………………………………… 343
 3　その他の防食対策は …………………………………………………… 345
 4　法的規制は ……………………………………………………………… 346

12 情報伝送・処理

テーマ47　オペレーティングシステム
 1　オペレーティングシステムの目的 …………………………………… 347

  2 オペレーティングシステムの構成 ………………………… 349
  3 オペレーティングシステムの性能評価 …………………… 352
  4 オペレーティングシステムの処理能力向上 ……………… 352
  5 オペレーティングシステムの種類 ………………………… 354

テーマ48　電子計算機の高信頼化
  1 RASIS とは ……………………………………………………… 355
  2 信頼性を表す指標 …………………………………………… 356
  3 信頼性を向上させる方法 …………………………………… 357
  4 信頼性設計とは ……………………………………………… 360

テーマ49　ネットワーク
  1 アナログ伝送とディジタル伝送の違いは ………………… 361
  2 アナログ変調方式とディジタル変調方式の違いは ……… 362
  3 誤り制御とは ………………………………………………… 369

テーマ50　ネットワークの伝送路
  1 有線方式の伝送路の種類は ………………………………… 375
  2 無線方式の伝送路の種類は ………………………………… 379

テーマ51　データ通信の標準化
  1 ネットワークアーキテクチャとは ………………………… 382
  2 OSI とは ……………………………………………………… 383
  3 OSI の実例 …………………………………………………… 385
  4 中継装置とは ………………………………………………… 386

テーマ52　インターネットプロトコル
  1 IP とは ………………………………………………………… 388
  2 IP アドレスの表現方法 ……………………………………… 392
  3 サブネットマスク …………………………………………… 395
  4 CIDR とは …………………………………………………… 396
  5 ICMP とは …………………………………………………… 397

テーマ53　データ通信システム
  1 データ通信システムとは …………………………………… 399
  2 モデムとは …………………………………………………… 401
  3 伝送制御とは ………………………………………………… 403

テーマ54　伝送制御手順
　1　ベーシック伝送制御手順 ……………………………………… 407
　2　ハイレベル・データリンク制御（HDLC）手順 ……………… 413

テーマ 1 水力発電所における水車および発電機の振動原因とその対策

水車および発電機の振動は水力的振動，電気的振動，機械的振動に大別できるが，その発生原因は単純ではなく，種々の原因の複合である場合が多い．したがって対策も困難な場合がある．たとえば，機器類や建物の固有振動数が一時的に発生した振動の周波数に一致し共振を起こしているような場合がしばしばあるからである．ここでは，一時的に発生する振動の原因およびその対策について解説する．

1 水車の振動原因とその対策

(1) 吸出し管内旋回流による振動

フランシス水車では，軽負荷時，過大負荷時にランナから吸出し管に入る水が旋回流となるが，とくに軽負荷では中心の空洞部が吸出し管内を揺れ動き，サージングを生じ，振動の原因となる．対策としては吸出し管上部から旋回流の低圧部に給気管により空気を送り込む方法が有効である．

(2) カルマン渦による振動

フランシス水車やプロペラ水車のランナ羽根の出口側にカルマン渦が発生すると，その交番応力がランナを共振させ振動の原因となる．ランナ羽根出口縁の形状を修正する，あるいは，ランナ羽根の羽根の間に支柱を入れ固有振動数を変えるなどの対策をとる．

(3) キャビテーションによる振動

ランナやガイドベーンに発生するキャビテーションによって振動を生じる．ランナやガイドベーンの形状を修正する，吸出し管に給気管を取り付けるなどの対策をとる．（詳細は姉妹本である『これだけは知っておきたい電気技術者の基本知識』テーマ2「水力発電所の水撃作用と水車のキャビテーション」を参照のこと）

(4) ランナ入口の圧力変動による振動

ランナ羽根とガイドベーンの枚数の組合せが適正でなかったり，間隔

が狭すぎたりすると，ランナ入口で水圧脈動が大きく現れ振動の原因となる．ランナ羽根の枚数を変更する，あるいは，ランナ羽根とガイドベーンの間隔を広げるなどの対策をとる．

【解説】 水力的振動ではランナに発生するキャビテーション，吸出し管内の旋回流，ランナ入口の圧力変動，カルマン渦などが原因となる．

(1) 吸出し管内の旋回流による振動

フランシス水車は，最高効率点を外れた負荷では，吸出し管内で旋回流となり，吸出し管の押込み水圧が少ないと第1図（実験室観測）のように，その中心部は低圧となり空洞柱を形成する．この渦心は過負荷では比較的安定しているが，軽負荷では竜巻状となって吸出し管内を揺れ回り，水車の回転数の1/3～1/4程度の周期でサージングを起こす．吸出し管上部への給気を行うと著しく低減できるが，ほかに第2図に示すように吸出し管に流水方向フィンを取り付ける方法もある．

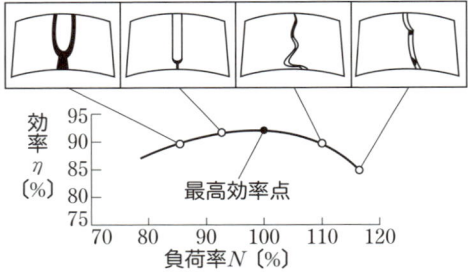

第1図　吸出し管内の旋回流

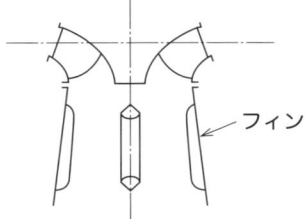

第2図　フィンを付けた対策例

(2) カルマン渦による振動

反動水車のランナ羽根出口縁の形状が不適切であると，第3図のようなカルマン渦の発生によりランナは流れと直角方向に交番応力を受け

第3図　カルマン渦

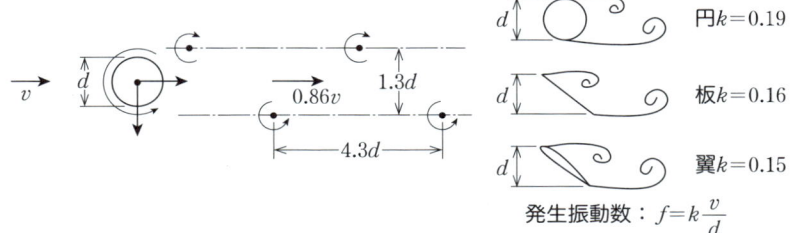

発生振動数：$f = k\dfrac{v}{d}$

る．応力の周期がランナ，ガイドベーンもしくはステーベーンの固有振動数と一致すると，鳴音や振動となって現れる．第4図，第5図にその対策例を示す．

第4図　ランナ羽根出口縁改修例

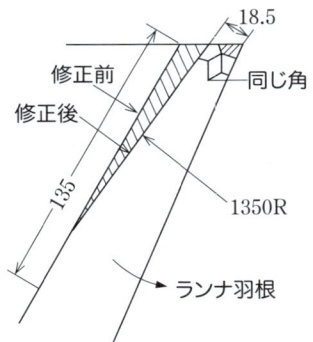

第5図　支柱挿入による補修例（固有振動数変更）

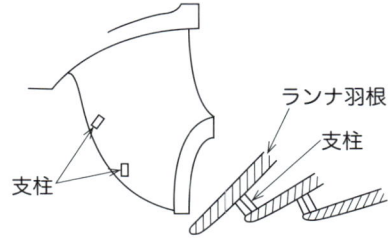

(3) ランナ入口の圧力変動による振動

回転するランナ羽根が一つのガイドベーンから次のガイドベーンまで

動くとき圧力変動を生じるが，通常はおのおののガイドベーンで発生する圧力変動は相殺されている．

しかし，ランナ羽根とガイドベーンの枚数の組合せが不適当であると，圧力変動が合成され相当大きな振動の原因となる．ランナ羽根とガイドベーンの間隔が狭すぎる場合にも水圧脈動が発生しやすい．これらの現象は負荷の増加とともに激しくなる．

以上のほか，ステーベーン後流の乱流によるガイドベーン振動，ランナシール形状に起因する水圧不平衡によるランナ振動，落葉などによる流水遮断による振動などもある．

2　発電機の振動原因と対策

(1) 磁気不平衡による振動

回転子の磁極の不ぞろい，あるいは，界磁コイルの部分的短絡故障で磁気不平衡を生じると振動の原因となる．

磁極のエアギャップの調整あるいは回転子へのウェート取付けによるバランス調整を行う．界磁コイルの短絡の場合は故障箇所を修理する．

(2) 固定子鉄心のゆるみによる振動

締付不足あるいは経年により固定子鉄心の合せ目や，積層方向にゆるみを生じると，磁極による基本起磁力の強制振動を受けて振動を起こす．固定子鉄心の積み換え，鉄心の締め直し，合せ面のすき間や鉄心歯部への合成樹脂による補修を行う．

(3) 固定子円環部の振動

固定子鉄心の円環部の固有振動数が，起磁力周波数に近い場合，固定子が電磁的に振動する．固有振動数が変わるように，形状を変更する．

【解説】　電気的振動は，回転子側では磁気吸引力の不平衡，固定子側では基本起磁力に起因する電磁振動が直接原因となることが多い．

(1) 磁気不平衡による振動

この場合の振動数は回転速度に一致し，励磁の有無によって大きく変化することが特徴である．基本的には磁極のエアギャップの調整によらなければならないが，軽微な場合には，第6図のように回転子にウェートを取り付けて解消できることもある．

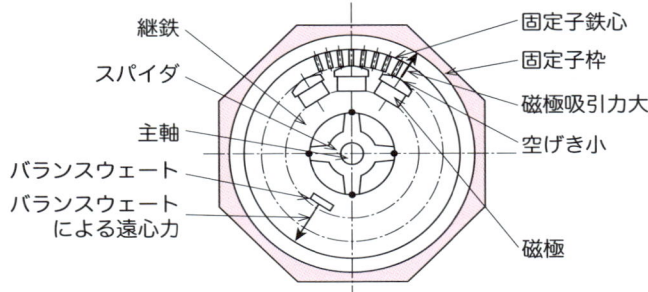

第6図 回転子へのバランスウェートによる調整例

(2) 固定子鉄心のゆるみによる振動

　第7図に固定子鉄心合せ面にすき間のある場合の振動の形態を示す．電源周波数の2倍の振動周波数をもち，大きな騒音を伴う．

　以上のほか三相負荷のアンバランスや高調波による振動もある．

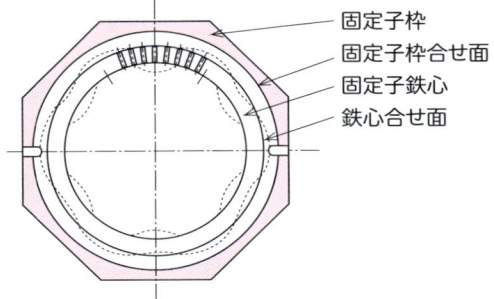

第7図 固定子の振動形態（破線）

3　水車および発電機に共通する機械的振動と対策

(1) 回転子のアンバランスによる振動

　水車ランナあるいは発電機回転子が回転体としてアンバランスであると振動の原因となる．設計・製造・組立ての過程で不釣合いを最小にするように努めるとともにバランス調整を十分に行うことが対策となる．

(2) 据付調整不良による振動

　センタリング，水平調整，軸振れ調整などの据付調整が不十分であると振動の原因となる．軸受当たり面の修正あるいは据付を再調整する．

(3) **軸受支持部の剛性不足による振動**

上・下部ブラケット，水車軸受台などの軸受支持部の剛性が不足していると振動の原因となる．ブラケットをコンクリートバレルから直接支持する構造にするなど剛性を補う対策をとる．

(4) **案内軸受のギャップ過大による振動**

製作不良あるいは経年劣化によって，案内軸受のギャップが過大になると，軸が振れ回りを生じ振動の原因となる．軸受ギャップを適正な値に修正する．

【解説】

(1) **回転体のアンバランスによる振動**

水車発電機の回転部分のアンバランスは，機械的精度不良，素材の偏肉など製作，材料に関する問題で発生する．

(2) **据付調整不良による振動**

センタリングが不十分な場合は，軸振動や軸受温度上昇を発生する．水平調整，軸振れ調整が不十分な場合は，軸振動，軸受振動を発生する．

(3) **軸受支持系の剛性不足による振動**

第8図に防振ステーによるブラケットの支持方法の例を示す．この場合，ステーの熱伸縮に十分注意する必要がある．

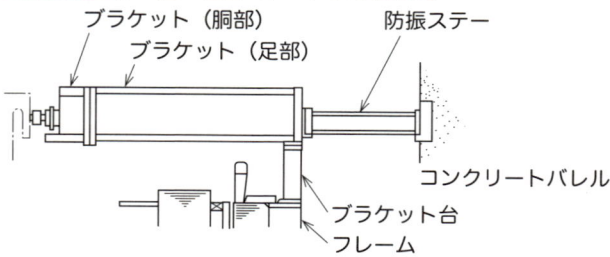

第8図 防振ステーによる補修例

(4) **案内軸受のギャップ過大による振動**

水車および発電機の案内軸受の軸受ギャップは，軸の太さ，風速軸受形状などに応じてそれぞれ適当な値がある．これが過大になると，軸は振れ回りを発生し，軸振動となる．潤滑油が適切にしゅう動面に供給されない場合にも軸振動を生じることがあるので注意が必要である．

⑸ 回転部，固定部全体系の振動

　まれに，回転部，固定部全体系の固有振動数が回転速度と一致または接近しているために振動を発生することがある．したがって製作時には，固定子枠，ブラケット，主軸など全体を振動系としてとらえ，検討することが必要である．

テーマ 2 揚水発電所における負荷遮断試験およびポンプ入力遮断試験

1 試験の目的

(1) 負荷遮断試験の目的

　水車発電機を運転している状態で，事故が発生した場合と同じように負荷を遮断し，水圧鉄管および水車の水圧，回転速度，発電電動機電圧などを測定し，これらの変動値が設備の許容値を超えることなく，水車発電機が安全に無負荷運転に移行することを確認するための試験である．

(2) ポンプ入力遮断試験の目的

　全出力で揚水運転中になんらかの原因によってポンプの入力が遮断（発電電動機の電源を遮断する）された場合，鉄管およびポンプの水圧，回転速度，発電電動機電圧などが制限値を超えることなくポンプ水車および発電電動機が安全に停止できるかどうかを確認するための試験である．

【解説】

(1) 負荷遮断試験

　負荷遮断後のガイドベーン（またはデフレクタおよびニードル）の動作状況，発電機電圧，回転速度，鉄管水圧などを計器，オシログラフにより測定し，発電機電圧変動率，速度変動率，鉄管水圧変動率が保証値以内かを確認する．

　運転中の水車発電機を系統から解列すると，調速機の作用によって水車のガイドベーンは急閉し，水撃作用によってケーシングの水圧が上昇する．また，過渡的に水車入出力のバランスが破れて回転速度が上昇する．フランシス形ポンプ水車における負荷遮断時のオシログラムを第1図に示す．

(2) ポンプ入力遮断試験

　ポンプ入力遮断試験は，発電電動機，ポンプ水車を最大出力定格速度で揚水運転中に，ある種の原因によって急速に発電電動機の入力を遮断した場合，案内羽根の動作，AVRの動作，鉄管水圧，発電電動機電圧

第1図 フランシス形ポンプ水車の水車負荷遮断時オシログラム

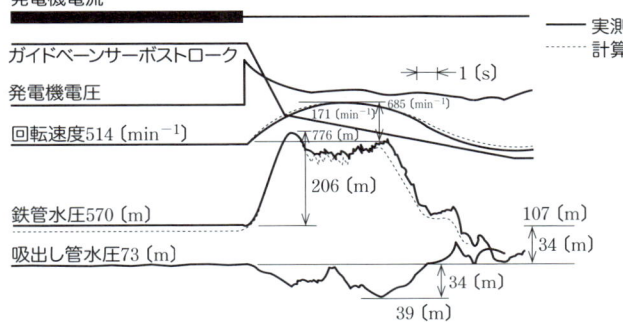

および回転数などの変動を測定して，各値が制限値を超えることなくポンプ水車を安全に停止できるかを確認するものである．

ポンプ運転中に電源が遮断されたとき，ガイドベーンあるいは主弁が閉じないと，ポンプ運転からポンプ逆流運転を経て水車運転となり無拘束速度に達することになる．

またガイドベーンを閉める場合，その閉鎖速度が適当でないと管路に激しいウォータハンマを生じることになる．この対策としては，閉鎖速度の第一段は速く，ある段階からは緩閉する方法が採用される．第2図に，フランシス形ポンプ水車のポンプ入力遮断時のオシログラムを示す．

第2図 フランシス形ポンプ水車のポンプ入力遮断時オシログラム

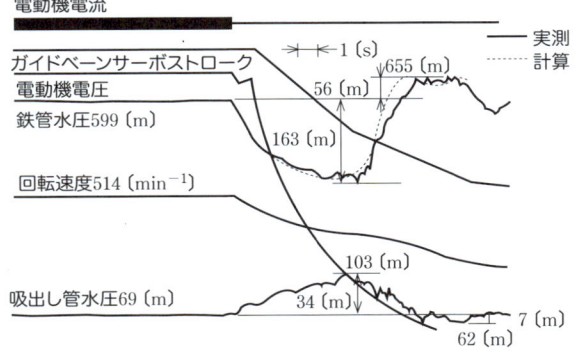

この試験は水の流れが負荷遮断時とは逆の状態で行われるものであり，内容的に類似した点が多く，留意点は負荷遮断試験と同傾向となってい

る．この場合はおもに水圧の変動が保証値内に収まることを確認することがポイントとなる．

2 ポンプ入力遮断時の運転状態の変化

(1) **鉄管水圧**

入力遮断と同時に若干低下するが，ガイドベーンの動作により水圧は上昇する．このとき水圧は脈動する．

(2) **吸出し管水圧**

入力遮断と同時に上昇し，徐々に低下するが，常に水圧は脈動している状態である．

(3) **ポンプの流量**

急激に低下する．

(4) **水の方向**

揚水は停止し，逆流を生じる．

(5) **回転速度**

回転速度は低下し逆回転となり，ガイドベーンが閉止した段階で回転速度はゼロ（停止）となる．

(6) **ガイドベーン**

入力遮断と同時に閉まる方向に動作する．

(7) **電動機電圧**

数秒間程度発電機となって電圧は一瞬上昇するが，その後急激に低下する．

(8) **励磁回路**

励磁を急激に弱める方向に動作し，励磁を遮断する．

3 試験時における注意すべき異常状態と留意事項

(1) **注意すべき異常状態**

負荷遮断試験およびポンプ入力遮断試験ともに以下の異常状態に注意する必要がある．

① 鉄管内の水圧上昇と水の逆流

入力遮断によりガイドベーンを閉鎖する場合，閉鎖速度が速いと管路

に激しい水撃作用を生じ，ポンプおよび鉄管に大きな機械的衝撃を与えることがある．

② ガイドベーンあるいは主弁の不動作

ポンプ運転中に電源が遮断されたとき，ガイドベーンあるいは主弁が閉じないと，ポンプ運転からポンプ逆流運転を経て水車運転となり無拘束速度に達し，発電電動機の破損を引き起こすことがある．

(2) 試験時の留意事項

(a) 負荷遮断試験

① 遮断負荷は，一般に各機に最大出力の1/4，2/4，3/4，4/4とするが，試験は1/4負荷より開始し，段階ごとに水圧，回転速度，発電機電圧などをオシログラフで測定（前回記録があれば比較する）し，変動値が許容値以内かどうかを検討したうえ，安全であることを確認した後に順次遮断し負荷を増加していく．

この場合，遮断前の回転速度，発電機電圧，力率などはできるかぎり定格値としておく．

② 最大負荷遮断より部分負荷遮断の方が，鉄管および水車の水圧上昇値が大きくなる場合があるので注意を要する．

③ 測定に際しては調整（貯水）池を満水位にするなど，最大水圧が発生する条件で試験を行う必要がある．また，このためにサージタンクあるいは水圧鉄管を複数台で共通に使用している場合は，単機ごとの試験終了後，関係水車の負荷を同時に遮断して試験を行う．

④ 上部水圧鉄管および下部放水路の長さが非常に長い場合，ガイドベーン閉鎖速度が適当でないとランナ下部において水柱分離の現象を引き起こし，鉄管へ異常な水圧脈動を与える．このため，水車負荷遮断時の水圧上昇，回転上昇さらには放水路の水圧変動などに対して，十分な検討が必要となる．

⑤ サージタンクや下池など，水圧変動に対する土木工作物の強度などを確認しておく．

⑥ 試験を実施することにより発電機に接続される系統が動揺するので，この面における検討も十分行っておく必要がある．

(b) ポンプ入力遮断試験

① 最初から全入力遮断となるため，ガイドベーンの閉鎖特性をあらかじめ検討しておく．

② ポンプはガイドベーンを急閉鎖して停止するが，このとき速く閉じすぎると水撃作用が大きく，遅すぎると逆流する水によって主機が逆回転するようになるのでしゅん工時の試験においては，閉鎖時間をあらかじめ計算して見当を付けておく．前回の記録があれば無水試験時に比較しておく．

③ しゅん工試験時は最初から全出力時の電源遮断を行わず部分出力時の試験を行い，水圧の変化や回転数の変化を見極めてから行う．

④ サージタンクあるいは水圧管路を複数台数で共通に使用してる場合は，負荷遮断試験と同様に同時遮断試験を行う．

⑤ 入力遮断前の発電電動機・ポンプの回転速度，発電電動機電圧および力率は定格値に保持する．

⑥ サージタンクなど土木工作物の状況を確認しておく．

⑦ 系統に大きな動揺を与えないよう，試験時間や遮断容量を検討しておく．

⑧ 鉄管およびポンプの水圧，回転速度，発電電動機電圧，ガイドベーン開度などについてはオシロ測定を行い，遮断後の過渡現象を記録する．

【解説】これらの試験を実施する場合，単機容量が増大するほど，実系統へ与える影響が問題となるので，試験実施に当たっては系統運用上支障のないよう関係箇所と協調をとる必要がある．

また，自動電圧調整装置（AVR），過電圧抑制装置を設置している場合は，正規の使用状態にセットして試験を実施する必要がある．試験において発電電動機の電圧上昇率は，自動電圧調整装置によって25〔％〕程度以下に抑制されるよう設計されているので，正規の使用状態にセットして試験を行えばとくに問題となることはない．

なお，ポンプ入力を遮断した場合，ガイドベーンによって急閉鎖しポンプを停止することになるが，このガイドベーン制御が不適当（速すぎたり，ガイドベーンを直線的に閉鎖した場合など）であると，その条件によっては最大水圧値は2倍以上にも及ぶことがあり，設備保全上重大な問題となる．

このため，ガイドベーン閉鎖には腰折特性（直線的閉鎖を避けるため閉鎖途中で閉鎖時間を遅らせている．第2図に示すオシログラフを見ると腰折のように見える）を持たせてある．この腰折特性を過大にすると逆回転することになるので注意を要する．

　一般にポンプ入力遮断試験時の最大水圧値は負荷遮断試験に比較して低目となる．

テーマ 3 汽力発電所の熱効率

1 熱勘定図と効率計算

(1) 熱勘定図

　火力発電所での燃料の燃焼から発電までの間には熱の発生，吸収，放出などが各部で行われる．各部の熱の流れと分布を数量的に表示しておくと，発電所の効率管理を行ううえで便利である．

　熱勘定図の一例を第1図に示すが，燃料の発生熱量を100〔％〕として各部の熱量の割合をパーセントで示す．

(2) 熱効率の基本式

(a) 発電所の総合効率

　使用した燃料の熱量の何パーセントが電力に変換されたかを表示するものが発電所の熱効率である．この場合，発電機出口の電力量（発電電力量）を基準として計算する効率を発電端効率，発電所内部で消費する電力量（所内電力量）を差し引いた送り出しの電力量（送電電力量）を基準として計算する効率を送電端効率という．

　　発電電力量：P_G〔kW·h〕
　　送電電力量：P_S〔kW·h〕
　　燃料使用量：G_f〔kg〕
　　燃料発熱量：H〔kJ/kg〕
　　発電端効率：η
　　送電端効率：η'

とすると，

$$\eta = \frac{3\,600 P_G}{G_f H} \times 100 \quad 〔\%〕 \tag{1}$$

$$\eta' = \frac{3\,600 P_S}{G_f H} \times 100 \quad 〔\%〕 \tag{2}$$

　ここで，発電所内で消費する動力（ポンプや送風機など）をP_h

テーマ3　汽力発電所の熱効率

第1図　熱勘定図の例（375〔MW〕）

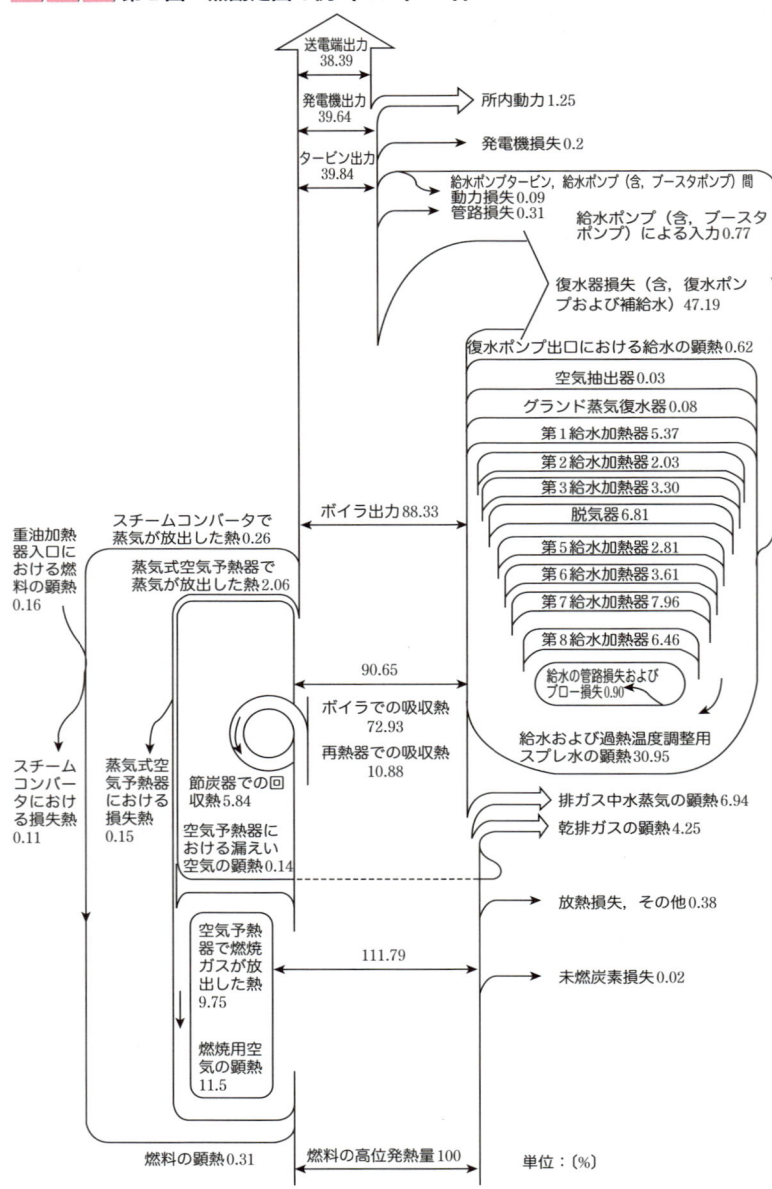

〔kW・h〕とすると,

$$P_S = P_G - P_h = P_G\left(1 - \frac{P_h}{P_G}\right) = P_G(1-\alpha) \quad (3)$$

α をパーセントで表したものを所内比率と呼んでいる. (2)式を書き直すと,

$$\eta' = \frac{3\,600(P_G - P_h)}{G_f H} \times 100 = \frac{3\,600 P_G}{G_f H}(1-\alpha) \times 100 = \eta(1-\alpha) \quad (4)$$

α の値は重油火力では3～5〔%〕,石炭火力では5～7〔%〕程度である.

(b) **熱効率の構成**

発電所効率を分解して考えてみると,第2図に示すようにボイラ効率 (η_B),サイクル効率 (η_c),タービン効率 (η_t) および発電機効率 (η_g) に分かれる.

第2図　発電所各部の熱効率

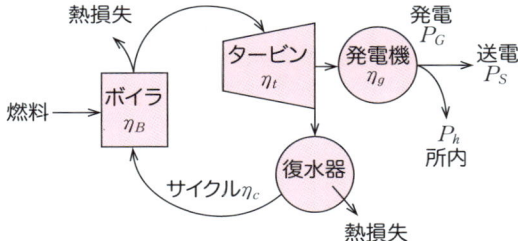

各効率はパーセント表示であるとすると,次の関係が成立する.

$$\frac{\eta}{100} = \frac{\eta_B}{100} \frac{\eta_c}{100} \frac{\eta_t}{100} \frac{\eta_g}{100} \quad (5)$$

各効率のうち η や η_B は実測が容易であるが,η_c,η_t,η_g をひとまとめにしてタービン室効率 (η_T) と呼ぶことがある.すなわち,

$$\frac{\eta_T}{100} = \frac{\eta_c}{100} \frac{\eta_t}{100} \frac{\eta_g}{100} \quad (6)$$

(5)式を書き直すと,

$$\frac{\eta}{100} = \frac{\eta_B}{100} \frac{\eta_T}{100} \quad (7)$$

となる.

【解説】

(1) ボイラ効率（η_B）

ボイラ効率の算出法としては，入出熱法と損失法の二通りの方法が用いられる．

(a) 入出熱法

燃料の発生する熱量（入熱）のうち水や蒸気に吸収される熱量（出熱）の割合によりボイラ効率を計算する方法である．

ボイラ効率 η_B 〔%〕，燃料使用量 G_f 〔kg/h〕，燃料発熱量 H 〔kJ/kg〕として，次式で求められる．

(i) 非再熱サイクルの場合

$$\eta_B = \frac{W_S(i_b - i_a)}{G_f H} \times 100 \quad 〔\%〕 \tag{8}$$

ただし，W_S：ボイラでの蒸気発生量〔kg/h〕
i_a：ボイラ入口給水のエンタルピー〔kJ/kg〕
i_b：ボイラ出口過熱蒸気のエンタルピー〔kJ/kg〕

(ii) 再熱サイクルの場合

$$\eta_B = \frac{W_S(i_b - i_a) + W_R(i_d - i_c)}{G_f H} \times 100 \quad 〔\%〕 \tag{9}$$

ただし，W_R：再熱蒸気流量〔kg/h〕
i_c：再熱器入口蒸気のエンタルピー〔kJ/kg〕
i_d：再熱器出口蒸気のエンタルピー〔kJ/kg〕

(b) 損失法

燃料を燃やしたとき，水や蒸気に吸収されずに外部に捨てられてしまう熱がある．

この熱損失には次のようなものがあり，それぞれ，燃料1〔kg〕当たりの損失熱量〔kJ/kg〕として計上される．

(i) 乾きガス損失（L_1）

ボイラから排出されるガスがもち去る熱量．

(ii) 未燃分損失（L_2）

燃料の不完全燃焼による損失熱量（未燃一酸化炭素など）．

(iii) 水分，水素分損失（L_3）

　　燃料中の水分は燃焼により蒸発し，さらに，水素分は燃えて水蒸気となる．これらの水蒸気の潜熱が外部に失われる．

(iv) 放射損失（L_4）

　　ボイラまわりの保温が十分でないと，外部に熱が放射され損失となる．

(v) その他の損失（L_5）

　　燃焼用空気に含まれる湿分による損失，燃焼後の灰分が外部に持ち去る熱量など．

　これらの損失合計の入熱に対する割合が損失率であり，これを1から差し引けばボイラ効率が求まる．

$$\eta_B = \left(1 - \frac{\sum_{K=1}^{5} L_K}{H}\right) \times 100 \quad [\%] \tag{10}$$

(2) サイクル効率（η_C）

　火力発電所のサイクルには再生サイクルや再熱サイクルなどが採用されている．

　これらのサイクル効率は水および蒸気に加えられた入熱とタービン内の断熱膨張により理論的に発生可能な仕事量（出熱）とによって求められる．

　一方，サイクル損失は，復水器において蒸気が凝縮するときに放出する潜熱がこれに相当する．

　ランキンサイクルの場合のサイクル効率は，

$$\eta_c = \frac{i_b - i_e}{i_b - i_a} \times 100 \quad [\%] \tag{11}$$

ただし，i_a：ボイラ入口給水のエンタルピー〔kJ/kg〕

　　　　i_b：ボイラ出口（タービン入口）過熱蒸気のエンタルピー〔kJ/kg〕

　　　　i_e：タービン出口蒸気のエンタルピー〔kJ/kg〕（断熱膨張したと仮定したとき）

(3) タービン効率 (η_t)

タービン内で蒸気が膨張する場合，理論的には断熱膨張の熱落差に相当する出力が得られるはずであるが，実際には，内部損失や外部損失があるため，理論仕事量を発生させることができない．

(a) 内部損失

内部損失とはノズルや翼における蒸気の摩擦損失や翼と車室のギャップからの蒸気の漏れ損失などで，このため，第3図のように，タービン内での蒸気の膨張線は断熱膨張（等エントロピー膨張）とはならず，エントロピーが増加する方向に傾くことになる．このため有効に利用できる落差は断熱熱落差よりも小さくなる．

第3図 タービン内での蒸気の膨張

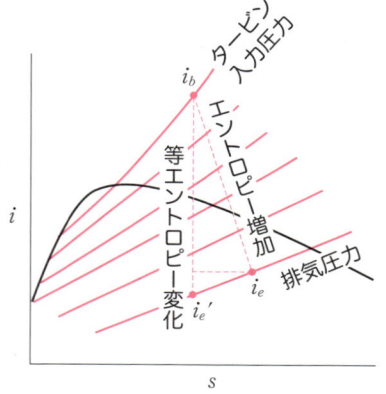

$(i_b - i_e')$…理論熱落差（断熱膨張）
$(i_b - i_e)$…実際の熱落差

(b) 外部損失

外部損失とはタービン排気の運動エネルギーや，軸受や歯車などの機械的な部分の損失である．

したがって，タービン効率 (η_t) は，

$$\eta_t = \frac{\text{理論仕事} - (\text{内部損失} + \text{外部損失})}{\text{理論仕事}} \times 100 \ [\%] \quad (12)$$

ランキンサイクルの場合を考えると，蒸気流量 W_S [kg/h]，断熱熱落差 $(i_b - i_e)$ [kJ/kg] より，理論仕事は $W_S(i_b - i_e)$ である．これに対し，タービンの軸出力を P_T [kW] とすると，

$$\eta_t = \frac{\text{実際のタービン軸に発生する仕事}}{\text{理論仕事}} \times 100 \; [\%]$$

$$= \frac{3\,600\,P_T}{W_S(i_b - i_e)} \times 100 \; [\%] \qquad (13)$$

(4) **発電機効率（η_g）**

　　タービン内の軸出力を得て発電機回転子が回転し，電気出力を発生するが，この間に電気的損失や機械的損失が生じる．

　　電気的損失としては，回転子や電機子の鉄損と銅損，機械的損失としては，発電機内の風損や軸受などの損失が考えられる．

　　発電機効率は，タービン軸出力と発電機電気出力の比で表される．

$$\eta_g = \frac{P_G}{P_T} \times 100 \; [\%] \qquad (14)$$

P_T：タービン軸出力〔kW〕

P_G：発電端出力〔kW〕

(5) **効率などの概数値**

　　最近の火力発電所における効率などの概数値を第1表に示す．

第1表　火力発電所効率などの概数（近年の大容量発電所の例）

項目	記号	概数〔%〕
ボイラ効率	η_B	86〜90
タービン効率	η_t	84〜90
サイクル効率	η_c	43〜48
発電機効率	η_g	98〜99
タービン室効率	η_T	37〜45
発電端効率	η	32〜41
送電端効率	η'	30〜39
所内比率	α	3〜7

2　汽力発電所の熱効率に与える事項

(1) **ボイラ排ガス中のO_2のパーセント**

　　排ガス中のO_2のパーセントは，ボイラの種類・燃料・負荷などにより適正な範囲があり，あまり大きくなると，排ガス量が必要以上に多いことになり，排ガス損失が増加し熱効率を低下させる．一方，O_2〔%〕

があまり低下すると不完全燃焼を生じ，未燃損失が増加してやはり熱効率を低下させる．

(2) 空気予熱器出口排ガス温度
排ガス温度が上昇することは燃焼空気の予熱が不十分となるので熱効率は低下する．逆に，排ガス温度が低下することは熱効率の上昇を意味する．

(3) 蒸気の温度
蒸気温度の上昇によって，タービン入・出口の熱落差が増加しタービンの仕事が増加，熱効率は上昇する．蒸気温度は発電所サイクルの理論熱効率に直接影響する．

(4) 蒸気圧力
一般に圧力上昇によって熱効率は上昇する．

(5) 復水器真空度
復水器真空度を高めればタービン中の熱落差が増加しタービン出力は大きくなり，熱効率は上昇する．

【解説】

(1) ボイラ排ガス中のO_2〔%〕
ボイラ排ガス損失は

$$L = V_g C_p (t_e - t_o) \tag{15}$$

で与えられる．

ここで，V_g：燃料1〔kg〕（あるいは〔m^3_N〕）からの排ガス量〔m^3_N〕

t_e：排ガス温度〔K〕

t_o：外気温度〔K〕

C_p：比熱

排ガス損失は，ボイラ熱損失で最大なもので8〜20〔%〕，ときにはそれ以上になる．この損失を低減するためには，V_g，t_eを小さくしなければならない．

すなわち過剰空気量を少なくし，煙道内への潜入空気量を最小にすること（V_gの減少）と各伝熱面の吸収効果をよくし，また節炭器，空気余熱器を設けて廃熱利用によって，排ガス温度を低くすること（t_eの減少）などが有効である．

燃料中の可燃分を完全に燃焼させるのに必要な空気量を理論空気量という．燃料を完全に燃焼させるにはこれより多量の空気を必要とし，実際に供給した空気量と理論空気量の比を空気比といい，この空気比は，排ガス中のO_2〔%〕により知ることができる．

排ガス中のO_2〔%〕が高いということは空気比（過剰空気率）が高いこと，漏れ込み空気が多いことを意味し，V_gは高くなる．

排ガス量〔m^3_N/kg〕は次式により計算できる．

$$V_g = 26.7\mu\left(\frac{c}{3}+h-\frac{o-s}{8}\right)+0.8n-5.6\left(h-\frac{o}{8}\right)$$

$$+0.933c'\frac{(CO)}{(CO_2)+(CO)} \tag{16}$$

ここで，μ：空気比（燃焼用空気量と理論的必要空気量の比）

　　　　c, h, o, s, n：燃料1〔kg〕中の炭素，水素，酸素，硫黄，窒素の重量〔kg〕

　　　　c'：燃料1〔kg〕中，実際に燃焼した炭素

　　　　(CO)：燃料中のCO〔m^3〕

　　　　(CO_2)：排ガス中のCO_2〔m^3〕

上式より過剰空気率を下げると，排ガス量が減少することがわかる．

(2) 空気予熱器出口排ガス温度

温度t_A〔℃〕の空気がボイラにQ〔m^3_N〕供給され，空気予熱器出口の温度がt_G〔℃〕であるとすれば，$Q(t_G-t_A)$に比例する熱量は利用されずに捨てられることになる．これを減少させるにはt_Gを低下させればよく，すなわち，空気予熱器出口ガス温度が低いほど熱効率は高くなる．

(3) 蒸気温度

発電所の基本サイクルはランキンサイクル（第4図）であるが，その場合の熱効率は次式である．

$$\eta = 1-\frac{i_2-i_3}{i_1-i_4} \tag{17}$$

このサイクルは次の順序で仕事をしている．

1→2　給水ポンプで圧縮（断熱変化）

2→3　ボイラで飽和蒸気まで加熱（等圧変化）

テーマ3　汽力発電所の熱効率

第4図　ランキンサイクル

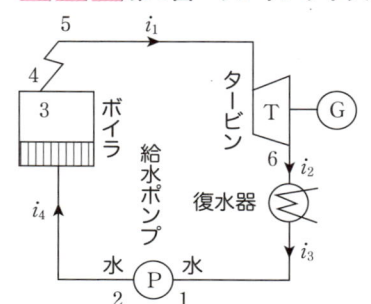

i_1：ボイラ発生蒸気エンタルピー
i_2：タービン排気エンタルピー
i_3：復水器出口飽和水エンタルピー
i_4：ボイラ入口給水エンタルピー

3→4　ボイラで蒸発し飽和蒸気になる（等温等圧変化）
4→5　過熱器で過熱される（等圧変化）
5→6　タービンで仕事をして温度・圧力が下がる（断熱膨張）
6→1　復水器で冷却され水に戻る（等温等圧変化）

これを $T-s$ 線図に描くと第5図のようになる．

第5図　ランキンサイクルの $T-s$ 線図

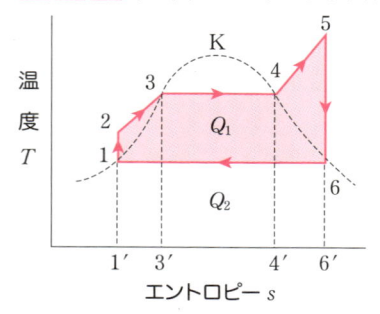

ここで外部から与えられる熱量は1′23456′で，実際に利用されているのは斜線で示した Q_1 の部分123456である．蒸気温度の上昇は5の点が高くなることに相当し，面積は大きくなり，効率は上がる．

(4)　蒸気圧力の上昇は3－4を上方に移動させることになり，面積は増加し効率は上がる．

(5)　復水器の真空度が高くなると，1－6が下方に移動し，面積は増加することになるので効率は上昇する．

3　熱効率向上対策

(1) 設計面における考慮

(a) 高温高圧蒸気の採用

高温高圧化によりサイクル効率が向上する．金属材料の制約などがあり，古くはタービン入口圧力16.6〔MPa〕，蒸気温度538/566〔℃〕（811/839〔K〕）程度のものが多かったが，近年においては大容量化に伴い圧力24.1〔MPa〕，蒸気温度538/566〔℃〕（811/839〔K〕）の超臨界圧を採用しており，さらに近年においては，31〔MPa〕（平成元年）の超々臨界圧の蒸気圧力をもつプラントが導入された．

(b) 復水器真空度の向上

高真空ほど効率はよくなるが，冷却水温の制約があり，またあまり真空がよくなりすぎるとタービン低圧部蒸気の湿り度が増大するなどの欠点があるので，排気圧力5.3～4〔kPa〕（真空度720～730〔mmHg〕）程度で設計されることが多い．

(c) 高効率サイクルの採用

一般に，再熱再生サイクルを採用し，サイクル効率の向上を図っている．近年，ガスタービンと蒸気タービンを組み合わせた，複合サイクル（コンバインドサイクル）により，総合効率の向上を図る方式も出現した．

(d) その他

燃焼装置や自動制御装置の高性能化によるボイラ損失の低減，変圧運転方式の採用による部分負荷効率の向上，発電機水素冷却による風損低減，合理的な補機設計による所内動力の低減など．

今後，蒸気圧力の上昇は経済性の面から緩慢になるものと考えられる．蒸気温度の高温化は熱効率上昇に大きな効果をもっており，温度上昇は経済的耐熱材料の開発が期待されるところである．

また，タービン排気圧力を大気圧以下にすることにより，タービンにおける熱落差は非常に大きくなり，タービンの仕事量は増大する．真空度は冷却水量，冷却水温度，冷却面積，冷却管熱貫流率などによって決まるが，プラントの熱効率に直接きいてくるものなので，真空度

管理はきわめて重要である．

(2) 運転面における考慮

(a) **所内の圧力，温度，真空度の維持**

ボイラ，タービンなどの運転状態を十分監視し，設計値を維持するように，燃焼調整，スートブロー，復水器伝熱面の掃除などを行う．

(b) 部分負荷時は，変圧運転を行い，総合効率の向上を図るとともに，不要の補機は停止し，動力節減を図る．

(c) 起動操作は円滑に行い，起動に伴う熱損失や動力の低減に努める．

(d) 機器操作の性能を定期的に試験し，性能が低下している場合，必要な修理や部品交換を行う．

(e) 複数の発電ユニットの並列運転に対しては，最適負荷配分を行う．

テーマ 4 蒸気タービン・タービン発電機に発生する軸電流

蒸気タービンおよびタービン発電機の軸に起電力が発生した場合に，軸受および軸受台を通してほとんど短絡状態に近い閉回路ができると軸電流が流れる．

1 軸電流発生のメカニズム

タービン発電機（同期機）では，構造上の原因から，電機子鉄心の円周方向に磁気抵抗が不同であると，第1図(a)のように回転子の軸と鎖交する磁束を生じ，これが交番するため軸に起電力を誘導する．この電圧は，一般に数V程度までであるが，一度軸受面の接触や放電が起こると，第1図(b)のような，ほとんど短絡状態に近い閉回路ができるため，かなりの大電流が軸，軸受面を流れる．これを軸電流といい，この電流は一般に数十から数百A程度であるが，軸受面を損傷し，著しい場合は過熱焼損する．

第1図 軸電流

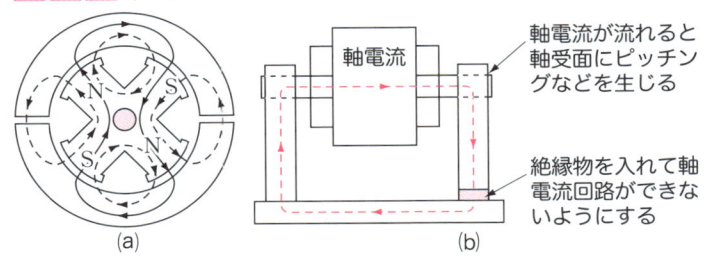

軸鎖交磁束の生じる構造上の原因は，主として電機子鉄心の割目数や，扇形片の継目数と極数との関係の不適当や，工作上の不整，ギャップの不整などである．

さらに，タービン製作時の磁気探傷試験による軸の残留磁気などにより，軸方向の磁束が発生し，タービン発電機軸に局部起電力が発生したり，界磁回路の巻線絶縁不良により界磁電圧の一部が軸に印加される．

一方，蒸気タービン軸では，蒸気の粒子の相互摩擦，あるいは，高速でタービン動翼，軸に衝撃または摩擦する際，イオン化し，タービン軸に静電荷を発生，蓄積して，軸受油膜の耐圧以上になると絶縁を破壊し，間欠的に放電し，軸電流が発生する．

これらの起電力によっても軸と軸受の間に放電が起こり，軸電流が発生する．

(1) 軸電流現象

発電機は次に述べる原因によって軸受内に局部電圧を誘起して，軸から軸受を経て軸へと循環する電流を発生することがある．これを軸電流というが，軸電流が流れるとこの勢力の大部分は，軸受面の油膜を破壊するために費やされ，軸受面および軸面は梨肌地に変わり，火花の跡が微妙な黒点になって現れることもあり，大きな軸電流が流れると軸受の過熱破損に至る．また潤滑油をも劣化させる．

軸電流は一般に直流と交流が重畳されたもので，軸受内の油膜の抵抗が運転状態・温度・油性能などの条件でそれぞれ異なるが，普通その大きさは数V，数十〜数百A程度であるが，場合によっては数十V，数千Aにも達することがある．軸電流の性質は$kV \cdot A$に比例し，軸受付近に発生しやすい．

(2) 軸電流の原因

原因として次のような事項があげられる．

(a) 蒸気タービン

蒸気タービンの軸電流は，蒸気の粒子が，タービン動翼または軸と高速で衝突あるいは摩擦する際に発生する．すなわち，蒸気の中性微粒子が高速で衝突あるいは摩擦するとイオン化し，微粒子は負電荷，タービン軸は正電荷を帯び，軸電圧を発生する．この軸電圧は正電荷の量が多くなるにつれしだいに高まり，やがては軸受油膜による絶縁を破り，軸電流が軸受を介して大地に間欠的に流れる．

(b) タービン発電機

タービン発電機の軸電流は，発電機軸と鎖交する磁束が非対称なため発生する．すなわち回転子コイルによる磁束は，軸方向から見てN極より左右に分かれ，固定子鉄心を通りS極に戻るが，鉄心の磁気抵

抗が一様でないと，この左右に分かれた磁束は非対称となり，軸が1回転するごとに，周期的な変化をきたし，磁束と鎖交する回転子に起電力を生じ，軸受油膜による絶縁を破り，軸電流が流れる．

第2図に軸電流の発生機構を示す．

第2図　軸電流の発生機構

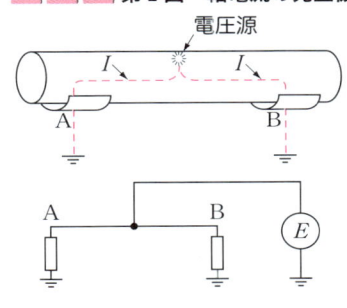

(a)　A形軸電流の発生機構

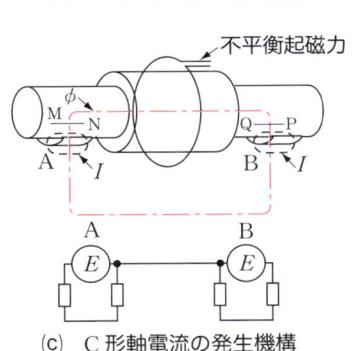

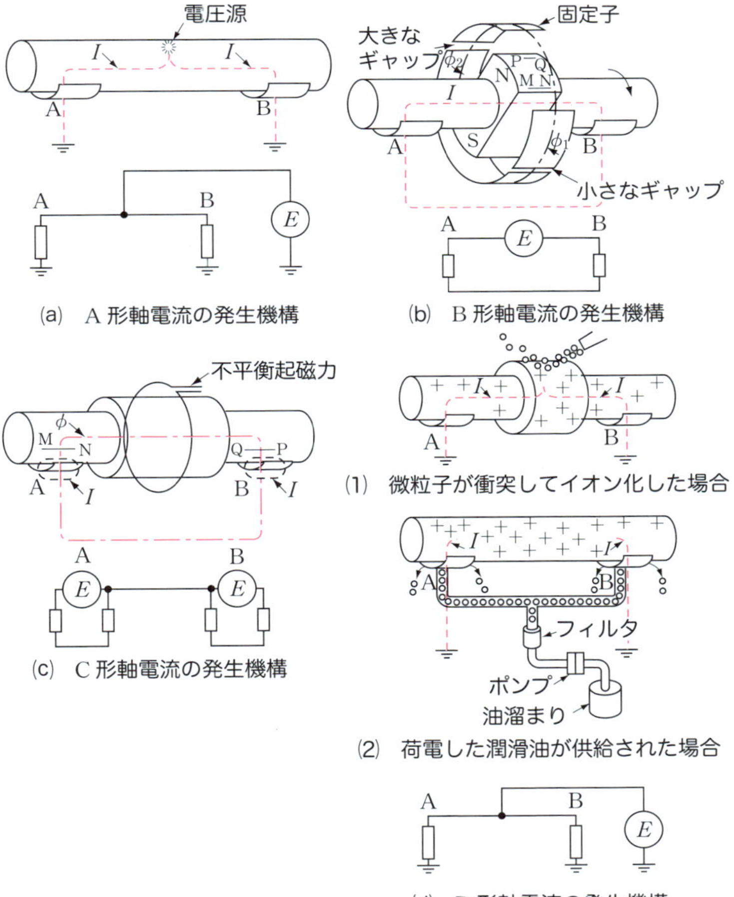

(b)　B形軸電流の発生機構

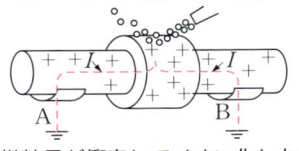

(c)　C形軸電流の発生機構

(1)　微粒子が衝突してイオン化した場合

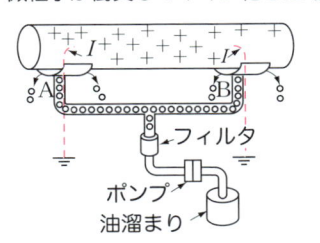

(2)　荷電した潤滑油が供給された場合

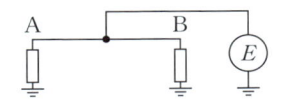

(d)　D形軸電流の発生機構

2 軸電流による障害と防止対策

軸電流により，蒸気タービンやタービン発電機の軸受油膜が破られ，軸受が局部的に過熱したり，軸受メタルにピッチング（食穴）が発生したり，潤滑油が劣化するなど運転に支障となる問題が発生する場合がある．

したがって，軸電流を防止するために蒸気タービン軸にブラシを取り付けて接地したり，タービン発電機の軸電流回路の一部の軸受台と台（ベース）との間に絶縁物を挿入するなどの対策が必要となる．つまり，軸電流を大地に流してやるか，軸電流が完全に流れないような対策がとられている．

具体的な軸電流防止対策には，次のものがある．

(1) 蒸気タービン

蒸気タービンの静電荷による軸電流は，その電圧は比較的高いが，エネルギーとしては小さいので，軸の左右対称に接地された純銀または黒鉛ブラシを各1個取り付けて，静電荷を常に大地に逃がし，軸電圧の上昇を防止すればよい．また中小容量のタービンでは軸封装置に絶縁を施し，これに対処する場合もある．

(2) タービン発電機

タービン発電機の電磁誘導による軸電流は，その電圧は低いが，エネルギーはきわめて高く，かつ永続的に持続するので，両端軸受による閉回路が構成された場合，大きな軸電流が流れ，軸受の油膜を破り大事故に至るので，閉回路を構成しないよう軸受を絶縁する必要がある．すなわち，発電機励磁機側の全軸受，または発電機タービン側の全軸受を絶縁し，発電機軸および軸受による閉回路を防止すればよいが，一般には軸受の小さい前者を採用している．

ペデスタル形（pedestal type：軸受台を別に設けた構造に属するもの）ではペデスタルの下に絶縁ライナを敷き，すべての油管はフランジ部分に絶縁板を挟んで取付ボルトも絶縁管で絶縁する．第3図はペデスタルにおける絶縁を示す．

ブラケット形（bracket type：発電機端板で軸受を支える構造に属するもの）では，軸受メタルの下に機械的性質の強いマイカルタを挿入し，油管の絶縁はもちろんブラケットと固定子枠間にはエポキシガラス積層

第3図　軸電流絶縁（ペデスタル）

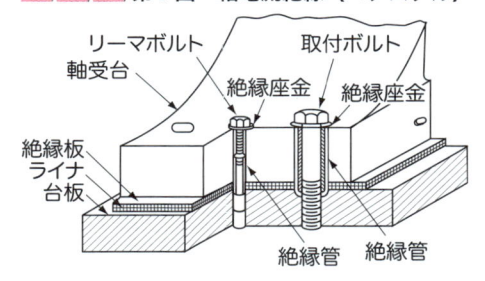

ラベル：リーマボルト、取付ボルト、軸受台、絶縁座金、絶縁座金、絶縁板、ライナ、台板、絶縁管、絶縁管

板などの絶縁を施す．また発電機と励磁機の継手間にも絶縁ライナを挿入する．

軸電流の原因および対策を第1表に示す．

第1表　軸電流分類表

形	原因	電圧発生箇所	電流の種類	対策
A	軸に電圧が直接印加された場合	軸と各軸受間	ACまたはDC（電圧の種類による．）	(a)各軸受を絶縁 (b)軸を接地
B	電磁誘導により軸に起電力が発生した場合	(a)軸の両端間 (b)軸と各軸受間	AC（周波数は機械の構造と回転数による．）	(a)1軸受を絶縁（ただし，この軸受より先にさらに軸受があれば，そのすべてを絶縁する．） (b)軸の両端を接地
C	軸に磁束がある場合	(a)各軸受の両端部におけるジャーナル部分 (b)各軸受の端部とこれに対応するジャーナル部分	ACまたはDC（磁束の種類による．）	(a)補償巻線を付加して起磁力の不均等をなくす． (b)軸受支持部に非磁性の材料を挿入して磁路のリアクタンスを増す． (c)各ジャーナルの両端部を接地
D	静電荷による場合 (1)微粒子が衝突してイオン化した場合 (2)荷電した潤滑油が供給された場合	軸と各軸受間	DC	(a)各軸受を高電圧に対して絶縁 (b)軸を接地

テーマ5 タービン発電機に不平衡負荷がかかった場合の現象・影響

1 タービン発電機に起こる現象

　タービン発電機では，磁束は回転子コイルに流れる励磁電流によってつくられ，この磁束が回転子とともに回転して固定子巻線を切り，固定子巻線に誘導起電力を発生する．不平衡負荷が発電機にかかると，発電機固定子巻線に逆相電流が流れ，それによる磁束が主磁束とは別に生じることとなる．

　主磁束は，回転子と同一方向，同一速度で回転しているが，逆相電流によって生じる磁束は，速度は同一であるが，回転方向は逆である．したがって，逆相電流による磁束は，回転子から見ると2倍の周波数で回転子導体を切ることになり，2倍の周波数の電流が回転子の表面近くに流れる．

　この場合，回転子表面のスロット歯部表面やくさびは，かご形電動機のかごの役を，また，保持環（リティニングリング）は短絡環のような作用をするので，前述の2倍周波数の電流は，回転子表面から，回転子と保持環の接触部を経て，保持環で短絡される回路を流れる．

　この2倍周波数の電流により，次のような現象が生じる．

① 保持環と回転子との接触面が発熱し，焼きはめ部のはめ具合が変化したり，ゆるみを生じたり，あるいは局部アークによる損傷を生じたりすることがある．

② 回転子コイルを押さえているくさびが，2倍周波数の電流により過熱されて，なまされ，さらに，この繰返しにより永久ひずみを生じ，くさびの破損に至る場合がある．

③ 回転子コイルを押さえているくさびとスロット歯部との接触部が2倍周波数の電流により過熱され，場合によっては，局部アークを生じ，くさびを損傷することがある．

④ 発電機に不平衡負荷がかかった場合には，上述の過熱のほかに振動の問題が生じる．つまり，不平衡三相電流が流れると2倍周波数の電流が

回転子表面に流れ，これが発電機に対する振動トルクとなり，固定子に対しては円周方向に振動させる力となり，振動の値は不平衡電力の量によってはかなりの大きさとなる．

つまり，タービン発電機が接続されている送電線路において，高速度単相再閉路を行った場合，負荷の不平衡な急変を受けることとなる．このことについては，次項以降で詳しく述べることとする．

2　高速度単相再閉路を行った場合の影響と対策

(1)　機械的な影響

(a)　固定子巻線の受ける電磁力

送電線路の1線に事故が発生し，これが開放されふたたび閉路される過程で流れる不平衡電流によって，固定子巻線にかかる電磁力のうちで再閉路時にかかる分は，1線地絡時の1/2以下程度であるが，再閉路動作の繰返しによる電磁力を受けることになる．

固定子巻線の各部で，スロット内は鉄心およびくさびによって強固に固定されていて問題はないが，この電磁力によってもっとも大きい影響を受けるのはスロット出口の比較的長い直線部分であり，この部分に十分な耐抗力をもたせるような構造に設計する．

一般に，タービン発電機は端子短絡に十分耐えられるように設計製作されているが，単相再閉路を行う頻度は端子短絡よりはるかに多いので，この電磁力が繰り返し加えられることは過酷な条件となる．

(b)　発電機軸系が受けるねじり応力

発電機に地絡電流が流れ，これが遮断され再投入される過程において，その出力は段階的に変化するので，タービン出力との間に過不足を生じ，発電機を減速または加速しようとし，タービンと発電機の直線部分にねじり応力がかかるが，これに対して問題になるのは軸受部，カップリングボルト，カップリングキーなどであって，このねじり応力は条件によっては定常トルクの数倍以上になることがあり，1回の再閉路で数回程度繰り返され，軸系は比較的低い振動数でねじれることになる．

そこでこのトルクに対して各部の許容応力と許容回数の関係をあら

かじめ検討しておく必要がある．また，これによって再閉路の許容回数が決まってくる．

(c) 固定子各部の受ける振動
再閉路動作時に発電機に逆相電流が流れ，2倍周波数のトルクが固定子を円周方向に振動させる．そのトルクは平常時のおおむね2〜3倍程度といわれている．これに対し固定子鉄心の弾性支え，基礎ボルトにかかる応力，固定子フレームの振動などを検討して，これに耐える構造にする．

(d) タービン翼の振動
地絡電流による短絡トルクや再投入時のトルクなどの過渡トルクの基本周波数，2倍周波数と軸系の固有振動数またはタービン翼の固有振動数が共振すると，タービンおよび発電機に大きな振動を発生するが，一般にこのような共振は生じないので，この影響は少ない．

(2) 電気的な影響

(a) 固定子表面の過熱
ポイント1で述べたように再閉路動作時に流れる逆相電流によって回転子表面やくさび，コイル保持環に2倍周波数の電流が還流して，それらを過熱する．これに対してはくさびの材質を高温のもとでも抗張力の大きいものなどにする．

(b) 負荷変動と速度上昇
再閉路動作中は負荷電力が変動して速度変動を生じるが，最大速度上昇は0.5〔％〕前後であり，ガバナ弁も多少は動作するが，時間が短いのでタービン発電機に与える影響は少ない．

【解説】　三相送電線でアークによる地絡（1線地絡事故がもっとも多い）が発生した場合，その故障区間を速やかに選択遮断すると，故障点にほとんど損傷を与えることなく，アークも自然に消滅してしまう．そこでふたたび遮断器を投入して引き続き送電することができる．この操作を自動的に行うのが高速度再閉路方式である．（詳細は，姉妹本である『これだけは知っておきたい電気技術者の基本知識』のテーマ18「架空送電線路の事故と再閉路方式の種類」を参照のこと）

単相再閉路方式では，ほかの2相でそのまま電力を送電しているので不

平衡送電ではあるが無停電であり，この線路に接続されるタービン発電機には，明らかに急変する不平衡負荷がかかることになり，発電機の機械的強度をおびやかして振動の原因となる．また，このとき流れる逆相電流によって回転子表面に渦電流を流し，端部では局部的過熱を生じる（この機械的衝撃は，直接接地系統では地絡電流によるものの方が大きいことがあるが，一般に再閉路時が大きく，系統側と発電機側のそのときの相差角によって左右される）．

このような影響は，水車発電機でも同様に受けるが，タービン発電機の場合ほど過酷ではない．

タービン発電機に不平衡負荷がかかると，固定子に逆相電流が流れ，このために回転子磁界と反対方向に同じ速度で回転する磁界が発生し，回転子表面に系統周波数の2倍の周波数の制動電流が流れる．この電流は主として回転子歯部の表面やくさびを流れ，コイル保持環を通って還流する．これによってくさびが過熱し，強度が低下して破壊し，コイル保持環が過熱されて膨張し，回転子との間にすき間を生じるようになり，接触面でアークを発生して焼損したり穴があいたりする．

この対策として，くさびには耐熱性の抗張力の大きいものを用い，くさびとコイル保持環の下に制動巻線を入れて電流を吸収し，くさびやコイル保持環の発熱を抑える．このような場合の回転子の過渡温度上昇 T（平均値）は，

$$T = \int_0^t I_2^2 \, \mathrm{d}t$$

I_2：逆相電流（単位法），t：時間〔秒〕

によって求められ，この値を水車発電機では約40，タービン発電機では約30（直接冷却では10）以内に抑えることが必要であるといわれている．

なお，この時間が長いとき，逆相分として許容できる限度は水車発電機で15～20〔%〕，タービン発電機で6～8〔%〕以下とされている．これらのことも単相再閉路方式の無電圧時間や再投入回数を決める要因の一つになる．

また，単相再閉路時のトルクの変動を示すと第1図のようになり，t_1では1線地絡事故によって出力は急減し，発電機は徐々に加速される．t_2で

テーマ5 タービン発電機に不平衡負荷がかかった場合の現象・影響

第1図 単相再閉路時のトルク変動

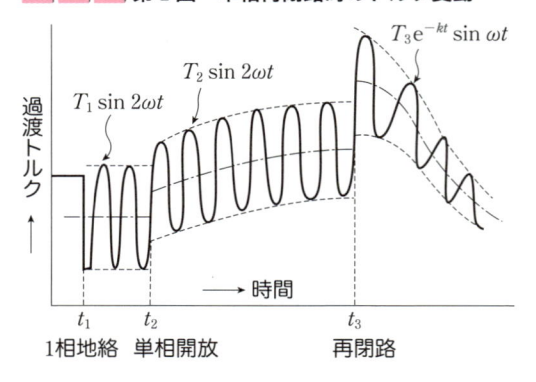

(グラフ：縦軸 過渡トルク、横軸 時間。$T_1 \sin 2\omega t$、$T_2 \sin 2\omega t$、$T_3 e^{-kt} \sin \omega t$ の波形。t_1：1相地絡、t_2：単相開放、t_3：再閉路)

は地絡は除去されて出力は急増する．t_2よりt_3までは2相で送電されるが，出力は発電機の内部位相角の変化に従って漸次増加する．t_3では開放されていた1相が再投入されるので出力は急増する．このときの出力はタービン出力より大きいので，発電機はしだいに減速し，出力もそれに従って変化する．

上記から明らかなように電気的トルクは故障前は一定値であるが，1線地絡，1線開放の不平衡時には不平衡電流が流れるので，2倍周波の脈動トルクを発生する．また，再投入時には直流分電流が流れるので，系統周波数の脈動トルクを発生する．

テーマ 6 火力発電所の環境保全対策の概要と大気汚染対策

1 環境保全対策の対象

　火力発電所における環境保全対策の対象は，①大気汚染，②水質汚濁，③騒音，④振動，⑤廃棄物，であり，これらの概要を第1図に示す．

　このうち大気汚染については，①硫黄酸化物，②窒素酸化物，③ばいじん，④粉じん，があり，これらに対して各種対策が講じられている．

【解説】

(1) **大気汚染対策**

　　火力発電所の大気汚染対策の対象となるものは，主としてボイラ排ガスである．排ガスには大気汚染対策の対象物質である硫黄酸化物，窒素酸化物，ばいじんなどが含まれ，これらに対して後述する対策が実施されている．

(2) **水質汚濁対策**

　　火力発電所の排水には，一般排水，含油排水，温排水および生活排水がある．日常の運転に伴って排出される一般排水は，排水を1か所にまとめて総合的に処理する方式が採用されている．

　　含油排水は，含油排水処理装置で処理する場合が多い．

　　温排水は，水質汚濁物質を含むものではないが，海中生物などへの影響を配慮する必要があり，第2図に示すような，温水温度上昇を抑制する深層取水や温排水の拡散範囲を低減するための水中放流を採用する発電所が多い．

テーマ6　火力発電所の環境保全対策の概要と大気汚染対策

第1図　火力発電所の環境対策

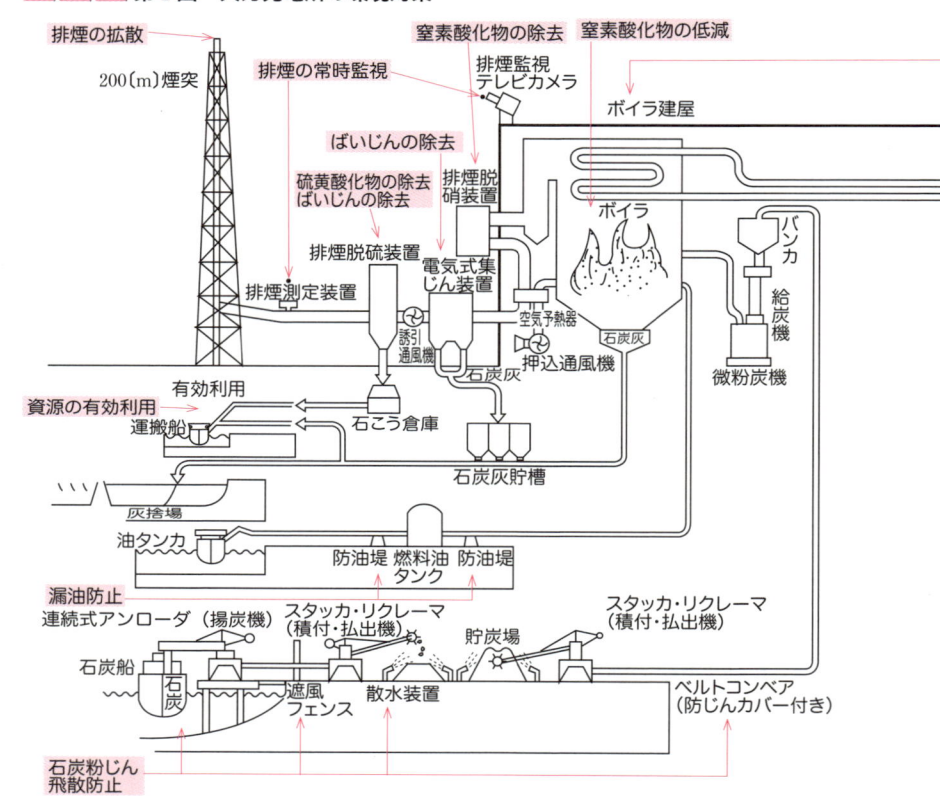

図中ラベル：
- 排煙の拡散
- 200〔m〕煙突
- 排煙の常時監視
- 窒素酸化物の除去
- 排煙監視テレビカメラ
- 窒素酸化物の低減
- ボイラ建屋
- ばいじんの除去
- 硫黄酸化物の除去／ばいじんの除去
- 排煙脱硝装置
- 排煙脱硫装置
- 電気式集じん装置
- 排煙測定装置
- 誘引通風機
- ボイラ
- バンカ
- 空気予熱器
- 石炭灰
- 押込通風機
- 給炭機
- 微粉炭機
- 有効利用
- 資源の有効利用
- 運搬船
- 石こう倉庫
- 石炭灰
- 石炭灰貯槽
- 灰捨場
- 油タンカ
- 防油堤　燃料油タンク　防油堤
- 漏油防止
- 連続式アンローダ（揚炭機）
- スタッカ・リクレーマ（積付・払出機）
- スタッカ・リクレーマ（積付・払出機）
- 貯炭場
- 石炭船
- 石炭
- 遮風フェンス
- 散水装置
- ベルトコンベア（防じんカバー付き）
- 石炭粉じん飛散防止

2 火力

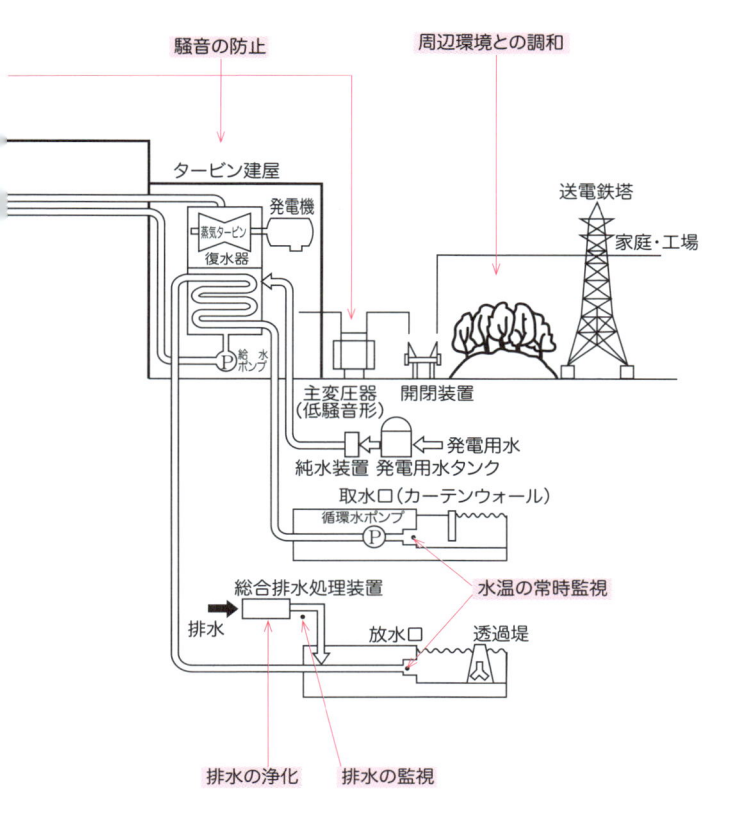

騒音の防止
周辺環境との調和

タービン建屋
蒸気タービン
発電機
復水器
給水ポンプ
主変圧器(低騒音形)
開閉装置
送電鉄塔
家庭・工場
純水装置　発電用水タンク　←発電用水
取水口(カーテンウォール)
循環水ポンプ
水温の常時監視
総合排水処理装置
排水
放水口
透過堤
排水の浄化
排水の監視

第2図　温排水対策

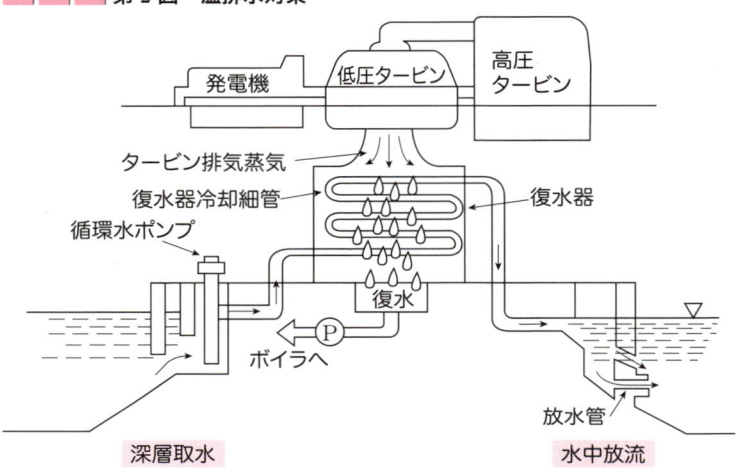

[図：発電機、低圧タービン、高圧タービン、タービン排気蒸気、復水器冷却細管、復水器、循環水ポンプ、復水、ボイラへ、放水管、深層取水、水中放流]

　生活排水は，し尿とその他雑用水とを一括処理する生物的処理装置が主流になっている．

(3) 騒音対策

　火力発電所にはボイラ，タービン，変圧器，ポンプなどの騒音源となる機器が設置されている．これらによる騒音に対しては，消音器による減音，ゴムなどの防振材料の使用，遮音壁の設置，低騒音機器の採用などの対策が講じられている．

(4) 振動対策

　火力発電所には，コンプレッサ，微粉炭機，ポンプなどの振動発生源があるが，抜本的な防止対策は少なく，防振ゴム，コイルばね，空気ばねなどの防振装置による振動の低減化が図られている．

(5) 廃棄物処理対策

　廃棄物は最終的に埋め立て処分されるが，廃棄物の量を少なくするために焼却可能な廃棄物は焼却処分されている．

　また，近年においてはリサイクルの観点から廃棄物の再利用が実施されるとともに，有価物を回収するなどの再資源化が積極的に行われている．

2 大気汚染対策の種類

(1) 硫黄酸化物対策

硫黄酸化物は，燃料中の硫黄分が燃えてできるものである．

硫黄酸化物対策としては，燃料中の硫黄分を下げる方法と，排ガス中から硫黄分を除去する排煙脱硫が行われている．排煙脱硫方式には乾式と湿式があるが，現在実用化されているものの大部分は湿式法である．

また，石炭を燃料として使用する火力発電所では，流動床燃焼と呼ばれる炉内脱硫方式も採用されている．

(a) 燃料の低硫黄化

燃料の低硫黄化としては，低硫黄重油の使用，原油の生だき，LNGの使用などの対策がある．とくに，LPG，LNGのガス燃料は硫黄分を含まないため硫黄酸化物の発生がないことから，近年では，LNGによる発電が積極的に採用されるようになった．

(b) 排煙脱硫方式

排煙脱硫方式は，第3図のように湿式法と乾式法に大別できるが，現在実用化されているものの大部分は湿式法である．そのなかでも石灰石または硝石灰を吸収剤とし，石こうを回収する方法がもっとも多く用いられている．

第3図 排煙脱硫方式の分類

```
                    ┌─ 石灰(石灰石)―石こう法
              ┌ 湿式 ├─ 亜硫曹―石こう法
排煙脱硫方式 ─┤     ├─ 希硫酸―石こう法
              │     └─ ウェルマンロード法
              └ 乾式 ── 活性炭吸着法
```

(i) 石灰（石灰石）―石こう法

第4図に示すように，石灰または石灰石スラリーの循環液と排ガスを接触させ亜硫酸カルシウムとして脱硫する．この液を空気によって酸化し，硫黄酸化物を石こうスラリーとする方式である．石こうスラリーは濃縮後，分離器で固液分離して石こうとして回収し，分離液は原料石灰を加えて吸収塔へ戻される．

この方式はプロセスが比較的簡単で，大容量のガスの処理に適し

第4図 石灰–石こう法

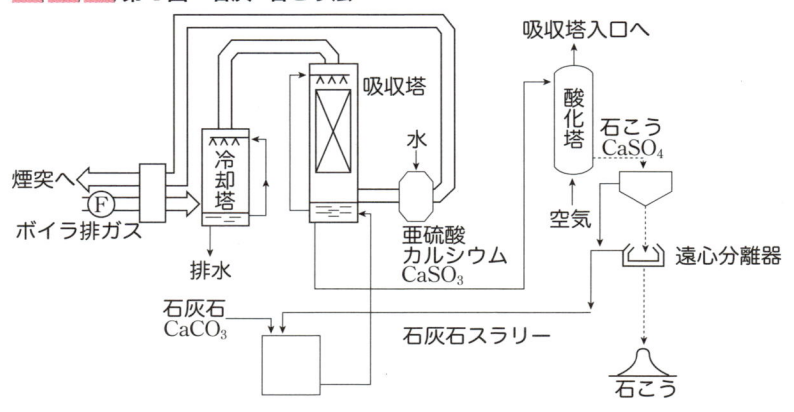

ているが，全系で扱うスラリーが系統内に付着するスケーリングの防止に配慮を必要とする．

(ii) 亜流曹–石こう法

第5図に示すように，吸収塔で亜硫酸ソーダ溶液によって脱硫し，重亜硫酸ソーダを生成する．この液を再生工程で石灰石を加えて亜硫酸ソーダと亜硫酸カルシウムとし，これを固液分離し，亜硫酸ソーダは吸収塔に循環させる．亜硫酸カルシウムは空気によって酸化し，石こうとして回収する．

第5図 亜硫槽–石こう法

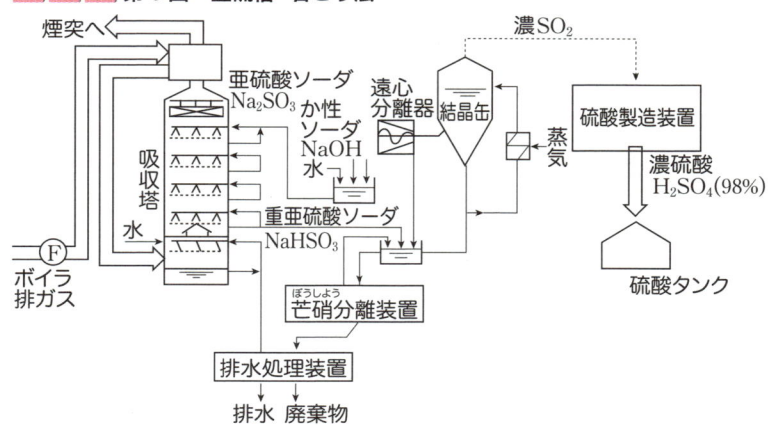

この方式は，吸収液が溶液であるため，吸収塔のスケーリングの心配はないが，プロセスが複雑となる．

(iii) 希硫酸–石こう法

第6図に示すように，触媒を含む水（希硫酸）を吸収剤として脱硫し，空気酸化して硫酸とする．この希硫酸溶液の一部を抜き出して石灰石を加え，石こうとする．石こうスラリーは固液分離し，石こうを回収するとともに，液は吸収工程へ戻す．

第6図　希硫酸–石こう法

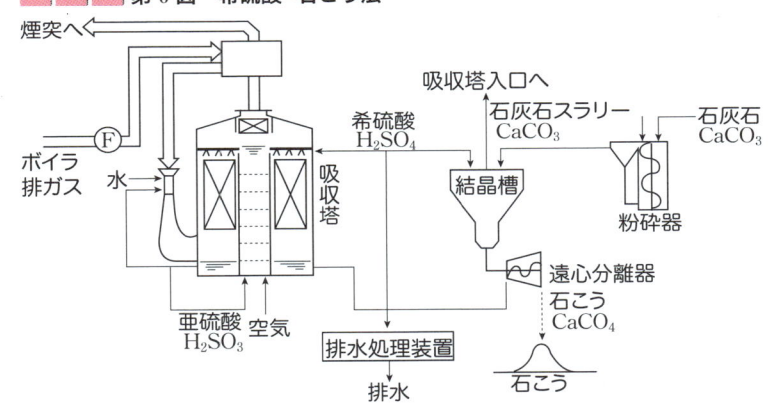

この方式は，プロセスは簡単であるが，吸収塔が大形となり，希硫酸による機器の腐食にとくに配慮を要する．

(iv) ウェルマンロード法

第7図に示すように，亜硫酸ソーダの濃厚吸収液で脱硫し，重亜硫酸ソーダとする．この液を再生工程で蒸気加熱し，二酸化硫黄を放出させるとともに亜硫酸ソーダを析出させる．亜硫酸ソーダは水に溶解し，吸収工程へ循環させ再利用する．放出された二酸化硫黄は水分を除去した後，硫酸工程で濃硫酸とする．

この方式は，高純度の濃硫酸を副生するという特徴があるが，プロセスはやや複雑となる．

(v) 乾式法

第8図に示すように，活性炭吸着法は，活性炭に二酸化硫黄，酸素および水蒸気を含むガスを接触させ，さらに水蒸気と反応して硫

テーマ6　火力発電所の環境保全対策の概要と大気汚染対策

第7図　ウェルマンロード法

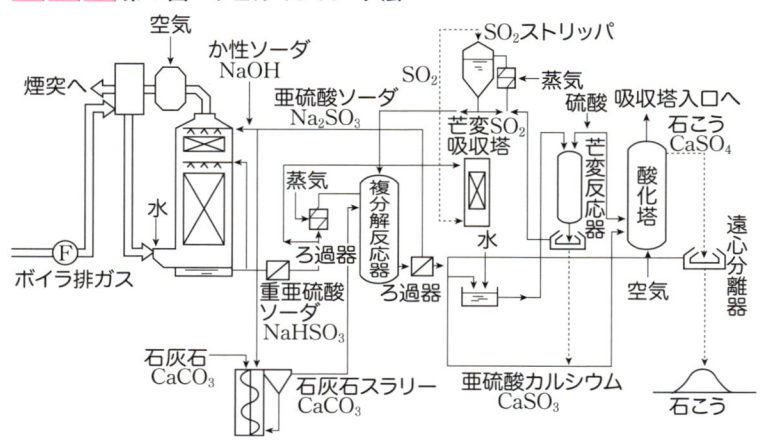

第8図　乾式法（活性炭吸着法）

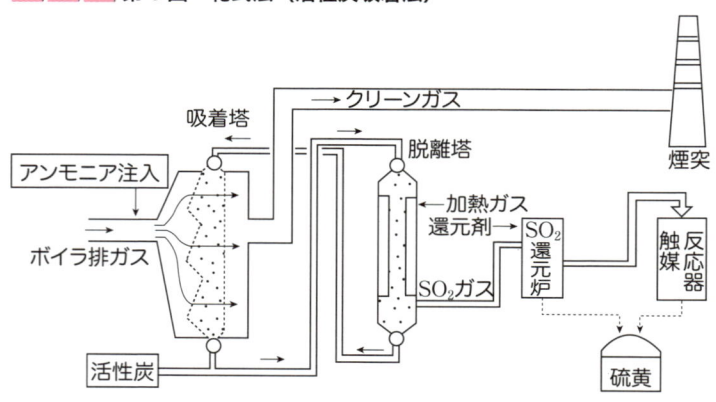

酸を生成して吸収させる．

(c)　炉内脱硫方式

第9図に示すように，800〔℃〕以上の高温の炉内に数ミリ程度に微粉砕した石灰石を吹き込み，$CaCO_3$の分解で生じたCaOにより硫黄酸化物を吸収し，$CaSO_4$として集じん装置により回収する方法である．

この方式は流動床燃焼と呼ばれ，石炭を燃料とした火力発電に用いられている．この方式を用いると比較的低コストで，簡単に脱硫を行

第9図 炉内脱硫方式（流動床）

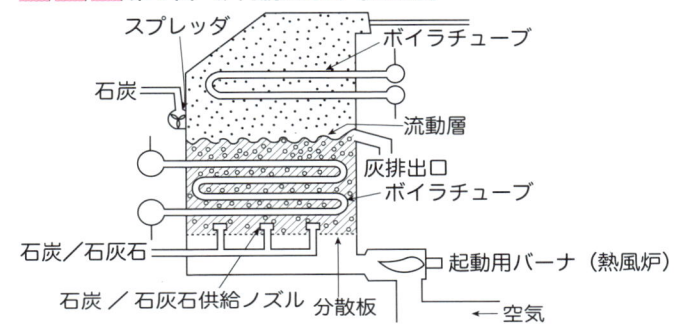

図中ラベル：スプレッダ、ボイラチューブ、石炭、流動層、灰排出口、ボイラチューブ、石炭／石灰石、起動用バーナ（熱風炉）、石炭／石灰石供給ノズル、分散板、空気

うことが可能である．

また，流動床燃焼においては，微粉炭燃焼ボイラに比べて炉内の燃焼温度が低いことから，窒素酸化物発生の抑制にも効果がある．

(2) 窒素酸化物対策

燃料中の窒素分の一部が燃焼により酸化して生成するFuel–NO_xと，燃焼用空気中の窒素分が高温で酸化して窒素酸化物となるThermal–NO_xがある．

窒素酸化物対策としては，燃焼を改善することにより窒素酸化物の発生を抑制する方法と，生成した窒素酸化物を除去する排煙脱硝とがある．燃焼の改善方法には，低空気比燃焼，二段燃焼，排ガス混合燃焼などがある．また，排煙脱硝は乾式と湿式に大別されるが，発電用ボイラに採用されているものの大部分は，乾式アンモニア接触還元法である．

(a) 燃料対策

ガス燃料は燃料の窒素分から発生するFuel–NO_xがないので，Thermal–NO_x分のみの対応となり，対策を図るうえで有利となる．

(b) 燃焼の改善

Thermal–NO_x対策としては，

① 燃焼温度を低下させる
② 燃焼域における酸素濃度を低下させる
③ 高温燃焼域での滞留時間を短縮する

以上の原理に基づく対策が単独あるいは組み合わせて用いられており，具体的には，次のような方法などが採用されている．

(ⅰ) 低空気比燃焼方式

　過剰空気量を少なくし，理論空気量に近い空気比で燃焼させる．

(ⅱ) 二段燃焼方式

　燃焼用空気を二段に分けて供給し，一段目では供給する空気量を理論空気量以下とし，二段目で不足の空気を補って供給し，系全体で完全燃焼させる．

(ⅲ) 排ガス混合燃焼方式

　燃焼排ガスの一部を燃焼用空気に混入して燃焼させる方式である．排ガスで薄められた空気は通常の空気に比べて酸素濃度が低いため，燃焼速度が遅くなり，火炎の最高温度が低下する．

(c) 排煙脱硝装置の採用

　排煙脱硝方式を分類すると第10図となる．

第10図　排煙脱硝方式の分類

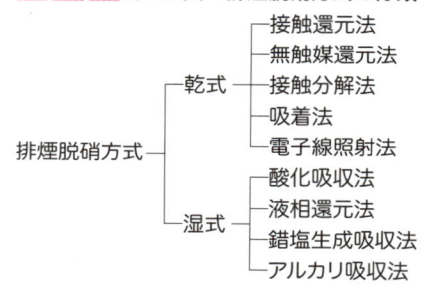

```
                    ┌─ 接触還元法
                    ├─ 無触媒還元法
           ┌─ 乾式 ─┼─ 接触分解法
           │        ├─ 吸着法
排煙脱硝方式┤        └─ 電子線照射法
           │        ┌─ 酸化吸収法
           │        ├─ 液相還元法
           └─ 湿式 ─┼─ 錯塩生成吸収法
                    └─ アルカリ吸収法
```

　発電用ボイラに採用されている排煙脱硝の方法の大部分は，乾式アンモニア接触還元法である．乾式アンモニア接触還元法は，触媒の存在下で排ガスにアンモニアを添加することにより，窒素酸化物を窒素と水蒸気に分解する方法である．

(3) ばいじん対策

　燃料中の灰分と不完全燃焼による未燃カーボンなどが排ガス中に微粒子として存在するもので，一般にナフサなどの軽質な燃料ほどその発生はなく，LNGなどのガス燃料ではばいじんの発生はない．

　ばいじん対策には，ばいじんの発生を抑制するものとして良質の燃料の使用と燃焼管理，発生したばいじんを除去する対策として集じん装置の採用がある．

集じん装置には，機械式集じん装置であるサイクロンと電気集じん装置があるが，現在発電用ボイラに採用されているもののほとんどは電気集じん装置である．

(a) **サイクロン**

第11図に示すように，サイクロンは遠心力を利用してガス中の浮遊粒子を分離捕集する装置である．

第11図　機械式（マルチサイクロン：単位）

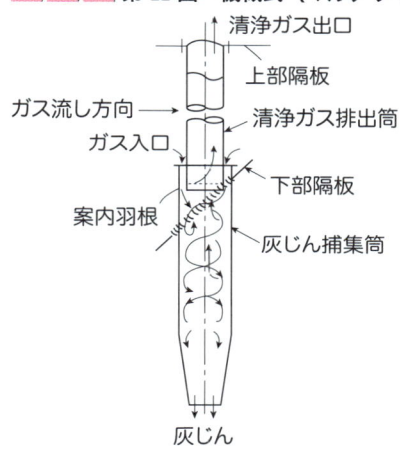

（図：清浄ガス出口，上部隔板，ガス流し方向，清浄ガス排出筒，ガス入口，下部隔板，案内羽根，灰じん捕集筒，灰じん）

石炭などばいじん量の多い燃料を使用するプラントで，電気集じん装置に対する前処理装置として採用されることが多い．

(b) **電気集じん装置**

電気集じん装置の特徴は，微粒子の捕集が可能なこと，および圧力損失が少ないことで，発電用ボイラにはほとんど電気集じん装置が設置されている．

電気集じん装置の原理を第12図に示す．集じん極，放電極間に直流高電圧を加え，放電極側に生じるコロナ放電によりガスの粒子を負に帯電させて，クーロン力により集じん極に吸引し捕集する．

第13図に電気集じん装置本体の構造を示す．がい管により絶縁支持された中央の細い針状の放電電極に負の高電圧を加え，コロナ放電を起こさせると，針状の放電電極から，接地された周囲の円筒集じん

第12図　電気集じん装置の原理（コットレル）

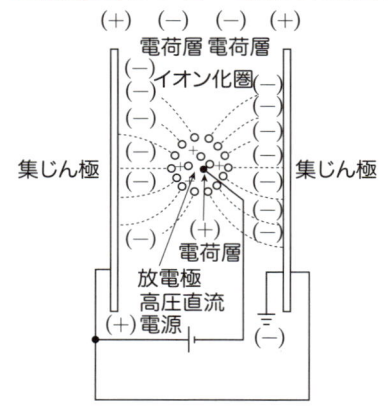

極の内面に向かって負イオンの流れが生じるとともに，両電極間に直流の高電界が形成される．次に，円筒の下部から固体または液体の微粒子を含むガスを入れると，粒子は負イオンの射突によって強力に荷電され，クーロン力により集じん極表面に付着する．

集じん極表面に粒子がある程度堆積した時点で集じん極を機械的につち打ちすると，堆積していた粒子は，集じん極からはく離落下し，下部のダストホッパに捕集される．

第13図の垂直円筒構造のほかに，第14図に示す平行平板形電極（集

第13図　円筒形電気集じん装置

第 14 図　平板形電気集じん装置

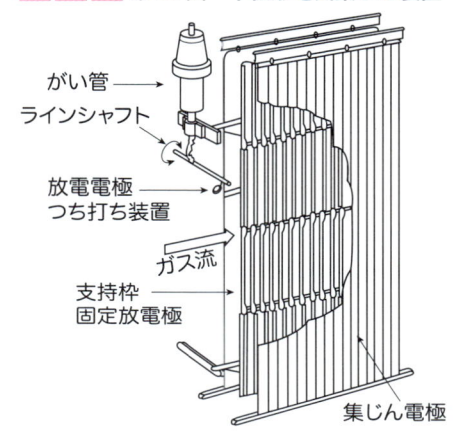

がい管
ラインシャフト
放電電極つち打ち装置
ガス流
支持枠
固定放電極
集じん電極

じん電極）構造のものでは，ガス流の方向も水平とすることが多く，ガス流の分布も容易となり，構造が簡単となる．

　接地した平行平板電極の間に細い放電電極を配置し，これに負の高電圧を加えコロナ放電を行い，電子を周囲に放出させる．そこにちりを含んだガスを送り込むと，ちりは負に帯電し，その結果，ちりは集じん電極に吸引され，ガス流からちりは取り除かれる．なお，必要に応じ，集じんフィルタが併用される．

(4) **粉じん対策**

　粉じんは，石炭火力において貯炭場，燃料の輸送用コンベアなどから発生する．粉じんの防止対策としては，貯炭場への散水，屋内式の貯炭場の設置，輸送用コンベアに対しては防じんカバー，防風板の設置を行っている．

テーマ 7 汽力・原子力発電所の所内単独運転

1 汽力発電所の所内単独運転の概要

　汽力発電所において，電力系統事故時にユニットが系統から分離された状態で所内単独運転を継続し，系統事故復旧後の再並列に備えることは，電力供給信頼度向上のためにきわめて有効な手段である．これは，送電系統の故障が比較的短時間に復旧するのに対し，発電所がいったん停止すると再起動に長時間を要するからである．

　所内単独運転を可能ならしめる方法としてFCB（Fast Cut Back）が採用されている．その概要は次のとおりである．

① 電力系統事故発生時にボイラへの入力である給水，燃料，空気などを過渡的協調を図りつつ急速に絞り込み，ボイラを失火させることなくボイラ自体を安定継続運転に移行させる．

② 所内負荷に見合う燃料量での安定した燃焼を継続させ，タービンの要求する蒸気条件に可能なかぎり近い蒸気を発生させるものであり，この状態での運転継続可能時間は数分から数十分程度である．

第1図　FCBの要因と機能

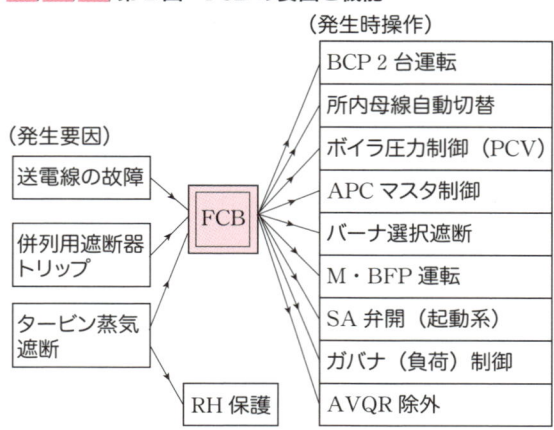

（発生要因）
- 送電線の故障
- 併列用遮断器トリップ
- タービン蒸気遮断

FCB

RH保護

（発生時操作）
- BCP 2台運転
- 所内母線自動切替
- ボイラ圧力制御（PCV）
- APCマスタ制御
- バーナ選択遮断
- M・BFP運転
- SA弁開（起動系）
- ガバナ（負荷）制御
- AVQR除外

2 汽力発電所のFCBを知る

　FCBの要因と機能を第1図に示す．FCB機能が起動される要因は，①送電線故障，②ガバナ弁のタービン無負荷状態およびインターセプト弁または再熱止め弁全閉の状態が，3秒間継続したタービン蒸気の遮断などである．

　第2図に示すとおり，FCB指令が発生すると，ボイラの入力である給水，燃料，空気量は，過渡的協調を保ちながら最低値（約5〔％〕）に絞り込まれ，FCBがリセットされるまでその値に保持される．その後はタービンの運転状態に呼応して単独運転に入り待機する．

　第3図に100〔％〕負荷遮断試験結果の例を示す．

第2図　FCB時の動作概要

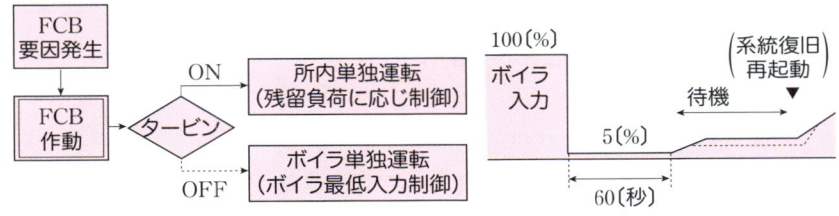

第3図　試験結果

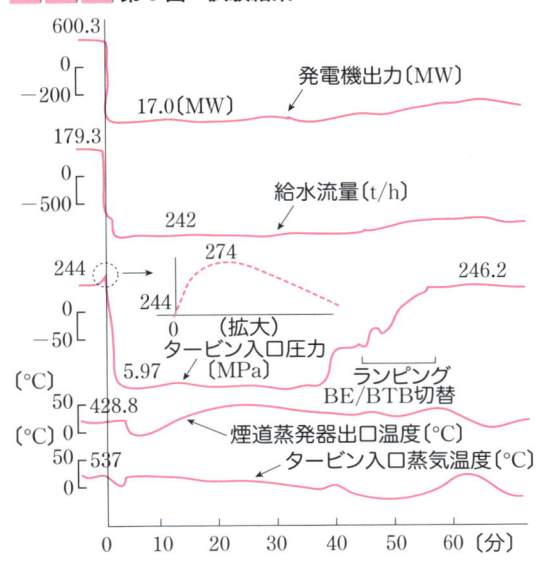

3 原子力発電所の所内単独運転の概要

供給信頼度向上の有効な手段であることは「1　汽力発電所の所内単独運転の概要」で述べたとおりであるがとくに，原子力発電ユニットは大容量機が遠隔地に建設されることが多く，落雷などによる電力系統事故時にユニットトリップすることなく所内単独運転に移行し次の出力運転に備え系統復帰を行うことは電力系統の安定化に大いに寄与する．

(1) 沸騰水型（BWR）の場合

電力系統事故が発生し，タービン発電機にかかっていた負荷が急に遮断された場合，タービンバイパス容量の小さいユニットでは，タービン加減弁急速閉を検出して原子炉をスクラムさせる．しかし，発電機負荷遮断は発電所側の機器異常に基づくものではないので，負荷遮断時に所内単独運転に入れば系統復旧後，原子力発電所としては，ただちに再並列し送電を開始することができる．

これを実現する方式として100〔％〕タービンバイパスシステムがある．100〔％〕タービンバイパスシステムをもったユニットでは原子炉蒸気の全量をタービンバイパス弁を通して復水器で処理することができる．負荷遮断時，パワーロードアンバランスリレーが作動し加減弁を急速閉させ，バイパス弁を急速開する．

また，原子炉には選択制御棒を挿入すると同時に，原子炉再循環ポンプをトリップ（またはランバック）させることにより原子炉出力を減少させる．なお，バイパス弁が作動しなかった場合には原子炉をスクラムさせる．

(2) 加圧水型（PWR）の場合

ユニットが定格出力運転中に，送電線事故などにより負荷遮断が発生し，送電系統から隔離されると，タービン発電機の出力は瞬時に所内負荷まで減少するが，原子炉出力は徐々に減少するので約十数分間タービン発電機出力と原子炉出力に差がでる．その結果生じる余剰の主蒸気はタービンバイパス系にて復水器に回収される．したがって，復水器は多量のダンプ蒸気を受け入れることになり，その処理量はピーク時定格放熱量の約2倍に達する．またダンプ蒸気量に見合う給水量を安定して蒸

気発生器に供給しなければならない.

　従来，PWRの原子力発電所の電力系統じょう乱による急激負荷遮断減少に対して，ユニット定格の40〔%〕蒸気流量をもつタービンバイパスシステムを設置して，50〔%〕ステップ状負荷減少を許容する設計を標準としている．これまでの負荷遮断の実績から，設計負荷減少能力を十分上回る能力を有していることが確認されている.

　これらの実績を考慮し，従来の40〔%〕容量のタービンバイパスシステムから70〔%〕容量に増加すれば，主蒸気逃がし弁の作動（約10〔%〕容量）を期待することなく，所内単独運転が可能となっている.

　所内単独移行時の挙動を第4図に示す.

　原子力発電所の所内単独運転継続可能時間は30分程度である.

第4図　所内単独移行時の挙動

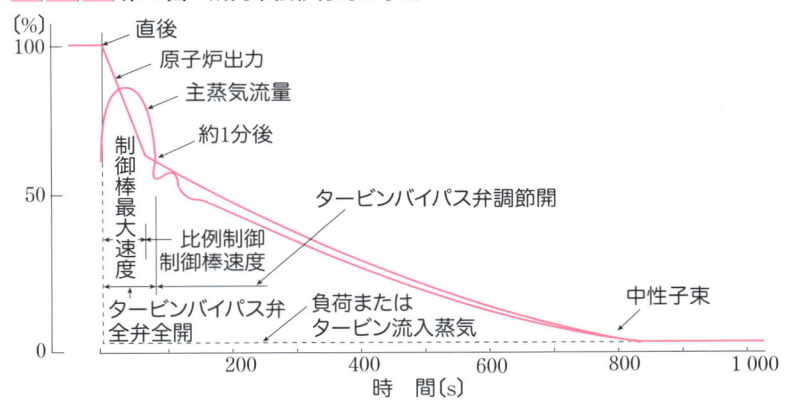

4　BWRの100%タービンバイパスシステムの動作フロー

100〔%〕タービンバイパスシステムの動作フロー図を第5図に示す.
このシステムはおもに次のものから構成される.
① 合計100〔%〕容量をもつ複数個のタービンバイパス弁
② バイパス弁を駆動する高圧油圧ユニット
③ バイパス弁急速開および圧力制御装置
④ バイパス蒸気を減圧する減圧多段オリフィス

テーマ7　汽力・原子力発電所の所内単独運転

第5図　100〔％〕タービンバイパスシステム動作フロー図

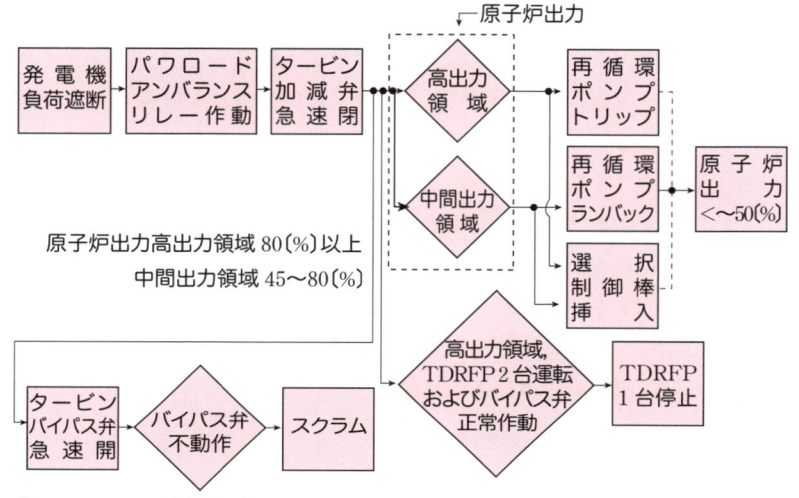

原子炉出力高出力領域 80〔％〕以上
中間出力領域 45～80〔％〕

⑤　バイパス蒸気を減温するコーン形減温装置
⑥　原子炉出力減少を行う再循環ポンプトリップおよび選択制御棒挿入装置

テーマ 8 汽力・原子力発電所の蒸気条件の差異とタービン系設備

汽力発電所と原子力発電所では，タービンに送られる蒸気の条件に違いがあることから，タービンをはじめとする機器類，付属設備の構造などが異なる．以下，これらの概要について述べることとする．

1 蒸気条件の差異を知る

汽力発電所のタービン入口蒸気は過熱蒸気であり，新鋭火力発電所では24.1〔MPa〕，811〔K〕（538〔℃〕）の超臨界圧力（蒸気圧力のみであれば31〔MPa〕，蒸気温度のみであれば873〔K〕）である．これに対して，軽水炉型原子力発電所のそれは沸騰水型と加圧水型で異なるが4.9～7.1〔MPa〕で若干湿り度を含んだ（約0.4〔%〕）飽和蒸気である．したがって，蒸気温度も533～563〔K〕（260～290〔℃〕）と低温である．

一方，タービン排気圧力は，復水器の真空度が冷却水（海水）の温度によって決まるため，汽力発電所でも軽水炉型原子力発電所でも変わらず，排気圧5.3～4〔kPa〕（真空度720～730〔mmHg〕）が採用されることが多い．

【解説】一般的に採用されている汽力発電所と原子力発電所における蒸気条件の比較を第1表に示す．

第1表 蒸気条件の比較

	汽力発電所 （超臨界圧ユニット）	原子力発電所	
		沸騰水型	加圧水型
入口圧力〔MPa〕	24.1	7.1	5.2
入口温度〔K〕(〔℃〕)	811/839(538/566)	555(282)	539(266)
湿り度〔%〕	－（過熱蒸気）	0.4（飽和蒸気）	0.4（飽和蒸気）

汽力発電所も原子力発電所も蒸気タービン内で膨張，仕事をさせた後復水に戻しふたたび熱を加え蒸気にするというサイクルであり，その効率は蒸気の圧力，温度を高めれば理論的には増すことができる．しかしながら汽力発電所では使用材料の強度問題などからわが国では第1表に示す超臨

界圧ユニットが普及している．軽水炉原子力発電所においても原子炉の熱水力学的制限，燃料棒に対する温度制限などから第1表の蒸気条件が採用されている．

2 蒸気タービンと付属設備へ与える影響

　排気条件（復水器の真空度）が汽力タービンと原子力タービンが等しいため，原子力発電所では，主蒸気圧力および温度が低い分だけ原子力タービン内での熱落差が少なくなる．このため単位出力当たりの蒸気消費量が増加し，しかも蒸気圧力が低いことによる体積流量の増加により大きな蒸気通路部が必要となり，汽力タービンに比較して原子力タービン各部の寸法が増加し羽根長さも増大している．

　つまり，汽力用は3 000または3 600〔min^{-1}〕機がおもに用いられるのに対して原子力用は1 500または1 800〔min^{-1}〕機が用いられる．具体的な構造上のタービンの蒸気条件に起因する特徴として次のようなものがある．

① 原子力タービンの高圧車室は汽力タービンに比べ圧力温度が低いため内部車室を設ける必要がなく，一重ケーシング構造となっている（汽力用高・中圧タービンでは，熱応力による金属材料の疲労を軽減するため二重構造になっている．）

② 原子力タービンにおいては入口蒸気条件から，ほとんどの段落が湿り蒸気領域で作動し蒸気中の水分が多いため浸食防止についての対策を施している．すなわち，蒸気中の湿分はタービン内部構造物を浸食するばかりでなく，羽根入口端に衝突する水滴によりタービンの内部効率を低下させるが，この湿分減少方法として湿分分離羽根を採用している．

③ 熱効率の向上および低圧タービンでの湿り度低減を図るため，高圧タービン排気を低圧タービンに導く途中に汽力タービンには見られない湿分分離器を設置し，蒸気中の水分を除去し低圧タービン入口蒸気をほぼ乾きに近い飽和蒸気にしている．

④ 給水加熱器系統においても蒸気条件の差によって異なり，汽力ユニットは8段の給水加熱器によって約553〔K〕（280〔℃〕）まで上昇しているのに対し，最近の原子力ユニットでは6段の給水加熱器で488〔K〕（215〔℃〕）まで上昇させている．また処理給水量，ドレン量が汽力に比べ大

きくなるため，給水加熱器は大形化している．
⑤ 復水器においては，原子力では汽力に比べ処理熱量が大容量となるため超大形となっている．
⑥ 沸騰水型原子力ユニットにおいては，タービン系の蒸気中に原子炉内において分解した水素および酸素を含んでいるため，従来の汽力と同じように復水器真空部における漏えい空気のほか，この水素および酸素を処理することになるための空気抽出器が非常に大形となる．

なお，原子力用タービンは車軸の重量が大きいため，ターニングの際の油膜を確保するために，軸受に油圧装置が設けられている．

【解説】 汽力タービンと比較して，原子力タービンは，大きな蒸気通路面積を必要とすることから，大容量機では4極機，すなわち1 500〔$\min^{-1}$〕機および1 800〔$\min^{-1}$〕機が選定される．その理由は，2極機，すなわち3 000〔$\min^{-1}$〕機および3 600〔$\min^{-1}$〕機では遠心応力などの問題から長翼化に制約を受け，膨張度の大きい低圧最終段に排気面積の大きな長翼を採用できない点にある．

1 500〔$\min^{-1}$〕および1 800〔$\min^{-1}$〕用の低圧最終段翼としては，第2表に示すような長翼が原子力タービンに採用でき，タービン形式はこれらの長翼の選択と排気分流数との組合せによって第3表に示すような最適出力範囲が定まる．

第2表 最終段翼長

回転数	翼長〔インチ〕	平均直径〔インチ〕	環状面積（ft^2）（単流当たり）
1 800〔$\min^{-1}$〕	35	110	84.0
	38	115	105.7
	43	132	123.8
	52	152	173.0
1 500〔$\min^{-1}$〕	35	110	84.0
	41	138	116.3
	52	152	173.0

第4表に主要項目を1 000〔MW〕超臨界圧汽力タービンと対比して示す．

また，汽力タービンでは高温特性に注意して材料が選択されるのに対して，原子力タービンでは，タービン各部が常時湿り蒸気に接しているために，耐食性のよいことを主眼として材料を選定している．

高圧ロータの外径は，汽力の低圧タービンとほぼ同じであり，一体鍛造も可能であるため，ディスク削り出し構造としている．低圧ロータは，高

テーマ8　汽力・原子力発電所の蒸気条件の差異とタービン系設備

第3表　原子力タービンの標準形式

	1 500 (min^{-1})	1 800 (min^{-1})
450～600 (MW)	TC4F35	TC4F38
600～800 (MW)	TC4F41	TC4F43
650～900 (MW)	TC6F35	TC6F38
900～1 300 (MW)	TC6F41	TC6F43

第4表　1 000 (MW) 汽力タービンと1 100 (MW) 原子力タービンとのおもな仕様比較

比較項目	汽力1 000 (MW)	原子力1 100 (MW)（沸騰水型）
定格出力	1 000 000 (kW)	1 102 000 (kW)
入口蒸気圧力	24.1 (MPa)	7.1 (MPa)
入口蒸気温度	811/839 (K) (538/566 (℃))	555 (K) (282 (℃))（湿り度0.4 (%)）
排気真空度	5.1 (kPa) (722 (mmHg))	5.1 (kPa) (722 (mmHg))
タービン形式 HP:高圧 IP:中圧 LP:低圧 G:発電機 MS:湿分分離器	クロスコンパウンド 4流排気，一段再熱式	タンデムコンパウンド 6流排気，非再熱式
回転数	3 000/1 500 (min^{-1})	1 500 (min^{-1})
最終段翼長	41インチ	41インチ
抽気段数	8段	6段
最終給水温度	552 (K) (279 (℃))	489 (K) (216 (℃))
タービン熱効率	46.69 (%)	33.42 (%)
タービン入口蒸気量	3 023 (t/h)	6 419 (t/h)
タービン発電機全長	プライマリ　35 (m) セカンダリ　42 (m)	74 (m)

圧ロータに比べて直径・重量が大きく，従来は一体鍛造が困難なため，ディスクを軸に焼ばめする形式を採用してきた．

最近では，低圧ロータも一体鍛造で製作する技術が確立し，一体形ロータ構造が採用されている．

テーマ 9 冷熱発電

　液化天然ガス（LNG）を使用する汽力発電所では，きわめて低温（-162〔℃〕）の液化天然ガスを海水で温めて気化すると，その過程で膨張力が生じてその体積が600倍の天然ガスとなる．この膨張した天然ガスを段階的にタービン翼に作動させて発電を行わせるのが，冷熱発電である．冷熱発電の採用により，LNG発電所の出力は約1〔％〕増加することが可能となる．以下，冷熱発電の原理と種類について述べる．

1　LNG冷熱の利用

　世界各地で産出された天然ガスは，大量輸送を容易にするため-162〔℃〕まで冷却して液化されLNGとなる．その過程で，天然ガスのもつエネルギーの約1割が消費され，この一部が「冷熱エネルギー」として蓄えられる．

　LNGを燃料として使用するためには，消費地において常温の天然ガスに再気化する必要がある．LNG冷熱とはその際-162〔℃〕のLNGが常温の天然ガスとなるまでに吸収することができるエネルギー（約830〔kJ/kg〕：大気圧）のことである．

　1980年ころまでわが国のLNG受入基地における再気化の方法の大半は，海水による単純加熱方式を採用していたため，LNGの保有する冷熱エネルギーは利用されずに海中に捨てられていた．しかし，1980年代から環境に対する国民意識の向上などから，この冷熱エネルギーの利用について検討と実用化が進められた．

　LNG冷熱発電は幅広い温度範囲にわたって冷熱が利用できるうえ，LNG気化量の負荷変動に対する追従性が良好で，一定流量運転が必要な空気分離や冷凍倉庫に比較して，火力発電所負荷などの変動，すなわちLNG流量に常に即応することができる．さらに需要のバランスの点においてもなんら制約がないので，電気事業者にとっては，最適な冷熱利用方法である．

　2000年に入り，冷熱発電には年間約850万〔t〕のLNGが利用されている．

現在稼動中の発電設備は，主として80年代に電力会社やガス会社がLNG受入基地に建設したものがほとんどである．

2　冷熱発電の原理

熱を動力に変える機関には，熱の供給源（高熱源）と熱の排出先（低温源）が必要であり，火力発電の蒸気タービンプラントや自動車エンジンなどの一般の熱機関は燃料の燃焼ガスを高熱源とし，自然環境を低温源としている．

冷熱発電は，LNGを火力発電所などの燃料として気化すると同時に，その冷熱を動力とした形で回収し，常温の天然ガスとして送り出すものである．つまり，常温の海水などの自然環境や燃料の燃焼ガスを高熱源とし，LNGを低温源とする熱機関によるもので，高熱源の熱のうち，動力として回収されなかったものは，LNGの気化熱として使用される．また，高熱源として自然環境のみを利用した場合，燃料は一切消費しないことになる．

冷熱発電は第1図のように，LNGに蓄えられる冷熱約830〔kJ/kg〕の20〜34〔%〕，すなわち170〜280〔kJ/kg〕を電気エネルギーとして回収することができる．したがって，LNG 1〔t〕当たり45〜80〔kW·h〕の発電が可能であり，これは気化した同量の天然ガスによる火力発電出力の約1〔%〕に相当する．

第1図　冷熱発電の原理

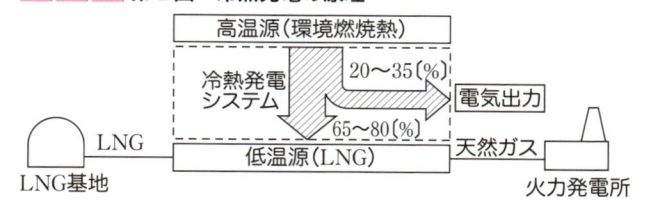

高温源（環境燃焼熱）
冷熱発電システム　20〜35〔%〕→電気出力
65〜80〔%〕
低温源（LNG）　天然ガス
LNG基地　　　　　　　　　　　　火力発電所

3　冷熱発電の方式

冷熱発電の方式としては，圧力エクセルギーを用いる直接膨張方式，温度エクセルギーを用いるランキン方式，二者の組合せ方式の三つがある．

直接膨張方式は，LNGを海水などで温めて気化させ，天然ガスの膨張

エネルギーによってオープンサイクルで直接タービンを駆動する．圧力差が大きくなるほど回収率は上がる．

一方，二次媒体方式は，LNGを別の媒体（プロパンガスなどの炭化水素ガスの二次媒体）で構成するランキンサイクルの低温熱源として利用し発電するものである．混合媒体の選択により効率が左右される．

また，二者を組み合わせた直接膨張／二次媒体（ランキン）組合せ方式は，ランキン方式で気化したLNGガスでさらに膨張タービン発電機を回し，熱回収率の向上を図るものである．なお，二次媒体としてはプロパンガスをおもに利用している．

4　直接膨張方式の原理と特徴

直接膨張方式は，LNGをサイクルの作動流体とする方式で，第2図(a)のように加圧したLNGを海水などを加熱源として気化器によって気化し，タービンで膨張させて出力を得るものである．加圧した水をボイラで蒸気にし，タービンで動力を発生させた後，工場用蒸気として排出する背圧式蒸気プラント（第2図(b)）と類似している．直接膨張方式の$P-i$線図を第3図に示す．

第2図　直接膨張方式と背圧式蒸気プラント

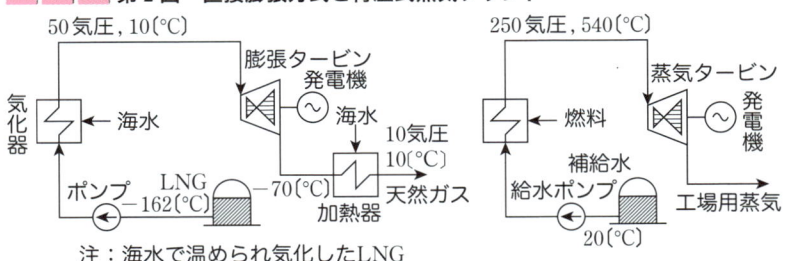

(a)　直接膨張方式
(b)　背圧式蒸気プラント

この方式は，ほかの方式と比較して冷熱利用度は大きくないが，システムが簡素であるため，原価は安く，所要スペースも狭くてよい利点がある．ただし一方では，LNG基地と火力発電所の場所が遠く離れている場合のように，冷熱発電後の天然ガス送出圧力が要求される場合，その出力はかなり制約を受けることとなる．

第3図 直接膨張方式の$P-i$線図

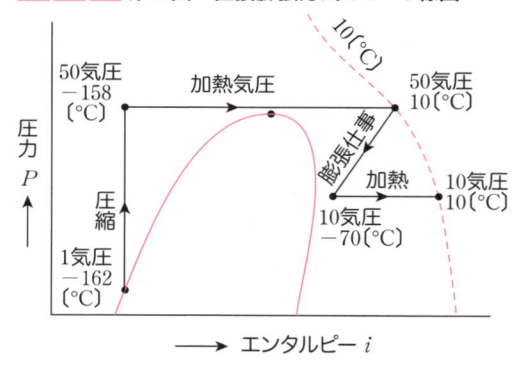

5 二次媒体方式の原理と特徴

　二次媒体方式は第4図のように，LNGを低温源，海水などを高温源とするランキンサイクルによるもので，二次媒体としてプロパンガスなどの炭化水素がおもに使用される．この方式によれば，送出圧力が高くても比較的大きな出力が得られる．二次媒体方式（エチレン）の$P-i$線図を第5図に示す．

　さらに第6図のように，直接膨張方式と二次媒体方式を組み合わせれば

第4図 二次媒体方式と一般の火力発電方式

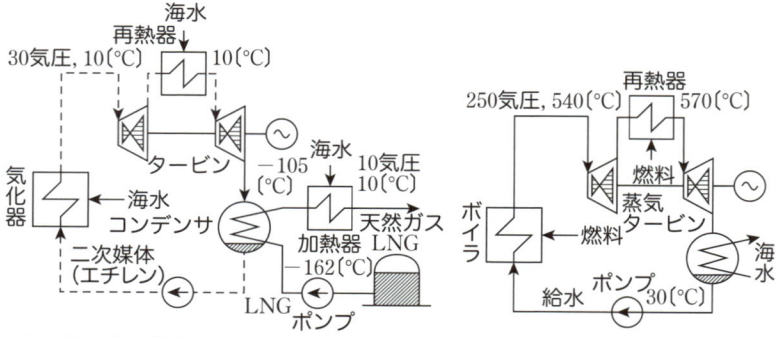

注；気化器で気体となり圧力が高まったエチレンは，二つのタービンで仕事をしたあとLNGで冷やされ液体となる．

(a) 二次媒体方式　　　　(b) 一般の火力発電方式

第5図 二次媒体方式（エチレン）の $P-i$ 線図

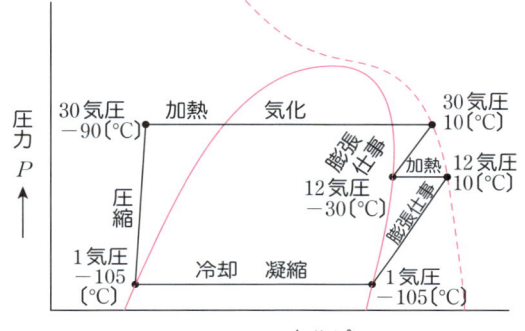

第6図 直接膨張−二次媒体組合せ方式

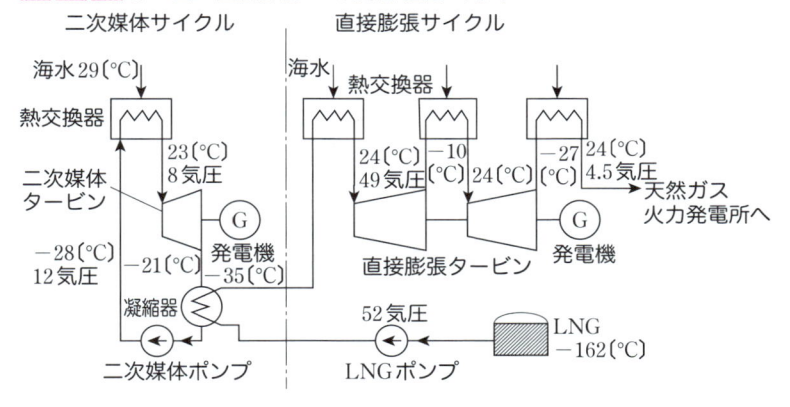

大出力を得ることができる．

　冷熱発電方式のその他の方式については，第1表に示すようなガスタービン方式などがある．

6　高効率LNG冷熱発電の開発

　1980年代に一斉に行われたLNG冷熱発電の建設は，1990年以後はほとんどなくなった．その理由としては，1980年代後半からガスタービンによる高効率コンバインドサイクル発電の導入が盛んになり，LNGの気化送出圧力の上昇が要求されたためである．つまり，「4　直接膨張方式の原

テーマ9 冷熱発電

第1表 冷熱発電方式の比較

比較項目 \ 冷熱発電方式	直接膨張式	直接膨張式と二次媒体方式（単一媒体使用）の組合せ	混合媒体式
特徴と問題点	・出力は小さい ・送出ガス圧力が低い場合に有効 ・発電コストは低い ・構成が簡単でスペースも小さい ・既存の技術で実施できる ・LNG以外の媒体は使用しない ・環境影響がない	・出力は大きい ・既存の技術の組合せで実施できる ・二次媒体として炭化水素またはフロンなど ・環境影響がない	・出力は大きい ・混合媒体として炭化水素の混合物 ・媒体の特性が複雑 ・各種の運転に対して検討が必要 ・環境影響がない
冷熱利用効率（試算例） 出力(kW)	7 900	11 900	11 900
冷熱利用出力(kW)	7 900	11 900	11 900
冷熱利用効率(%)	24	36	36
試算条件	送出ガス圧力0.55(MPa)　LNG使用利用量180(t/h)　海水温度17(℃)		
構成	（気化器・海水・海水・天然ガス・加熱器・タービン発電機・ポンプ・LNG -162(℃)）	（気化器・海水・海水・海水 -10(℃)・天然ガス・タービン発電機・ポンプ・二次媒体・LNG -162(℃)）	（タービン発電機・海水・海水・加熱器・多流体熱交換器・気化器・セパレータ・ポンプ・ドラム・ポンプ・LNG）

比較項目 \ 冷熱発電方式	クローズドガスタービン方式	オープンガスタービン方式
特徴と問題点	・正味出力はやや小さい ・複雑で大規模 ・大形高温ガス加熱炉が必要 ・燃焼を伴うので大気への影響あり	・正味出力はもっとも大きく期待できる ・複雑で大規模 ・空気中の湿分除去技術の確立が必要 ・燃焼を伴うので大気への影響あり，安全設計の確立が必要
冷熱利用効率（試算例） 出力(kW)	54 000（燃料使用量7.8(t/h)）	78 000（燃料使用量11.5(t/h)）
冷熱利用出力(kW)	8 500	14 800
冷熱利用効率(%)	26	45
試算条件	送出ガス圧力0.55(MPa)　LNG使用利用量180(t/h)　海水温度17(℃)	
構成	（圧縮機・タービン発電機・ガス加熱器・-130(℃)・熱交換器・350(℃)・冷却器・700(℃)・窒素サイクル・-162(℃)・LNG・ポンプ・天然ガス）	（排気・熱交換器・燃焼器・1 000(℃)・500(℃)・圧縮機・-120(℃)・タービン・-162(℃)・ガスタービンエンジン・LNG・ポンプ・20(℃)・天然ガス・10(℃)・吸気冷却器）

理と特徴」で述べたように，直接膨張サイクルで圧力エクセルギーを回収することが事実上できなくなったためである．

これに対し，コンバインドサイクルの排熱でLNGの気化を行う高い気化送出圧力の冷熱発電システムの提案が，大阪ガスによってされている（「エネルギー資源」1996年）．この提案では，都市ガスや電力会社での気化送出圧力を満たす3.5〔MPa〕の高圧でも，LNG 1〔t〕の気化で60〔kW·h〕以上の回収が可能としている．

また，1997年の新エネルギー・産業技術総合開発機構（NEDO）の調査によれば，LNG冷熱の年間最大利用可能量は約37〔PJ〕（P：peta＝10^{15}）と，わが国の家庭用の冷暖房需要の2割以上に相当するといわれている．

今後，3/4が未利用であるLNG冷熱の新たな利用技術開発を進めることがわれわれ技術者の課題であり，地球温暖化の一助となるであろう．

テーマ10 風力発電システム

　風力発電は，1891年デンマークのラクールが世界ではじめて風車に発電機を取り付けたことに始まるが，これが現在の近代的風力発電として再生したのは，1973年の第一次オイルショックを契機としてである．しかし，現在ではオイルショック問題よりも地球環境問題の観点から，その導入が進められるようになり，急速に建設が押し進められるようになってきている．

1　風力発電の特徴

　風力発電は，風車により風力エネルギーを回転エネルギーに変換し，さらにこの回転エネルギーを発電機によって電気エネルギーに変換し利用するものである．風力エネルギーはエネルギー資源として以下の二つの長所をもつ．

① 　風は太陽エネルギーによって空気が暖められることにより生じるので，太陽が照り続けるかぎり永遠に利用できる非枯渇性エネルギー資源である．

② 　火力発電のように，地球温暖化の原因となる二酸化炭素などの温室効果ガスや，原子力発電における放射性廃棄物などの有害物質を排出しないクリーンなエネルギー資源である．

　他方では次の欠点を有する．

① 　不規則で，間欠的である．

② 　エネルギー密度が低い．

　風力発電に適した地域や場所は，年間平均風速が高い所であるが，新エネルギー・産業技術開発機構は，気象庁のアメダスデータに独自の風況調査による計測データを補強して，風況マップを作成している．これは，風速のランク別に色分けした地図となっており，これにより大局的な強風・中風・弱風地帯が判定できる．この結果に基づき，出力規模についてクラス分けしている．

2 動作原理の概要

風力発電は，自然の風を利用して風車で発電機を駆動し，電気エネルギーを得るもので，年間を通じておおよそ6〜7〔m/s〕程度以上の風況のよい所が望ましいとされている．自然の風は風向，風速とも変動が激しく，自然の猛威にさらされることから，風車はこれに耐える強度や構造が必要である．

風力発電の風車には翼形の羽根を用い，羽根に発生する揚力を利用する．揚力は後述の抗力の50〜100倍にもなるので，非常に効率がよい．翼に働く力の関係を第1図に示す．

第1図 プロペラ風車の作動原理

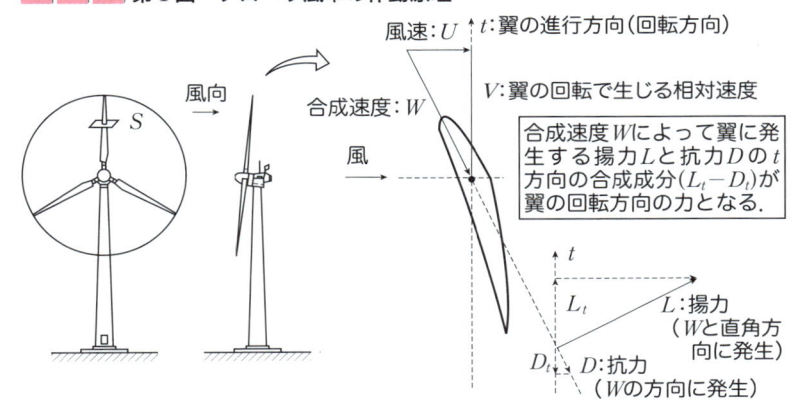

風向／風速：U／t：翼の進行方向（回転方向）／合成速度：W／V：翼の回転で生じる相対速度／風

合成速度Wによって翼に発生する揚力Lと抗力Dのt方向の合成成分$(L_t - D_t)$が翼の回転方向の力となる．

L_t／L：揚力（Wと直角方向に発生）
D_t／D：抗力（Wの方向に発生）

翼は正面から風速Uの風を受けると，それと直角方向に速度Vで回転するので，翼には合成された相対速度Wの風が吹いているのと等価になる．翼は風速Wの風を受けるとそれと直角方向に揚力Lと風の方向に抗力Dが発生する．翼回転方向には揚力Lの成分L_tとこれと反対方向に抗力Dの成分D_tが働く（いずれもW^2に比例）．したがって，$(L_t - D_t)$が翼を回転させる力となる．

風のもつ運動エネルギーEは，空気の質量をm，速度をvとすると，

$$E = \frac{1}{2} mv^2 \tag{1}$$

空気の密度をρ，風車の回転面積をAとすると$m=\rho Av$となるので，風車の出力係数（風車ロータの変換効率）をC_pとし，風車で得られる単位時間当たりのエネルギーPを求めると，

$$P = \frac{1}{2} C_p \rho A v^3 \tag{2}$$

となり，風車で得られるエネルギーは回転面積に比例し，風速の3乗に比例する．

風のもつ運動のエネルギーの利用には限界があり，理論的には約60〔％〕であるが，実際に得られるエネルギーは10〜30〔％〕程度である．

1920年ドイツのAlbert BetzがC_pは16/27（＝0.593）以上にはならないことを証明している（ベッツの限界という）．現在多くの風車のC_pは40〔％〕を超えてはいるものの，限界値にはいまだ達していない．風力エネルギーから最終的電気エネルギーまでの変換効率ηは最近の中形機で，おおむね次のようになっている．

$\eta = C_p \times \eta_m \times \eta_g \times \eta_0$
　$= 40〔％〕\times 95〔％〕\times 95〔％〕\times 95〔％〕$
　$= 35〔％〕$

ただし，C_p：風車ロータの変換効率
　　　　η_m：増速機の変換効率
　　　　η_g：発電機の変換効率
　　　　η_0：方位制御あるいは突風などによるもろもろのロス分を除いた変換効率

3 風力発電システムの概要

風力発電システムは第2図に示すように，風車，発電機，支持物および制御装置から構成されている．

風力エネルギーを集める風車の種類は，大別すると，第3図に示すように水平軸形と垂直軸形に分かれ，さらに揚力形と抗力形に分かれる．風力発電に使用されているものはプロペラ式，ダリウス式，サボニウス式がほとんどで，そのなかで適用範囲が広く（〜数千kW），効率のよいプロペラ形が世界的に広く普及している．

第2図　風力発電システム機器

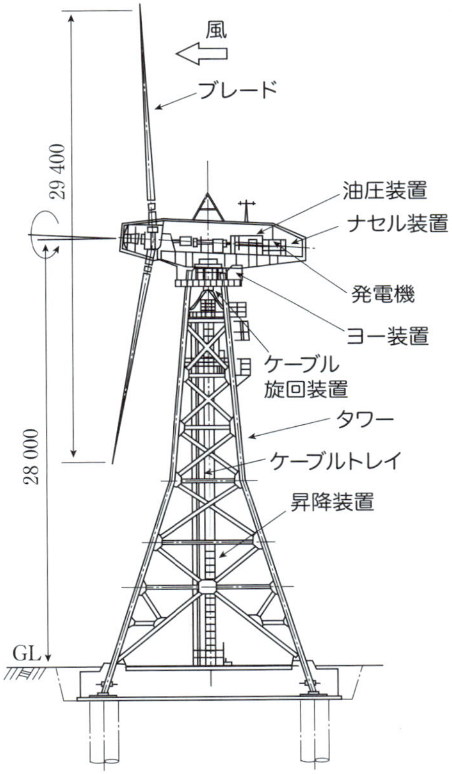

風
ブレード
29 400
油圧装置
ナセル装置
発電機
ヨー装置
ケーブル旋回装置
タワー
ケーブルトレイ
28 000
昇降装置
GL

(1) 発電機部分の構造概要

　第4図に300〔kW〕風力発電機部の構造図を示す．

　図に示すように，ナセルはロータハブ，増速機，発電機，ブレーキ，油圧装置，YAW（ヨー）架台，YAW軸受，ナセルカバー，センサ信号を集める中継箱などから成り立っている．ナセルカバーは内側に騒音吸収材をはるとともに密閉構造とし，騒音が外部に漏れないようにしている．また，振動防止のため風車本体とタワーの間に防振ゴムを取り付けている．

　ナセル外は，ブレードはもちろんのこと避雷針，風向計，風速計を取り付けてある．

テーマ10　風力発電システム

第3図　風車の種類

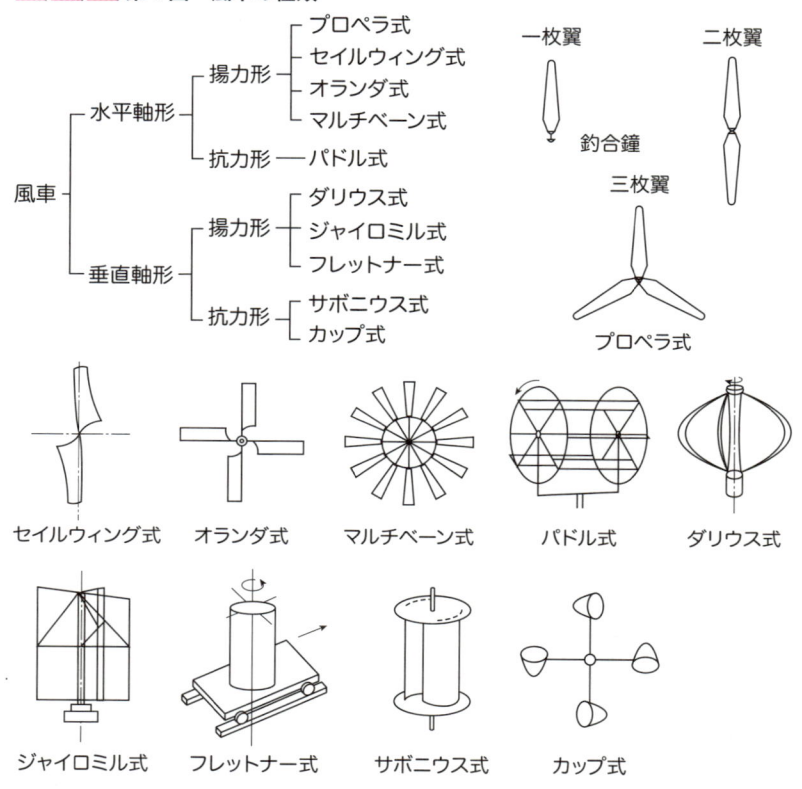

```
             ┌─ 揚力形 ┬─ プロペラ式
             │         ├─ セイルウィング式
風車 ┬ 水平軸形         ├─ オランダ式
     │       │         └─ マルチベーン式
     │       └─ 抗力形 ─ パドル式
     │
     │       ┌─ 揚力形 ┬─ ダリウス式
     └ 垂直軸形        ├─ ジャイロミル式
             │         └─ フレットナー式
             └─ 抗力形 ┬─ サボニウス式
                       └─ カップ式
```

一枚翼　　二枚翼
釣合鐘
三枚翼
プロペラ式

セイルウィング式　オランダ式　マルチベーン式　パドル式　ダリウス式

ジャイロミル式　フレットナー式　サボニウス式　カップ式

第4図　300〔kW〕風力発電機構造図

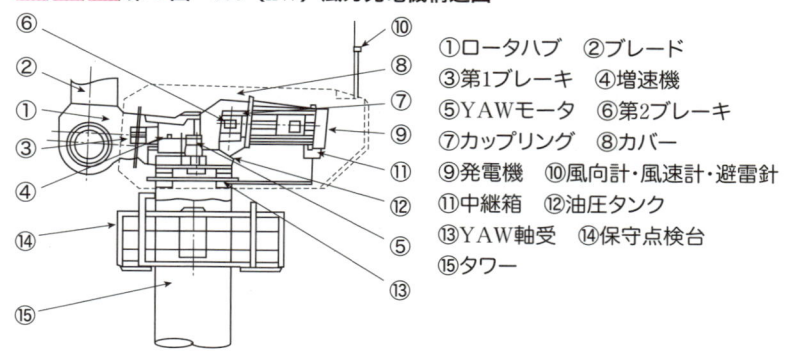

①ロータハブ　②ブレード
③第1ブレーキ　④増速機
⑤YAWモータ　⑥第2ブレーキ
⑦カップリング　⑧カバー
⑨発電機　⑩風向計・風速計・避雷針
⑪中継箱　⑫油圧タンク
⑬YAW軸受　⑭保守点検台
⑮タワー

(2) ブレード

　ブレードの材質のGFRPであるが，先端にステンレス鋼板，先端からハブまで銅のメッシュを表面に密着させ，直雷による被害を防止している．また，台風など風速25〔m/s〕以上の強風時には風向きと平行にし，風圧荷重を減らすようにしている．

(3) 発電機

　一般に誘導発電機が使用される．これは，系統に依存することにより，回転数制御，負荷調整，制御回路などの高価で複雑な機器が不要となるほか，次の理由による．
① 系統と連系することにより風車回転数がほぼ一定になる（自動回転数制御）．
② 発電出力は滑り率によって決まり，ブレードからの入力と比例し，自動的に出力を調整する（自動負荷調整）．
③ 電圧，電流の制御が不要である（制御回路不要）．
④ 構造が非常にシンプルであり，故障が少ない．

　風力発電システムには，一般的に誘導発電機が用いられる．励磁電流を系統からとるため，励磁装置は不要であるが，系統に併入しないと発電できない．風速が変化すると有効電力のみでなく無効電力も変化するので電圧変動の問題がある．

　このため，大形の風力発電設備には，同期発電機を設置する場合が多い．

　同期発電機は，系統に並列しているとき無効電力の制御が可能であるため風速が変化して有効電力が変化しても，無効電力を一定またはゼロに保てるので，系統に並列後の電圧変動の問題はない．系統に並列するときは，同期装置を使用するので突入電流も少ない．

　風速が変化するなかで，年間発生電力量を最大とするためには，その風速における風車の最大出力点で運転することが必要であり，風速に見合って発電機の回転数を変えなければならない．このためには，発電機の磁束（∝電圧／周波数）を一定にして，回転数を変えるVVVF装置を必要とする．これは，周波数が変動する発電機の出力をコンバータで一度，直流に順変換し，さらにインバータで系統周波数の交流に逆変換して系統に接続するもので，DCリンク方式と呼ばれる．

(4) ブレーキ

ロータ用ブレーキは低速側に第1ディスクブレーキ，高速側に第2ディスクブレーキがある．第1ディスクブレーキはサービスブレーキとして，第2ディスクブレーキは緊急停止用ブレーキとして使う．各ブレーキの配管はすべて別系統の油圧回路となっている．油圧タンクは一般に3台あり，停電時，強風停止時に備えて，1週間ほど保持できるようになっている．

YAWブレーキは，機械的なスプリング圧と自重とにより，YAWリングに固定する．

(5) YAW

第4図に示すようにYAWは，YAWベアリング，架台YAWブレーキからなる．YAWは平均10分ごとに風向きを検出し，風向きの頻度が多い方向に移動する．

4　風車の出力制御方法

風車出力は風速の3乗に比例して大きく増加するため，風速が定格値を超えたとき発電機を過負荷にさせないよう，風車の出力制御が必要となる．その方式としてピッチ制御またはストール（失速）制御が用いられる．

(1) ピッチ制御

ピッチ制御は，発電を始めるカットイン風速（3〜5〔m/s〕）から定格風速（8〜16〔m/s〕）までは，風車が風エネルギーを最大限受けられるように，ブレードの取付け角（ピッチ角）は最小値に固定される．風速が定格風速を超えたら発電機出力が一定となるよう，油圧または操作電動機でピッチ角を制御して風のもつエネルギーを逃がすものである．カットアウト風速（24〜25〔m/s〕）以上になったらピッチ角を風向に平行（フェザー状態）にして待機状態とする．

(2) ストール制御

ストール制御は，ピッチ角は固定であり，風速が定格値以上になると，ブレード形状の空気力学的特性により，失速現象を起こして出力が低下することを利用したものである．

5　単独運転防止と転送遮断装置

　風力発電に一般的に使用される誘導発電機は，系統から励磁電流の供給を受けて発電しているので，系統が停止すれば発電機として機能しなくなり，単独運転はできない．しかし，同一系統内に容量性の負荷が存在する場合等には，当該発電機を系統から切り離さないかぎり，単独運転を継続し，周波数や電圧が異常になるおそれがある．そのおそれがある場合には，転送遮断装置などの設置により，電力系統事故時に風力発電が単独運転となることの防止が図られている．

　系統連系規程（JEAC 9701−2019）では，逆潮流がある場合は，単独運転状態を確実に防止するため，単独運転検出機能を有する装置か，転送遮断装置を設置するように記述されている．

　転送遮断装置は，第5図に示すように，配電用変電所の送り出し遮断器が開放したことを検出し，その情報を分散形電源側の連系遮断器まで伝送し，連系遮断器を遮断させる装置である．しくみは親局，子局と伝送路だけで簡単であり，高速に遮断できるため単独運転時の発電機にかかるストレスを低減できるなどの特徴をもっている．

第5図　転送遮断保護システム例

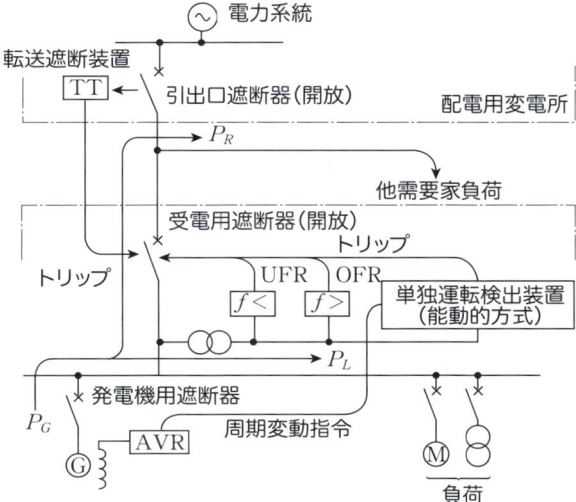

テーマ11 変圧器の過負荷運転

　変圧器絶縁物の寿命は，巻線温度に大きく影響される．最高点温度95〔℃〕で連続運転したときの寿命は30年程度とされ，これを正規寿命とする．最高点温度が6～8〔℃〕高くなるごとに寿命が半減する，といわれている．

　電気学会技術報告「油入変圧器運転指針」によると，正規寿命を損なわない範囲で行う過負荷運転方法が示されている．

1 過負荷運転の条件

　「指針」によると，おおむね次の条件で過負荷運転ができる．ただし，負荷電流は定格電流の150〔%〕以下，巻線最高点温度は150〔℃〕以下，最高油温は100〔℃〕以下とする．

(1) **短時間の過負荷**

　24時間以内に1回短時間だけ過負荷する場合は，過負荷時間および過負荷前の負荷率に応じて，一定の過負荷運転を行うことができる．

(2) **周囲温度低下の場合の過負荷**

　周囲温度が25〔℃〕より低い場合は，上記の(1)に対して，さらに一定の過負荷運転を行うことができる．

(3) **温度上昇試験記録の値が低い場合**

　規定の温度上昇限度より試験値が5〔℃〕以上低い場合は，その差1〔℃〕ごとに，定格出力の1〔%〕の過負荷ができる．

(4) **冷却装置の増設などの場合**

　以上の各過負荷の条件を加え合せて過負荷運転ができる．また，寿命を若干犠牲にしてもやむを得ないとしたときは，さらに多くの過負荷運転ができる．

　【解説】　変圧器の絶縁物は，運転中に温度，湿度，酸素などによってしだいに劣化する．劣化が進むと，異常電圧や外部短絡による電気的・機械的ストレスを受けたとき，絶縁破壊する危険が増してくる．変圧器を運転

テーマ11 変圧器の過負荷運転

開始してから，この危険度が非常に高まった時点までを絶縁物の寿命といっている．具体的には，絶縁物の引張強さなどの機械的強度がなくなった時点と考えることが一般に行われている．

絶縁物の寿命は一般に巻線温度の関数として，次式で表される．

$$Y = a\mathrm{e}^{-b\theta_H}$$

ただし，Y：絶縁物の寿命
　　　　a, b：定数
　　　　θ_H：巻線の最高点温度〔℃〕

また，最高点温度が6～8〔℃〕高くなるごとに寿命が半減するといわれている．

この考え方に基づき，電気学会技術報告「油入変圧器運転指針」では，正規寿命を損なわない範囲で行う過負荷運転方法が示されている．

(1) 周囲温度低下による過負荷

冷却空気の1日の最高温度が30〔℃〕より1〔℃〕下がるごとに（水冷式では冷却水最高温度が25〔℃〕より1〔℃〕下がるごとに）第1表の値だけの過負荷ができる．ただし，冷却空気または冷却水が0〔℃〕以下になっても，それ以上は過負荷できない．

第1表　周囲温度の低下と過負荷との関係

冷却方式	定格出力に対する過負荷の割合(%)
自冷式	0.8
水冷式	0.8
強制風冷式	0.8
送油式	0.8

たとえば周囲温度10〔℃〕の場合，変圧器は

$$0.8 \times (30 - 10) = 16 \text{〔\%〕}$$

の過負荷を許容することができる．

(2) 温度上昇試験記録による過負荷

規定の温度上昇限度（たとえば55〔℃〕）に対し，試験値との温度差が5〔℃〕以上の場合，5〔℃〕を超えるごとに第2表の値だけの過負荷ができるとしている．

第2表 温度上昇試験記録による過負荷

冷却方式	定格出力に対する過負荷の割合〔%〕
自冷式	1.0
水冷式	1.0
強制風冷式	1.0
送油式	1.0

たとえば，巻線平均温度上昇試験値が45〔℃〕であった場合，

$$1.0 \times (55 - 5 - 45) = 5 \text{〔\%〕}$$

の過負荷を許容することができる．

(3) **短時間の過負荷**

24時間以内に1回短時間だけ過負荷する場合は，過負荷時間および過負荷の負荷率に応じて，第3表に示す数値だけの過負荷ができる．

第3表 短時間の過負荷指針

冷却方式		定格出力の倍数〔%〕					
		自冷式および水冷式			油送式および送風式		
過負荷前の負荷〔%〕*		90	70	50	90	70	50
過負荷時間〔時間〕	1/2	147	150	150	139	145	150
	1	133	139	145	126	130	132
	2	120	125	129	116	118	121
	4	110	114	115	108	110	112

* 過負荷前の負荷の2時間平均および過負荷時間を除く24時間の平均を求め，いずれか大きい方をとる．

(4) **負荷率の低下による過負荷**

24時間以内の時間周期を有する負荷の負荷率（平均負荷／最高負荷×100）が90〔%〕より低くなった場合，90〔%〕との差1〔%〕ごとに第4表の数値だけの過負荷を許容することができる．

(5) **種々の条件が重なった場合の過負荷**

周囲温度低下による過負荷，温度上昇試験記録による過負荷，および短時間の過負荷（あるいは，この代わりに負荷率低下による過負荷）は，その過負荷〔%〕を加算することができる．

ただし，連続的に過負荷する場合は，第5表の値以上過負荷してはな

テーマ11　変圧器の過負荷運転

第4表　負荷率低下による過負荷

冷却方式	定格出力に対する過負荷の割合〔%〕	最高限度〔%〕
自冷式	0.5	20
水冷式	0.5	20
送風式	0.4	16
送油式	0.4	16

第5表　最高許容負荷

冷却方式	最高許容負荷〔%〕
自冷式	125
送風式	
送油風冷式	
水冷式	120
送油水冷式	

らない．

　また，短時間過負荷の場合も第3表に示すとおり150〔%〕以上過負荷してはならない．

2　過負荷運転時の留意事項

　過負荷運転の条件は，絶縁物の熱的劣化のみを考慮したものであり，実際の過負荷運転に際しては，以下の点に留意し，確認，および調整しておく必要がある．

① 変圧器と直列の遮断器，断路器，変流器などの容量，および接触部の過熱に注意する．

② 変圧器のブッシング・タップ切換器の電流容量，タップ切換器の切換能力，絶縁油の容積増加などについて検討しておく．

③ 継電器の整定を検討し，必要があれば整定変更を行う．

④ 変圧器の使用年数（20年以上使用したものはできるだけ過負荷を避けた方がよい）

　【解説】　上記のほか，変圧器と直列の遮断器，断路器，変流器など外部回路の容量，および接触部の過熱にも注意する必要がある．

　使用年数が20年以上の変圧器，あるいは事故が多く発生するなど，劣

化が進んでいると思われるものを過負荷運転する場合には，個々に許容できる過負荷の限度を検討しておく必要がある．

　また，戦時中資材を節減するのを目的として，温度上昇の面だけを制約したJEC–36Z（温度上昇に関する暫定規格）に基づいて製作された変圧器については，上記指針はそのまま適用できず，この指針の約80〔%〕程度の過負荷としておく必要がある．

　なお，寿命を若干犠牲にしてもやむを得ないとした場合には，過負荷の上限をさらに増加することも可能であるが，この場合には，別途指針に従い寿命の低下について検討しておく必要がある．

変圧器の負荷試験方法

テーマ 12

　変圧器の負荷試験は，現地据付後に変電所の規模，変圧器容量などの条件によって，実負荷法，等価負荷法，返還負荷法が用いられている．以下，この3種類の試験方法について述べる．

1　実負荷法による試験

　実負荷法は，言葉に示されるとおり供試変圧器の定格出力に相当する負荷を供給して行う試験方法である．

　実際の試験の実施にあたっては，変圧器試験時のタップ電圧が定格タップ電圧と相違するときは，加える試験電圧によって無負荷損が決められることから，工場試験成績書の無負荷特性曲線から試験時の無負荷損を求める．

　また，負荷損は供給される負荷電流の2乗に比例するので，定格出力電流と試験時における負荷電流が相違する場合は，(1)式に示す試験時の供給負荷電流と定格出力時の電流との比の2乗を定格出力における負荷損 W_c 〔W〕に乗じて試験時の負荷損 W_c' 〔W〕を算出することとなる．

$$W_c' = \left(\frac{試験時の供給負荷〔kV \cdot A〕}{供試変圧器の定格出力〔kV \cdot A〕} \right)^2 \times W_c 〔W〕 \tag{1}$$

　以上のことから，試験実施時の負荷損と無負荷損を決定する．

　上記により実測した値は補正する必要がある．したがって，実測値から定格出力における絶縁油の温度上昇値を(2)式に示す式を用いて，補正計算して求める．

$$\theta = \theta' \left(\frac{W_i + W_c}{W_i' + W_c'} \right)^\alpha \tag{2}$$

　　　ここに，θ：補正した油またはガスの温度上昇値〔℃〕
　　　　　　　θ'：実測した油またはガスの温度上昇値〔℃〕
　　　　　　　W_i：供試変圧器の無負荷損〔W〕
　　　　　　　W_i'：供試変圧器の供給無負荷損〔W〕

W_c：供試変圧器の定格出力時の負荷損〔W〕

W_c'：供試変圧器の試験時の負荷損〔W〕

α：配電用変圧器（自然循環式，最大定格容量2 500〔kV・A〕の場合0.8，油自然循環変圧器，ガス入自然循環変圧器で上記より大容量の場合0.9，油強制循環変圧器，ガス入強制循環変圧器の場合1.0）

2　等価負荷法による試験

等価負荷法は，変圧器の全損失のうち負荷損のみを供給して試験を行う方法である．実際には，一方の巻線を短絡してほかの巻線から負荷損を供給するので，試験用電源には供試変圧器のインピーダンス電圧に相当する容量を必要とする．等価負荷法には，以下に述べる三つの方法がある．

⑴　**無負荷損を含めた全損失を負荷損と見立てて供給する方法**

この方法は，無負荷損を含めた全損失を負荷損と見立てて供給することから，試験時の電流は定格電流に無負荷損分の電流をプラスして流すこととなる．試験時の供給電流I'〔A〕は，次式により求められる．

$$I' = I_T \sqrt{\frac{W_i + W_c}{W_c}} \ \text{〔A〕} \tag{3}$$

ここに，I_T：供試変圧器のタップ電流〔A〕

I'を供給するためのインピーダンス電圧V_Z'〔V〕は，次式により求められ，この電圧を得ることができれば，容易にこの方法で試験することが可能となる．

$$V_Z' = \frac{I'}{I_T} \cdot \frac{V_Z}{100} V_T \ \text{〔V〕} \tag{4}$$

ここに，V_T：供試変圧器のタップ電圧〔V〕

V_Z：供試変圧器のパーセントインピーダンス電圧〔%〕

⑵　**負荷損のみ供給する方法（放熱器冷却面積100〔%〕使用の条件）**

この方法は，放熱器（または冷却装置）の調整をせずにその冷却面積を100〔%〕使用して，全損失のうちの負荷損のみを供給する試験方法である．一般に，この方法による場合，所定のインピーダンス電圧を得ることが困難なので，実測した絶縁油の温度上昇値より定格時の損失と

試験時の供給負荷損との関係によって，定格状態の絶縁油温上昇に補正することが必要となる．この補正計算は，次式による．

$$\theta = \theta' \left(\frac{W_i + W_c}{W_c'} \right)^a \quad (5)$$

ここに，$W_c' = \left(\dfrac{I'}{I_T} \right)^2 W_c$ である．

この方法で試験するときの供給損失は，全損失の少なくとも80〔％〕以上を必要条件としている．

(3) **負荷損のみ供給する方法（放熱器冷却面積100〔％〕以下での条件）**

この方法は，供給する負荷損の値を適当な値として，不足分については放熱器（または冷却装置）の調整を行って試験する方法である．つまり，放熱器（または冷却装置）の有効冷却面積を低減して定格状態と条件的に等価な状態のもとで試験を実施するものである．

この場合，供給できる損失と定格の損失とから試験時に使用する放熱器の本数をあらかじめ決定しておき，実測した絶縁油の温度上昇補正を行うものである．

使用する放熱器の本数の決定と，実測した絶縁油の温度上昇補正は以下のように行われる．

試験時に必要な冷却面積 N は，次式により求められる．

$$N = (m+n) \frac{W_c'}{W_i + W_c} \quad (6)$$

ここに，

　m：供試変圧器の外箱の放熱器換算本数〔本〕（または冷却面積〔m^2〕）
　n：供試変圧器の放熱器本数〔本〕（または冷却器の冷却面積〔m^2〕）

試験時に使用する放熱器の本数 n'〔本〕は，次式により求められる．

$$n' = N - m \quad (7)$$

n' が整数でない場合は，n' にもっとも近い整数 N' をとり，これを使用本数とする．したがって，温度補正係数 k は，

$$k = \frac{m + N'}{N} \quad (8)$$

となり，補正油温上昇 θ は，

$$\theta = \theta' \frac{m+N'}{N} = \theta' k$$

で求められる．

ただし，以上のようにして決定された試験時の放熱器の使用本数が全本数の20〔%〕以下となった場合は，放熱器を調整することを中止し，改めて放熱器を100〔%〕使用として試験し，⑵の方法により補正することが望ましい．

3　返還負荷法による試験

返還負荷法は，供試変圧器が2台以上または適当な補助変圧器が使用できる場合に用いられる方法である．

⑴　電源が二つある場合の方法

　この方法は，電源が二つある場合，供試変圧器2台を組み合わせて無負荷損および負荷損をそれぞれ別個に供給して試験を実施する方法である．定格の損失が供給できない場合，前述の等価負荷法の場合と同様に実測した絶縁油の温度上昇値を補正する必要がある．

　第1図に単相変圧器2台を使用した場合の結線図を，第2図に単相変圧器3台を使用した場合の結線図を，第3図に三相変圧器2台を使用した場合の結線図をそれぞれ示す．

第1図　単相変圧器2台使用による温度上昇試験回路図（返還負荷法）

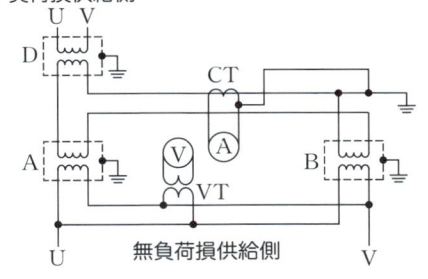

＊記号の説明は第1図から第5図まで共通である．
CT：変流器　　　　VT：計器用変圧器
A：供試変圧器　　 B：供試変圧器
C：供試変圧器　　 D：補助変圧器
Ⓥ：電圧計　　　　Ⓐ：電流計

⑵　タップ電圧差を利用する方法

　この方法は，無負荷損供給用の電源を用意しておき，負荷損の供給に

テーマ12 変圧器の負荷試験方法

第2図　単相変圧器3台使用による温度上昇試験回路図（返還負荷法）

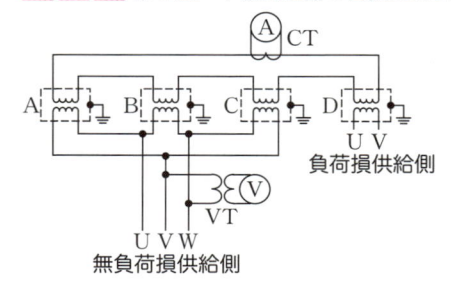

第3図　三相変圧器3台使用による温度上昇試験回路図（返還負荷法）

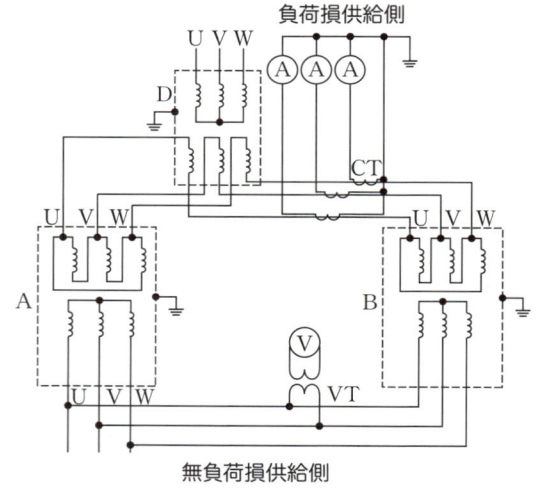

　ついては供試変圧器のタップ差電圧を利用して循環電流を流すことにより試験を行う方法である．この場合の電源としては，供試変圧器の定格電圧を供給でき，タップ差による差電流と2台分の無負荷電流との和のみを供給できる容量を確保すればよい．

　ただし，一般にタップ差電圧は供試変圧器のインピーダンス電圧を100〔％〕補償することが困難なことから，試験時の損失を循環電流から負荷損，供給電圧から無負荷損を求め，前述の(2)式から実測油温上昇値を補正することとなる．

　この方法によるタップ差電圧は，組合せ変圧器のインピーダンス電圧

の和にもっとも近く，かつ，それ以下の電圧が得られるように決定する．さらに，試験時に電圧を供給する側は，変圧器の一次，二次側のどちらを利用してもよいが，電源設備により決定する．ただし，組み合わせたいずれの変圧器もタップ差による10〔%〕以上の過励磁にならないよう注意が必要である．

　第4図に単相変圧器2台を使用した場合の結線図を，第5図に三相変圧器2台を使用した場合の結線図をそれぞれ示す．

第4図　単相変圧器2台使用によるタップ差電圧利用の温度上昇試験回路図

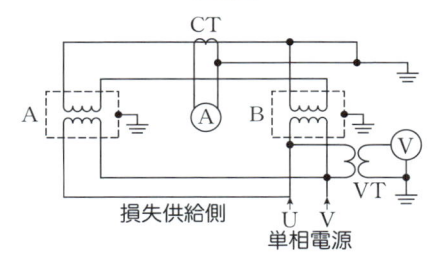

第5図　三相変圧器2台使用によるタップ差電圧利用の温度上昇試験回路図

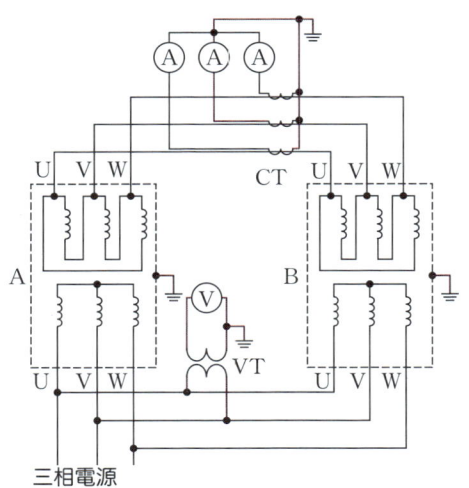

テーマ13 油入変圧器の絶縁（寿命）診断方法

　変圧器は電力供給のかなめであり，安定供給の確保面から絶縁に関する診断は適切な寿命判定を行う必要がある．

　油入変圧器の寿命は絶縁物の劣化で決定され，さまざまな診断が行われているが，通常よく行われている絶縁油耐圧試験，絶縁油全酸価試験（絶縁油酸価度試験），油中ガス分析試験，経年劣化診断（CO_2+CO，フルフラール）の方法について述べる．

1　劣化要因と寿命の関係概要

　変圧器の規格 JEC-2200 では，油入変圧器の寿命について次のように規定している．

　「変圧器は，運転中温度，湿度および酸素などのため，その絶縁物がしだいに劣化し，それが進行すると，雷サージ，開閉サージなどの異常電圧あるいは外部短絡の際の電磁機械力などの電気的，機械的異常ストレスを受けた場合，破壊する危険が増してくる．変圧器が運転に入ってから，この危険度が非常に高まった時点までを変圧器の寿命と呼ぶ．」

　つまり，劣化の進展により変圧器の信頼性が低下し，更新の必要性を生じた時点で寿命が尽きるというものである．

　変圧器を構成する部品・部材は，鉄心素材やコイル導体のようにほとんど劣化しないもの，保護計器や冷却ファンのように劣化しても補修や交換によって性能を回復できるもの（修理系），また，巻線部に用いられる絶縁物のように劣化したら補修や交換が不可能なもの（非修理系）に分類される．

　修理系部品の補修に要する経費の高騰など，経済的理由から寿命に達したと判断される場合もあるが，変圧器の寿命を本質的に決定するものは非修理系部品である．とくに，巻線内部の絶縁物は変圧器の信頼性を決定することから，この絶縁物の劣化により変圧器寿命が決定される．

　【解説】　油入変圧器の巻線には，絶縁紙と絶縁油を組み合わせた油浸絶

縁方式が採用されている．絶縁物の劣化にもっとも影響するのは熱劣化である．

変圧器の内部で高温になった絶縁紙は，それを構成するセルロース分子の切断が起こり，徐々にしなやかさを失ってもろくなってゆく．セルロース分子の切断が進展すると，絶縁紙の絶縁耐力と機械的強度が低下する．約30年間使用した油入変圧器に用いられている絶縁紙の破壊電圧は，初期値の90〔%〕の低下にとどまっているのに対し，機械的性質は初期値の60～40〔%〕に低下する．このため，絶縁紙の劣化度を定量的に求めるには機械的性質を代表して，引張強さ残率を指標にする．

2　絶縁状態診断試験の方法概要

(1) 絶縁油耐圧試験

絶縁油は，水分や不純物の混入により，その絶縁性は著しく低下する．

変圧器や遮断器などの絶縁油の機能劣化による事故発生を未然に防止するために絶縁油の耐圧試験を実施する．耐圧試験の装置は第1図に示すような専用のものが使用され，12.5〔mm〕の球状電極2個を電極間の間隔を2.5〔mm〕に正確にセットしたカップに試料油を入れて行う．

第1図　絶縁油破壊電圧試験回路図

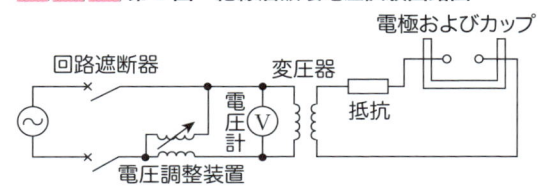

試験手順は，次のとおりである．

① カップは試料油で洗浄した後，規定量の試料油を入れ，3分程度放置して油中の泡が完全に消えてから試験を行う．

② 試験装置の電源を入れ，試験電圧を1秒間に3 000〔V〕程度のスピードでスムーズに上昇させていき，絶縁破壊したときの電圧値を記録しておく．

③ 同一の試料油のまま，油中の泡が完全に消えるまで1～3分放置し

た後，再度電圧を上昇して破壊電圧を求める．これを5回繰り返す．
④ 同一の試料油について，試料油を取り替えて②〜③の操作を繰り返す．
⑤ 記録したデータのうち，それぞれ最初の1回目を除いた8回分のデータの平均値を求め，これを1試料の絶縁破壊電圧とする．

絶縁油の良否の判定基準を第1表に示す．

第1表 絶縁油破壊電圧試験の判定

区分		絶縁破壊電圧	摘要	試験方法
新油		30〔kV〕以上 （JIS C 2320による）		
使用中の油	良好 使用可	20〔kV〕以上		JIS C 2101 により行う
	要注意 使用可	15〔kV〕以上〜20〔kV〕未満	機会をみてろ過または取替えを要請する	
	不良 使用不可	15〔kV〕未満	至急取替えを要請する	

(2) 絶縁油酸価度試験

絶縁油の酸化は，おもに空気中の酸素に触れることによって起こり，油の温度が高ければ高いほど酸化が促進される．

酸価測定は，絶縁油中に含まれる酸性成分を測定するもので，全酸価とは，油1〔g〕中に含まれる酸性成分を中和するのに要するアルカリ成分の分量で表す．

酸価は絶縁油の油色によっておおよその目安が判断できる．これは，酸価の少ない新油は透明度が高く，酸化するに従って黄色から茶褐色になっていき，酸価が0.2を超えるとスラッジが生成され始める．スラッジが生成されると，油の対流が悪くなり冷却効率が低下するので急速に油劣化が促進される．

絶縁油の全酸価の測定は，JISに定める方法と取扱いが容易な簡易式の方法がある．

(a) JISによる方法

試料油20〔g〕を300〔mℓ〕の三角フラスコに入れて正確に重量を測る．これにトルエン3容とエチルアルコール2容を混合した溶剤を入れ，

よくかき混ぜて溶解した後，1〜3〔ml〕のアルカリブルー6B溶液を指示液としてN/20水酸化カリウム溶液を用いて摘出し，液の色が紫がかった青から紫がかった赤に変化し，15秒間その色を保つことができたときの水酸化カリウムの溶液の分量による酸価を測定する．測定の際，試料油を入れない状態で空試験を行い，試料油で使用した水酸化カリウム溶液との差をもって水酸化カリウム溶液の分量とする．

$$全酸価 = \frac{N(A-B) \times 56.1}{W}$$

ここに，N：水酸化カリウム標準液の規定度
A：滴定に要したN/20水酸化カリウム標準液の量〔ml〕
B：空試験に要したN/20水酸化カリウム標準液の量〔ml〕
W：試料の質量〔g〕

(b) **簡易式酸価測定法の一例**

第2図に示すように試料油5〔ml〕を試験管に入れ，これに5〔ml〕の抽出液を加えてよく振り，油中の酸性成分を抽出する．抽出液はベンゾールとアルコールの混合液で，酸性の間は青色で，アルカリ性になると赤色になる性質をもった液である．

第2図 絶縁油簡易酸価測定の例

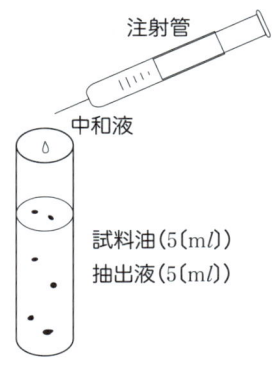

注射管
中和液
試料油(5〔ml〕)
抽出液(5〔ml〕)

この試験管に中和液（水酸化カリウム溶液）を注射式ビューレットにより一滴ずつ滴下しながらかき混ぜる．溶液が青色から赤紫色に変化したときの中和液の分量が酸価となる．

(c) 測定上の注意と判定基準

試験中は炭酸ガスの影響を受けないよう十分注意する.

絶縁油の酸価の判定基準は，新油については JIS で 0.02 以下と規定され，使用中の絶縁油の酸価は第 2 表に示すとおりである.

第 2 表　酸化の判定

区　分		酸価（mgKOH/g）	摘　　要	試験方法
新油		0.02　（JIS C 2320 による）		JIS C 2101 により行う
使用中の油	良好 使用可	0.2 以下		
	要注意 使用可	0.2～0.4	機会をみてろ過または取替えを要請する	
	不良 使用不可	0.4 以上	至急取替えを要請する	

(3) 油中ガス分析試験

油中ガス分析は運転中の変圧器の絶縁油を採集しその溶存ガスの量および構成比から内部異常の発生の有無や内部異常を診断するもので，運転を停止することなく行えるため現地絶縁診断法としてもっとも広く活用されている.

油入変圧器内部の異常現象は，絶縁破壊や局部過熱のような発熱を伴うため，これらの発熱源に接する絶縁油や固体絶縁物は熱分解により，CO，CO_2，H_2 や CH_4，C_2H_4 などの炭化水素ガスを発生する.

一方，正常に運転している変圧器も経年劣化により絶縁材料から CO，CO_2，H_2CH_4，C_2H_4，C_2H_6，C_3H_8 などのガスを発生する. これらの成分のうち CO，CO_2 は固体絶縁物から，それ以外は絶縁油の経年劣化により生じると考えられる.

電気協同研究会では分析結果の判定方法として，第 3 表に示す可燃性ガス総量および増加傾向から要注意レベル，異常レベルを定めている. 可燃性ガスのなかでも C_2H_2（アセチレン）はアーク，部分放電など高温熱分解により発生するものであるため，微量でも析出された場合，追跡調査を行う必要がある.

さらに油中ガス分析の結果から異常の種類（アーク放電，部分放電，

第3表　可燃性ガス量（TCG）および各ガス量の要注意レベル

変圧器定格		各ガス量〔ppm〕					
		TCG	H_2	CH_4	C_2H_6	C_2H_4	CO
275〔kV〕以下	10〔MV・A〕以下	1 000	400	200	150	300	300
	10〔MV・A〕超過	700	400	150	150	200	300
500〔kV〕	－		400	300	100	50	100	200

局部過熱）や場所を判断する場合，ガスパターンによる診断法，特定ガスによる診断法などが併用されている．

一般に行われている油中ガス分析は変圧器から油を採集し，油中ガスを抽出し，ガスクロマトグラフにより分析を行う．

3　絶縁劣化(寿命)診断の概要

(1)　$CO+CO_2$を用いた劣化診断

第3図は，絶縁紙の劣化の指標である引張強さ残率と平均重合度残率

第3図　絶縁油中で過熱劣化した場合の関係

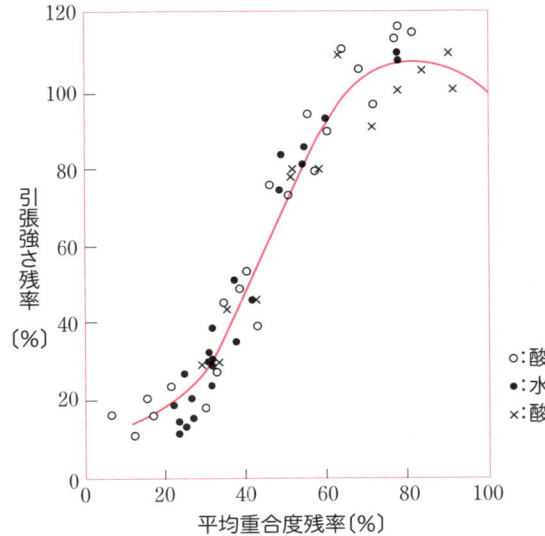

○：酸素添加の場合
●：水添加の場合
×：酸素，水添加のない場合

の関係を示したもので，限界とされる引張強さ残率60〔％〕に相当する平均重合度残率は40〜50〔％〕である．

第4図は，絶縁紙を絶縁油中で過熱劣化した場合のCO＋CO_2の生成量と平均重合度残率の関係を示している．

第4図 平均重合度残率とCO_2＋CO生成量の関係

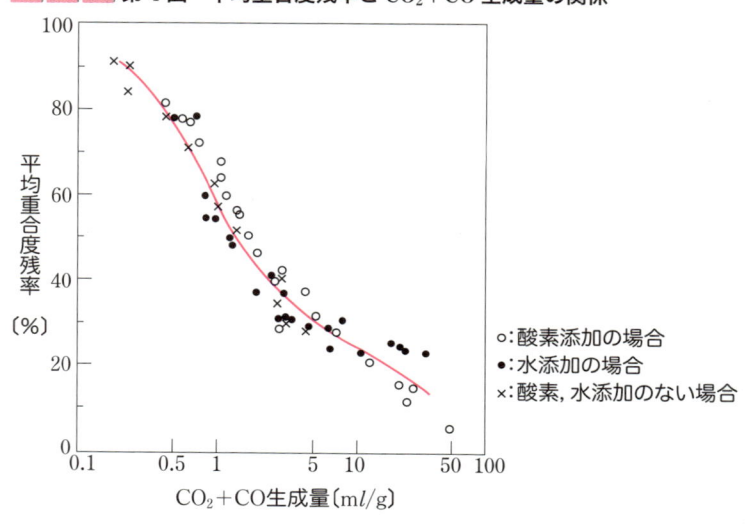

○：酸素添加の場合
●：水添加の場合
×：酸素，水添加のない場合

第4図より，平均重合度残率40〜50〔％〕のときのCO＋CO_2生成量は1〜4〔ml/g〕である．これは絶縁紙全体が均等に加熱された場合の絶縁紙単位質量当たりの値であり，実際の変圧器に適用するには，劣化を促進する絶縁紙量と変圧器内部の温度分布の関係に基づく補正が必要で，一般に0.422〜1.69〔ml/g〕という値が採用されている．

(2) **フルフラール分析試験（経年劣化）**

油浸紙の劣化目標として，油中ガスのCO_2，CO以外から判定する新しい手法として，高速液体クロマトグラフ（HPLC）により検出される油中劣化生成物，とくにフルフラール生成量と紙の重合度に相関があるとするデータが1984年Burtonらにより示されて以来，この判定方法が注目を集め多くの検討がなされ，近年において診断方法が確立されたものである．

油入変圧器の寿命は，コイル絶縁紙の引張強さが初期値の60〔%〕にまで低下した時点といわれており，絶縁紙の劣化が進行すると，紙の引張強さや平均重合度（繊維素の長さ）確率などの諸特性が低下するとともに，CO_2+COやフルフラールなどの劣化生成物が発生する．

　これらの諸特性の低下と劣化生成物の量との間には一定の関係があり，フルフラール生成量と平均重合度残率との間に明らかな相関関係が成立することも確認されている．したがって，対象とする変圧器から少量の絶縁油を採取して，高速液体クロマトグラフで分析し，フルフラールの生成量を求め，この値から平均重合度残率を推定して変圧器の経年劣化度を診断することができる．第5図にフルフラール生成量と平均重合度残率との関係を，第4表に絶縁紙劣化度判定の指標を示す．

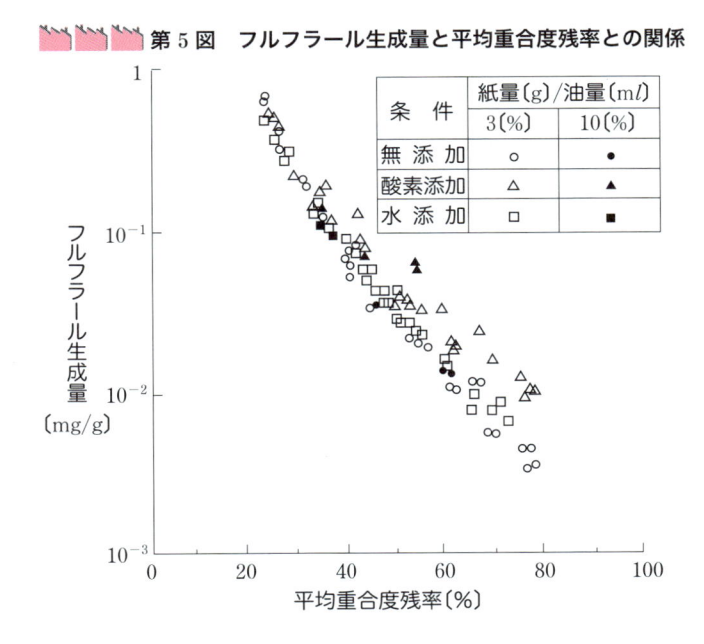

第5図　フルフラール生成量と平均重合度残率との関係

条　件	紙量(g)/油量(ml)	
	3〔%〕	10〔%〕
無 添 加	○	●
酸素添加	△	▲
水 添 加	□	■

第4表 絶縁紙劣化度判定目安

劣化指標成分	検出量	判定
$CO+CO_2$	<0.42 (ml/g)	正常
	0.42～1.7 (ml/g)	要注意
	>1.7 (ml/g)	異常
フルフラール	<0.002 (mg/g)	正常
	0.002～0.034 (mg/g)	要注意
	>0.034 (mg/g)	異常

4 変圧器の寿命と更新時期

　変圧器規格JEC-2200では,「本規格による変圧器の寿命は,最高点温度95〔℃〕連続運転の場合の寿命にほぼ等しく,従来の経験によれば95〔℃〕連続使用した場合,30年程度の寿命は十分期待できる.」としている.つまり,本規格に準拠して製造された変圧器は,十分な保守と適切な補修が行われ,かつ,過負荷運転などがなければ,この期待される寿命はまっとうされるはずである.

　しかし現実には,設置環境(気象条件による周囲温度の差異,内雷,外雷の侵入頻度など)や負荷変動の違い,一次遮断器投入時の励磁突入電流頻度の差異など,劣化を促進するストレスの大きさは変圧器ごとに異なる.このため,余寿命を変圧器ごとに予測し,事故を生じる前に設備更新することが大切である.

　油入変圧器の更新推奨時期は25年といわれており,運転開始からこの時期に近づいたら,定期的に劣化診断(寿命診断)を実施することが望ましい.

テーマ 14 　SF$_6$ガス絶縁開閉装置の現地据付け・試験

　SF$_6$ガス絶縁開閉装置（GIS）は，その遮断性能の優位性から，近年においては高圧からUHVに至るまで採用されるようになってきている．ここでは，装置の現地据付けから試験に関する配慮事項について述べる．

1　輸送に関しての配慮事項

　わが国の陸上輸送は諸外国に比べ，一般に輸送重量・制限が厳しく，個々に輸送方法・経路を事前に十分検討することが必要である．

(1)　輸送経路の検討

　　陸上輸送途中の横断歩道橋やその他，高さに対する調査を十分に行う．また，分割輸送の採用についても十分検討を行う．

(2)　搬入路と荷下ろしの検討

　　地下式変電所への搬入に関しては，マシンハッチ開口部の大きさ，つり下ろし用クレーン車の配置，また屋外式の変電所では，ブームの回転による充電部への接近などには十分検討をしておく．

2　据付けに関しての配慮事項

(1)　基礎工事の確認

　　基礎工事が適切に行われているか，据付けボルト位置はよいか再確認しておく．

(2)　じんあい管理

　　じんあいの侵入を防止するため，防じん組立室をつくるなどし，じんあいは，粉じん計により測定し20カウント以下とするよう管理する．

(3)　水分管理

　　・分解ガスの発生しない機器…500〔ppm〕以下
　　・分解ガスの発生する機器……150〔ppm〕以下

(4)　ガス充てん時の確認

　　リークディテクタによるトレース法などによりガス漏れのないことを

確認する．

(5) 防水処理

雨水の浸入のないよう防水処理をする．

【解説】 全装可搬方式のSF$_6$ガス絶縁機器は，あらかじめ工場で50〔kPa〕程度のSF$_6$ガスを充てんして輸送するため，現地ではSF$_6$ガスを定格圧力まで充てんすれば運転可能となるが，モジュール単位で輸送される分割輸送方式のものは，現地で各モジュールの取付け作業が行われることから，次の点について十分留意する必要がある．

(1) 水分の管理
(2) じんあいの管理
(3) SF$_6$ガスの純度管理

SF$_6$ガス絶縁機器のガス中成分は，据え付けられた状態では外気の影響を受けず，良好な環境下にあるため高い信頼性を有しているが，この信頼性は据付けおよび分解点検作業時の水分，じんあいの管理などと密接な関係がある．

SF$_6$ガス絶縁機器の据付け作業は，一般に全装可搬式と分割輸送式（モ

第1図 全装可搬式ガス遮断器の据付け手順

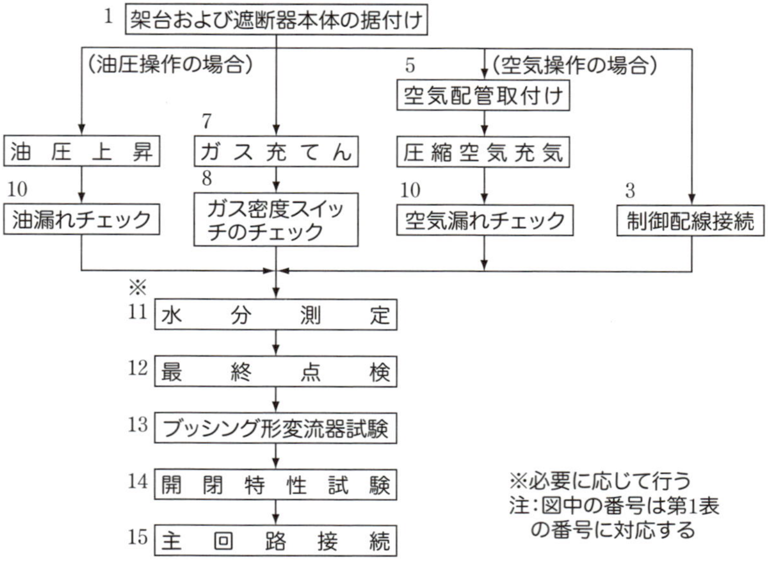

```
                1 架台および遮断器本体の据付け
       ┌────────────────┼────────────────┐
  (油圧操作の場合)          5    (空気操作の場合)
       │               空気配管取付け
       │                    │
       │                    │
      7│                    │
   油圧上昇        ガス充てん    圧縮空気充気
    10│           8│         10│          3│
   油漏れチェック  ガス密度スイッ  空気漏れチェック  制御配線接続
                  チのチェック
       └────────────────┼────────────────┘
                       ※
                    11 水 分 測 定
                    12 最 終 点 検
                    13 ブッシング形変流器試験
                    14 開 閉 特 性 試 験
                    15 主 回 路 接 続
```

※必要に応じて行う
注：図中の番号は第1表の番号に対応する

ジュールごとに荷造りをして輸送し，現地でブッシングなど各モジュールの取付け作業を行うもの）に分類され，それぞれの据付け手順を第1図および第2図に示す．また，ガス遮断器の据付け時の作業管理基準（例）を第1表に示す．SF_6ガス絶縁開閉装置もこれに準じて行う．

第2図　分割輸送式ガス遮断器の据付け手順

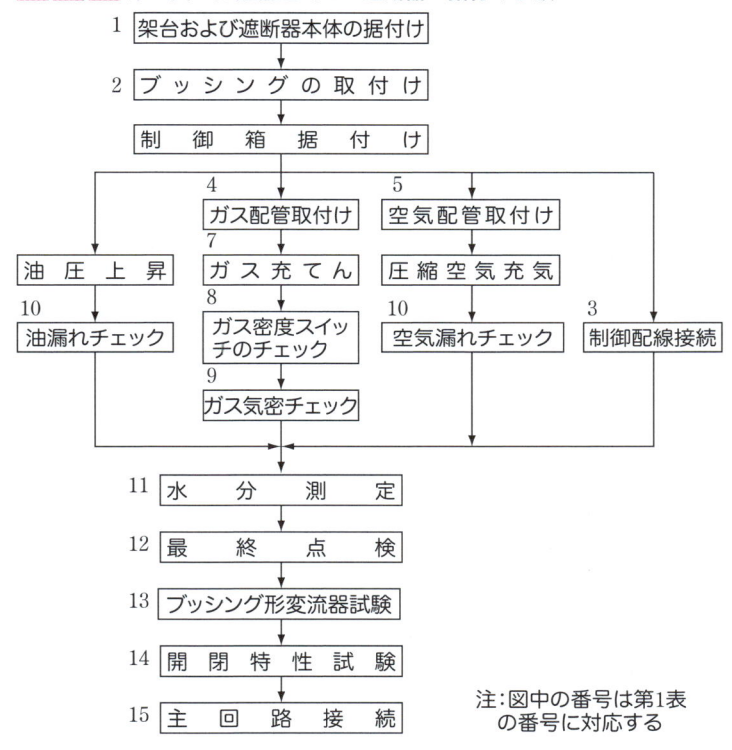

```
1  架台および遮断器本体の据付け
         ↓
2  ブッシングの取付け
         ↓
   制 御 箱 据 付 け
    ↓         ↓         ↓
    4         5
   ガス配管取付け  空気配管取付け
    7         
油圧上昇  ガス充てん  圧縮空気充気
 10        8         10        3
油漏れチェック ガス密度スイッチのチェック  空気漏れチェック  制御配線接続
         9
        ガス気密チェック
         ↓
11  水 分 測 定
         ↓
12  最 終 点 検
         ↓
13  ブッシング形変流器試験
         ↓
14  開 閉 特 性 試 験
         ↓
15  主 回 路 接 続
```

注：図中の番号は第1表の番号に対応する

(1) 水分の管理

　SF_6ガス中の水分は，外気温の変化により絶縁物表面に結露して絶縁低下の原因となったり，分解ガスと反応して活性なふっ化水素を生成し，絶縁材料を劣化させる原因となるため，ガス中の水分量は厳しく管理する必要がある．

　通常，分解ガスあるいはガス中の水分は合成ゼオライトなどの吸着剤によって管理値以下に吸着されるしくみになっているが，機器の据付け

テーマ14 SF6ガス絶縁開閉装置の現地据付け・試験

第1表 ガス遮断器現地据付け作業管理基準（例）（その1）

No.	作業名	作業内容	管理基準	使用機材	備考
1	本体の据付け	①本体の向きを図面のとおり据え付ける ②水平度を正確に出す	水準器または水平器の気泡偏位0.5〔mm〕以下	水準器または水平器	
2	ブッシング取付け	①シールドを取り付け、がい管面に傷をつけないように本体に取り付ける ②じんあい、湿気が侵入しないようにする	粉じん計によって環境浮遊じんあい濃度を測定し、20カウント以下	粉じん計	
3	制御配線接続	①制御ケーブル長さを確認のうえ、配線図により敷設し接続する ②ブザー、テスタにより配線チェック		ブザー、テスタ	
4	ガス配管取付け	管内を乾燥空気などにより清掃し、Oリングを確実に溝に入れて締め付ける			
5	空気配管取付け	管内を乾燥空気などにより清掃し、確実に締め付ける			
6	真空引き	①真空ポンプの油量、配線接続を確認し、回転方向をチェックする ②真空ポンプ、真空計を接続し、真空排気する	真空度0.133〔kPa〕到達後、さらに30分以上排気	真空計	
7	ガス充てん	①SF$_6$ガスボンベから圧力計の読みで圧力を確認しながら充てんする ②圧力が安定してから規定圧力値に整定する	圧力値は20〔℃〕における規定圧力値を基準として温度補正した値	圧力計、温度計	
8	ガス密度スイッチのチェック	接点の動作、復帰圧力が基準値以内であること		ブザー、テスタ	
9	ガス気密チェック	現地接続ガス気密部をリークディテクタによりチェック	各ガス区分当たりの管理値1〔%〕1年以下	ガスリークディテクタ	
10	空気漏れチェック	高圧空気を空気タンクに充気し、漏気をチェック	漏気音のないこと		空気操作の場合
10	油漏れチェック	油圧を上げて漏油をチェック	漏油のないこと		油圧操作の場合
11	水分測定	水分計を接続して、SF$_6$ガス中の水分量を測定する	水分管理値は第2表による	水分計	ガス封入後の水分測定は、ある程度の放置時間をおくことが望ましい

第1表　ガス遮断器現地据付け作業管理基準（例）（その2）

No.	作業名	作業内容	管理基準	使用機材	備考
12	最終点検	①基礎関係点検 ②各部締付点検 ③がいし，表示灯の傷，ひび点検			
13	ブッシング形変流器試験	①極性試験 ②励磁特性試験 ③変流比試験		電源トランス，バッテリ，電流計（AC, DC），電圧計（AC）	
14	開閉特性試験	①開閉特性試験 ②最低動作圧力 ③圧力スイッチ動作圧力 ④空気消費量または油圧低下量		オシログラフ	
15	主回路接続				

注；上記はガス遮断器を対象としたが，SF_6ガス絶縁開閉装置についてもこれに準ずる．

　時に吸着剤が大気中に長時間さらされるので，所要の新しい吸着剤と交換し，30分以内に真空引きを開始することが望ましい．また，ガス充てんに際しては機器内部を真空乾燥するため，真空度0.133〔kPa〕に達した後，少なくとも30分以上真空引きし，SF_6ガスを所定の圧力まで充てんしている．

　SF_6ガス自身の絶縁強度は，ガス中水分にそれほど影響されない．しかし，SF_6ガス中に固体絶縁物が存在すると，絶縁物表面への水分付着によって沿面絶縁特性が影響を受ける．そのため，ガス絶縁機器中においては露点が0〔℃〕以下になるように水分量を管理すれば，絶縁低下はほとんど無視できると考えてよい．基本的にはガス中水分の露点は許容値0〔℃〕，管理値－5〔℃〕以下として実用上支障ないが，実際は濃度表示で第2表のように定められている．

第2表

	分解ガスの発生しない機器	分解ガスの発生する機器
管理値	500〔ppm(Vol)〕	150〔ppm(Vol)〕
許容値	1 000〔ppm(Vol)〕	300〔ppm(Vol)〕

注1：適用圧力範囲0.3～0.6〔MPa〕

SF_6ガス中の水分やアークによる分解ガスSF_4，SOF_2を管理値以内とするため，両者を吸着する吸着剤がガス絶縁機器内部に封入されている．この吸着剤としては，おもに活性アルミナ，合成ゼオライトが用いられている．しかし，合成ゼオライトの方が，分解ガス吸収能力および低湿度領域における水分吸着能力とも活性アルミナより優れた特性を有している．

(2) じんあいの管理

SF_6ガスの絶縁特性は平等な電界条件下では優れているが，その反面，金属粉などのじんあいが付着していると大幅に絶縁が低下する危険があるので，据付け時におけるじんあいの管理について十分配慮する必要がある．

現地据付け時には，機器内部へのじんあいの侵入を防ぐために機器全体を遮へい物で囲み，タンクの開放部もビニールシートなどで覆って作業を行っている．また，作業者も専用の防じん服，靴および帽子を着用し，人に付いて侵入する異物を防いでいる．

据付け時のじんあいの管理はダストメータで測定し，20カウント（0.2 [mg/m^3]）以下であることが望ましい．

SF_6ガスの絶縁性能に顕著な影響を与えるのは0.1 [mm] 以上の金属片であるが，これらは目で十分検知することができ，組立時に除去することが可能である．これらの異物の侵入原因と対策を第3図に示す．

一般的なガス絶縁機器の組立工場におけるじんあいの管理は0.01〜0.05 [mg/m^3] 程度となっているのに対し，現地据付け時はその管理値より1桁悪い環境で作業するので，十分な環境整備を必要とし，将来的には作業環境に左右されない接続・組立工法，あるいは全装可搬化を図る必要がある．

(3) SF_6ガスの純度管理

SF_6ガス中の不純物としては，CF_4，水分，空気，ふっ化水素，油分などがあり，微量であれば実用上無視しても支障がないが，SF_6ガスを再利用する場合にガス給排装置の取扱いによっては水分，油分などが混入するので，SF_6ガスの純度に注意する必要がある．

SF_6ガスの純度管理については，機器に封入したSF_6ガスを直接管理

第3図 異物の侵入原因と対策

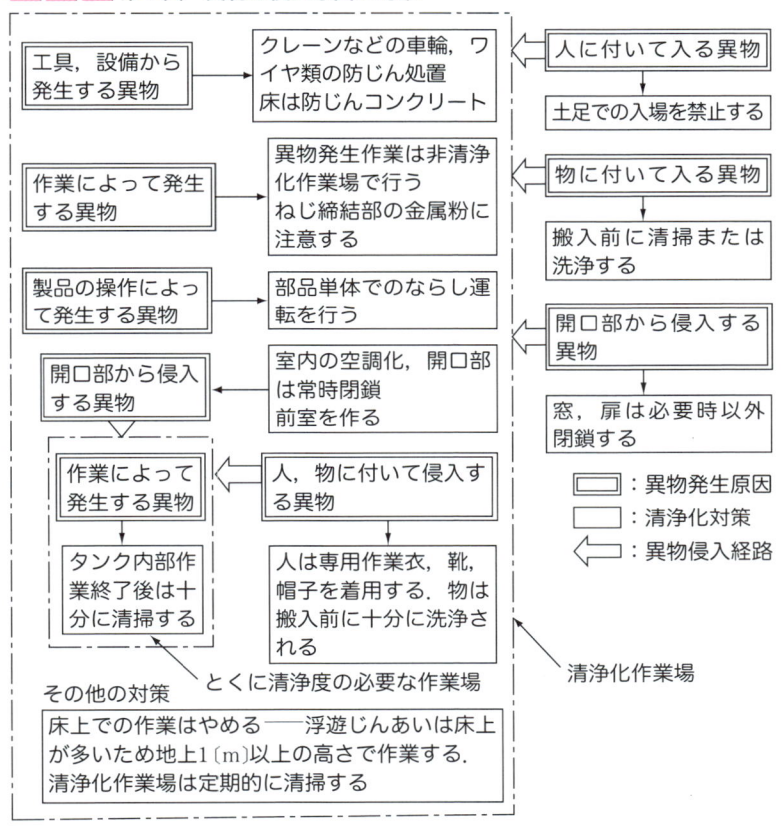

異物発生原因と清浄化対策:

- 工具，設備から発生する異物 → クレーンなどの車輪，ワイヤ類の防じん処置　床は防じんコンクリート
- 作業によって発生する異物 → 異物発生作業は非清浄化作業場で行う　ねじ締結部の金属粉に注意する
- 製品の操作によって発生する異物 → 部品単体でのならし運転を行う
- 開口部から侵入する異物 → 室内の空調化，開口部は常時閉鎖　前室を作る

清浄化作業場:

- 人に付いて入る異物 → 土足での入場を禁止する
- 物に付いて入る異物 → 搬入前に清掃または洗浄する
- 開口部から侵入する異物 → 窓，扉は必要時以外閉鎖する

とくに清浄度の必要な作業場:

- 作業によって発生する異物
- タンク内部作業終了後は十分に清掃する
- 人，物に付いて侵入する異物 → 人は専用作業衣，靴，帽子を着用する．物は搬入前に十分に洗浄される

凡例：
- □：異物発生原因
- □：清浄化対策
- ⇐：異物侵入経路

その他の対策:
床上での作業はやめる──浮遊じんあいは床上が多いため地上1〔m〕以上の高さで作業する．清浄化作業場は定期的に清掃する

するのが望ましいが，ガス給排時のSF$_6$ガス絶縁機器や給排装置の回収タンクの真空度を0.133〔kPa〕以下になるよう管理すれば問題とならない．

なお，SF$_6$ガスの純度は第3表に示す値で管理すれば実用上支障はない．

第3表

	SF$_6$ガスの純度
管理値	97〔%〕
許容値	95〔%〕

3 現地試験に関しての配慮事項

　現地での最終の確認試験は，絶縁抵抗測定・接触抵抗測定，開閉試験，インタロック試験，絶縁耐力試験を行う．

　絶縁抵抗の測定は，変圧器などと同じであるが，増設設備の試験においては，隣接母線・開閉設備が充電中であると，静電誘導電圧によって測定が困難なことがあり注意を要する．この場合，測定回路の対地間にコンデンサを挿入して誘導電圧を低減するとか，誘導排流回路を付加して測定することも一部で行われている．

　開閉試験は，開閉極時間・開閉速度・不ぞろい時間などを測定し，ガスタンク容量試験も行われる．また必要に応じて，遮断器の送電線充電電流遮断試験，変圧器励磁電流遮断試験，電力用コンデンサや分路リアクトル実負荷開閉試験などが行われることがある．

テーマ
15

SF₆ガス絶縁開閉装置（GIS）の診断技術

1　GISの劣化・異常からトラブルに至るまでのメカニズム

　GISは，絶縁および消弧媒体のSF₆ガスを封入した金属製容器に遮断器，断路器，母線，変流器，避雷器などの機器を収納した開閉器の集合体である．

　この装置は，充電部分がすべて金属製容器内に収められているため，信頼性が高く安全であり，かつ，保守点検に省力化が図れる．しかし，万一内部事故が発生した場合，その影響は大きく，復旧に多大な時間を要する．GISにおける劣化・異常から事故（故障）に至るまでのメカニズムを示すと，第1図のようになる．

第1図　GISの故障メカニズム

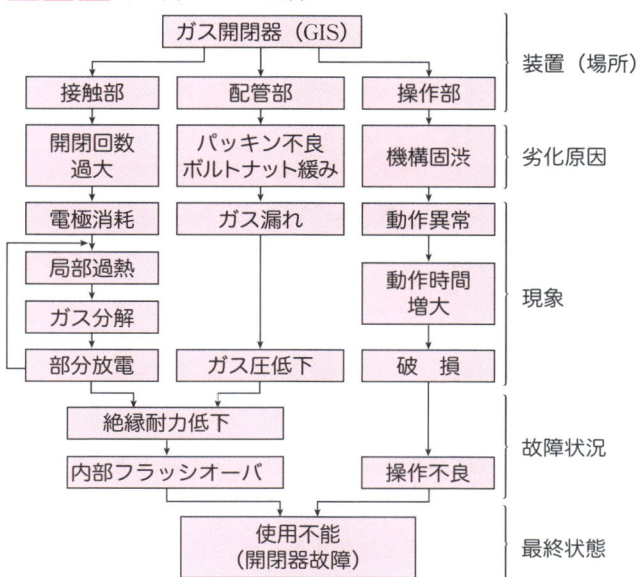

```
            ガス開閉器（GIS）                   装置（場所）
        ┌────────┼────────┐
     接触部      配管部      操作部
        │          │          │
    開閉回数   パッキン不良   機構固渋           劣化原因
      過大    ボルトナット緩み
        │          │          │
     電極消耗   ガス漏れ     動作異常
        │                      │
     局部過熱               動作時間          現象
        │                    増大
     ガス分解                  │
        │                    破　損
     部分放電   ガス圧低下
        │          │
     絶縁耐力低下              故障状況
        │
    内部フラッシオーバ        操作不良
              │          │
              使用不能              最終状態
           （開閉器故障）
```

4　変電

2 GISの劣化の種類の概要

GISの劣化の種類としては，熱による化学的および物理的変化による熱劣化，強電界によって絶縁物（SF_6）の特性が変化する電気的劣化，機械的ストレスによって材質が変形・疲労を生じる機械的劣化，ある環境下における化学的特性の変化による環境劣化がある．

これらの劣化の進行具合を事前に察知し，事故に至る前に対策を行うために診断技術の適用が必要となってきている．とくに，SF_6ガスはGISの性能に大きく左右するため，その監視および測定には以下に示すような方法があり，実用化されている．

開閉装置の診断技術には，診断のレベル，運用方法などによって次の三つの装置に分類できる．

① 巡視および点検時などに使用する可搬形装置
② 機器の異常をしきい値で判断する常時監視装置
③ 診断アルゴリズムを有し，保守支援システムと結合するなど高機能化した常時監視装置

一般に，診断装置は開閉装置（GIS）に発生する劣化および異常現象をセンサで検出し信号変換する検出部，信号を伝送する伝送部，検出した信号を演算，比較判定する情報処理部で構成されている．

3 GISの診断項目の概要

GISの診断項目としては，絶縁異常，通電異常，機構異常が対象となり，そのセンサには検出対象によって第2図に示すようなものが用いられている．センサの選定については，さまざまな種類のものが開発されているが，精度，耐サージ・ノイズ性，経済性，取付けの容易性などを考慮して選ぶ必要がある．

近年採用され始めているUHF法の概要について以下に述べる．

GIS内の部分放電は立上り・立下りの急しゅんな放電パルスを発生し$10^2 \sim 10^3$〔MHz〕のUHF帯の電磁波を放射する．このUHF電磁波は同軸状のGIS管路内をマイクロ波として伝搬するため，内部にUHFセンサ（内蔵センサ）を設けることにより，感度よく検出することが可能である．

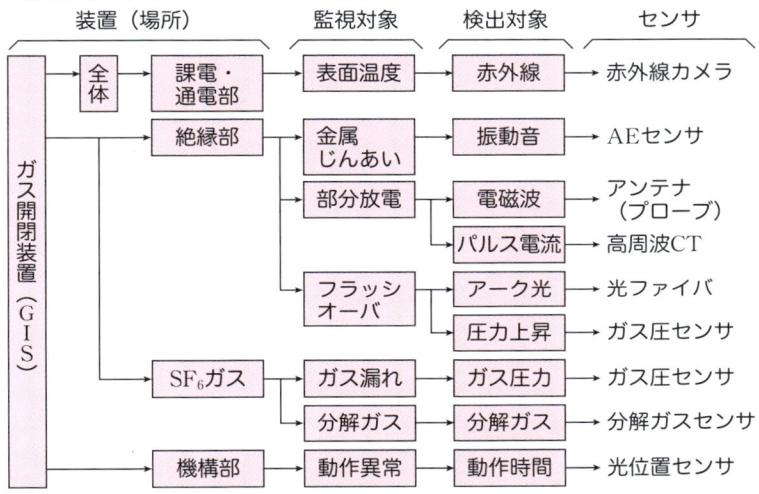

第2図　検出対象によるセンサの種類

装置（場所）		監視対象	検出対象	センサ
ガス開閉装置（GIS）	全体 → 課電・通電部	表面温度	赤外線	赤外線カメラ
	絶縁部	金属じんあい	振動音	AEセンサ
		部分放電	電磁波	アンテナ（プローブ）
			パルス電流	高周波CT
		フラッシオーバ	アーク光	光ファイバ
			圧力上昇	ガス圧センサ
	SF₆ガス	ガス漏れ	ガス圧	ガス圧センサ
		分解ガス	分解ガス	分解ガスセンサ
	機構部	動作異常	動作時間	光位置センサ

UHF法はこれを応用したものである．送電線やがいしなどで発生する部分放電はGIS内では数百MHz以下の周波数で伝搬するため，スペクトラムアナライザで周波数分析することによりGIS内部の部分放電と容易に識別できる．

4　GIS絶縁部の診断技術

　絶縁部の異常は部分放電を伴うことから，部分放電の検出技術が主体となるが，そのほか部分放電や異物の運動により生じるタンクの機械的振動を測定する振動加速度計法，外被電極法，タンクフランジ絶縁部に発生する電位差を測定するフランジ間電位差法，部分放電光をタンク内に内蔵した特殊な蛍光物質を含んだ光ファイバで測定する蛍光ファイバ法などが開発されている．

(1)　**UHF法による部分放電診断**

　　UHF法は，感度・SN比の点で優れていることが国際的に認知され，近年急速にGISへ積極的に適用され始めた方法である．この方法は，部分放電の放射するUHF帯の電磁波をタンク内蔵または外付きのプローブで検出し周波数分析して診断するもので，タンク内にUHFセンサを内蔵，タンク外に増幅器，スペクトラムアナライザ，診断部を設けてい

る．なお，UHFセンサ外付け形のタイプもある．

(2) 絶縁スペーサ法による部分放電診断

　　この方法は，スペーサ埋込アンテナ法といわれ，部分放電により発生する数十MHzの電磁波をスペーサと一体注形した内部電極で検出し，絶縁診断するものである．
① 埋込電極
② 検出インピーダンス
③ 同調増幅，検波定回路
④ A/D，E/O変換回路
⑤ O/E変換，出力回路
で構成される．

(3) AE法による部分放電診断

　　AE法は，異物のタンクへの衝突および部分放電により発生する微弱なタンク振動をタンク外表面に密着固定したAEセンサで検出し，絶縁診断するものである．
① AEセンサ
② 増幅器
③ フィルタ
④ 診断部
で構成される．

(4) 分解ガスセンサによる部分放電診断

　　分解ガスセンサによる方法は，部分放電により生成されるHFをガス配管部に取り付けた検出電極でHとFに分解しF^-の固体電解質をドリフトさせ電流として測定し，絶縁診断するものである．
① 検出電極
② 固体電解質
③ 対向電極
④ 電流計
で構成される．

5　GIS通電部の診断技術

　接触不良により接触抵抗の増大とジュール熱が発生し過熱，溶損，発弧を経て事故に至る．接触部の温度に対応して振動，温度上昇，圧力上昇，放電および分解ガスが発生する．これら諸量の測定により異常を検出するものである．さらにX線透視により接触状態を画像化する技術も開発・実用化されている．

① 　タンクの機械的振動を振重力加速度計で測定する
② 　熱電対などの温度センサ，赤外線放射温度計により接触不良部（タンクやブッシング）の異常診断をする
③ 　発熱によるタンク内圧力の上昇を圧力センサにより検出し，異常診断をする
④ 　発熱によるSF_6ガス分解を分解ガスセンサで検出し，異常診断をする
⑤ 　GIS内部の接触子の状態やボルトの緩み，シールドなどの内部構造物の異常を調べる方法としてX線透視が行われることがある．従来のX線フィルムに撮影する方法のほかに，最近，イメージングプレートを用いる方法が開発され，実用化に入っている

6　SF_6ガス遮断器の主回路部と構造部の診断技術

　主回路部の開閉機能は，主接点と連動する補助接点の開閉時間，ストローク特性，制御電流波形などの変化から診断されている．遮断器の接点消耗量は遮断電流と開閉特性とを組み合わせた累積遮断電流モニタなどにより診断される．

(1) 開閉時間による診断

　　この方法は，引外しコイルや投入コイルに流れる電流をCTで計測し，その通電時間から動作時間や入–切の開閉時間を測定するものである．GCBの制御信号のON，OFF時間をカウントし整定時間と比較することにより異常を検出する．

(2) ストローク特性による診断

　　この方法は，光エンコーダにより光学的にストローク特性，開閉速度，開極時間，閉極時間，接触子位置を測定し，異常診断するものである．

光エンコーダを操作ロッドに連結された操作機構部に取り付ける．光エンコーダにはバーコードとロータリエンコーダがある．

(3) 投入・引外し電流波形による診断

この方法は，引外し回路にCTやシャントを設けて，投入コイルと引外しコイル電流を測定し，電流波形から操作機構部の異常を検知するもので，第3図に示すコイル電流と時間（時間特性）t_1から制御機構の解離速さを，電流Iからコイルの直流抵抗を知ることができる．コイルが短絡すれば抵抗が減少しIが増加する．

第3図

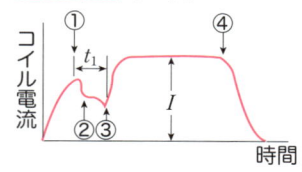

①コイル回転子動作開始
②ラッチ外れ
③コイル回転子停止
④補助接点「開」

(4) 接点消耗量による診断

CTで計測した遮断電流と引外しコイル電流からの動作情報を用い，遮断器の累積遮断電流を求め，接点消耗量を演算するものである．

接触子消耗量Vは次式で示される．

$$V = \alpha I^\beta t$$

ここに，I：遮断電流，t：アーク時間，α，β：材料で決まる定数

(5) 操作器の蓄勢エネルギーによる診断

- ばね操作：ばねのラッチの位置センサやモータの動作時間，電圧，電流を測定
- 油圧操作：油圧，窒素ガス圧を測定，あるいはピストンやばね，バルブの位置を測定
- 空気操作：空気圧を測定

油圧操作器，空気操作器の漏れ監視には一定時間内のコンプレッサやポンプの動作回数から異常判定する．

(6) モータの状態による診断

- 油圧モータの運転時間，動作時間，間隔を運転用コンタクタの接点により測定

- モータの電圧・電流・温度の測定

　故障の多くは，操作機構部やコンプレッサの潤滑不良による過大トルク，漏れによるモータの多頻度起動・長時間運転などに原因があり，これらを診断するものである．

テーマ 16 変電機器の絶縁診断手法の一つである部分放電の検出法

部分放電は電極間に電圧を加えたときに，その間の絶縁媒体中で部分的に発生する放電現象であり，電極の突起，電極と絶縁物界面におけるはく離，絶縁物内部の異物やボイド，複合絶縁構成におけるトリプルジャンクション，絶縁物表面への異物付着，金属部分の接触不良など種々の要因により発生する．

部分放電が発生すると，これが発端となって絶縁破壊や局部的な絶縁劣化を引き起こすため，絶縁材料の寿命を決める要因となる．

1 部分放電発生のメカニズム概要

電極間の絶縁物にボイドが発生して交流電圧 V_t（印加電圧の瞬時値）が印加されている場合，その等価回路は第1図に示すとおりである．

第1図 部分放電に対する等価回路

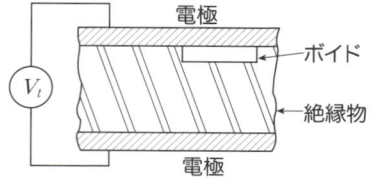

(a) 絶縁物中にボイドがある場合

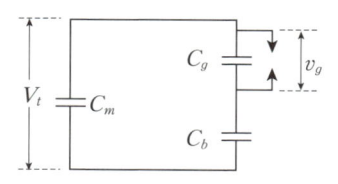

(b) 電極系の電気的等価回路

C_g：放電ギャップ（たとえばボイド）のキャパシタンス
C_b：C_g に対し直列になっていると考えられる絶縁物の部分のキャパシタンス
C_m：C_g, C_b 以外の電極間のキャパシタンス

ここで，印加電圧 V_t の上昇により，C_g 部の分担電圧 v_g が火花電圧 v_p になると（$v_g = v_p$），C_g 部の電圧が急激にゼロに近い値 v_r（残留電圧）になる．この様子を第2図に示す．

次に，商用周波電圧を印加した場合の電圧波形を第3図に示す．これは，$KV_t > v_p$ となる場合で，印加電圧 V_t が上昇して v_g が v_p に達すると，C_g に

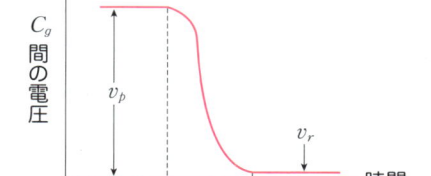

第 2 図　C_g 間の電圧・電流−時間的変化

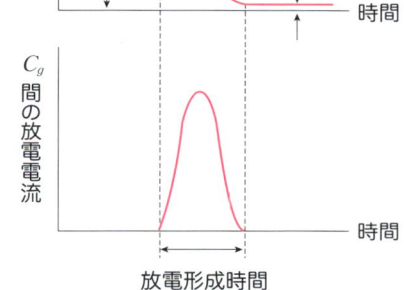

第 3 図　C_g 間の電圧 v_g の時間的変化（実線）〔×印は放電発生点〕

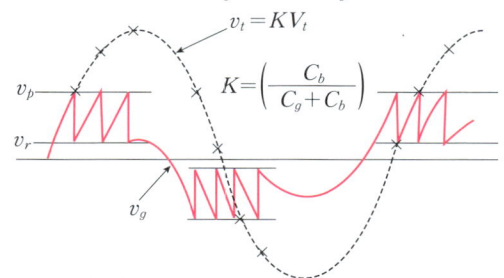

平衡回路を構成し，外部ノイズを除去してSN比を向上させたものである．

放電が発生し，C_g 間の電圧 v_g は v_p から v_r に降下する．次に V_t がさらに上昇し，v_g がふたたび $(v_p - v_r)$ だけ上昇して v_p に達すると，次の放電が生じる．このように，印加電圧が高くなるにつれて半サイクル中の部分放電発生頻度が増加する．逆に $KV_t < v_p$ となる場合，部分放電は発生しない．

2　部分放電の検出方法概要

部分放電の検出方法には，電気的検出法と音響的・光学的検出方法がある．

交流または直流課電時の部分放電を測定する方法としては，一定時間内

に発生する部分放電パルスの電荷量，発生頻度，放電エネルギーや交流電圧位相との関係を電気信号として検出する方法と，部分放電の発生に伴って生じる超音波や光などを高感度マイクロホンや光電子倍増管あるいは光ファイバセンサなどを用いて，音響的あるいは光学的に測定する方法に分類できる．

(1) **パルス電流検出法（電気的検出法）**

次の3種類の試験が実施されている．

(a) **所定電圧において，ある大きさ以上の部分放電発生なしの確認試験**

この試験は，交流電圧試験による長時間の絶縁の保証を補うものとして，交流試験実地時に併用して行われている．

(b) **部分放電開始および消滅電圧測定試験**

この試験は，電圧を低い値より徐々に増加して，放電の大きさが規定値を超える電圧を求め，次にそれより10〔％〕程度高い電圧にいったん上げた後に，徐々に電圧を低下して放電の大きさが規定値以下となる電圧を求める試験である．

(c) **所定の電圧で部分放電の強さを測定する試験（試験電圧を変えて電圧と部分放電の強さとの関係を測定する試験を含む）**

この試験は，印加電圧を変化させながら，所定の電圧における最大放電電荷，平均放電電流，ラジオ障害電圧などを測定し，これらの値と印加電圧との関係，放電電荷とその電荷を超える放電の累積発生頻度との関係（パラメータは印加電圧），または累積発生頻度と印加電圧との関係（パラメータは放電電荷）などを求める．放電開始電圧が低い乾式絶縁で保守試験や研究試験として行われる．

直流印加の場合は，放電発生頻度は少ないが，交流印加の場合は，そのサイクルごとに放電が周期的かつ定常的に発生するので，激しい放電を発生させると絶縁を損傷するおそれがある．

(2) **音響的・光学的方法**

音響的方法には，古くから部分放電により発生する音波を聴覚により検出する方法が行われてきたが，最近は，マイクロホンと増幅器を用いて高感度で検出する方法が行われている．

変圧器などの油中放電に対しては，マイクロホンを油中に挿入したり，

タンクの外壁に設置して放電音を検出する．放電の電気的パルスに対する音波の検出時間遅れから，放電発生点とマイクロホンとの間の音波の伝搬時間を求めて，放電発生位置の標定が行われている．気中の放電に対しては，指向性マイクロホンにより発生位置の標定を行うこともできる．40〔kHz〕程度の超音波を用いれば指向性がよくなり，可聴音の雑音も減少する．

　一方，光学的方法には，古くから放電の発光を視覚やカメラにより検出する方法が行われていたが，最近は，光電子増倍管などを用いて高感度で検出することが可能となった．

【解説】　部分放電の検出法として，電気的検出法，機械的検出法，化学的検出法および光学的検出法に分類することができ，それらの実用例を第1表に示す．

第1表　部分放電検出法（その1）

検出法		原理	検出感度	検出方法詳細	特徴	適用機器
電気的検出法	電磁結合法（ロゴスキーコイル検出）	タンクの接地線を流れる部分放電電流を検出	50〔pC〕	モールド変圧器／GISの例	●測定が容易 ●高精度 ●外部ノイズが入りやすいが，判別が比較的容易	モールド機器 ガス絶縁機器
	外被電極法	部分放電パルス電流によるタンク電位振動をタンク外被に絶縁フィルムを介して取り付けた電極により検出	200〜300〔pC〕	オシロスコープ	●測定が容易 ●部分放電を電気信号としてそのまま検出できる ●外部ノイズが入りやすい	ガス遮断器 ガス絶縁開閉装置 ガス母線
	静電結合法	母線等の充電部をタンクより絶縁しているスペーサまたは接地側に設けた電極との静電容量を利用し検出	50〔pC〕	スペーサ／電極	●スペーサを利用した場合測定容易 ●内部電極は最初から設置が必要 ●高精度 ●外部ノイズは入りにくい	ガス絶縁開閉装置 ガス母線 ガス遮断器

テーマ16　変電機器の絶縁診断手法の一つである部分放電の検出法

第1表　部分放電検出法（その2）

検出法		原理	検出感度	検出方法詳細	特徴	適用機器
機械的検出法・音響法	超音波マイク法	部分放電による音圧波をタンクの外被に取り付けた超音波センサで検出	500 (pC)	（超音波センサ、前置増幅器、主増幅器、可聴周波変換器、オシロスコープ、イアホーン）	検出容易 小形可搬式	ガス絶縁機器
	超音波探知法（スーパホン）	気中コロナ等の音圧波を超音波探知ホーンアンテナによりその位置を検知（タンク内部異音の発生も、外部へ出る超音波を探知して位置標定）	500 (pC)	（ブッシング、GIS、スーパーホーン、イアホーン）	検出容易 小形可搬式	モールド機器 ガス絶縁機器
化学的検出法	ガスチェック法（呈色反応法）	部分放電により発生する微量の分解ガスと反応する検知物質の色素変化により検出	—	（GIS、検試管、採取器、ビニール袋）	検出容易 小形可搬式	ガス絶縁機器
	ガステスタ法	SF_6ガスの絶縁耐力値を測定し劣化状況を検出	—	（供試ガス、高電圧発生器、供試ギャップ、真空ポンプ）	・測定は比較的容易 ・部分放電レベルとの対応評価は難しい ・絶縁劣化の有無の評価容易	ガス絶縁機器
光学的検出法	光検出法	光センサによりタンク内部の部分放電光を検出	—	（アクリル板、GIS、光センサ、前置増幅器、E/O変換器、光ファイバ、O/E変換器、増幅器、メータ）	・部分放電レベル評価は難しい ・内部透視または光センサ埋込みが必要	ガス絶縁機器

　電気的検出法を規定したものとして，JEC-0401-1990「部分放電測定」，IEC Pub. 270-1981「Partial Discharge Measurement」などがあり，部分放電測定器も現在では多く市販されるようになり，定量的な評価ができるようになった．

　ほかの検出法は，部分放電を直接評価することはやや難しい点はあるが，電気的検出法と併用して検出精度を上げるためには欠かすことのできない方法である．たとえば，供試器の周辺で発生するコロナや振動ノイズを，

スーパーホーンのような超音波探知器で調査することは有効な手段であるとされており，多く採用されている．

3 外部ノイズの影響と除去

部分放電測定でもっとも問題となるのが，外部ノイズの影響である．外部ノイズと供試機器そのものの部分放電パルスとの判別には，経験的な判断要素が大きく，外部ノイズを容易に除去することはできないが，異なった検出方法を併用したり，部分放電観測要素を多重化・パターン化した形で測定すれば，おおむね解決することができる．

また，部分放電の開始・消滅電圧および電圧変化に対する部分放電レベルの変化も，部分放電の形態を知るうえで重要なポイントとなる．

【解説】　一般に，部分放電信号は微弱であることから，外来雑音との区別が重要となり，SN比向上が技術的な課題である．

平衡回路や論理弁別回路による外来雑音除去などの手法が利用されてきたが，最近では，部分放電信号に含まれるVHF/UHF帯の高周波電磁波を検出し，SN比を向上させることが行われている．高周波用センサには，絶縁物内部に埋め込まれた電極や機器内部に付けられた円盤形センサを用いる内部センサと，機器内部に設置されるアンテナあるいはアンテナの役割をする面電流センサやサーチコイルなどを用いた外部センサが使用されている．

部分放電計測においては，発生要因の特定のほか，部分放電の発生位置を測定できることも重要であり，部分放電の信号到達時間差から発生源を特定する，位置標定法が実用化されている．

部分放電現象の解明やSN比向上を目的として，ニューラルネットワークあるいは人工知能による発生要因の識別，ウェーブレット変換による信号処理技術などのディジタル信号処理技術が研究開発されている．これらの手法は，常時部分放電を観測し，機器の異常の有無を判断する監視装置にも一部で組み込まれている．

ERA（Discharge Detector）によって観測される部分放電のパターンを第2表に，部分放電レベルと印加電圧の特性パターンを第3表に示す．

検出インピーダンスを結合コンデンサの接地端子と大地との間に接続す

テーマ16 変電機器の絶縁診断手法の一つである部分放電の検出法

第2表 部分放電によるパルスパターン例

No.	名称		部分放電パルスパターン			特徴
			部分開放開始時	開始電圧×1.5〜3	部分放電図形（ERA法）	
1	シャープエッジ性部分放電（ガス中）					空気中針端部分放電と同様で部分放電発生時は，印加電圧の正負のいずれかの半サイクルに波高値付近より一定間隔でレベルのほぼ等しいパルスが発生する．電圧上昇に従いほかの半サイクルで大きなパルスが発生する．パルス発生頻度も増加する．大きなパルスは部分放電発生を伴う．
2	フロート性部分放電	（フロート状態が変化しない場合）				印加電圧波高値付近で部分放電発生時より大きなパルスが発生．電圧上昇によってもレベルは変わらずパルス数が増加する．
		（フロート状態が変化する場合）				印加電圧波高値付近でパルスの大きさは不揃いで比較的大きなパルスが発生．散発的な発生の傾向あり，電圧上昇よりパルス発生頻度は増加するが，レベルは大きく変化しない．（金属パーテクルなどがタンク内にフロート状態）
3	ボイド性部分放電					部分発生時より比較的大きなレベルのパルスが発生，電圧上昇により，レベルはあまり変化しないが，パルス数増加し印加電圧位相の電圧上昇側にパルスが発生していく，時間的変化する傾向あり．
4	接触性部分放電					電流が最大となる付近で発生するため供試状態では電圧位相がゼロとなる場合が多い．放電電荷量の小さなパルスが多数発生し，電圧上昇により広がっていく不規則なパルスとなる．
5	外部ノイズ	回転機のブラシノイズ整流器のノイズ				印加電圧に無関係で安定した停止したパルスとなる．比較的低周波（数kHz）成分である．ハイパスフィルタを通せばカットできる．
		搬送波通信波ノイズ				印加電圧に無関係で数十kHz〜数百kHzの搬送波であり，1サイクルの全域に入っているが，その搬送周波数成分をカットすれば低減できる．

第3表 部分放電レベルと印加電圧の特性パターン

No.	部分放電レベルパターン	特徴	部分放電の形態
A	〔pC〕〔μV〕〔dB〕部分放電レベル / 印加電圧〔V〕（平坦な直線）	試験電圧上昇まで平坦な特性	部分放電の発生がない場合
B	〔pC〕〔μV〕〔dB〕部分放電レベル / 印加電圧〔V〕（立上がり、ヒステリシスほぼなし）	ある印加電圧レベルから立上がり、ヒステリシスがほとんどなく、部分放電レベルの発生、消滅がほぼ等しい特性	気中コロナ、ガス中のシャープエッジ、部分放電に多い（フロート性部分放電もこの傾向を示すものが多い）
C	〔pC〕〔μV〕〔dB〕部分放電レベル / 印加電圧〔V〕（立上がり、小ヒステリシス）	ある印加レベルから立上がり、ヒステリシスは小さい特性	絶縁物の損傷程度の少ない部分での部分放電に多い
D	〔pC〕〔μV〕〔dB〕部分放電レベル / 印加電圧〔V〕（大ヒステリシス）	ヒステリシスが大きい特性	絶縁物の損傷程度の大きい部分やモールド中の電極はく離や突起部の部分放電等、回復性の悪い部分に多い
E	〔pC〕〔μV〕〔dB〕部分放電レベル / 印加電圧〔V〕（指数的増大）	部分放電レベルが電圧とともに増大し、発生、消滅の傾向が不明確な特性	不完全接触性の部分放電に多い。外部ノイズで搬送波やその他接地側から入るノイズで起こる場合も多い

4 変電

テーマ16　変電機器の絶縁診断手法の一つである部分放電の検出法

る回路を第4図(a)に，検出インピーダンスを供試機器の接地端子と大地との間に接続する回路を第4図(b)に示す．

また，第4図(c)は2個の検出インピーダンスを供試機器と別の供試機器の接地側端子と大地との間に接続して平衡回路を構成し，外部ノイズを除去してSN比を向上させたものである．

測定周波数帯域別に分類した部分放電測定器の特徴を第4表に示す．

第4図　部分放電の測定回路

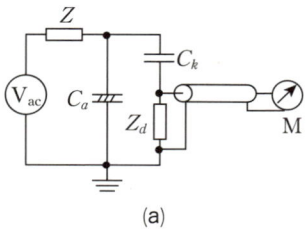

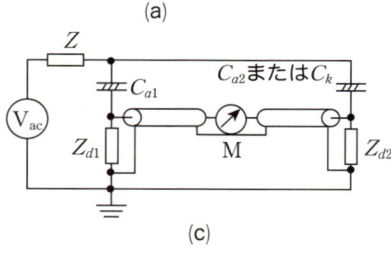

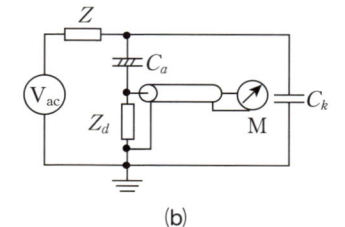

C_a, C_{a1}, C_{a2}：供試機器のキャパシタンス
C_k：結合コンデンサ
Z_d, Z_{d1}, Z_{d2}：検出インピーダンス
M：測定器
V_{ac}：電源
Z：インピーダンスまたはフィルタ

第 4 表　部分放電測定器の特徴

測定方法 (周波数 帯域によ る分類)	狭帯域同調法	低周波法	広帯域法
増幅器帯域幅	同調周波数： 0.15～30〔MHz〕 帯域幅：10〔kHz〕 中間周波数：455〔kHz〕	帯域幅： 約5～200〔kHz〕	帯域幅： 約10〔kHz〕～10〔MHz〕
パルス分解能	200〔μs〕	20～30〔μs〕	0.1～10〔μs〕
利　得	高利得	高利得	やや低利得
測定量	部分放電発生電圧〔V〕 RIVレベル〔μVまたはdB〕 放電電荷量〔pC〕	部分放電発生電圧〔V〕 放電電荷量〔pC〕 パルス位相 パルス極性 パルスパターン（頻度）	部分放電発生電圧〔V〕 放電電荷量〔pC〕 パルス位相 パルス極性 パルス頻度 パルス波形
測定器例	ラジオ障害強度測定器（RNM）	ERA（Discharge Detector）	パルス計数形部分放電測定器
特徴	・外部ノイズを除去しやすい ・検出感度は良好 ・パルスレベルのみの指示	・外部ノイズ等パターンから判別 ・パルスレベルは比較評価法となる ・パルスパターンによる形態評価可能	・精密評価可能だが外部ノイズと部分放電パルスの選別がやりにくい ・波形観測に最適 ・パルスの形態評価が可能

4　変電

テーマ 17 発変電所に設置される断路器および接地開閉器の電流遮断現象

発変電所に設置される断路器および発変電所の送電線路側に設置される接地開閉器の電流遮断現象は，次のような回路条件下で発生する．
① 断路器の進み小電流遮断
② 断路器の母線ループ電流遮断
③ 接地開閉器の電磁誘導電流遮断
④ 接地開閉器の静電誘導電流遮断

1 断路器の進み小電流遮断現象と特徴

(1) 現象

一般に，遮断器（CB）を遮断した後に断路器（DS）を開路する現象に相当する．CBの両側のDSが対象になり，どちらもDSとCBの間の浮遊容量が負荷となって，再点弧するものである．

(2) 特徴

① 電流は遮断器の進み小電流遮断と比べて非常に小さく，開極後ただちに遮断して，そのときの電圧値が負荷側に直流電圧として残留する．
② 極間にはこの残留電圧と電源側電圧との差が加わり，開極速度の遅い断路器は，極間が十分な絶縁距離に達するまで，再点弧と消弧を繰り返す．
③ 再点弧すると高周波の過渡電圧を発生し，遮断直前のもの（最大で常規対地電圧の2〜2.8倍）がもっとも大きくなる．

【解説】 超高圧GISに適用される断路器は一般的に，SF_6ガスが充てんされた接地電位の圧力容器内に，電界緩和シールドに包囲された固定子と可動子が設置されている構造となっている．

断路器の可動子の開閉速度は遅く（通常数m/s以下），GISの母線部分もしくは開放された遮断器の並列キャパシタンスなどを負荷とする，充電電流開閉時に再点弧を繰り返す．

負荷側電圧は，再点弧が発生するたびに高周波サージを伴いながら電源

電圧とほぼ等しい電位に変動し，全体としては階段状に変化する．時間とともに極間絶縁が回復して再点弧間隔が長くなり，最終的に極間絶縁耐力が極間に加わる最大電圧を上回った時点で再点弧が発生しなくなり，電流遮断が完了する．

　断路器開閉に伴って発生するサージは，通常数百kHz～数MHzの高周波成分と，数kHz～数百kHzの低周波成分とからなる．

　第1図に示す等価回路において，前者は電源側キャパシタンス C_s と負荷側キャパシタンス C_l で構成される図示実線の回路①によるものである．図は集中定数回路として表示した例であり，GIS母線などの分布定数回路が接続される場合には線路を伝搬する進行波現象として解析される．この高周波振動は数 μs ～数十 μs で減衰し，図示点線で示す回路②で後者の低周波振動が現れる．これは C_s から C_l への電荷移行に伴う電圧降下に起因するが，低周波振動成分によるサージレベルは小さく，問題とされることは少ない．

第1図　充電電流遮断の等価回路

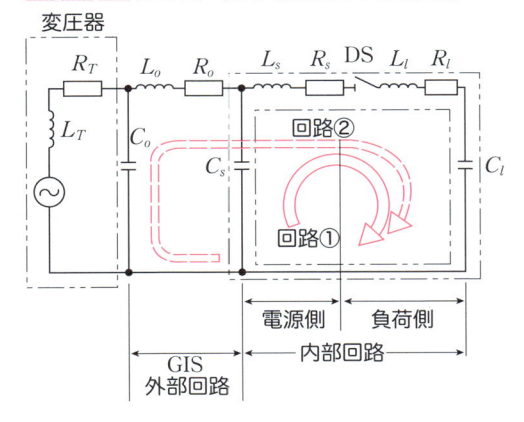

2　断路器の母線ループ電流の遮断現象と特徴

(1)　**現象**

　複母線の母線切換えに伴うループ電流開閉に伴い，大電流のアークが発生し継続するものである．

第2図に示すように，遮断器CBは開路，断路器A，B，C，Dは閉路の状態で，電流Iは断路器A，Cおよび断路器B，Dを通り，I_1，I_2のように2分されて流れる．このとき電流Iを断路器A，Cだけを通して流そうとするためには，断路器BもしくはDを開いて電流I_2を遮断しなければならない．このような遮断動作を複母線ループ電流開閉という．

第2図　断路器による複母線ループ電流開閉

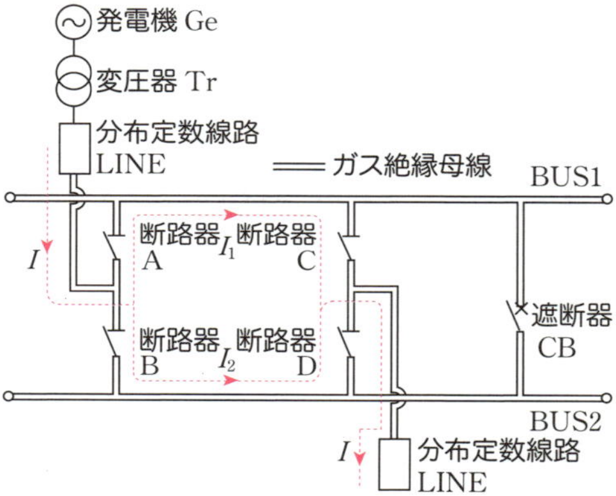

(2)　**特徴**

① 大電流のアークが継続するので，SF_6ガス分解生成物の発生が多い．

② 分解生成物によるガス絶縁性能が低下し，機器の性能を劣化させる．

③ 大電流遮断により，接触子の消耗が大きい．

【解説】　複母線の変電所で，第3図に示すような手順で甲母線から乙母線へ運転が切り換えられるとき，Bの断路器を開くときに発生する．同図(b)のとき，母線連絡用の回路とBの断路器との間でループ回路が構成される．大部分の電流はBの断路器を流れるため，定格電流にほぼ等しい電流を遮断できる能力が必要である．

ループ電流開閉は，断路器にとっては大電流のアークが継続するので，アークによるSF_6ガス分解生成物の発生が多い．しかも系統運用上，多数回の遮断を要求されることが多いGISにおいて，断路器は密閉された金属容器のなかで開閉されるので，この分解生成物はガス絶縁性能を低下させ，機器の性能を劣化させることがある．このため，アーク時間を短縮して分

第3図 断路器のループ電流遮断現象

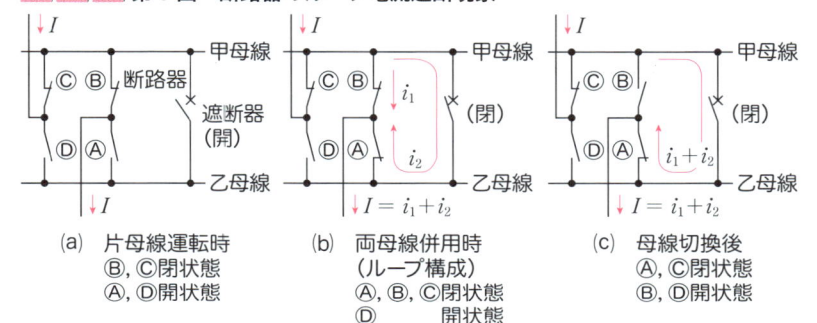

(a) 片母線運転時
　Ⓑ, Ⓒ 閉状態
　Ⓐ, Ⓓ 開状態

(b) 両母線併用時
　（ループ構成）
　Ⓐ, Ⓑ, Ⓒ 閉状態
　Ⓓ　　　開状態

(c) 母線切換後
　Ⓐ, Ⓒ 閉状態
　Ⓑ, Ⓓ 開状態

解生成物の発生を抑制するか，発生した分解生成物による絶縁性能の低下を起こさせないように処理するなどの方策が必要である．

また，大電流遮断のために接触子の消耗も大きい．そのため，断路器で実施されている方法と同様に耐弧性能の優れた銅タングステンのような耐弧片を接触子の先端に設けたり，アーク用の接触子を別に設けたりして対応する必要がある．通常前者は 2 000〔A〕以下のような相対的に小さい定格に対して使われ，後者は 8 000〜12 000〔A〕のような大電流定格に対して使われている．

一方，ループ電流遮断時の回復電圧は電圧階級とは無関係であり，ループ電流とループ回路のインピーダンスの積で決まり，次式で示される．

$$V_r = KIL \times 10^{-3}$$

ここで，V_r：回復電圧〔V〕

　　　　I：ループ電流〔A〕

　　　　L：ループを形成する回線長〔m〕

　　　　K：係数（母線：0.1〜0.5〔Ω/km〕，線路：0.4〔Ω/km〕）

3　接地開閉器の電磁誘導電流および静電誘導電流の遮断現象と特徴

(1) 接地開閉器の電磁誘導電流

(a) 現象

架空送電線路の運転を停止するとき，遮断器を開いた後，線路両端

の接地開閉器を閉路する．その結果運転されている隣接回線の磁束により，線路，両端の接地開閉器および大地を通して電磁誘導電流が流れる．運転再開時に接地開閉器を開くが，先行して開く接地開閉器の現象が電磁誘導電流遮断である．

(b) 特徴
① 電磁誘導電流の大きさは，隣接する運転中の回線に流れる電流の10〔％〕以下である．
② 電磁誘導回復電圧は，数百V/km以下となる．

(2) 接地開閉器の静電誘導電流
(a) 現象
電磁誘導電流を先行遮断した後，回線間の浮遊容量を通して，残った接地開閉器に進み小電流が流れる．この電流を接地開閉器が遮断する現象を静電誘導電流遮断という．

(b) 特徴
① 遮断後の極間には，回線間および当該回線の対地容量で分圧された回復電圧が加わる．
② 遮断電流は数十A以下，回復電圧は数十kV程度である．

【解説】 接地開閉器は，本来主回路接地を目的としているが，架空送電線引込口に設置される場合は，送電系統の併架によってもたらされる電磁誘導および静電誘導を開閉する責務が生じる．

接地開閉器のある回線が停止し，その回線の他端が接地されている場合に，隣接の活線回線の潮流による電磁誘導電流をその接地開閉器で開閉する．電流の大きさや開閉時の回復電圧は活線回線の電流値，線路配置形状，併架こう長などによって影響を受ける．

一方，接地開閉器のある回線が停止し，その回線の他端が接地されていない場合に，隣接の活線回線からの静電誘導電流を開閉する．電流の大きさや開閉時の回復電圧は線路配置形状，電線形状，回線間の電位差などによって影響を受ける．

また，電磁誘導電流開閉は，相手端の接地点を事故点と見た1線地絡遮断と同じ現象となる．そのため，のこぎり歯波形が過渡回復電圧として極間に現れる．その波高値および上昇率は遮断器のそれらと同様に，次式で

表される.
$$U_C = \sqrt{2}kV_r$$

ここに，U_C：過渡回復電圧波高値〔kV〕
k：振幅率（$=2l\omega ZI/\nu V_r$）
l：送電線こう長〔km〕
ω：角周波数（$2\pi f$）
Z：線路の大地帰路サージインピーダンス〔Ω〕
I：電磁誘導電流〔A〕
ν：サージの伝搬速度〔km/s〕
V_r：回復電圧〔V〕

これらの数値はループ電流開閉の場合と同様に遮断器の値に比較してかなり低いので，遮断器にとっては厳しい責務ではないが，接地開閉器としては厳しい責務となり，大電流遮断の場合にはアーク用の接触子が必要となる．

一方，静電誘導電流開閉は第4図に示す等価回路からわかるように，停止回線と大地間の容量 C_2 を短絡した線路を遮断する現象となる．そのため，$(1-\cos\omega t)$ の波形が回復電圧として極間に現れる．この場合，電流値は静電誘導に比較してかなり小さい値となるので，接触子の消耗を考慮する必要はない．しかし，電磁誘導，静電誘導は同じ接地開閉器に要求されるので，結局，接地開閉器として考慮することになる．

第4図　静電誘導電流開閉の等価回路

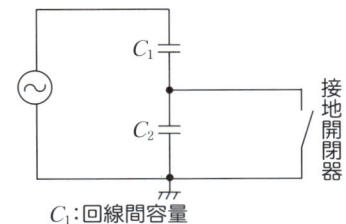

C_1：回線間容量
C_2：停止回線と大地間容量

テーマ 18 電力系統用遮断器における代表的な電流遮断条件

電力系統に設置される遮断器は，負荷電流，過負荷電流，電路の故障電流も支障なく開閉できる遮断装置であるとともに，電力系統の近距離遮断，脱調遮断，進み遅れ小電流遮断などあらゆる現象に対しても配慮された遮断装置であることが要求される．以下，故障遮断時などに発生する遮断現象と遮断責務を中心に解説する．

1 進み小電流遮断現象とその責務

無負荷送電線や電力用コンデンサの充電電流など進み小電流を遮断するとき，再点弧するといわゆる再点弧サージといわれる異常電圧が発生する．

進み小電流遮断時には，電流の自然零点で電流が遮断されるが，線路側に対地電圧の最大値に近い充電電圧が残る．これに対して電源側は電源電圧によって変化し，電流遮断後1/4サイクル以後は線路側電圧と逆極性になり，遮断器の極間電圧は遮断器両側電圧の絶対値の和で上昇する．このとき，その電圧が極間の絶縁回復の程度を上回ると極間にふたたびアークがつながり，振動電圧が生じこれが常規電圧の3倍程度の異常電圧となる．

なお，理論上は振動の途中の零点で遮断され再点弧をする，いわゆる高周波消弧に伴う再点弧を繰り返すとさらに高い電圧になる．つまり，遮断器には再点弧しないよう責務が課される．

【解説】無負荷送電線遮断時に発生する再点弧サージ発生の概念図を第1図に示す．電流が零点を通過した後で極間にふたたびアークが発生する現象を再発弧，1/4サイクル程度以上経過して再発弧する現象を再点弧という．

再点弧に至るまでの過程は第2図に示すように t_0 で電流が遮断されると負荷側には e_2 で示される直流電圧が残り，端子間には e_2 と電源電圧 e_1 との差 e_3 が $(1-\cos \omega t)$ の波形の電圧となって現れる．これは遮断後1/2サイクルで電源電圧波高値の2倍の電圧となり，極間の絶縁耐力の回復が遅れると，この電圧によって再点弧を引き起こす．

第1図　再点弧サージ発生の概念図

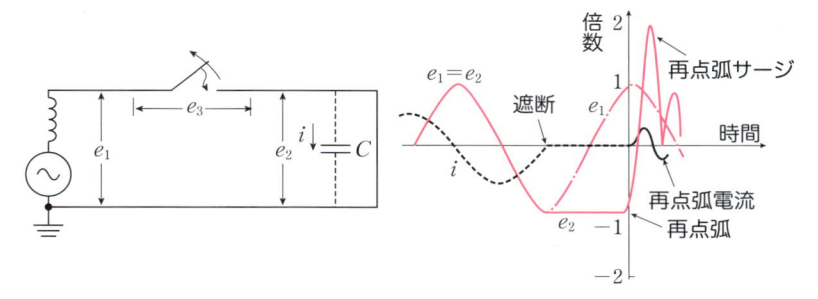

第2図　再点弧の発生過程の説明

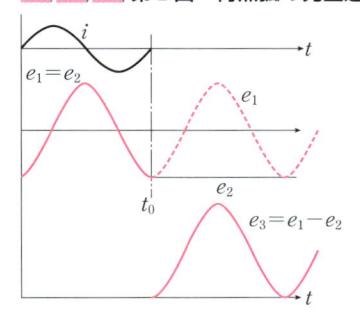

この対策を以下に示す．

① 再点弧をしない遮断器を用いる．最近の超高圧級遮断器（SF_6ガス遮断器）は，ほとんど再点弧をしない性能をもっている．

② 並列抵抗の採用．遮断時の線路側残留電荷を放電させる電極間の並列抵抗を用いる．

③ 避雷器の設置．最近の避雷器は開閉サージ処理能力をもっているので，これを使用することができる．

2　遅れ小電流遮断現象とその責務

変圧器励磁電流の遮断時や高電圧電動機の無負荷電流を遮断するとき，電流さい断現象によって電流の自然零点をまたないで電流を遮断し，負荷側に異常電圧を生じる．

変圧器の励磁電流などの遅れ小電流を消弧力の強い遮断器で遮断する

と，電流さい断によって電流変化率 dI/dt に比例した異常電圧が発生する．遮断器の種類や変圧器の中性点接地方式によっても異なるが，異常電圧の大きさは最大でも常規対地電圧の5倍程度となり，遮断器には，この遮断責務が課される．

【解説】 電力用遮断器で無負荷変圧器やモータなど，リアクトル負荷の遅れの小電流を遮断した場合，第3図のように電流が自然零点を迎える前に強制的に遮断することがある．この強制的に電流を遮断する現象をさい断と呼び，その電流値をさい断電流値と呼んでいる．

第3図 誘導性負荷を開閉した場合の現象

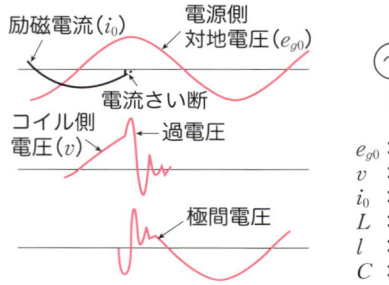

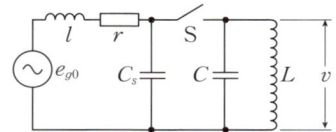

e_{g0}：電源側電圧　r：電源側抵抗
v：コイル側電圧　C_s：電源側漂遊容量
i_0：励磁電流
L：コイルのインダクタンス
l：電源側インダクタンス
C：コイルの集中静電容量

このさい断電流値が大きい場合，インダクタンス（L）に蓄えられたエネルギーにより，遮断器の極間に過電圧（サージ電圧）が発生し，モータなど他の機器の絶縁をおびやかすことがある．

この対策を以下に示す．

① 変圧器励磁電流遮断時の異常電圧に対しては避雷器の設置，並列抵抗遮断方式などで対処する．

② 真空遮断器，開閉器で生じる比較的低電圧の回路でのサージは抵抗，コンデンサを直列にしたサージサプレッサなどを回路に並列に入れる．また，電流さい断を起こしにくい電極材料を使う．

3　近距離線路故障遮断現象とその責務

線路用遮断器で，遮断器から数km線路上での短絡故障を遮断する場合に，遮断器至近点故障の場合より短絡電流が小さいにもかかわらず，再起電圧およびその上昇率が高いため遮断が困難になることがある．これを近

距離線路故障（SLF）という．

この短絡故障遮断の場合，遮断器の線路側端子には，残留した電荷が線路の地絡点との間で往復伝搬現象を起こし，$\sqrt{2}\omega ZI$（ω：電源角周波数，Z：架空送電線の波動インピーダンスで450〔Ω〕程度，I：遮断電流実効値）で表される高い上昇率の過渡回復電圧（TRV）が発生する．遮断器極間には線路側TRVと電源側TRVの差が加わることとなり，遮断器にはこの責務が課される．

【解説】 いま，第4図(a)のように遮断器から数km離れたF点で短絡故障が起きたとき，遮断前の電位分布は図(b)の実線のようになる．また，遮断後は同図の破線のような電位分布になろうとして，各点の電位が振動する．

第4図

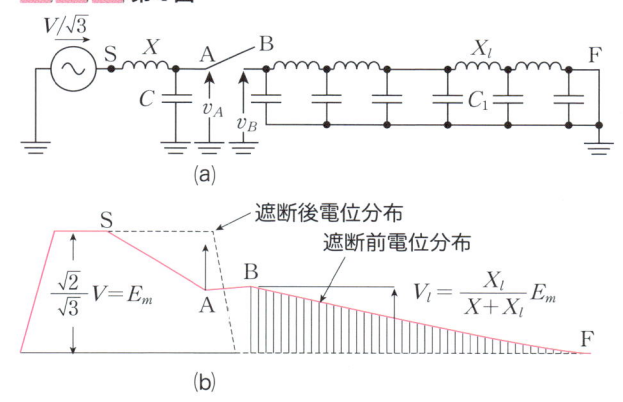

遮断器端子の電位をv_A，v_Bとすれば，再起電圧v_rは

$$v_r = v_A - v_B \tag{1}$$

となり，極間にはこのv_rが印加されることになる．

一方，線路上では第4図(b)のハッチングした線路上の電位分布を初期条件として，その1/2ずつが前進波，後進波となる進行波が生じる．この進行波による波動をB点の電位の時間的変化としてみると，第5図鎖線v_Bのような三角波形の振動電圧となる（線路を進行波が2往復する時間を1周期として振動する）．したがって再起電圧v_rは同図太実線のようになる．

テーマ18 電力系統用遮断器における代表的な電流遮断条件

第5図

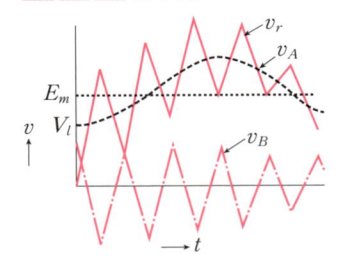

そして，このSLF現象は，短絡電流，線路側電位振動v_Bの振幅V_l，v_Aの初期上昇率などがそれぞれ大きいほど遮断しにくくなる．

一般に遮断器の遮断の難易を判定するのに，その目安として再起電圧，再起電圧上昇率，および回復電圧があり，これらの値が大きいと遮断は一般に困難となる．

第6図において，再起電圧を示す式としては，
$$v_r = E_m \cos\phi\{1 - A_0 \cos(\omega_0 t - \beta_0)\} \qquad (2)$$
ただし，
$$A_0 = \sqrt{1 + \left(\frac{\omega_0}{\omega}\right)^2 \tan^2\varphi}$$

$$\beta_0 = \frac{1}{A_0}$$

$$\omega_0^2 = \frac{1}{L_0 C_0}$$

第6図

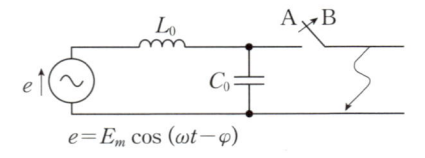

$e = E_m \cos(\omega t - \varphi)$

また，近距離線路故障遮断時の簡易等価回路を第7図のようにすると，
$$v_r = E_m \cos\phi\left\{1 - \frac{L_0 A_0}{L_0 + L_1}\cos(\omega_0 t - \beta_0) - \frac{L_1 A_1}{L_0 + L_1}\cos(\omega_1 t - \beta_1)\right\}$$
$$(3)$$

第 7 図

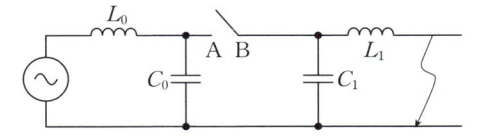

一般に，電流は自然零値付近で遮断されるので，上式で $\phi=0$ とおくと，

$$v_r = E_m \left(1 - \frac{L_0}{L_0+L_1}\cos\omega_0 t - \frac{L_1}{L_0+L_1}\cos\omega_1 t \right) \tag{4}$$

故障点まで距離がとくに長くなければ $\omega_0 \ll \omega_1$ である．したがって，$\omega_0 t = 0$ 付近では，

$$v_r = \frac{L_1}{L_0+L_1} E_m (1-\cos\omega_1 t) \tag{5}$$

となり，線路の存在によって高調波振動が発生し，再起電圧の極大値 v_m は，

$$v_m = \frac{2L_1 E_m}{L_0+L_1} \tag{6}$$

$T_1 = 2\pi/\omega_1$ とすると電圧上昇率は，

$$\frac{v_m}{T_1/2} = \frac{E_m}{L_0+L_1} \cdot \frac{2}{\pi} Z_1 \tag{7}$$

ただし，$Z_1 = \omega_1 L_1$

(6)，(7)式から，L_1 が極端に小さいと v_m は小さく，また L_1 が極端に大きいと遮断電流および再起電圧上昇率が小さくなる．したがって，遮断器からある距離だけ離れた地点での線路故障遮断がもっとも困難となることがわかる．

遮断器のSLF対策は次のとおりである．

(1) 起電圧を抑制する

- 遮断部に並列抵抗を挿入する（空気遮断器では採用されている）
- コンデンサを遮断器端子間または線路側端子対大地間に挿入する

(2) 遮断器の絶縁回復特性を速くする

- 電極の開離速度を速くする
- 遮断点数を増加する
- SF_6 ガス遮断器のように絶縁耐力の高い媒体を使用する

4 端子短絡故障遮断現象とその責務

　電源側遮断器につながれた負荷側送電線路の近傍で，地絡および短絡故障が発生した場合，その電源側遮断器で故障電流を遮断すると，すべての電源からの電流がその遮断器を通過するため，その電流は母線で発生した故障点での電流と同じく，変電所最大の故障電流となる．この故障電流遮断を端子短絡故障遮断という．定格遮断電流はこのような三相短絡電流から決められ，これが遮断責務となる．

【解説】　端子短絡故障について単純化した回路と電流，電圧の変化を第8図に示す．故障電流が電流零値で遮断されると，遮断器極間の電圧は電源電圧波高値に向けて回復する．このとき過渡的に発生する電圧が，過渡回復電圧（TRV：Transient Recovery Voltage）である．電源側は，通常多くの線路や変圧器などの回路から構成されるため，実際のTRV波形は第8図に示したものよりも複雑になる．

第8図　端子短絡故障遮断時の現象

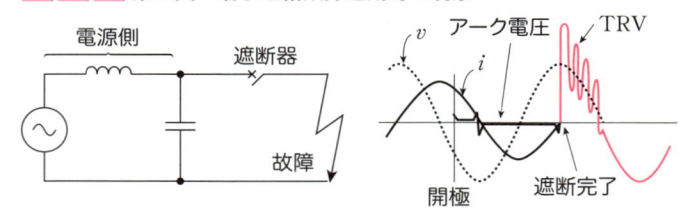

　端子短絡故障遮断の難易さは，遮断器極間の絶縁回復特性によって決まり，遮断失敗する場合，絶縁破壊的な再発弧が起こる．ここで再発弧とは，電流零値通過後90°遅れに相当する時間内に再度アークが発生することをいう．

テーマ 19

交流遮断器の構造と特徴

　遮断器は，負荷電流，過負荷電流，電路の故障電流も支障なく開閉できる遮断装置であるとともに，電力系統の近距離遮断，脱調遮断，進み遅れ小電流遮断などあらゆる現象に対しても配慮された遮断装置である．

　以下，近年交流遮断器の主流となっている真空遮断器およびガス遮断器について解説する．

1　遮断器の種類

　遮断器を消弧媒体および消弧方式によって分類すると，次のようになる．
① 油遮断器（OCB）
② 空気遮断器（ABB）
③ 磁気遮断器（MBB）
④ 真空遮断器（VCB）
⑤ ガス遮断器（GCB）

第1表　各種遮断器の消弧方式および消弧原理の比較

種　類	消弧媒体	消　弧　方　式	消　弧　原　理
油遮断器	油	絶縁油のなかでアーク接触子を開閉する	絶縁油の気化熱とそのとき発生する水素ガスの熱伝達によりアークを冷却して消弧
磁気遮断器	磁　気	アーク接触子の両側にあるコイルでアークに磁界を与え，アークシュートのなかにアークを吹き込む	アークシュートによるアークの延長と冷却により消弧
空気遮断器	空　気	アーク接触子に圧縮空気を吹き付ける	圧縮空気によるアークの冷却と延長により消弧
ガス遮断器	ガ　ス	SF_6ガス中でアーク接触子を開閉する	SF_6ガスのイオン吸着作用により電離気体を速やかに除いて消弧
真空遮断器	真　空	真空中でアーク接触子を開閉する	電離気体の真空中拡散により消弧

4　変電

テーマ19 交流遮断器の構造と特徴

近年，電力用交流遮断器は66〔kV〕以上ではガス遮断器が，それ以下では真空遮断器が主流になっている．

各種遮断器の消弧媒体，消弧方式および消弧原理を第1表に示す．

2 真空遮断器の構造と特徴を知る

(1) 構　造

真空遮断器の構造は第1図に示すように，遮断部の真空バルブとこれを支持する絶縁構成部，真空バルブの可動電極を駆動する操作構成部ならびに付属装置（制御装置，引出し機構）などからなっている．7.2〔kV〕級の20〔kA〕までの中小容量域の真空バルブには，従来の汎用品のほかに低サージタイプのものもある．

第1図　真空遮断器の構造例

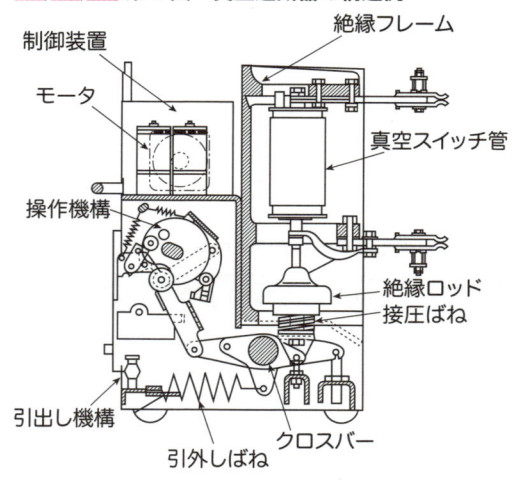

操作機構は，経済性，小形化，使いやすさの面からおもに電動ばね操作が適用されている．絶縁部は，三相一体の絶縁フレームを用い，機構部と充電部とを絶縁フレームにて遮へいした構造となっている．

真空遮断器では，アークエネルギーを小さくできることより，遮断部の消弧空間を小さくできる．また，第2図に示すような電極構造の改良による真空バルブ（第3図参照）の小形化も報告されている．

真空遮断器は，7.2〔kV〕級ではもっとも小形で経済的な遮断器である．

第2図　真空遮断器の電極構造

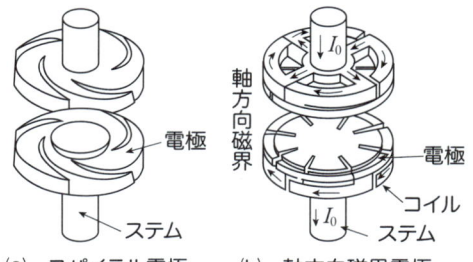

(a) スパイラル電極　　(b) 軸方向磁界電極

第3図　真空バルブの構造例

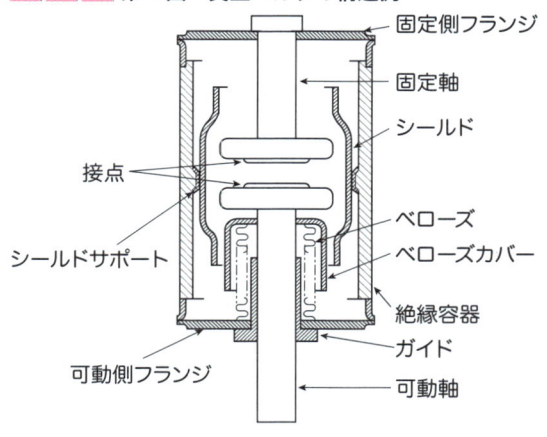

(2) 遮断原理と特徴

　アークの消弧が，高真空中の電子および粒子の拡散によって行われるので，ほかの消弧原理の遮断器に比べて優れた遮断性能を有している．

　真空中で発生するアークは，主として電極から供給される金属蒸気およびイオン粒子で構成されており，電流零点を迎えるとこれらの金属蒸気，イオンは急速に拡散し，電極およびアークシールドに吸着されるので，電極間耐圧が回復して遮断が行われる．

　第4図に真空アークモデルを示す．また第5図は，真空遮断器の電流遮断時の電圧，電流の関係を示す．

　真空遮断器では，電流零点後の絶縁回復がきわめて早く，遮断が行われることと，アーク期間中のアーク電圧が著しく低く，遮断動作中に消

テーマ19　交流遮断器の構造と特徴

■■■ 第4図　真空アークモデル

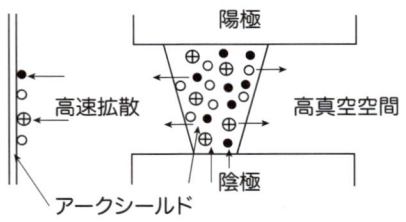

（注）○：金属蒸気　⊕：イオン　●：電子

■■■ 第5図　電流遮断時の電圧・電流

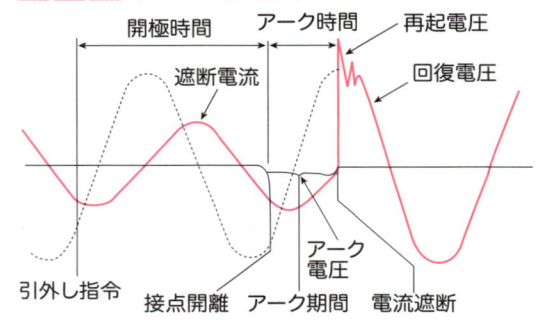

弧空間に放出されるアークエネルギーが小さいという遮断器として好都合な特徴をもっている．

以下におもな特徴をまとめて示す

① 遮断性能が優れている．

電流遮断後の絶縁耐力回復特性が優れているので消弧性能に優れ，高性能遮断器としての条件を有している．

② 断時間が短い

③ 騒音，無公害である．

④ 真空バルブの寿命が長く交換が容易であるため，保守，点検の省力化ができる．

⑤ 特殊付帯設備を必要としない．

⑥ 負荷機器への絶縁レベルに応じた適切なサージ保護装置が必要になる．

- 回転機：CRサージサプレッサ

- 乾式変圧器・避雷器
- コンデンサ負荷：再点弧のない遮断器の使用

3　ガス遮断器の構造

(1)　パッファ式ガス遮断器

　電流遮断にパッファ式の消弧方式を利用した遮断器で，現在製作されている特高用ガス遮断器は，ほとんどこの方式が採用されている．

　遮断部を接地金属内に収納したタンク形とがいし内に収納したがいし形遮断器があるが，現在国内では，タンク形がほとんどである．

　操作器は低騒音化，保守の省力化よりエアレス化のニーズが高まり，ばね操作器，油圧操作器の普及が進んでいる．

(a)　消弧原理

　パッファ式ガス遮断器の動作は第6図(a)～(c)のように行われる．

　第6図(a)は完全投入状態で，おもにコンタクトに定格電流が流されている状態である．遮断指令が出されて引外し動作が開始されると，(b)図のように絶縁動作棒によりパッファシリンダが下方に高速度で駆動され，パッファシリンダ室内のSF_6ガスが圧縮される．圧縮されたSF_6ガスは，ノズルを通してコンタクト間に発生したアークに吹き付けられ消弧する．可動コンタクトはその後も動作を継続し，(c)図に示す遮断状態で移動し停止する．

第6図　パッファ形ガス遮断器の動作図

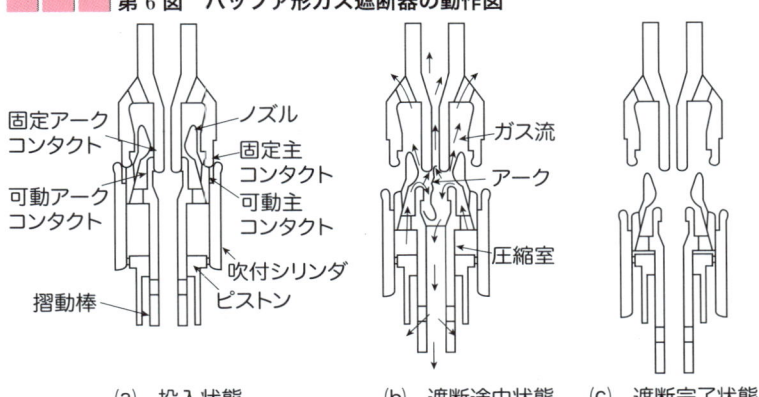

(a)　投入状態　　(b)　遮断途中状態　　(c)　遮断完了状態

テーマ19　交流遮断器の構造と特徴

(b) 構　造

　第7図に72/84〔kV〕タンク形ガス遮断器の構造例を示す．操作機構は，通常ばね操作方式が採用され，遮断器の投入・遮断に必要なエネルギーはモータで蓄勢されたばねによって供給されている．

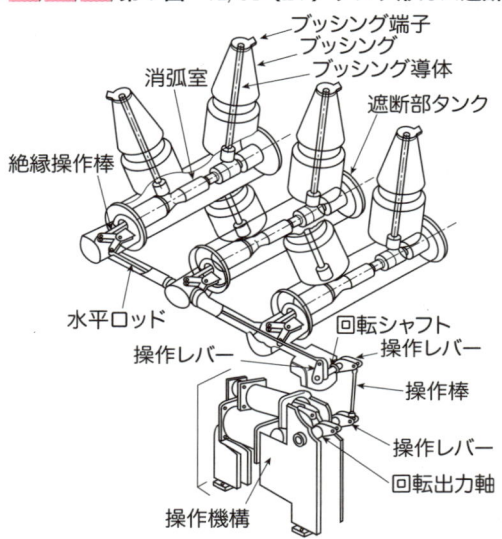

第7図　72/84〔kV〕タンク形ガス遮断器の構造例

（ブッシング端子，ブッシング，ブッシング導体，消弧室，遮断部タンク，絶縁操作棒，水平ロッド，操作レバー，回転シャフト，操作レバー，操作棒，操作レバー，回転出力軸，操作機構）

　ガス系統は第8図のように構成され，定格圧力で充てんされている．ガス圧力（正確にはガス密度）は常時，密度スイッチにより監視されており，万一，ガス圧力が低下した場合には警報を発信し，さらに，最低保証ガス圧力まで低下すると遮断器の制御回路を鎖錠する．各相のタンクには吸着剤が封入されており，ガスのなかの水分および電流遮断時に発生する分解ガスを吸着除去する．

(2) 回転アーク式ガス遮断器

　アークをガス中で高速回転させ消弧する方式の遮断器で，3.6～15〔kV〕用のものが製作されている．

　この遮断器は小形，軽量で，構造の簡単な多段積みキュービクルへの適合性に優れている．操作器は直流電磁投入・ばね遮断方式，または，ばね操作方式が採用されている．

第8図 ガス系統図

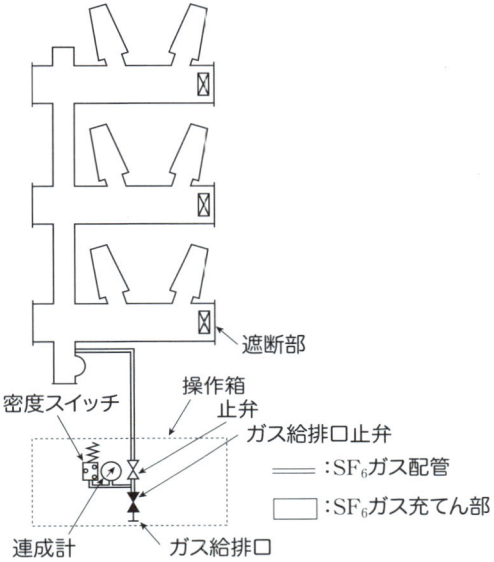

遮断部
密度スイッチ
操作箱止弁
ガス給排口止弁
━━ : SF_6ガス配管
▭ : SF_6ガス充てん部
連成計
ガス給排口

○消弧原理

第9図に消弧原理を示す.

第9図 磁界によるアークの回転駆動

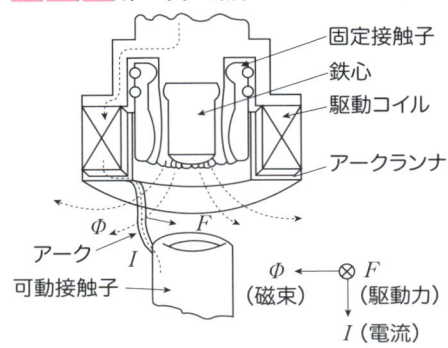

固定接触子
鉄心
駆動コイル
アークランナ
アーク
可動接触子
ϕ（磁束）
F（駆動力）
I（電流）

遮断指令を与えられると，アークはまず固定接触子と可動接触子間に発生し，可動接触子の移動によりアークはアークランナに移行する. この瞬間から鉄心の周囲に巻かれた駆動コイルに電流が移行し，こ

の電流によって生じる磁束がアークランナと可動接触子の間のアークに鎖交し，フレミングの左手の法則に従い，アークは接触子間で高速回転し，急速に冷却されるとともに，SF_6ガス電子捕捉作用により電流零点で遮断される．

4 　SF_6ガスの特性・特徴

(1)　SF_6ガスの優れた特性

(a)　物理的・化学的性質

(i) 熱伝達性が優れていること

熱伝導率は空気よりも若干小さいが，対流を考えた実際の熱伝達率は空気の1.6倍，強制風冷では空気の4倍という優れた熱伝達率を示し，電力機器の冷却に効果的である．

(ii) 化学的に不活性であること

SF_6は原子の共有結合が強い分子構造であるため，化学的にきわめて安定なガスである．無色，無臭で無害，さらに不燃焼のガスであることがSF_6ガス電力用機器の安全性を保証している．

(iii) 熱的安定性が優れていること

無触媒の状態では，約500〔℃〕まで分解されない．

(b)　電気的性質

(i) 絶縁耐力が高いこと

SF_6ガスは電気的負性ガスと呼ばれ，ガス分子から電離された自由電子を捕捉し，電気破壊の進展を抑制する．平等電界中では，1気圧で空気の2.5倍〜3.5倍，3気圧で油と同じレベルの絶縁耐力を有している．

(ii) 消弧性能が優れていること

SF_6中のアークは冷却されやすい低温部を外周に，高温で電気伝導性の細い安定した部分を中心に構成されている．このためにSF_6中のアークは，気中のアークより安定し，アーク時定数も小さく，電流遮断に優れた特性を示す．

SF_6ガス遮断器は開閉能力および短絡電流遮断能力が大きく，SF_6ガス避雷器では続流遮断能力が大きくなる．

(iii) アークが安定していること

SF$_6$ガス中の小電力アーク放電は,電流零点付近で低いレベルまで安定して維持されるので,電流さい断現象による異常電圧は発生せず,遮断抵抗も不要である.

(iv) 絶縁回復が早いこと

アーク消滅後絶縁回復は空気やほかのガスより格段によく,近距離線路故障,脱調遮断,異相地絡などの過酷な条件にも強い.

(2) SF$_6$ガスの注意を要する特性

(a) 物理的・化学的特性

(i) 空気の5倍の重さがあるため,漏れると低所に滞留しやすい.ガス漏れ防止,ガス圧力管理,リークテストなどに注意を要し,密封を入念にする必要がある.

(ii) 低温加圧下で液化すること

このため液化防止のためのヒータやガス循環などの配慮を要し,気密状態でのガス温度管理,ガス圧力管理に注意を要する.

(iii) 活性な分解生成物をつくること

SF$_6$は安定なガスであるが,アーク放電などによってふっ化物などの活性な分解生成物をつくり,金属蒸気と結合して白色の粉末をつくる.皮膚にふれないように手袋を着用することが望ましい.

また,水分が存在すると絶縁耐力が低下し,アークによる分解物がさらに加水分解して活性ガスや金属分ふっ化物,金属酸化物を形成するので,吸着剤の使用,水分管理などに注意しなければならない.

(b) 電気的性質

(i) 絶縁耐力が電界分布で大きく変わること

不平等電界中ではフラッシオーバ電圧が著しく低下する.このため,設計時にできるだけ平等電界になるようにし,支持絶縁物の形や電極との組合せを工夫して電界を緩和し,支持絶縁物と電極との密着性をよくして高電界箇所が生じないよう配慮しなければならない.

(ii) フラッシオーバ電圧は電極表面状態の影響を受けやすいので,表面仕上げの精度を向上する必要がある.

(iii) フラッシオーバ電圧は,浮遊粒子や金属粉,ゴミなどの影響を受

けやすいので，組立加工時の金属粉やゴミの除去，組立後の清掃にはとくに念を入れる必要がある．

【解説】 SF_6ガスの利点は前述したとおりであるが，ガス圧力の0.8〜0.6乗で絶縁耐力が増加するため，高気圧で使用される場合が多く，それだけゴミ・水分などの不純物の影響を受けやすい．

第10図は，金属粉（300〔μm〕のアルミ粉および銅線片）をガス絶縁開閉装置内に置いてAC 60〔Hz〕でフラッシオーバ試験を行った場合の絶縁耐力の低下率を示したものである．絶縁スペーサ近傍の金属粉は注意が必要で，機器の据付けおよび内部点検時には，とくにこの部分の清掃に留意したい．

第10図 金属粉による絶縁耐力の低下

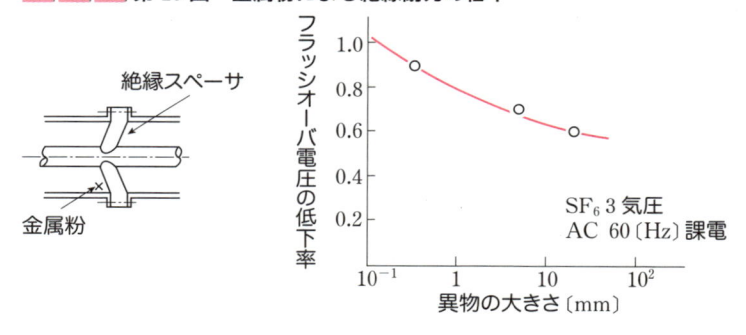

また，水分の影響は，SF_6中に含まれた水分が温度低下によって絶縁物表面に凝結し，絶縁破壊を誘発することが問題視されている．そこで，ガス絶縁機器には，第11図のような水分管理限界を設け，-10〔℃〕でも水分が結露しないように水分量を管理しているのが現状である．また，水分の影響は，アーク放電やコロナ放電時にSF_6ガスを分解させやすくし，SOF_2，SF_4，SO_2，HFなどの分解生成物をつくる．どれも刺激臭の強いものであり，反応性も高いため，吸着剤を用いて除去する方法が使用されている．吸着剤（合成ゼオライトなど），ガス絶縁機器内の水分を取り除いて，乾燥させるばかりでなく，ガス分解生成物をも取り除く効果がある．

内部点検時に留意する点は，ほとんどこの水分混入と，金属粉などのゴミの混入をできるだけ避けることに重点が置かれており，点検孔や，作業

第 11 図　ガス絶縁機器の許容水分量

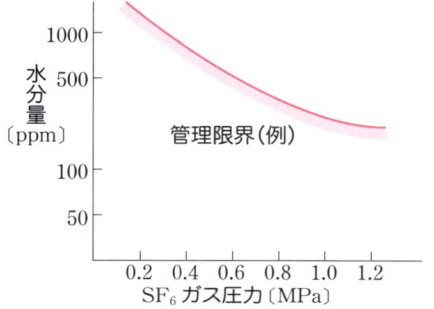

縦軸：水分量〔ppm〕（50, 100, 500, 1000）
横軸：SF_6 ガス圧力〔MPa〕（0.2, 0.4, 0.6, 0.8, 1.0, 1.2）
曲線：管理限界（例）

時に開放した部分はビニルシートなどで覆い，外部からの水分・ゴミの混入を避け，また内部作業を行うときにはゴミを内部に持ち込まないように心掛ける．

　ガス絶縁機器では，ガス漏れが生じてガス圧力が低下すれば運転に支障を来す．そこで，ガス漏れの防止には十分に留意し，とくに点検時にはOリングやガスシールフランジ面に傷などを付けないように注意したい．ガス絶縁機器には，ガス圧力管理用に警報装置が取り付けられる場合が多いから，ガス漏れの発生を十分に監視できる．

　SF_6 ガスには，このほかに熱伝達特性がよい，不燃性で，取扱いが安全であるといった特徴があるため，市街地用の電力用機器などに多く用いられるようになってきており，高い絶縁耐力を利用した電力用機器の寸法縮小化，および塩害などからの影響を避けた保守の簡単な電力用機器として SF_6 ガス絶縁機器が用いられている．

テーマ20 変電所を建設する際に考慮すべき環境保全対策

変電所は、一般的には需要地に近い場所に建設することが電力損失や供給信頼度面からも望ましく、とくに変電所の大半を占める配電用変電所は、市街地およびその周辺に立地されている。したがって、変電所の建設に際しては、機能や経済性だけでなく環境保全に対しても十分考慮しなければならない。

1 環境保全対策のおもな事項

変電所の建設に際し、おもな環境保全対策は次のとおりである。

(1) 騒音防止対策

変電所には、変圧器、遮断器などの騒音発生源があり、これらからの騒音が騒音規制法の規定値を超えないよう対策を講じることが必要となる。

現場では主として変圧器が対象となる。許容される騒音値は、騒音規制法に基づく地方公共団体の条例で定められており、これに適合するよう対策を講じている。

(2) 防災対策

防災対策の対象は、変電機器類の火災、変圧器などの油入機器で使用されている絶縁油の流出、変電機器の地震などによる損壊であり、これらに対して機器被害の未然防止、拡大防止の諸対策が講じられている。

(3) 変電所の縮小化

変電所の縮小化は環境調和性を向上させるとともに、工事期間の短縮、経済性の向上などの利点があり、近年においてリニューアルされる変電所では、技術の進歩とともに縮小機器を採用した変電所の縮小化が進んでいる。

(4) 屋内式・地下式変電所の採用および変電所の美化・緑化

都市部では屋内式および地下式の変電所が建設されている。屋内式の変電所では、周囲に調和するデザイン、色彩の採用などにより、変電所

の有する違和感や危険感を改善している．また，屋内式・屋外式を問わず，外周に植樹などを行い周囲の景観を向上させるようにしている．

2 騒音防止対策の実際

変電所の騒音は変圧器がおもな発生源であることから，次のような騒音防止対策が講じられている．

(1) 低騒音変圧器の採用

　　高方向性けい素鋼板の採用や低磁束密度化などによる変圧器自体の低騒音化に加え，二重防音タンク方式，コンクリート防音建屋方式，屋内変圧器方式および環境調和形変圧器方式の採用によって低騒音化を図るものである．

(2) 防音囲壁の設置

　　変圧器周囲を防音壁で囲み，騒音を低減する方式である．おもに既設変電所の騒音対策として採用される．

(3) 既設変圧器の低騒音化改造

　　二重防音タンク方式への改造，送風機の改造などの対策が講じられている．

(4) その他の騒音防止対策

　　遮断器，分路リアクトルなどについても低騒音化が講じられている．

【解説】

(1) 低騒音化変圧器の採用

　　変圧器の騒音は鉄心の磁気ひずみに基づくもので，これを小さくするためには高方向性けい素鋼板の使用や鉄心の磁束密度の低減化を図る方法がある．ただし，この方法のみでは大きな効果は得られず，一般的にはさらに変圧器に防音壁を取り付ける方法が採用されている．

　　防音壁の構造は，変圧器を鋼板またはコンクリートで覆い，変圧器本体と防音壁間には音圧上昇を抑制する吸収材を取り付けたものとなっている．

(a) 二重防音タンク方式

　　第1図に示すように，変圧器本体の外周をさらに鋼板で覆い，鋼板の内側に吸音材を張った構造で，配電用変圧器から超高圧変圧器に至

第1図 二重防音タンク方式

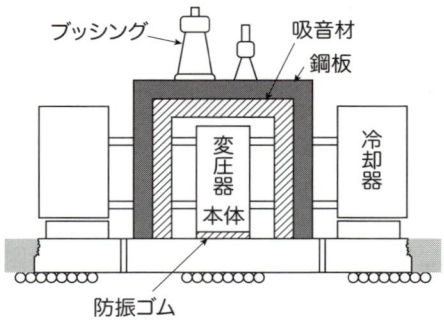

（ブッシング、吸音材、鋼板、変圧器本体、冷却器、防振ゴム）

るまで広く採用されている．

(b) コンクリート防音建屋方式

第2図に示すように，この方式は二重防音タンク方式の防音タンクを鉄筋コンクリート建屋にしたものである．

第2図 コンクリート防音建屋方式

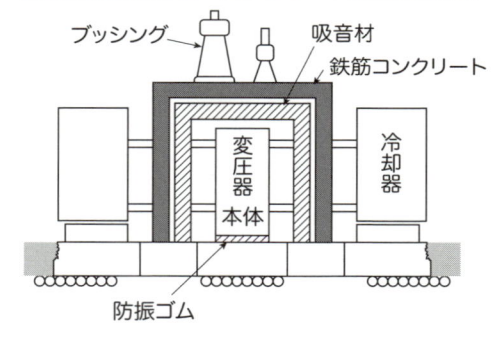

（ブッシング、吸音材、鉄筋コンクリート、変圧器本体、冷却器、防振ゴム）

(c) 屋内変圧器方式

変圧器を屋内に施設する方式である．騒音の防止と環境調和を同時に満足するものとして，市街地中心部に建設される変電所でおもに採用されている．

(d) 環境調和形変圧器方式

二重防音タンク形低騒音変圧器を，美装コンクリートパネルと吸音材で構成された防音壁で囲った方式である．キュービクル形ガス絶縁開閉装置（C-GIS）および美化鉄構と組み合わせて，変電所全体で

環境調和を図った環境調和変電所として計画採用されている．

(2) **防音囲壁の設置**

第3図に示すように，変圧器周囲にコンクリートブロックなどで壁を設けてその方向の騒音を低減する方式である．変圧器本体の改造をほとんど行わずに低騒音化が図れるので，おもに既設変電所の騒音対策として採用されることが多い．

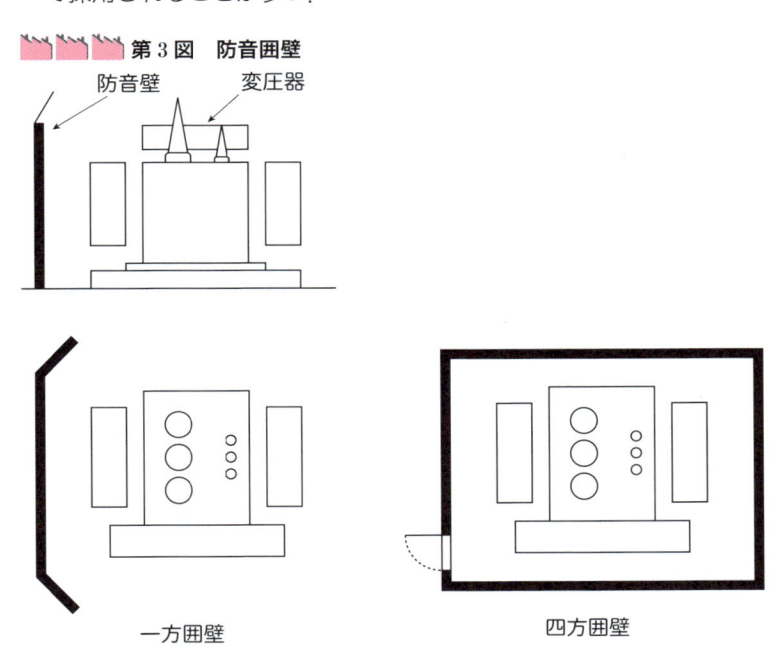

第3図 防音囲壁

一方囲壁　　　　　　　四方囲壁

(3) **既設変圧器の低騒音化改造**

既設変圧器の騒音が問題となる場合は，前述の二重防音タンク形に改造する場合もある．また，送油風冷式変圧器では，送風機の騒音を低下させるために低騒音形送風機に切り換えることも行われている．

(4) **その他の機器の騒音防止対策**

遮断器の騒音は，操作時および事故遮断時などにきわめてまれに生じる間欠的な騒音である．このような騒音に対する規制はないが，音の大きい機種では，苦情の原因となることもあるので，最近では音の小さいガス遮断器（GCB）や真空遮断器（VCB）を採用している．

また，分路リアクトルについては，変圧器と同様な騒音低減方法を採用し，コンプレッサは屋内に入れるなどの対策が講じられている．

3 防災対策の実際

変電所の防災対策としては，次のような方策が講じられている．

(1) 防火対策
  (a) 油入機器の適正配置
  (b) ガス絶縁変圧器の導入
  (c) 消火設備による対策
  (d) 防火設備による対策
  (e) ケーブル延焼防止対策

(2) 油流出防止対策

　変圧器などの油の構外への流出防止に対しては，流出油を防災砂利により吸収貯留する方法，あるいは変圧器放圧管下に貯留タンクを設ける方法などが採用されている．

(3) 地震対策

　変電所の設備が地震被害により，電力供給に支障をきたさないように，動的な耐震設計手法が採用されている．

【解説】

(1) 防火対策

  (a) 油入機器の適正配置

　　屋外式変電所では，油入機器を配置する場合，延焼，類焼のおそれがないよう，敷地境界との離隔距離を確保している．また，屋内および地下変電所では変圧器室を独立した部屋とし，延焼を防止している．

  (b) ガス絶縁変圧器の採用

　　最近では，屋内および地下変電所において，オイルレス化，不燃化を目的としたガス絶縁変圧器の導入が進められている．

　　ガス絶縁変圧器は，絶縁油に代わってSF_6ガスを絶縁媒体に用いた変圧器で，変圧器自体から発火・類焼の危険はない．

  (c) 消火設備による対策

　　消火器，固定式消火装置（注水，CO_2）および屋外消火栓を変電所

の設備形態に応じて設置している．

(d) **防火設備による対策**

　屋外式変電所で，離隔距離が確保できない場合には，防火壁や防火水幕を設置している．屋内や地下変電所では，建物の主要構造部は耐火または防火構造とし，建物の内装材には不燃材料を使用して，火災発生時の延焼防止を図っている．また，機械室，制御室，継電器室などの区画密閉化を図るとともに，各区画の扉は防火戸として火災の局限化を図るような構造としている．

(e) **ケーブル延焼防止対策**

　ケーブル火災が発生すると，ケーブルに沿って火災が拡大するおそれがある．したがって，建造物の壁や床のケーブル貫通部では，耐火または防火対策を実施している．また，難燃性ケーブルの採用によるケーブル自体の難燃化や，ケーブルへの延焼防止塗料の塗布，防災テープや防災シートの施設による延焼防止性能の確保などの諸対策も講じられている．

(2) 油流出対策

　一般的に，変圧器ならびに油入機器の油の構外流出防止対策としては，流出油を防災砂利により吸収貯留する方法，あるいは変圧器放圧管下に貯留タンクを設ける方法が採用されている．

　また，超高圧以上の変電所では，変圧器周囲の防油堤より接続した廃油水槽などを設置している．

(3) 地震対策

　変電所の設備が地震被害により電力の供給に重大な支障をきたさないように「変電所等における電気設備の耐震設計指針（JEAG 5003-2010）」に基づく動的耐震設計が行われている．（詳細は，姉妹本『これだけは知っておきたい電気技術者の基本知識』テーマ12「変電機器の耐震設計の考え方と耐震対策」を参照のこと）

4　変電所の縮小化対策の実際

変電所の縮小化対策としては，次のような方策が講じられている．
① 　ガス絶縁開閉装置（GIS）の採用

② スーパークラッド，キュービクル形ガス絶縁開閉装置（GIS）の採用
③ 固体絶縁開閉装置（SIS）の採用
④ アルミパッケージの採用
⑤ 縮小形複合機器（E-GCB）の採用

【解説】 変電所の縮小化のメリットとしては，環境調和性の向上，信頼性や安全性の向上，現地工事の工期の短縮化，経済性の向上などがあげられる．変電所の縮小化には次の方策があげられる．

① 開閉設備全体をそのまま複合一体化したガス絶縁開閉装置（GIS）の採用
② 変圧器バンク単位でブロック化しプレハブ構造としたスーパークラッド，キュービクル形ガス絶縁開閉装置（C-GIS）の採用
③ 従来のキュービクルをモールド絶縁によって縮小化した固体絶縁開閉装置（SIS）の採用
④ 気中絶縁方式ではあるが，遮断器の小形化などにより2段積・3段積とすることで縮小化を図り，かつ遠方制御盤，受電盤などを一括収納して変電所全体を縮小化したアルミパッケージの採用
⑤ 遮断器，断路器，避雷器などをガス絶縁開閉器として複合集積化した縮小形複合機器（E-GCB）の採用

5 変電所の美化・緑化対策の実際

変電所の景観上の向上については，次のような方策が講じられている．
① 建物のデザイン・色彩の美化
② 建物の低層化
③ 屋外鉄構などの簡素化
④ 緑化・植樹

【解説】 都市部・市街地においては，用地上および経済性から，屋内式または地下式変電所が建設され，最近では，屋内式変電所の建物外観は周囲との調和を図った設計を実施している．屋外変電所においても周辺の環境に応じた設計がされている．

(1) 建物のデザイン・色彩の美化

オフィス街・商店街では窓を擬装した事務所風，住宅街ではひさしや

柱を住宅風に，また神仏・仏閣が近くにあれば施設にマッチしたデザインとするなどの工夫がされている．

(2) 建物の低層化
建物の低層化は，建築基準法による高さ制限への対応，周囲から目立たなくすること，および近隣住宅の日照権の確保などから実施されており，建物の一部を地下とした半地下式のものもある．

(3) 屋外鉄構などの簡素化
屋外式変電所の屋外鉄構の簡素化，アルミパイプ母線の採用などにより，屋外施設をシンプル化するとともに，高さを低減している．

(4) 送配電線路の引込み・引出し
送電線を美化装柱や地中化し，配電線は大容量化して回線数を低減させるなどにより，違和感や危険感の改善を図っている．

(5) 緑化・植樹
屋内式・屋外式を問わず，外周に植樹したり，貼り芝をして緑化・美化を進め，周囲環境との調和を図っている．

第4図に環境調和を図った屋内式変電所の外観を示す．

第4図 環境調和を図った屋内式変電所

テーマ 21 変電所等に設置される変流器の概要と特性

1 変流器の使用目的

　変流器（CT）は主回路に流れる大きな電流を，保護リレーや計測装置が取り扱いやすいような小さな電流に変換し，また主回路と保護リレー，計測装置など二次回路に接続される機器との絶縁をとることを目的としている．つまり，
① 高電圧回路との絶縁
② 測定範囲の拡大
③ 計器・継電器の標準化
などが図れる．

　変流器（CT）は，電磁誘導作用を利用した巻線方式が主流であるが，最近では，磁気光学素子のファラデー効果を利用した光CTが実用化されてきている．

　変流器（CT）は計器用変成器の一種で，計器用変成器には，このほかに高電圧を低電圧に変成する計器用変圧器（VT）があり，この両者を組み込んだものを計器用変圧変流器（VCT）と称している．

　計器用変成器の使用目的は次のとおりである．

(1) **高電圧回路との絶縁が可能である**

　　VT・CTを使用することによって測定しようとする一次側の高電圧回路と二次側の計器や継電器を電気的に絶縁し，かつ低電圧化でき，そのうえ二次側には電気設備技術基準による保安上の接地工事も施すことができるので，これを取り扱う人体に対して安全性が確保される．

(2) **測定範囲の拡大が図れる**

　　交流ではVT・CTによって測定範囲の拡大が行われ，高電圧・大電流はすべて110〔V〕，5〔A〕に変成されて計測される．

(3) **計器・継電器の標準化が図れる**

　　一次側の電圧電流に関係せず，二次側は1種類の標準品があれば事足

りることになる．すなわち計器用変成器を用いることで110〔V〕，5〔A〕の標準計器類に統一することができる．

(4) 遠隔測定や制御ができる

一次側高電圧回路より遠く離れた配電盤室などで測定・継電ができ，その総合計測や各種制御装置との組合せで自動制御することができる．

2　CTの巻線方式による種類

CTの巻線方式は巻線形，棒形および貫通形に大別される．貫通形は二次巻線を施した鉄心窓に母線，ブッシング，ケーブルなどの一次巻線を挿入して使用するCTで，とくに一次導体にブッシングを使用したものをブッシング形変流器（BCT）という．

CTの巻線方式による種類を第1図に示す．

第1図　CTの巻線方式による種類

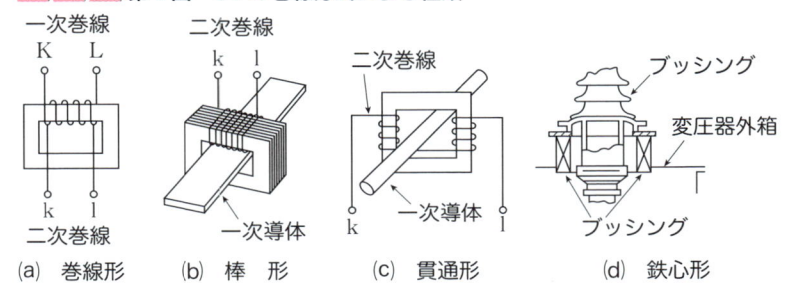

(a) 巻線形　　(b) 棒　形　　(c) 貫通形　　(d) 鉄心形

棒形および貫通形は，小電流領域における特性が悪いものの，短絡電流に対しては機械的にも熱的にも十分耐えるほか，構造が簡単で安価という特長を有している．一方，巻線形はアンペア回数が大きいので特性は棒形および貫通形に比べて良好であるが，機械的強度は相対的に劣っている．

3　CTの巻線方式の特性のうち重要な事項

CTの巻線方式の特性のうちもっとも重要なものは，誤差特性，過電流定数および過電流強度である．

(1) 誤差特性

CTの誤差には比誤差と位相誤差があり，比誤差εは公称変成比K_nが

どれだけ真の変成比Kより異なるかを示す値で、次式で表される．

$$\varepsilon = \frac{K_n - K}{K} \times 100 \ (\%)$$

また，位相誤差θは一次電流と二次電流の位相角で，180°回転した二次電流ベクトルが一次電流ベクトルとなす角で表す．

(2) 過電流定数

おもに継電器用CTに必要な性質で，比誤差が10〔%〕になる一次電流と定格一次電流との比である．たとえば過電流定数が5ということは，定格電流の5倍で10〔%〕以内の比誤差になるということであり，変流器鉄心の飽和の性質を示す定数である．

(3) 過電流強度

変流器の一次側に定格一次電流に比べ，過大な電流が流れたとき，電気的・機械的に耐える限度の保証電流値を表す．一般にこの電流は，系統の短絡電流から決まるもので，遮断器の最大遮断電流値となることが多い．

第2図にCTの等価回路を示す．原理的には変圧器と同様である．この図では，回路インピーダンスをすべてCTの二次側に換算して描いているため，一次側のインピーダンスはすべて巻数比Nの2乗倍（N^2倍）としており，ベクトルは第3図のようになる．ここで一次電流I_1/Nと二次電流I_2との関係は，$I_1/N = I_2 + I_0$となる．I_0がゼロなら巻数比どおりの二次電流が流れるが，I_0がゼロでないため誤差が生じる．

CTの誤差は比誤差εと位相誤差θとで表されるが，θは第3図のθで

第2図　CTの等価回路

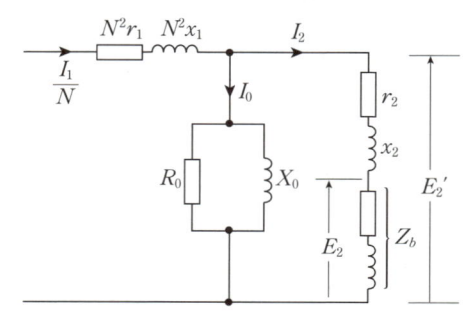

I_1：一次電流
I_0：励磁電流
I_2：二次電流
r_1, x_1：一次インピーダンス
r_2, x_2：二次インピーダンス
Z_b：負担
$\dfrac{1}{R_0} + \dfrac{1}{jX_0}$：励磁アドミタンス
N：巻数比 = $\dfrac{二次巻数}{一次巻数}$

第3図　ベクトル図

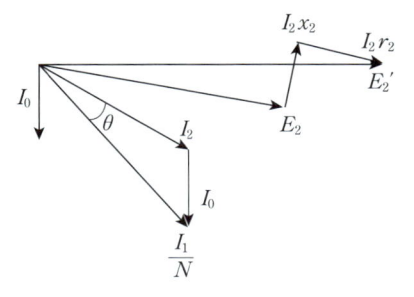

示され，ε は次式で表される．

$$\varepsilon = \frac{|NI_2| - |I_1|}{|I_1|}$$

　比誤差，位相誤差は，ともに I_0 が原因であるから，I_0 を少なくすれば小さくなる．

　保護リレーに電流を供給するCTは，事故時のように大電流が流れたとき，いかなる二次電流が流れるかが問題となる．このような大電流域の特性を表現するものとして過電流定数があり，次のように定義されている．

　過電流定数とは，比誤差が10〔％〕になる一次電流と定格一次電流との比で，定格過電流定数ともいう．この過電流定数は，一般に n なる記号が使われているが，$n=20$ といえば定格負担で定格一次電流の20倍の電流での比誤差が10〔％〕以下になるということになる．一般には，n は5〜20倍程度のものが多く使用されているが，保護リレー用としては将来を含めた，最大故障電流をカバーすることが必要である．

　CTの誤差のおもな原因は前述のとおり I_0，つまり励磁電流であり，一定負担の下では鉄心が飽和しない範囲であれば，励磁電流は二次電流に比例する．現実には，大きさの限られた鉄心を使用し，負担の存在下では，一次電流が増えれば誘導電圧（二次誘起電圧）が大きくなり，やがては鉄心が飽和してくるので，励磁電流が著しく増える．

4　CTの負担とは

CTの誤差の計算をするには，必ずCTの負担について知らなければな

テーマ21　変電所等に設置される変流器の概要と特性

らない．

　CTの二次側，もしくは三次側（以下，とくに区別する必要のないかぎり二次側で代表する）に加わる外部負荷インピーダンスを負担（burden）と呼ぶ．零相変流器の場合を除き，この負担は，CTの二次定格電流を流した際に負荷インピーダンスで消費されるボルト・アンペア（V・A），すなわち定格二次電流の2乗と負荷インピーダンスの積で表される．零相変流器の場合には負荷インピーダンスをオーム値で表す．

　負担という用語は，CTの端子に接続される全外部負荷インピーダンスを表すのに用いられるだけでなく，負荷を構成する各要素についても用いられる．継電器の負担は製造会社から発表されている．これに接続電線のインピーダンスを加えるとCTの全負担が計算できる．

　継電器の負担は定格値電流を流した際の消費V・Aで表現する場合と，動作値電流を流した際の消費V・Aで表現する場合とがある．前者は定格値消費V・A，後者は動作値消費V・Aと呼ばれる．また，もし継電器電流回路のインピーダンスが直線性を保っているならば，負担インピーダンスが0.5〔Ω〕，定格電流が5〔A〕，動作値が1〔A〕の継電器の定格値消費V・Aは12.5〔V・A〕，動作値消費V・Aは0.5〔V・A〕として表される．

　継電器の定格電流がCT二次定格電流に等しければ，継電器の定格値消費V・AはCTが許容する負担以内か否かを検討するのにそのまま用いることができる．もし異なるならば，いずれかの定格電流の基準にした負担表現を求めたうえで検討しなければならない．

　継電器磁気回路などの飽和現象は，電流が大きくなるに従い負担インピーダンスを減少させる．したがって，負担の表現に際しては測定条件を明示することが必要である．飽和が大きくなると，インピーダンスは直流抵抗に近づく．飽和を無視して，変流器誤差を求めると実際より大きな誤差となるが，適用上は安全側といえる．

　一般に，CTの全負担を求めるのに，直列に接続される負担のインピーダンスを算術的に加えるだけにとどめるのが普通である．ここに求められた全負担は実際より大きめになり，したがって，これをもとにして算出した変流器誤差も実際より大きめに出る．もしインピーダンスをベクトル的に加えてみないと，CTが適当か否かがわからないような限界にあるならば，

CTを使用しない方がよい．

　電流継電器のコイルがタップ付きで，その動作値におけるインピーダンスが，あるタップについてわかっていれば，他のどのタップについても動作値電流におけるインピーダンスを推定することができる．コイルのリアクタンスは巻回数の2乗に比例し，抵抗はほぼ巻回数に比例する．動作値電流では飽和は無視でき，抵抗はリアクタンスに比べて小さい．それゆえ，インピーダンスは巻回数の2乗に比例すると仮定しても一般にはかなり正確である．コイルの巻回数は動作電流値に逆比例するから，インピーダンスは動作値の2乗にほぼ逆比例する．すなわち，動作値消費V・Aは一定の関係となる．

　継電器の入力部に補助CTを設けて，動作値整定を行うものも多い．この場合，補助CTの二次短絡インピーダンスが小さいならば，タップ付きの電流継電器コイルの場合と同じく，動作値を変えても動作値消費V・Aは一定となる．この関係は一般にはかなり正確である．

　二つまたはそれ以上のCTが二次回路の共通の部分でそれらの電流が和になったり，差になったりするように接続されているときには，直列の負担インピーダンスを単に加え合わせて全負担とすることは正確でない．

　CT二次回路の各枝路に流れている二次電流の値を仮定し，CT二次端子間に生じる電圧降下あるいは電圧上昇の和を求めなければならない．計算で求めたCTの端子電圧を，仮定したCT二次電流で割れば，その電流における実際のCT負担が求められる．この値は，ほかのCTが回路に電流を供給していない場合のインピーダンスよりも大きいかもしれないし，逆に小さいかもしれない．

5　CTのバックターンとは

　第4図に示すように，実際のCTではI_1は二次電流の補償電流I_1'と励磁電流I_0との和となる．励磁電流I_0を無視すれば，

$$\frac{I_1'}{I_2'} \fallingdotseq \frac{1}{N}$$

となるが，厳密には$I_1 = I_1'$ではないので，実際の変流比と公称変流比とは一致せず，誤差を生じる．また，I_1とI_1'との間には位相差も生じる．すな

第4図　CTのバックターン

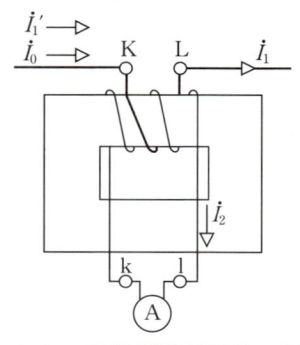

わち，励磁電流が誤差の原因になっているので，これを小さくするには励磁電流を少なくするような工夫をすればよいことがわかる．しかし，この方法は多くの材料や高級な材料を要することになるので，実用的ではない．したがって，実際にとられるのは，あらかじめ励磁電流に相当する分だけ二次巻線を計算値よりも減らす，いわゆる「巻き戻し（back turn）」の方法である．通常，実際の巻数比は公称巻数比より1〔％〕ぐらい減らしてある．

6　CT巻線方式の取扱上の注意

一次電流が流れているときに「CTの二次側を開放」すると，鉄心が極度に飽和して二次側に高電圧が発生するとともに，鉄損が過大となって鉄心温度が過度に上昇し，絶縁破壊や焼損を起こす危険性がある．このため，CTの二次端子間は常に低インピーダンスを接続し，電流を流しやすい状態にしておく必要がある．

CTは平常の運転状態では，計器や継電器などの低インピーダンスでその二次側が短絡されているので，二次の誘起電圧は数V程度である．それは二次アンペアターンで一次アンペアターンのほとんどを打ち消しており，打ち消さない残りの1〔％〕程度のアンペアターンが励磁アンペアターンとなっているからである．

いま，一次側に電流が流れている状態で二次側を開放すると二次側の逆起電力はゼロとなり，一次アンペアターンを打ち消すものがなくなる結果，一次アンペアターンはすべて励磁アンペアターンになるので，二次誘起電圧は高電圧となり，鉄心は極度に飽和し，矩形波となる．この場合，二次

誘起電圧 E_2 は磁束 ϕ の時間的変化および二次巻数 N_2 に比例し，

$$E_2 = -N_2 \frac{\mathrm{d}\phi}{\mathrm{d}t}$$

であるから，第5図のように最大値がきわめて大きいせん頭波異常電圧となる．

第5図　変流器の二次側を開放

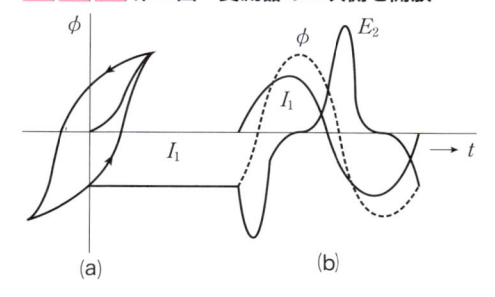

その結果，鉄損は増大し，鉄心は温度上昇するとともに，二次巻線および二次側に接続された計器や継電器の絶縁破壊を引き起こすこととなる．

7　光CTの種類・概要

光CTは，BSO（BiSiO）単結晶などの物質内を磁界の方向と平行に直線偏光を透過させると偏光面が回転し，その回転角が磁界に比例するファラデー効果を利用したもので，信号伝送路には絶縁体である光ファイバを使用しているため，測定系に静電誘導や電磁誘導が誘起される心配がなく，電気的悪環境下での測定に適している．

ファラデー効果の概念図を第6図に示す．偏光面の回転角 θ は磁界の強さに比例するので，ファラデー効果をもつ物質を電流磁界中に置き，これを通過する直線偏光の回転角を測定すれば，第7図のように導体を流れる電流値の測定ができる．さらに感度よく電流を測定する方法として，第8図に示すようなギャップを設けた鉄心を導体の周囲に配置し，ギャップ部にセンサを置く方法が有効である．第9図に，母線の事故検出装置への応用例を示す．

テーマ21 変電所等に設置される変流器の概要と特性

第6図 ファラデー効果の概念

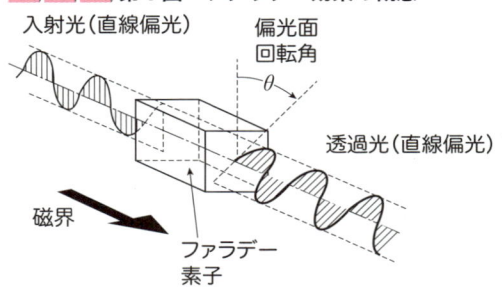

入射光(直線偏光)
偏光面回転角 θ
透過光(直線偏光)
磁界
ファラデー素子

第7図 磁気光学効果応用CTの原理図

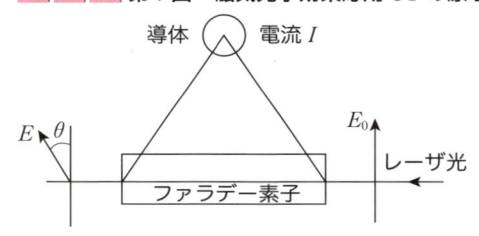

導体　電流 I
E, θ
E_0
ファラデー素子
レーザ光

第8図 電流測定方法

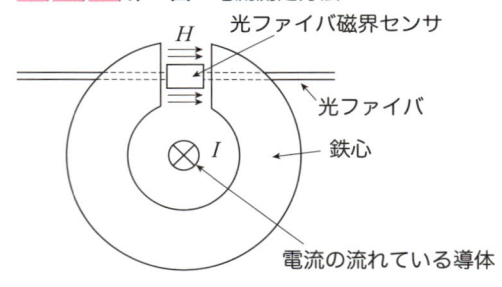

H
光ファイバ磁界センサ
光ファイバ
I
鉄心
電流の流れている導体

第9図 光事故検出システム

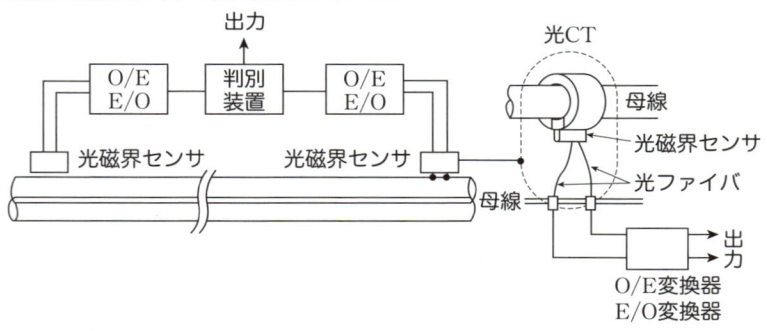

出力
O/E E/O
判別装置
O/E E/O
光CT
母線
光磁界センサ
光磁界センサ
光磁界センサ
光ファイバ
母線
出力
O/E変換器
E/O変換器

テーマ 22 電線の微風振動

　比較的緩やかな一様な風が電線路に直角に吹くと，電線の背後にカルマン渦（流）を生じ電線に鉛直方向の交番力を与える．その周波数が電線の径間，張力および重さによって定まる固有振動に等しくなると，電線が共振を起こして持続的な上下振動を発生する．この現象を微風振動といい，これが長年月継続すると電線は支持点で，繰返し応力を受け疲労劣化して，素線切れや断線を生じる危険がある．

1　微風振動発生機構の概要

　風速が6〜7〔m/s〕程度までの比較的緩やかで，しかも一様な風を「風の息」という．

　「風の息」が電線にあたると，電線の風下側にカルマン渦が発生し，電線に対して鉛直方向に上・下交互の周期的な交番圧力が加わる．

　このとき，この交番圧力の周波数f_w〔Hz〕と電線の固有振動数f_c〔Hz〕とが一致すると共振状態となり，その周波数の定常的な振動が発生する．これを微風振動という（第1図参照）．

第1図　微風振動の発生機構

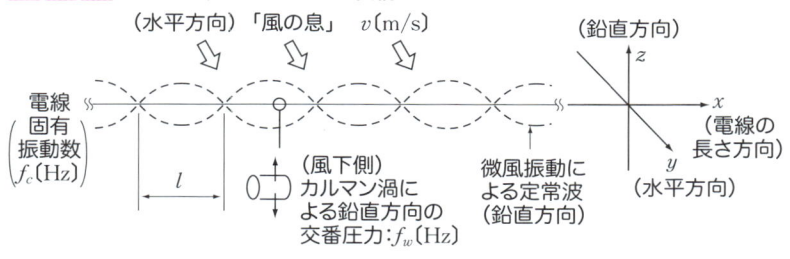

　f_wとf_cについては，一般に次式のように表されることが知られている．

$$f_w = K_s \frac{v}{d}$$

$$f_c = \frac{1}{2l}\sqrt{\frac{gT}{W_c}}$$

ただし，v：風速〔m/s〕
d：電線の直径〔mm〕
K_s（$=185$）：ストローハル定数
T：電線の張力〔kN〕
W_c：電線の重量〔kN/m〕
g（$=9.80$）：重力の加速度〔m/s^2〕
l：振動のループの長さ〔m〕

よって，この式から，長径間で電線張力が高く，その割合には電線重量が軽い架渉線において発生しやすい現象であることがわかる．

また，微風エネルギーによる振動であるから，その振動は比較的小さく，実測によれば，振動の全振幅は，およそ3〔cm〕以下であることが知られている．なお，電線の振動周波数は5～30〔Hz〕くらいで，ループ長（振動の節点間の距離）は3～10〔m〕，振幅は電線直径の1/2～2倍のものが多い．

2 微風振動による影響

微風振動は，耐張箇所より懸垂箇所の方が発生しやすく，次のような場合に起こりやすい．

① 電線が全径間にわたり質量が均等であるとき．
② 直径が大きい割合に重量の軽い電線，または長径間箇所．したがって，硬銅より線よりも鋼心アルミより線や中空銅線などに起こりやすい．
③ 風速および風向が一定のとき．したがって，風速は5〔m/s〕以下の微風のときや周囲に山林のない平たん部または早朝あるいは日没に発生しやすい．

微風振動により電線の折曲げの繰返しの疲労が蓄積すると，第2図に示すような電線の素線切れや断線が発生するが，このときの素線切れや断線は，引張荷重の超過による場合と異なり，以下の特徴がある．

① 電線の伸びによる断面縮小を伴わない．
② 鋭利な刃物で切断のように切断面は円形である．

このため，両者の相異は容易に識別できる．しかし，微風振動による素

第2図 素線切れの例

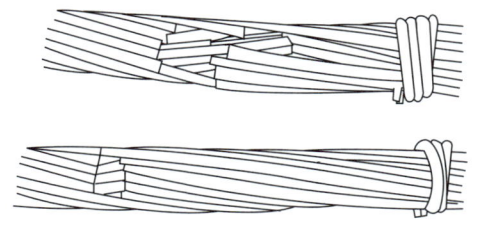

線切れや断線は、一般にクランプの内側で起こるので、定期点検時の目視による発見が困難である。

3 微風振動の防止対策

微風振動の防止対策には、次のようなものがある。

(1) **ダンパ（制動子）の取付け**

トーショナルダンパ、ストックブリッジダンパなどを使用し、振動のエネルギーを吸収させ、振動を小さくし、振動の減衰を早める。

(2) **電線支持点の補強**

アーマロッドを使用し、電線の保護と防振効果を利用する。

(3) **その他応力の抑制**

フリーセンタ形懸垂クランプを使用して振動クランプを通して次の径間へ移行し、減衰させ、電線支持点にはほとんど応力を生じないようにする。

【解説】 微風振動による障害を避けるためには、防振装置により振動エネルギーを吸収する方法と、振動による疲労の蓄積しやすいクランプ部の電線を補強する方法の二つがあり、両者が併用されている。

(1) **防振装置による方法**

  (a) **単体ダンパ**

電線の支持点から振動ループの長さの1/2〜1/3程度の位置、したがって、0.5〜3〔m〕程度の位置（2〜3か所に装置することもある）に「トーショナルダンパ」「ストックブリッジ（SB）ダンパ」などを装着する（第3図参照）。

第3図　単体ダンパ

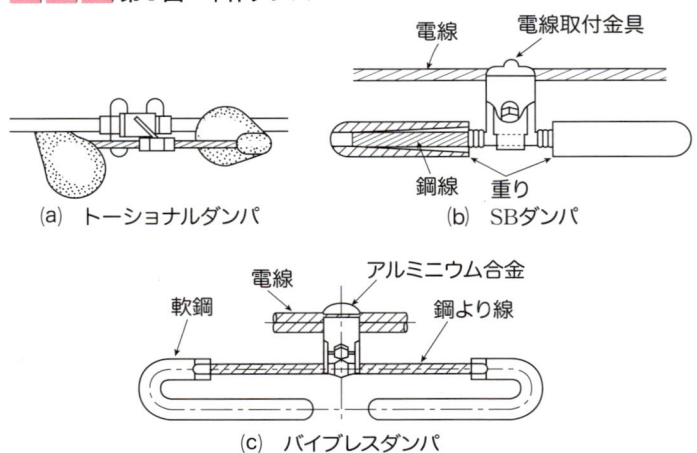

(a) トーショナルダンパ
(b) SBダンパ
(c) バイブレスダンパ

(b) 添線式ダンパ

電線の支持点付近に適当な長さの「ベートダンパ」，「クロスワイヤダンパ」，「クリスマスツリーダンパ」などを添線する（第4図参照）．

第4図　ベートダンパ

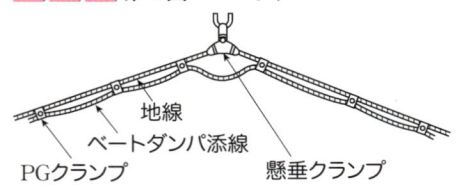

(c) 特殊懸垂クランプ

電線の動揺に応じて自由にシーソー運動ができるように，懸垂点に回転の中心の低いクランプを使用する．このようにすると，ある径間内で起きた振動をそれに隣接する径間に減衰分散することができる．これを「フリーセンタ形懸垂クランプ」という（第5図参照）．なお，この種のクランプは，ギャロッピングの防振にも有効である．

(2) クランプ部の電線の補強

第6図のように，クランプ部の電線に長さ1～3〔m〕でテーパを有する線（「アーマロッド」）またはテーパがなく電線に巻き付けやすい形にあらかじめ成形加工した「プレフォームアーマロッド」を使用する．こ

第 5 図　フリーセンタ形懸垂クランプ

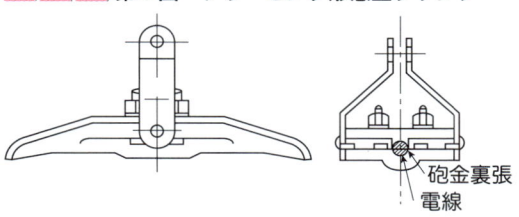

砲金裏張
電線

第 6 図　アーマロッド

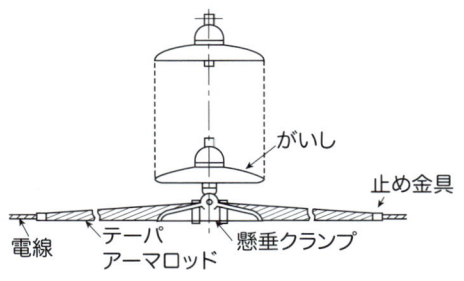

がいし
止め金具
電線
テーパアーマロッド
懸垂クランプ

のような支持点の電線を補強して損傷を防御するために用いるむち状の細い棒を総称して「アーマロッド」といい，電線の補強と同時に振動エネルギーの吸収も行うので，振動全般に対して効果的である．

テーマ 23 UHV送電の必要性と設計概要

1 UHV送電導入の必要性

　同じ電力を輸送する場合，送電電圧が高いほど電流が小さくなるので，送電損失を少なくすることができ，送電効率は高くなる．

　従来の500〔kV〕送電による大電力輸送は，送電距離が100〜300〔km〕の地域内の場合には適するが，今後の電力需要の伸びに対応するには長距離・大電力の輸送が必要とされており，平成4年にUHV送電線が建設された．

　具体的に1 000万〔kW〕の大電力を500〜600〔km〕の長距離送電を行う場合，UHV送電の導入効果は次のとおりである．

(1) **安定度の確保**

　　500〔kV〕送電では，安定度の問題から7ルート14回線が必要になるが，1 000〔kV〕級のUHV送電では，2ルート4回線でよい．ルート数が減ることにより環境面でも有利となり，また土地取得の困難性から経済的であるばかりか，さらには土地の有効利用にも役立つ．

(2) **短絡容量の抑制**

　　500〔kV〕を全系併用すると，系統規模は4 000〜5 000万〔kV・A〕となり，短絡容量が50〔kA〕を超えることになる．1 000〔kV〕級のUHV系統とした場合には，500〔kV〕以下の下位系統を放射状に分割できるため，短絡電流を30〔kA〕程度に抑制することが可能となる．

(3) **系統電圧の維持**

　　種々の安定度対策を講じても送電線の過負荷傾向が高くなると系統電圧維持能力が低下する．この面からも送電損失の少ないUHV送電は有利となる．

　　一般に1 000〜1 500〔kV〕級の最高電圧による送電をUHV（Ultra High Voltage）送電という．これに匹敵する±500〜750〔kV〕級の直流送電もUHV送電に含められる．

送電線路中に生じる電力損失の大部分は，導体中の抵抗損であり，抵抗損は電流の2乗に比例するので，同じ電力を輸送する場合には送電電圧を上げ，電流を小さくすることが有利となる．したがって，増大する電力需要と電源の大容量化・遠隔化に対応して，送電電圧は技術の向上とともに高電圧化が進められてきた．

第1図に，わが国および海外における最高電圧の推移を示す．

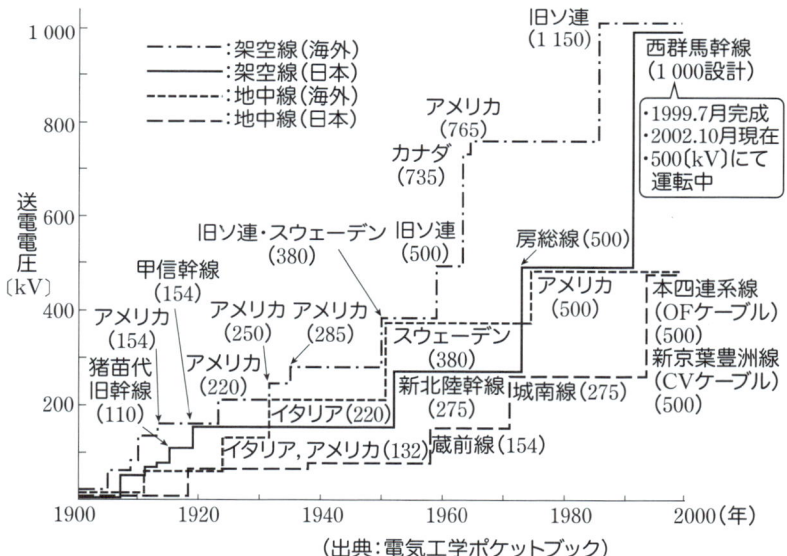

第1図　わが国および海外における送電電圧の推移

凡例：
- ―・―：架空線（海外）
- ―――：架空線（日本）
- ‒ ‒ ‒：地中線（海外）
- ・・・：地中線（日本）

主なデータ：
- 旧ソ連（1 150）
- 西群馬幹線（1 000設計）・1999.7月完成・2002.10月現在・500〔kV〕にて運転中
- アメリカ（765）
- カナダ（735）
- 旧ソ連・スウェーデン（380）
- 旧ソ連（500）
- 房総線（500）
- 甲信幹線（154）
- アメリカ（154）
- アメリカ（250）
- アメリカ（285）
- アメリカ（500）
- 本四連系線（OFケーブル）（500）
- 猪苗代旧幹線（110）
- アメリカ（220）
- スウェーデン（380）
- 新京葉豊洲線（CVケーブル）（500）
- イタリア（220）
- 新北陸幹線（275）
- 城南線（275）
- イタリア，アメリカ（132）
- 蔵前線（154）

縦軸：送電電圧〔kV〕（0～1 000）
横軸：1900～2000（年）

（出典：電気工学ポケットブック）

わが国のUHV送電技術開発は，需要地から数百kmの遠隔地に大容量原子力発電所を立地する構想をきっかけとして始まり，昭和53年には電力中央研究所に大学，官庁，電力会社，メーカからなるUHV送電特別委員会が設置され，それを中心に技術開発が進められた．

1 000万〔kW〕の電力を600〔km〕にわたり送電する場合を想定すると，必要な回線数，送電損失，および送電線の建設費は第1表に示す値となり，この規模の長距離・大電力輸送では1 000〔kV〕級のUHV送電がもっとも有利となることがわかる．

なお，サイリスタなどの電力半導体素子を用いた交直変換装置の進歩

5　送電

第1表 送電電圧と回線数，送電損失などの比較

送電電圧	必要な回線数	送電損失	送電線の建設費
500〔kV〕	14回線	5.5〔%〕	20〔%〕増
800〔kV〕	8回線	2.2〔%〕	10〔%〕増
1 000〔kV〕	4回線	1.5〔%〕	（基準）

（想定条件）送電電力1 000万〔kW〕，送電距離600〔km〕

により，とくに長距離送電では有利と考えられる直流送電への期待も急速に高まっており，UHV交流送電の研究と並行して，UHV直流送電の技術開発も行われていた．

第2表に，海外における長距離大電力送電の適用例を示す．海外においては，未開地の豊富な水力資源や産炭地火力を開発し，都市部需要地に送電するための長距離送電が北アメリカ，南アメリカ，アフリカ，旧ソ連などを中心に行われており，最近はUHV直流送電適用のケースが増加している．

第2表 海外における長距離大電力送電（例）

分類	国名	プロジェクト名		送電電力〔MW〕	電圧〔kV〕	送電距離〔km〕	運開年	目的
交流	カナダ	チャーチルフォールズジェームズベイ		5 500 10 000	735 735	1 200 1 000	1971 1979	水力送電 水力送電
直流	カナダ	ネルソンリバー		2 620	±450 ±500	890 930	1973/77 1978	水力送電
	南アフリカ	カボラバッサ		1 920	±533	1 420	1977/79	水力送電
	ザイール	インガジャバ		560	±500	1 700	1983	水力送電
	アメリカ	スクウェアビュート		500	±250	749	1977	火力送電
	アメリカ	CU		1 000	±400	710	1979	火力送電
	旧ソ連	エキバスツースセンタ		6 000	±750	2 400	1984	火力送電
交流・直流ハイブリッド	ブラジル	イタイプ	直交	6 300 6 300	±600 750	800	1985	水力送電
	アメリカ	パシフィックインタータイ	直交	2 000 2 500	±500 500	1 300	1970	水火力の経済運用

2 UHV送電の設計概要

同委員会を中心に，1 000万〔kW〕・600〔km〕のUHV送電に対する概念設計を行った結果，以下の検討結果が得られ導入～建設に至った．

(1) 送電線設計
- 1 000〔kV〕（最高電圧1 100〔kV〕）の場合→810〔mm^2〕ACSR×8導体，2ルート4回線
- 500〔kV〕（最高電圧550〔kV〕）の場合→410〔mm^2〕ACSR 4導体，7ルート14回線

(2) 絶縁設計

抵抗付き遮断器に加えて高性能の酸化亜鉛形避雷器の設置により，開閉サージ倍数を従来の2.0倍（500〔kV〕の場合）から1.6倍に抑制し，鉄塔の小形化を図った．詳細は，テーマ24で取り上げる．

(3) がいし類の耐汚損設計

耐電圧目標値として，1線地絡時の健全相の電圧上昇を1.2倍（500〔kV〕も同様）として，汚損区分に基づきがいし個数を決定する．ただし，がいしの汚損特性の解明により，従来の設計よりもその必要量を低減することを検討・実施した．

(4) 対環境設計

次の環境に対する影響を極力低減し，500〔kV〕送電と同程度以下となるよう設計．
① 降雨時のコロナ発生による騒音
② テレビ受信障害
③ コロナ発生によるラジオ電波雑音
④ 強風時に電線の風下で発生する渦による風騒音
⑤ 送電線下における種々の電界影響

【解説】 UHV送電の概念設計を従来の500〔kV〕送電と比較した結果（代表例）を第3表に示す．

これらの検討結果をもとに，電力中央研究所赤城試験センターに鉄塔3基，こう長600〔m〕の実規模2回線UHV試験送電線を建設し，大形鉄塔の機械的安定の検証と絶縁特性および環境保全対策の実証が行われた．そ

テーマ23 UHV送電の必要性と設計概要

第3表 設計比較表（代表例）

最高電圧(kV)					1 100	550
回線数					2	2
1 000万(kW),600(km)送電所要ルート数					(1 000万kW)2	7
導体等の構成	一般荷重地域	導体方式*2			EACSR 810×10	ACSR 410×4
		がいし装置	種類（耐張連数）		42(t)(4連)	21(t)(3連)
			一連個数	じんあい汚損*1	38	22
				中汚損(0.12(mg/cm²))	66	41
		遮へい線条数（平野部）AS100(mm²)			10	0
	重着氷雪地域	導体方式*2			EACSR 810×10	KACSR 410×4
		がいし装置	種類（耐張連数）		54(t)(4連)	33(t)(3連)
			一連個数	じんあい汚損*1	32	20
形状	標準鉄塔高 V	平野部(m)			(116.0)*3 112.0	83.5
		山岳部(m)			110.0	77.0
	最大線幅 H	平野部GW, AS(m)			AS(42)*3 50	GW 26
		山岳部GW(m)			39	26
	所要ルート空間の合計 $V \cdot H$(m²)				(9 700)*3 11 200	15 200
雷害事故率	IKL 30 接地抵抗10(Ω) 大地傾斜30°（試算例）	1回線事故			0.10	0.40
		2回線事故			0.00	0.10
		（件/100km 年）合計			0.10	0.50
障害対策特性*7	コロナ騒音	強雨時(dB(A))			49	54(52)*4
		軽雨時(dB(A))			41	48(45)*4
	ラジオノイズ	雨天(dB(μ))			58	65(63)*4
		晴曇(dB(μ))			32	40(38)*4
	TV障害範囲	VHF低域*5			5.4×2ルート =10.8	1.0×7ルート =7.0
		VHF高域*6			6.7×2ルート =13.4	1.0×7ルート =7.0
	風騒音	$V=10$(m/s) $(H=10$(m)) 線下+3(m)地点		dB(A)	55	48
				dB(C)	76	73

（注）
- *1 じんあい汚損は塩分0.011(mg/cm²)に相当
- *2 EACSR:特強鋼心高力アルミ合金より線，KACSR:鋼心高力アルミ合金より線
- *3 （ ）内は遮へい線を6条として塔高を高くした場合
- *4 （ ）内は525(kV)のとき
- *5 低域はチャネル1～3
- *6 高域はチャネル4～12
- *7 コロナ騒音とは，導体からのコロナ放電によって発生する可聴音で，単位は人間の聴覚によるdB(A)である．ラジオノイズの単位は0(dB)=μ(V/m)で測定されdB(μ)で表す．風騒音は風が架渉線のところを吹き過ぎる際に発生する騒音で，そのエネルギーの強さをdB(C)で表す．

の結果，環境面に対する種々の影響は，概念設計で必要と考えられていた10導体を8導体に減らしても500〔kV〕送電線と同程度に抑制できる見通しが得られ8導体による建設とするはこびとなった．

以上の一連の技術開発の結果，UHV送電線の実用化が可能となり，東京電力柏崎・刈羽原子力発電所（新潟県）～新山梨変電所間の送電線約250〔km〕に1 000〔kV〕UHV設計が導入され，建設された（現在，500〔kV〕にて運転中）．

UHV送電線の具体設計例を第2図に示す．また，第3図に実際のUHV送電線を示す．

第2図　UHV送電線の具体設計例

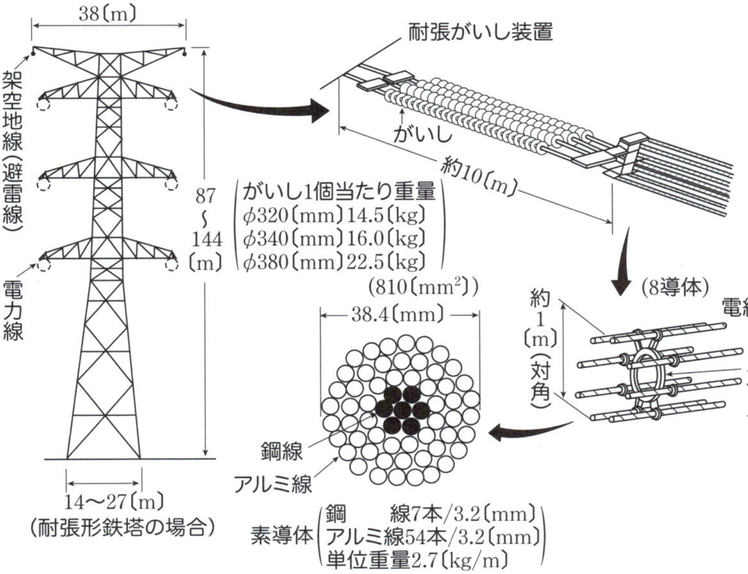

なお，UHV送電を構成する変圧器，ガス絶縁開閉装置，分路リアクトルなどの変電所主要機器については，従来よりも一層高度な解析技術の開発により，十分に信頼性の高いものの実現が可能となっている．

1 000〔kV〕変電所の基本設計は，以下のとおりである．

(1) **変電所規模**

系統運用面，運転・保守面，経済性，機器製作・輸送面などを考慮す

テーマ23 UHV送電の必要性と設計概要

第3図 UHV送電線(鉄塔全景)

ると,変圧器は1 000〔kV〕/500〔kV〕,3 000〔MV・A〕,4～6バンク,送電線回線数は4～6回線が適切である.

(2) **母線結線方式**

500〔kV〕変電所で実績のある二重母線4ブスタイ方式を採用し,さらに高度な信用性・安全性の確保の観点から,送電線を交差引込みとすることが考えられている(第4図参照).

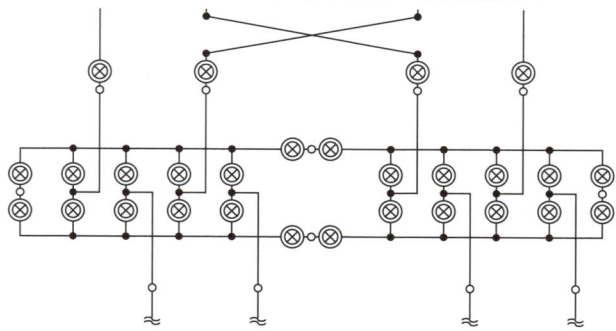

第4図 1 000〔kV〕変電所の母線結線方式

(3) 1 000〔kV〕用機器

1 000〔kV〕変電所に使用される各機器の特徴を500〔kV〕機器と比較して第4表に示す．

第4表 1 000〔kV〕機器の特徴

	1 000〔kV〕	500〔kV〕（現行）
変圧器	バンク容量3 000〔MV・A〕，1相（1 000〔MV・A〕）を2〜3分割輸送 輸送制限200〔t〕級　2分割　　　　　　　160〔t〕級　3分割	バンク容量1 500〔MV・A〕，1相（500〔MV・A〕）一体輸送（輸送重量約200〔t〕）
GIS	遮断点数4点，抵抗投入・遮断方式	遮断点数2点，抵抗投入方式
避雷器	高性能酸化亜鉛形避雷器	酸化亜鉛形避雷器
ブッシング	ガスブッシング がい管長10〔m〕程度	ガスブッシング がい管長 　汚損形6.7〔m〕，一般形5.4〔m〕

テーマ 24　UHV送電線の絶縁設計概要

1　送電線へのサージに対する基本的な考え方

　送電線には，通常の商用周波運転電圧のほかに雷による雷サージ，遮断器や断路器などの操作時に発生する開閉サージ，地絡時に健全相に発生する短時間交流過電圧などが現れる．

　このなかでもっとも大きな過電圧は雷サージで，時には数百万V以上の大きさとなるため，ある程度のフラッシオーバはやむを得ないとして許容し，開閉サージや短時間交流過電圧に対してフラッシオーバが生じないように送電線の設計を行う．

2　開閉サージに対する設計

　開閉サージには遮断器の投入・遮断時に発生するサージと故障時健全相に誘導される地絡サージがある．UHV送電線の場合，高性能酸化亜鉛形避雷器および遮断器の抵抗投入・遮断方式の適用により，投入・遮断サージは効果的に抑制が可能となったため，対地サージレベルは500〔kV〕系統の2.0〔p.u.〕に対し1.6〔p.u.〕まで低減でき，鉄塔の対地絶縁距離は従来技術の延長で設計した場合に比べ2/3程度に縮小している．

　【解説】
(1)　開閉サージに対する空間の絶縁耐力

　　送電線の気中間隔（クリアランス）のように，不平等電界を形成する気中ギャップの開閉インパルス（第1図参照）に対するフラッシオーバにはU特性，飽和特性およびσ特性と呼ばれる特質がある．

　　U特性とは第2図(a)のように，気中ギャップに印加される開閉インパルスの波頭長が長くなるに従って，フラッシオーバ電圧（絶縁が破壊する電圧）が低下し，ある波頭長以上になるとふたたび上昇してU形の特性を示すもので，最低のフラッシオーバ電圧を臨界フラッシオーバ電圧，そのときの開閉インパルスの波頭長を臨界波頭長という．この臨界

第 1 図　インパルスの定義

(a)　雷インパルス
標準：$T_f / T_t = 1.2/50$ 〔μs〕

(b)　開閉インパルス
標準：$T_f / T_t = 250/2\,500$ 〔μs〕

第 2 図　開閉インパルスフラッシオーバの基本特性

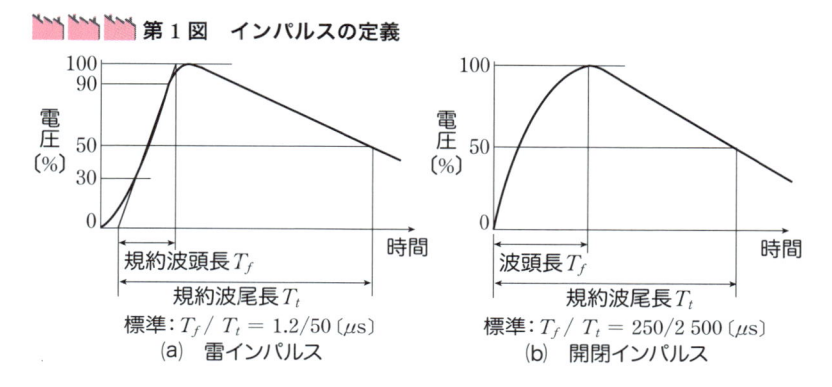

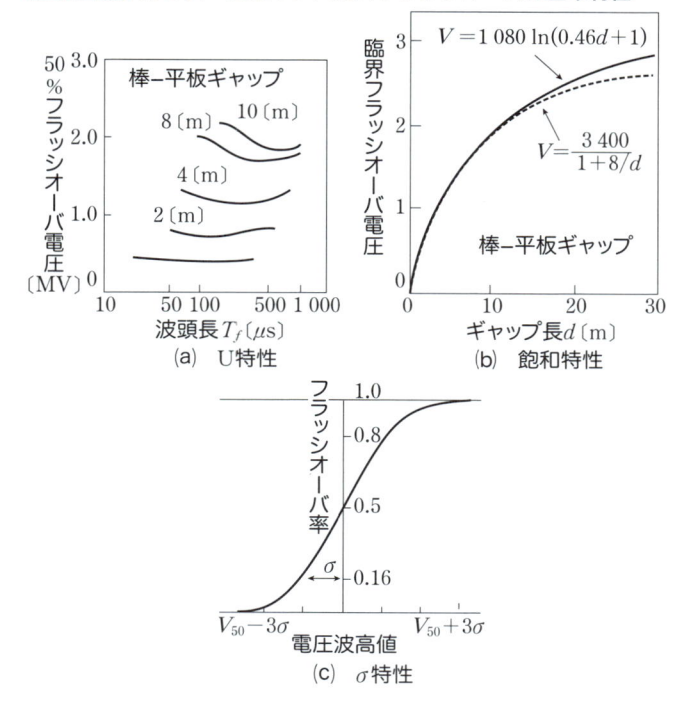

(a)　U 特性

(b)　飽和特性
$V = 1\,080 \ln(0.46d+1)$
$V = \dfrac{3\,400}{1+8/d}$
棒-平板ギャップ

(c)　σ特性

　フラッシオーバ電圧は第3図のように，交流電圧や雷インパルスによるフラッシオーバ電圧よりも低く，開閉サージに対する絶縁が問題となった．
　飽和特性とは第2図(b)のように，臨界フラッシオーバ電圧がギャップ

テーマ24　UHV送電線の絶縁設計概要

🔺🔺🔺 **第3図　各種電圧に対する棒–平板ギャップの50〔%〕フラッシオーバ特性**

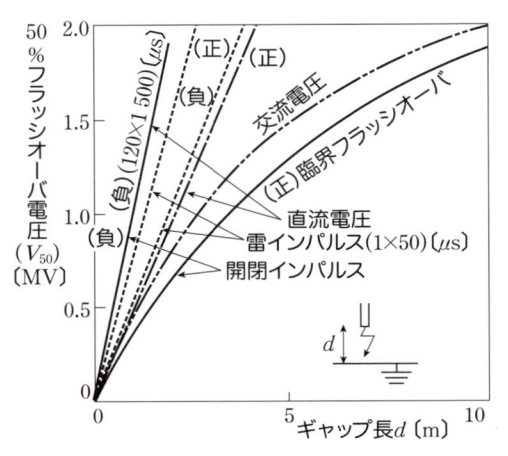

長に比例して増加せず，その増加率が順次減少していく特性である．この傾向が著しいほど長大なクリアランスが必要となり，送電線鉄塔が大形になる．

σ特性とは，フラッシオーバ率の変動幅がほかの過電圧に比べてきわめて大きいことを示す．開閉インパルスのフラッシオーバ率（全電圧印加回数に対するフラッシオーバ発生回数の比）は第2図(c)のように，印加電圧の大きさ（波高値）が大きくなるほど高くなり，この分布は累積正規分布となる．

このときのフラッシオーバ率が50〔%〕となるような電圧を50〔%〕フラッシオーバ電圧（V_{50}），フラッシオーバ率の変動を示す指標を標準偏差 σ（$= (V_{50} - V_{16})/V_{50}$）という．雷インパルスの標準偏差は1〜2〔%〕であるのに対し，開閉インパルスは4〜5〔%〕以上と非常に大きい．

U特性と飽和特性に対しては，がいし連長やクリアランスを長くすることによって対処ができるのに対し，σ特性については耐電圧の想定がきわめて難しく，気中ギャップの標準偏差σを5〔%〕として，50〔%〕フラッシオーバ電圧からσの2倍または3倍低い電圧を耐電圧値として設計している．

500〔kV〕およびUHV級の送電線のような長大ギャップの開閉イン

パルスフラッシオーバ特性は，鉄塔や電力線の形状によって大きく異なるため，合理的なクリアランス設計を行うには，実際の鉄塔形状に対するフラッシオーバ特性を把握する必要がある．500〔kV〕およびUHV送電の実規模レベルの実証試験結果例を第4図に示す．

第4図 対地開閉インパルスのフラッシオーバ特性（耐張装置）

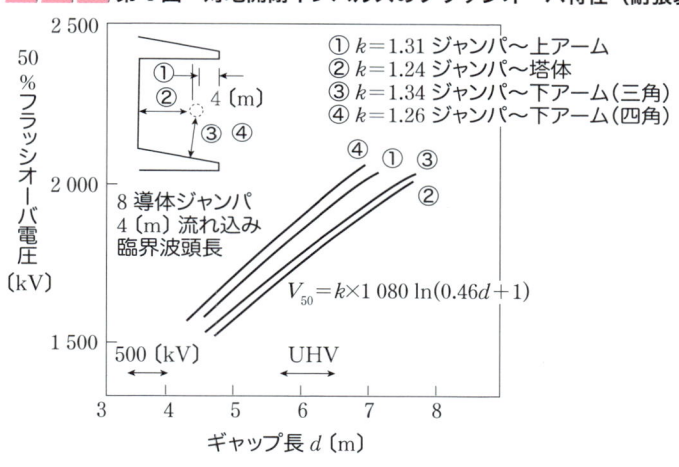

① $k=1.31$ ジャンパ〜上アーム
② $k=1.24$ ジャンパ〜塔体
③ $k=1.34$ ジャンパ〜下アーム（三角）
④ $k=1.26$ ジャンパ〜下アーム（四角）

8導体ジャンパ
4〔m〕流れ込み
臨界波頭長

$$V_{50}=k\times 1\,080\ln(0.46d+1)$$

各種気中ギャップの開閉インパルス臨界50〔％〕フラッシオーバ電圧V_{50CR}は，もっとも単純な電極形状である棒–平板ギャップの臨界50〔％〕フラッシオーバ電圧$(V_{50CR})_{R-P}$に対する倍数として次式で表される．

$$V_{50CR}=k(V_{50CR})_{R-P}=k\{1\,080\ln(0.46d+1)\}$$

k：ギャップファクタ
d：ギャップ長

なお，雷インパルスに対する空気の絶縁耐力は第5図のように，絶縁間隔に比例して増加するため，従来の延長として取り扱うことができる．

以上のような特性把握や種々の技術開発の結果，UHV送電の鉄塔規模は第6図のように，従来技術の延長を想定した設計よりもきわめて小形となっている．

(2) 開閉サージの抑制

500〔kV〕およびUHV級のように長大な絶縁距離を必要とする送電線では，鉄塔や電線の形状を変えても絶縁耐力を上げる効果は少なく，

テーマ24 UHV送電線の絶縁設計概要

第5図 雷インパルスの50〔%〕フラッシオーバ電圧

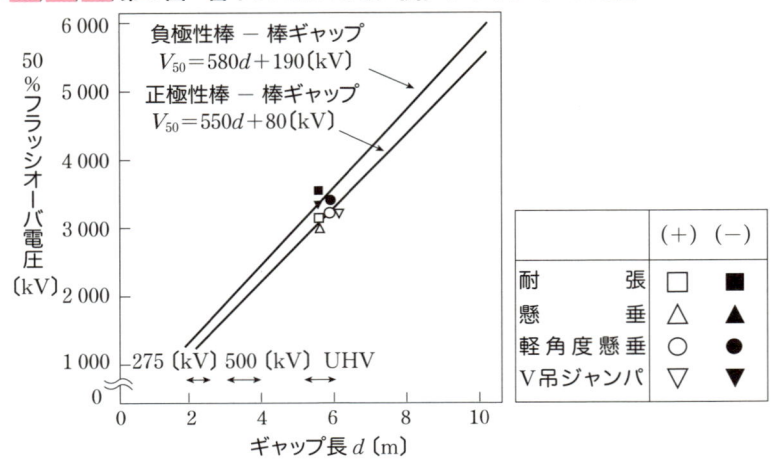

負極性棒 — 棒ギャップ
$V_{50} = 580d + 190$ 〔kV〕

正極性棒 — 棒ギャップ
$V_{50} = 550d + 80$ 〔kV〕

	（＋）	（−）
耐　　　張	□	■
懸　　　垂	△	▲
軽角度懸垂	○	●
V吊ジャンパ	▽	▼

第6図 送電鉄塔の規模

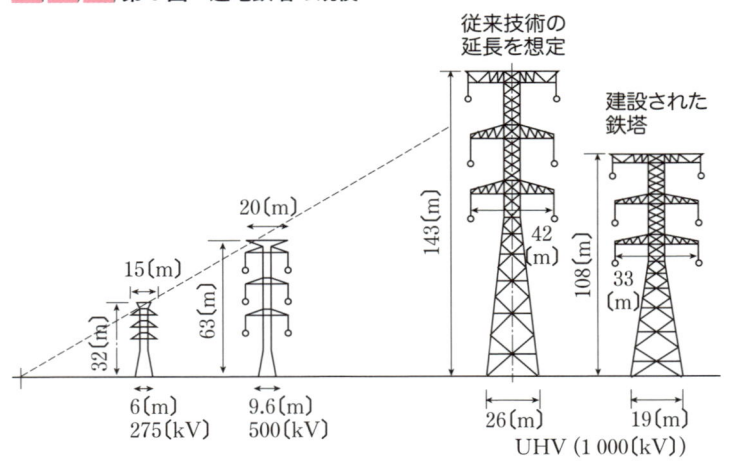

フラッシオーバ電圧は絶縁距離によって決まる．とくに，開閉サージに対する空気の絶縁耐力は絶縁距離に対して飽和特性を示すため，開閉サージ抑制効果は著しく，たとえば，開閉サージを10〔%〕程度低減することで，500〔kV〕級で0.7〔m〕，UHV級で1〔m〕近くの空気絶縁距離を縮小することが可能となる．

このため，500〔kV〕送電の研究開発時に種々の開閉サージ抑制法が検討された．その代表的なものが第7図に示す抵抗付き遮断器で，たとえば遮断部を閉路しようとするとき，まず抵抗を介してS_1を閉じ，0.01～0.02秒後にS_2を閉じて抵抗を短絡し，開閉サージを抑制するもので，抵抗値は500～1 000〔Ω〕がもっとも有効とされている．第8図にUHV遮断器の構造例を示す．

第7図　開閉サージの低減方法

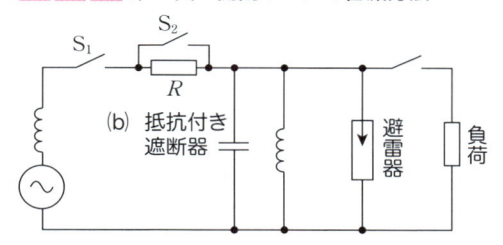

(b) 抵抗付き遮断器

第8図　UHV遮断器の構造例

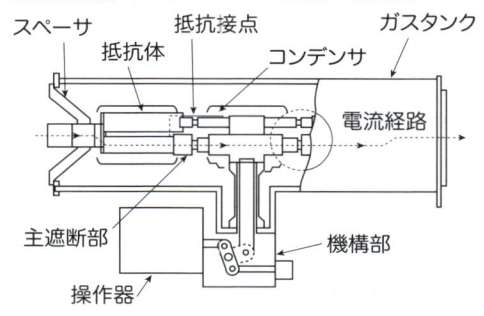

さらに，開閉サージの抑制に有効なのは避雷器である．避雷器とは電圧－電流特性が非線形の半導体素子から構成され，電圧がある値以上になると，そのエネルギーを半導体素子を通して大地へ流し過電圧を抑制するもので，開閉サージのみならず雷サージなどほかの過電圧にもきわめて有効な抑制方式である．

1970年代には，これまでの炭化けい素（SiC）に代わる酸化亜鉛形避雷器（ZnO）が開発され，UHV用避雷器では，制限電圧レベルを500〔kV〕用避雷器特性の延長に対し約60〔％〕までに大幅に低減するなど，一段と

第9図 UHV避雷器の構造例

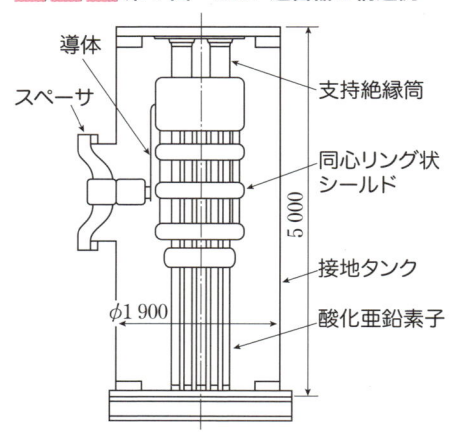

（図：導体、スペーサ、支持絶縁筒、同心リング状シールド、接地タンク、酸化亜鉛素子、φ1 900、5 000）

高性能なものになっている．第9図にUHV避雷器の構造例を示す．

以上のように，UHV送電の開閉サージ抑制は抵抗付き遮断器と酸化亜鉛形避雷器の採用によって，第1表のように対地1.6〔p.u.〕，相間2.6〔p.u.〕（1〔p.u.〕は最高運転電圧の対地電圧 ＝ 定格電圧 × $\sqrt{2}/\sqrt{3}$）までに低減できる見通しを得ている．

第1表 開閉サージの大きさ（対地電圧の倍数）

項目	電圧階級	275〔kV〕	500〔kV〕	UHV（1 000〔kV〕）
方策			・遮断器の抵抗投入	・遮断器の抵抗投入，抵抗遮断 ・酸化亜鉛形避雷器
開閉サージ倍率	対地	2.8	2.0	1.6
	相間	4.5	3.2	2.6

3 短時間交流過電圧に対する設計

短時間交流過電圧として配慮する地絡事故時の健全相電圧上昇は500〔kV〕の1.2〔p.u.〕より低くなり，地絡故障時のみ考慮した設計では，がいし1個当たりの分担電圧が高くなる．このため，耐電圧値とフラッシオーバ発生率との関係を明らかにしたうえで，常規対地電圧に対するがいしの分担電圧レベルを500〔kV〕と同等に抑え，33トン懸垂がいしの場合，

▰▰▰ 第 10 図　UHV 用高強度がいし

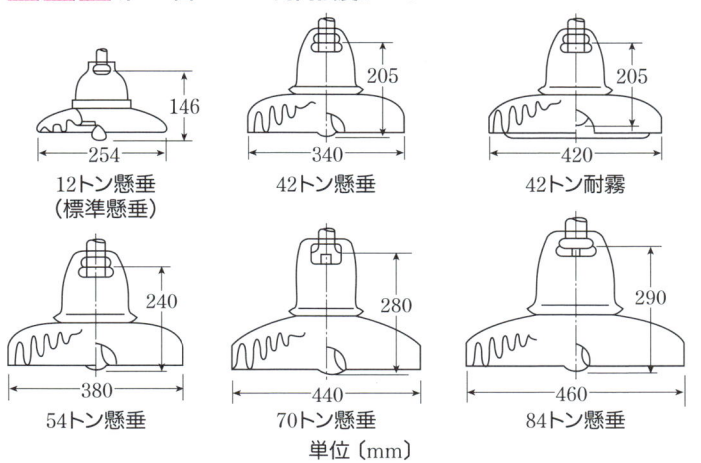

12トン懸垂　　　　42トン懸垂　　　　42トン耐霧
（標準懸垂）

54トン懸垂　　　　70トン懸垂　　　　84トン懸垂
　　　　　　　　　単位〔mm〕

▰▰▰ 第 11 図　がいし連結長と耐電圧との関係（所要長はじんあい地区から重汚損地区まで）

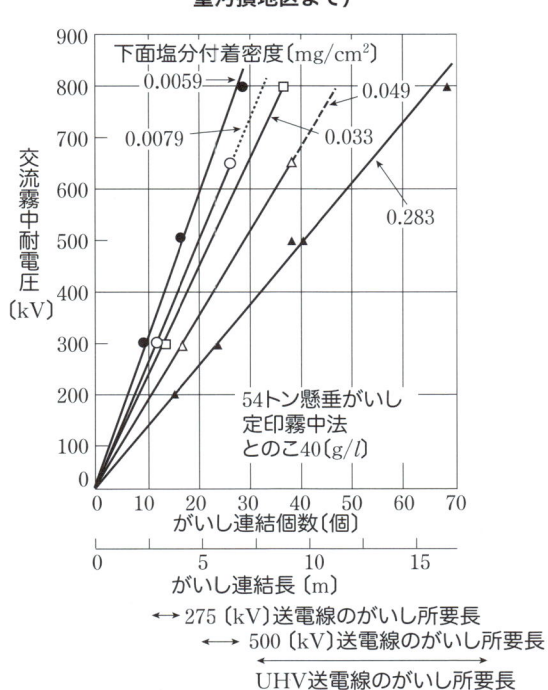

下面塩分付着密度〔mg/cm^2〕

54トン懸垂がいし
定印霧中法
とのこ40〔g/l〕

交流霧中耐電圧〔kV〕

がいし連結個数〔個〕

がいし連結長〔m〕

↔ 275〔kV〕送電線のがいし所要長
↔ 500〔kV〕送電線のがいし所要長
↔ UHV送電線のがいし所要長

5 送電

じんあい汚損で40個，冠雪地域においては54トン，懸垂がいしで46個を使用している．

　送電線のがいし連は，じんあい汚損や海塩汚損によって絶縁性能が低下する．UHV送電線では格段に長いがいし連が要求されるため，長さと汚損の関係を明らかにすることが必要となり，第10図に示すUHV用高強度がいしを対象に自然状態のフラッシオーバをもっともよく近似する定印霧中法によって，汚損がいしの耐電圧特性を検討した．結果の例として，54トン懸垂がいしの耐電圧特性を第11図に示す．

テーマ25 送電系統保護の基本的考え方と保護継電方式の種類・適用

1 送電系統保護の三つの基本的考え方

送電系統における基本的な保護の考え方として，以下の3点がとくに重要となる．

(1) **保護区間と選択遮断**

事故発生時には，できるだけ高速度で，かつ必要最小限の停電範囲で事故を除去すること．

(2) **主保護と後備保護**

保護装置の不具合時にも系統を確実に保護するため，保護を二重化すること．

(3) **信頼性の向上**

とくに重要度の高い系統では，後備保護だけでなく，保護装置の多重化，常時監視，自動点検を行い，信頼性の向上を図る．

○考え方の詳細

(1) 保護区間と選択遮断

ある保護継電装置が保護すべき区間を，その装置の保護区間という．第1図はその一例で，破線で囲まれた範囲が，ある一つの，あるいは1組の装置の保護区間である．保護上の盲点をなくすためには，図のよう

第1図 保護区間の例

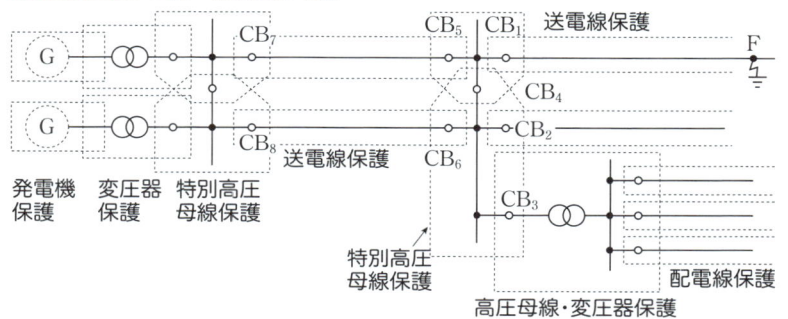

に保護区間を重ね合わせ，遮断器を重ね合わせ部分に含めるようにすればよい．

事故発生の際，各所の保護継電装置は事故区間を選択して最小限の停電範囲で事故を除去するのが原則である．

たとえば，図のF点で事故が発生したときは，その送電線保護装置が作動して，遮断器CB_5，CB_6，あるいはCB_7，CB_8にも流れるが，これらの遮断器は動作してはならない．万一，これらが動作し，保護区間外事故で動作することを誤動作という．なお，正動作・誤動作に対して正不動作・誤不動作という事象も考えられる．

誤動作・誤不動作を防ぐためには，各所の継電装置間で動作時間および感度の協調をとる必要がある．

(2) 主保護と後備保護

第1図のF点の事故の際，その送電線の継電装置が動作してCB_1が遮断するのが正動作であり，これを主保護と呼ぶ．ここで，継電装置や遮断器関係の不具合によって遮断できない事態が生じた場合，別の継電装置でCB_1を遮断したり，CB_7，CB_8で遮断するよう瞬時に次の改善策がとられる．これを後備保護といい，保護の二重化が図られている．

(3) 信頼性の向上

たとえば，超高圧系統など重要度の高いところでは，第2図のように主保護を二重化することがある．多重化する部分は，統計的に弱い部分を行う．

第2図　装置二重化の例

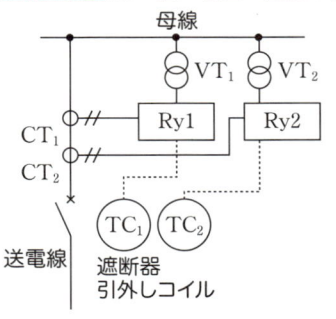

常時監視は，継電器の状態の異常を検出して警報するものであり，自動

点検は周期的に継電器を停止し，模擬入力を加えて動作を自動的に点検するものである．

2　各保護継電方式の検出方法の概要とその適用

送電系統の保護継電方式には，(1)過電流継電方式，(2)距離継電方式，(3)回線選択継電方式，(4)表示線継電方式，(5)搬送継電方式がある．

(1) 過電流継電方式

事故時に電流（短絡電流あるいは零相電流）が大きくなるのを検出する方式である．

故障区間を選択するのに動作時限差によっているので，故障区間を除去するのに要する時間が長くなり，しかも，本来は早く除去したい電源側の故障ほど長い時間を要する欠点をもっている．このため比較的重要度の低い下位系統に用いられる．

電源が一端だけにある放射状送電線では，第3図に示す方式で保護することができる．過電流継電器の動作時間を電源に近いものほど長くすることにより，故障点にもっとも近い電源側端子の継電器が動作し，その端子が選択的に遮断される．一般に用いられている過電流継電器は本来第4図(a)に示すように定限時特性であるため動作時間が長くなるが，(b)図に示すような強反限時特性の過電流継電器を用いることにより遮断時間を短縮することもできる．

第3図　過電流継電方式の時限整定例

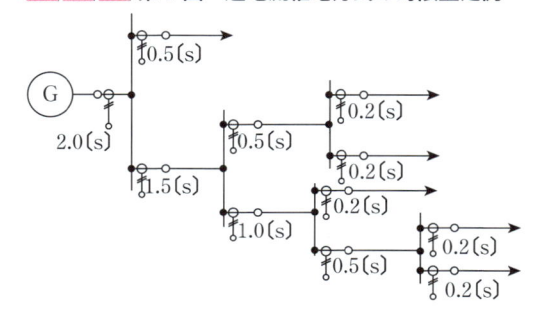

第5図のように電源が片端背後だけにあるループ系統の場合には，動作時間は同一方向では電源に近づくほど遅くすればよく，①→②→③→

第4図 定限時特性と強反限時特性

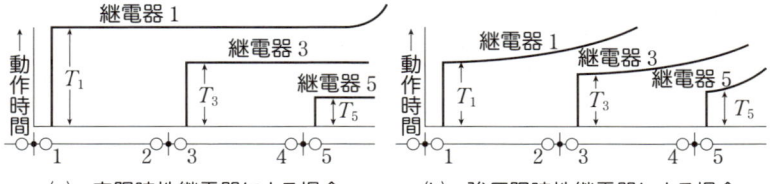

(a) 定限時性継電器による場合　(b) 強反限時性継電器による場合

第5図 ループ系統の過電流継電器の整定協調

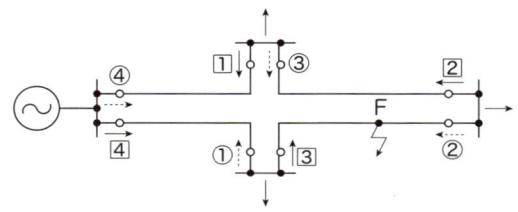

④，①→②→③→④の順に動作時間が遅くなるようにする．

(2) 距離継電方式

電源からの距離に応じて距離継電器の動作特性に協調をもたせるものである．この方式は短絡保護用と地絡保護用とがあるが，地絡保護用には1線地絡電流の大きい直接接地系統にしか用いられない．

送電線保護用としては一般に3段限時距離継電方式が用いられる．

距離継電器は入力電圧／入力電流の比，すなわち継電器の見るインピーダンスがある値より小さいときに動作する継電器である．

距離継電方式の動作原理を第6図に示す．A点の継電器ZR_Aは，事故がA〜B間のとき高速度で動作させる必要があるが，相手端至近点（F_3）

第6図 3段限時距離継電方式

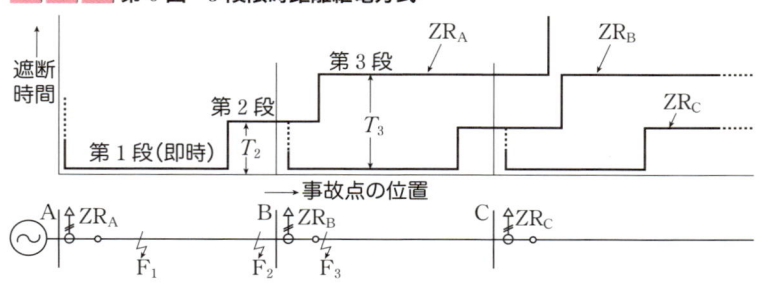

の事故のときはZR_Bより早く動作してはならないので，測距誤差を考慮し，A～B間の80〔%〕程度までの事故のとき即時に動作させるようにする．これが第1段である．第2段は相手端までの事故では必ず動作させるため，120〔%〕程度までの事故で動作させ，適当な動作時限T_2（0.3秒程度）をもたせる．第3段は隣区間（ZR_AにとってB～C間）の後備保護を行うもので，動作範囲を250〔%〕程度，動作時限をT_3（0.4秒）程度とする．なお，第2・3段は自己保護区間の後備保護も兼ねている．

保護区間内の事故は，継電器が正常に動作すれば第2段の時限以内で除去でき，過電流継電方式のように直列の保護区間数が増えると動作時間が無制限に長くなるということはない．

(3) 回線選択継電方式

平行2回線の場合に，両回線変流器の二次回路を交差接続し，方向継電器と過電流継電器を組み合わせることにより，故障回線を選択して遮断するものである．

保護区間外部の事故時には継電器に電流は流れないため，過電流継電方式のように保護区間の段ごとに動作時限差をもたせる必要がなく，即時動作とすることができる．

回線選択継電方式の原理を第7図に示す．保護区間内に事故があるときは，両回線の電流の差が継電器に流れる．たとえば，図のように1号線のF点で事故があったとき，図の矢印の方向を正方向として，A端子の継電器にはI_1-I_2が流れ，B端子の継電器には$2I_2$が流れる．この継電器電流の位相は，事故が1号線側か2号線側かによって逆位相になるため，方向継電器によって事故回線を選択することができる．

第7図 回線選択継電方式

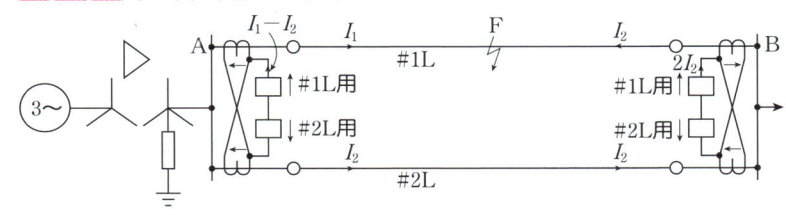

この方式は1回線停止時には使用できない．また，保護区間外部事故

時には動作しないため過電流継電方式のように遠方後備保護の役割を兼ねることはできず，過電流継電方式あるいは距離継電方式の後備保護装置が必要である．

また，たとえば第7図で事故点がA端子に近い場合，初めにA端子の遮断が行われ，その後B端子遮断という直列引外し動作となるが，そのときA端子遮断後B端子遮断までの間は，事故電流は2号線を通って1号線Fに流れる．この事故電流は，A端子で2号線側の継電器を動作させようとする．したがって，事故回線を選択し，遮断した後，健全回線の遮断器が遮断しないように，ただちに引外し回路を開放するようなインタロック回路が必要となる．

(4) 表示線継電方式

保護区間各端子間に表示線を施設し，直流または商用周波信号を伝送することにより保護を行うもので，15〔km〕程度以下の短距離送電線（たとえばケーブル系統）の保護に適する．

表示線方式では電流比較方式（電圧反抗式という方式もある）がよく用いられ，これをパイロットワイヤ継電方式ともいう．

パイロットワイヤ継電方式の原理を第8図に示す．常時は変流器二次電流が相手端子の変流器を還流し，抑制コイルのみに電流が流れているが，内部故障が生じると電流が相手端子の変流器を還流できなくなり，動作コイルに電流が流れて動作する．この方式では，端子付近の故障でも全端子が高速度遮断する．

第8図　パイロットワイヤ継電方式

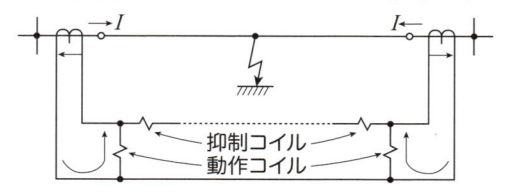

抵抗接地系の地絡保護では，外部故障時に保護区間の零相充電電流により誤動作するおそれがあるため，零相電圧に比例した電流で零相電流を補償したり，零相差電流の有効分で動作させることなどにより誤動作を防止している．

(5) 搬送継電方式

送電線両端間の通信手段として電力線搬送またはマイクロ波などの搬送波を使用するもので，保護区間両端付近の故障でも高速度に全端子が遮断される．

この方式には，①差動方式，②位相比較方式，③方向比較方式，④転送引外し方式の四つがある．

送電線両端間の通信手段としては，ほかに同軸ケーブル，光ファイバなどがあげられる．

電力線搬送方式は，架空送電線に数十～数百kHzの搬送波をのせ，これを信号とする方式である．この信号は「1」(on) か「0」(off) かの信号で，おもに方向比較方式に用いられる．

マイクロ波搬送方式は，マイクロ無線を用いるもので，高価であるが，FMあるいはPCM変調などによって大きな情報量を送れること，および多くのチャネルをとることができる特長がある．このためとくに重要な送電線（たとえば275～500〔kV〕送電線）を保護するため，高い機能が得られる位相比較方式に用いられる．なお，マイクロ波搬送電流比較継電方式が信頼度の高い方式といえる．

搬送継電方式について以下に示す．

(a) 差動方式

FMまたはPCM変調などにより，変流器二次電流をほかの端子に伝送し，この信号を用いて差動継電装置を構成するもの．

(b) 位相比較方式

動作原理を第9図に示す．内部故障で保護区間各端子から流入する

第9図 位相比較方式

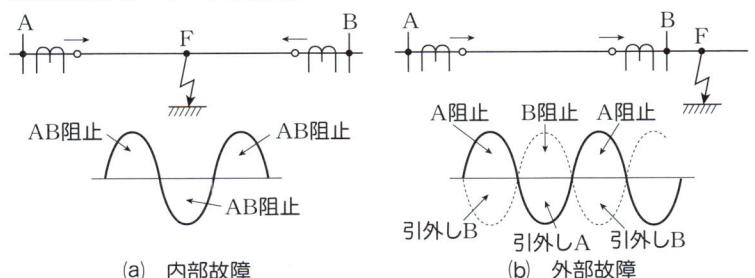

(a) 内部故障　　(b) 外部故障

電流が同位相であれば，各端子とも同一の半波に引外しを行い，ほかの半波に引外し阻止信号を送出する．引外しの半波に阻止信号がないと動作する．外部故障で逆位相のときは一方の信号が引外しする半波に，ほかの端子よりの阻止信号が到着し不動作となる．

(c) 方向比較方式

方向継電器またはモー継電器などを用いて各端子で故障電流の流入を判定し，この判定結果を比較する方式である．故障電流が少なくとも1端子で流入し，ほかの端子から流出しないとき動作する．第10図のように外部故障で故障電流が保護区間を通過するときは，流入端子は引外しをするが，流出端子よりの阻止信号を受信するので動作しない．内部故障では流出端子がなく阻止信号の送出がないので動作する．

第 10 図　方向比較方式

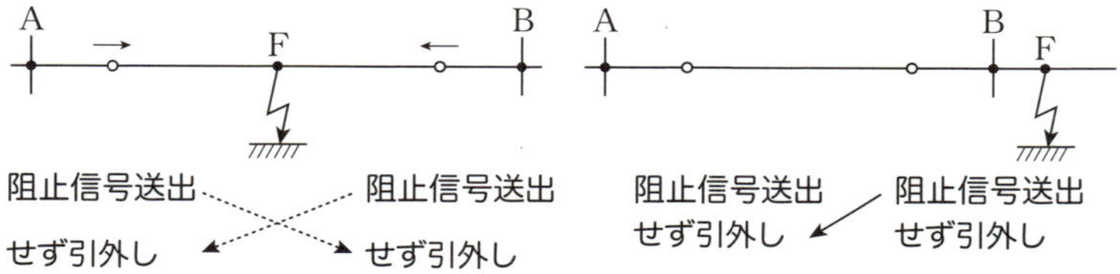

(a) 内部故障　　(b) 外部故障

(d) 転送引外し方式

外部故障では動作せず，動作が内部故障のみに限定される継電器，たとえば距離継電器第1段または回線選択継電器などが動作したとき，自らの端子を遮断すると同時に搬送信号を送出し，ほかの端子も遮断する方式である．

テーマ 26 配電用変電所の地絡故障検出

　高圧配電線は，立地条件上，一般公衆への安全を重視した設備で建設し，保全する必要があるが，万一の故障発生時には，これを確実に検出し，迅速に除去するとともに，人畜，設備への二次被害を防止することが肝要である．この意味から，保護方式がきわめて重要となってくる．

1　高圧配電線の地絡故障検出方法

　高圧配電線の地絡故障の検出は，過電圧継電器（OVR）による V_0 検出でも可能であるが，回数が複数の場合，故障回線の選択ができない．したがって，地絡保護は接地変圧器（EVT）および零相変流器から入力をとる地絡方向継電器（DGR）により一般的に行われている．

　わが国の高圧配電線は非接地方式が採用されており，非接地方式の配電線では，地絡事故が発生すると，地絡点に対地充電電流が流れる．各配電線別に設置された零相変流器（ZCT）に流れる零相電流は，健全な配電線と故障配電線では逆方向となる．したがって，零相電圧と零相電流の位相関係を検出して故障配電線を選択遮断することができる．

　また，対地静電容量 C が大きい地中系統では V_0（零相電圧）が小さくなり，地絡継電器の感度が低下するため，種々の対策がなされており，その代表的なものとして接地保護母線継電方式がある．これは，地絡事故が発生して零相電圧が出た場合，これと位相の近似した他電源の電圧（VT二次あるいは所内など）を地絡方向継電器へ零相電圧として供給する方法であり，零相電圧が数Ｖでも地絡方向継電器には定格電圧を印加することができることから，地絡検出感度は大幅に向上する．

　【解説】　わが国の高圧配電線は，高低圧混触時の低圧線電位上昇の抑制と弱電流への誘導障害抑制などを考慮して，地絡電流の小さい非接地方式をとっている．

　非接地配電線の地絡保護は，単回線の場合は零相電圧で動作する過電圧継電器のみでも可能であるが，回線が複数の場合は故障回線の選択ができ

ない．そこで地絡方向継電方式が採用される．

多回線を有する非接地式配電系統で地絡事故が発生すると，各配電線に地絡電流（零相電流）が流れるが，各配電線別に設置した零相変流器（ZCT）に流れる零相電流は，健全な配電線と故障配電線で逆方向となる．したがって零相電圧と零相電流の位相関係を検出して，故障配電線を選択遮断することができる．これが地絡方向継電方式の原理で，その適用例を第1図に示す．

第1図 地絡方向継電方式

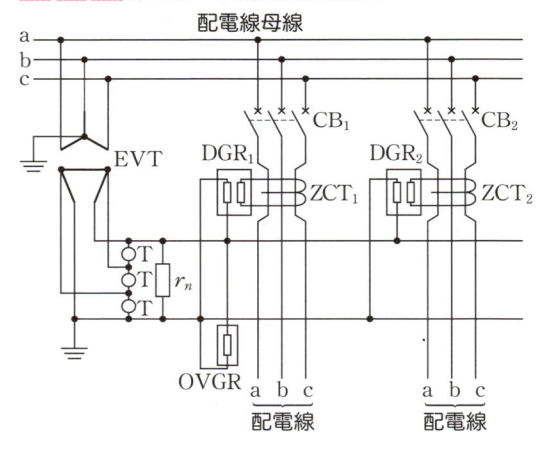

第1図で DGR_1，DGR_2 は地絡方向継電器で母線に設置された接地変圧器（EVT）の三次電圧と各回線に設けられた零相変流器（ZCT）の二次電流で動作する電力形継電器であり，第2図に示すように電圧（V_0）に対し進み位相特性をもち，故障回線の選択性をもっている．

第2図 地絡方向継電器の位相特性

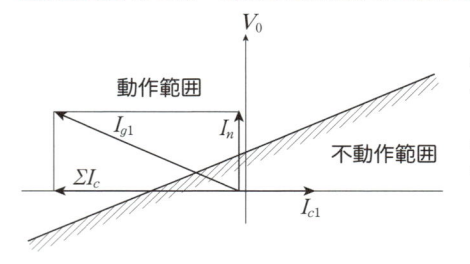

I_{g1}：事故電流
ΣI_c：事故回線以外の全充電電流の和
I_n：限流抵抗による電流
I_{c1}：他回線事故時の自回線の充電電流

すなわち自回線内の地絡事故では，他回線の充電電流の和ΣI_cとEVT三次側に挿入した限流抵抗による電流I_nを合成した事故電流I_{g1}が地絡方向継電器の動作範囲内に入り，地絡方向継電器は動作し故障回線を選択遮断する．一方，他回線事故時は，自回線分の充電電流I_{C1}のみが自回線事故時と反対方向に流れるので，地絡方向継電器は動作しない．

一般に地絡検出感度（地絡点における検出可能な地絡抵抗値）は6〔kV〕配電線で6 000〔Ω〕程度としている．地絡方向継電器は小勢力で動作するようにつくられているため誤動作しやすく，また樹木などの瞬間接地による線路遮断を避けるため，地絡方向継電器に加えて，零相電圧によって動作する地絡過電圧継電器（OVGR）で時限をとり，この二つの継電器が動作したときのみ，遮断器を引き外すようにしている．

2　接地変圧器とは

非接地方式の高圧配電系統に接続される主変圧器には中性点がなく，系統を接地するために接地変圧器が設けられている．

接地変圧器の結線は，一次側は中性点直接接地のY結線，二次側は開放△結線とし，その開放端に抵抗を挿入しているので，電気的には高圧側を高抵抗で接地しているのと等価になる．

接地変圧器は，接地の目的で使用されるため，零相インピーダンスが小さくなるように設計しなければならない．Y–△結線の場合には△側を開放三角としておき，その端子間に接地インピーダンスを接続する場合もある．使用状態は，励磁が連続で，負荷電流は系統地絡時しか流れないので，一般に連続励磁短時間定格が採用される．

3　その他の地絡保護方式

(1)　PD形による地絡保護方式

零相電圧を検出する方法として，EVT方式のほかにコンデンサを利用したコンデンサ分圧方式がある（一般にPD形と呼ぶ）．

これは，第3図に示すように，各相にコンデンサを接続してY結線とし，中性線のコンデンサで零相電圧を取り出す．コンデンサ回路と絶縁させるために，絶縁変圧器を設置する．正常時は，各相の対地電圧が同じ大

第3図　PD形零相電圧検出装置

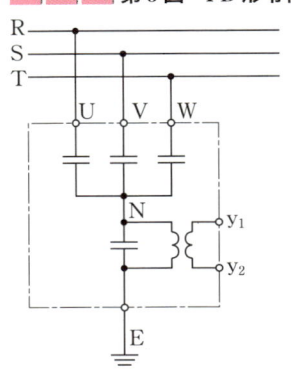

きさで，中性点の電圧はゼロである．地絡故障が発生すると対地電圧は不平衡になり，y_1，y_2端子に零相電圧が現れる．

　コンデンサの静電容量は，配電線がもつ対地静電容量よりはるかに小さな値（たとえば0.10〔μF〕）で，高圧配電線に多数設置しても検出精度は変わらない．

　PD形はコンデンサの形状により，第4図に示すようにコンデンサ形とがいし形があり，とくにがいし形は設置スペースが大幅に削減できる．

第4図　コンデンサ形とがいし形

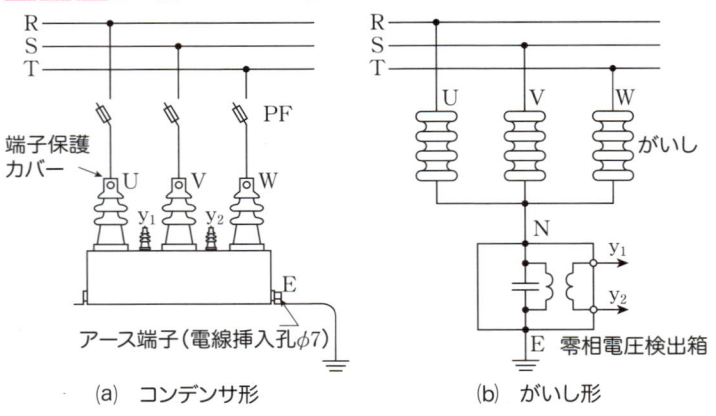

(a) コンデンサ形

(b) がいし形

　この方式では，y_1，y_2に現れる零相電圧がきわめて小さい（たとえば，完全1線地絡時1〔V〕）ので，誘導によって誤動作することがあり，施

工に際しては細心の注意が必要である．また，この方式で使用する地絡方向継電器は V_0，I_0 とも微小なため，誘導円盤形のものは使用できない．そこで，静止形が使用されている．第5図に静止形地絡方向継電器のブロック図を示す．この方式での V_0 の整定は，完全1線地絡時の5〔%〕に設定されている．

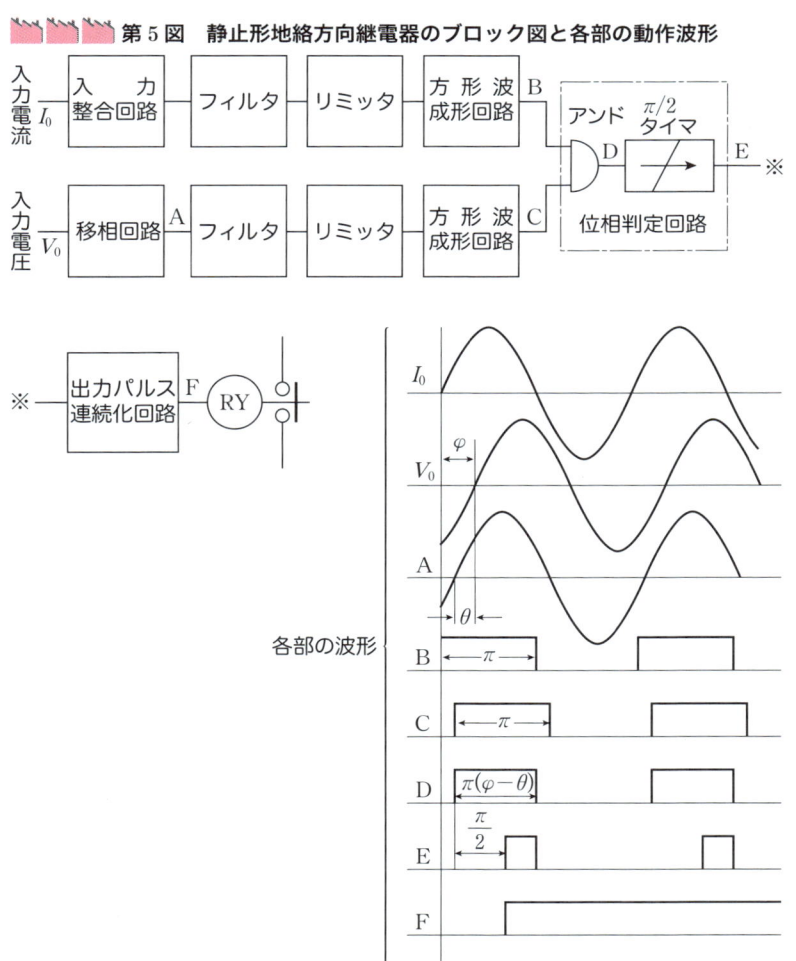

第5図　静止形地絡方向継電器のブロック図と各部の動作波形

テーマ 27 配電自動化

　配電自動化は，配電部門の重要課題の一つである．

　配電線は面的に膨大な設備があり，昨今のサービス向上などを考慮すると，複雑な配電系統における設備の建設，保守およびその運用をいかに最適化するかが大きな課題となる．そこで，配電系統およびこれに接続される負荷機器の遠隔監視，制御および計測などを自動化・高度化する必要性が高まってきた．

1　配電自動化導入の目的と効果

(1) 配電自動化の目的

　配電自動化は，
- 設備利用率の向上
- 労働条件の改善と省力化
- 停電時間の短縮によるサービスの向上

をおもな目的として導入しており，具体的には次のような事項を目的として開発・研究が進められている．

① 供給信頼度の向上
② 事故探査業務の省力化
③ 配電系統の複雑化に対応した供給信頼度の向上
④ 設備利用率の向上
⑤ 運転状態の監視制御の省力化
⑥ 保守業務の軽減省力化
⑦ 負荷率の向上
⑧ 検針業務の省力化および効率化
⑨ 情報の即時把握精度向上による設備の効率的運用

(2) 配電自動化の効果

　配電自動化を実施することにより，次のような効果がある．

(a) **設備利用率の向上**

　従来，配電線の稼動率は，事故時に隣接配電線から負荷を救済することを前提として常時稼動率を設定していた．配電自動化の導入により，コンピュータを活用した系統運用が可能となり，事故時には隣接配電線以外の遠く離れた裕度のある配電線にいったん負荷を切り換える多段切換えが可能となった．これにより，配電線がすでに備えている切換え能力を有効に活用し，配電線の常時稼動率を高めることが可能となった．現在までの運転実績から，当初想定以上の効果があることが確認されている．

(b) **労働環境の改善と省力化**

　配電自動化の導入により現地出向業務が削減できるため，労働環境の改善と省力化が図れる．また，コンピュータを利用して，工事のための切換手順の自動作成・自動実行などが実施できるため，机上業務の省力化も図れる．

(c) **停電時間の短縮によるサービスの向上**

　開閉器の遠方操作により，配電線事故発生時，需要家に対して早期切換送電が可能となり，電力供給の信頼度要請への効率的な対応が図れる．

2　配電自動化の概要

配電自動化は，配電設備の運用管理，需要家の管理の二つに大別される．

(1) **配電設備の運用管理**

　配電設備（機器類）の遠方制御と監視を主として行うものである．具体的には，線路用開閉器・配電線器具・変電所再閉路装置・配電系統保護装置の遠方制御を行うとともに，変電所と一体となった保護および情報監視機能を充実させ，配電線路（系統）全体の運用情報の監視を行う．

(2) **需要家の管理**

　需要家を管理することにより，保守業務の軽減，検針業務の省力化，設備の効率的運用などにより，より高品質で信頼度の高い電気供給を行うものである．

　具体的には，自動検針，電力量計の遠方制御，需要家機器の遠方制御

（負荷集中制御・ロードマネジメント），需要家からの情報収集および情報提供などを行う．

【解説】

(1) **配電自動化システムの概要**

　　高圧配電線の事故による停電範囲の縮小化と停電時間の短縮を目的として，線路用開閉器の自動制御化および遠方制御化を目指した配電自動化が昭和20年代の配電線故障区間検出装置の導入によって始まった．その後，これらの配電線故障情報を伝送する監視装置の開発，線路開閉器の遠方制御装置の開発と進み，昭和50年代からは，制御用電算機を使った配電線自動制御システムの実験プラントの導入が始まり，現在ではこの実用化システムが開発・導入されている．

　　配電自動化として，各電力会社では第1表のように線路機器の監視制御，負荷集中制御，自動検針，配電管理情報の自動収集などを実施，さらには次世代に向けて送電系統・配電系統の制御，つまり，流通設備部門トータルでの制御システムの総合化について開発を進めている．

(2) **システムの全体構成概要**

　　配電自動化では，第1図に示すように支社・営業所に配電システム（コ

第1図　配電自動化システムの全体構成概要

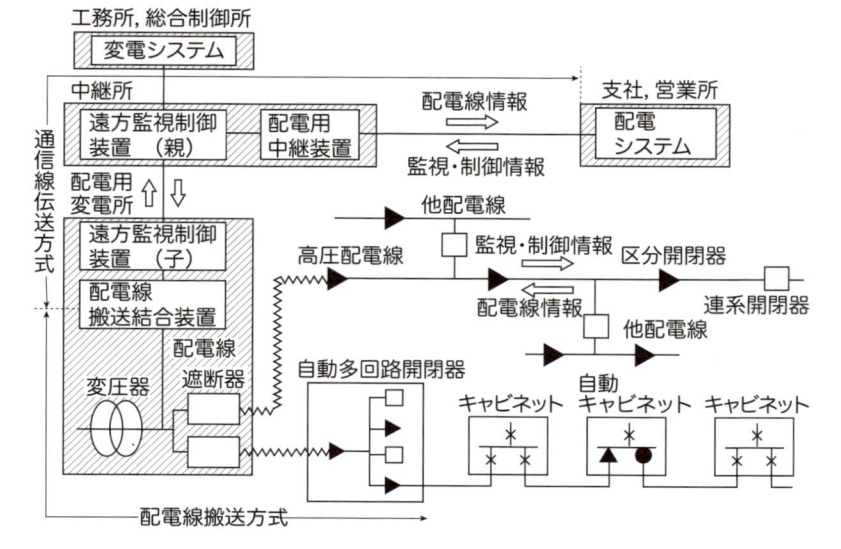

第1表 配電自動化システム

システムの分類		おもな導入目的	概要
線路機器の監視制御システム	自動故障区間分離装置	○供給信頼度の向上 ○事故探査業務の省力化	○時限順送装置 高圧自動開閉器とその制御装置から構成され，配電線事故時に，変電所遮断器の再閉路動作と協調して順次投入を行い，故障区間を自動的に分離し，再々閉路健全区間の送電を確保する．
			○故障分離装置 開閉装置自身に事故検出機能をもたせ，故障区間を自動的に切り離す．
	線路用開閉装置の監視制御	○配電系統の複雑化に対応した供給信頼度の向上ならびに系統運用の省力化 ○設備利用率の向上	○手動遠制システム 区分用開閉器および連系用開閉器に遠方制御用子局を組合せ，営業所などに設置した親局の操作卓から人手により監視制御を行う．
			○手動制御と自動故障区間分離装置との組合せシステム 故障区間分離を自動的に行い，健全区間の逆送を手動遠制システムで行う方法である．手動遠制の対象としては，連系用開閉器のみの場合と，区分用開閉器を含む場合とが考えられている．
			○シーケンス制御システム 手動制御システムにシーケンス制御装置を付加し，事故時の故障区間検出および健全区間逆送を，あらかじめ定められたシーケンスに従って自動的に行う．
			○計算機制御システム 手動制御システム，またはこれと自動故障区間分離装置との組合せシステムに，計算機制御システムを付加し，オンライン情報をもとに事故時に故障区間検出および健全区間逆送を自動処理により行う．
	20〔kV〕級配電塔の監視制御	○運転状態の監視制御の省力化	○配電塔は20〔kV〕級配電線より受電して，6.6〔kV〕高圧配電線を引き出しているが，配電塔を子局，監視箇所（営業所，制御所など）を親局として運用する． ○監視方法としては直流直結式，パルスコード式，周波数直結式，サイクリック方式などがある．
負荷集中制御システム		○深夜電力負荷などの増大に伴うタイムスイッチの時刻調整など保守業務の軽減省力化 ○負荷率の向上	○需要家の温水器などを営業所などからオン・オフ制御するものである． ○システム機能としては，全需要家を対象としてグループ別に一括制御できること，また随時制御ができることなどである． ○高低圧配電線搬送による方式が多いが，変電所に制御信号注入装置を設置し，需要家に信号受信機を設置する． ○将来的には省エネルギー思想に基づき，需給の適正化を目指したロードマネジメントが導入された場合，このシステムが考えられる．
自動検針システム		○検針業務の省力化および効率化	○需要家に設置されている取引用電力量計（WHM）に対し，営業所などにおいて自動的に遠隔検針するものである． ○システムの機能としては，毎月定められた日に，全需要家のWHMを対象に行う例日検針，需要家新設，撤去などに伴う異動処理などである． ○高低圧配電線搬送による実用化試験，研究例が多いが，営業所などに読み取り指令信号送信機およびデータ受信機を，また需要家側に同指令信号受信機およびデータ送信機を設置する（送受信機を一体化している）．
配電管理情報の自動収集システム		○情報の即時把握精度向上による設備の効率的運用 ○省力化	○柱上開閉器の開閉状態，高圧線電流など，制御情報（オンライン収集）と，高低圧線電圧，停電回数などの管理情報（オンライン方式で可能），また，事故点検出，予知などの事故情報収集（オンライン）などがある．

（出典：「配電自動化方式」配電自動化方式専門委員会（編），「電気協同研究第36巻第5号」電気協同研究会）

テーマ27　配電自動化

ンピュータ・マンマシン），中継所に配電用中継装置および遠方監視制御装置（親），配電用変電所に遠方監視制御装置（子）ならびに配電線搬送結合装置などの装置を設置し，配電線には，高圧結合器，自動開閉器，自動開閉器用遠方制御器などの現地自動化機器を設置し，運用している．

第2図に遠方制御器の例を示す．これは，自動開閉器および高圧結合器との組合せにより，高圧配電線開閉器の遠方制御を行っている．

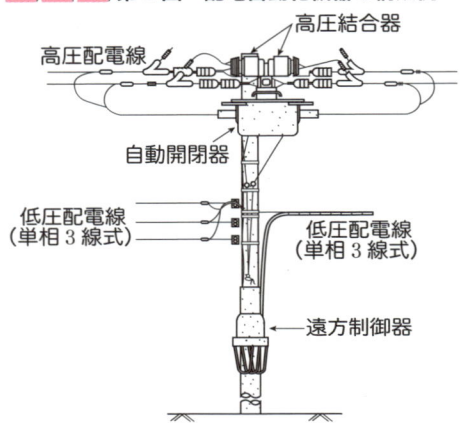

第2図　配電自動化機器の構成例

第3図に架空配電線に設置する自動化現地機器のハードウェア構成例を示す．このうち，とくにLSIなどの電子部品を内蔵する遠方制御器については，高温・外来ノイズなどの過酷な条件にさらされるため，これらを考慮した環境が必要になってくる．

第3図　配電自動化現地機器のハードウェア構成例

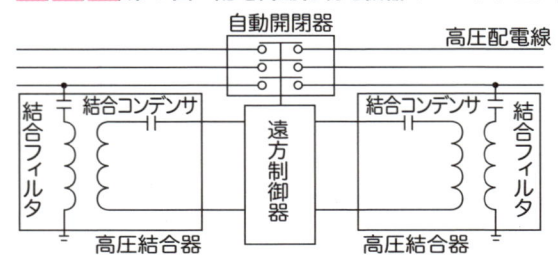

また，地中現地機器も回路数や形状などは異なるが，基本的には，架空現地機器と同様のハードウェア構成をとる．第4図に自動多回路開閉器の外観を示す．

第4図　自動多回路開閉器の外観

3　配電自動化における伝送方式

⑴　無線方式

　配電自動化の伝送路として無線を利用する試みは，昨今の高速データ伝送が可能となったこと，かつ秘話性に優れるPHSなどの普及により，負荷監視制御や自動検針などへの無線方式の適用が実現の方向性にある．

⑵　通信線方式

　監視制御用の親局と被監視制御用の子局との間に，信号伝送路としての通信線を施設するもので，専用線方式とも呼ばれる．

　通信線方式を伝送路別に分類すると，次のような三つに大別することができる．

⒜　平衡ケーブル（ペアケーブル）伝送方式

　　この方式は，伝送路を構成する特殊な機材が不要で，伝送路の接続作業と分岐作業が容易かつ安価という利点をもち，通信線方式を代表する方式として広く使用されている．昨今においては，ADSLなど

を活用した高速化と大容量化が検討されている．

(b) 同軸ケーブル伝送方式

同軸ケーブルを使用した伝送路は伝送帯域幅が広帯域であり，画像信号（動画）を数十チャネル伝送できるので，配電自動化用信号とテレビ信号を周波数分割した同時伝送が可能となる．

一部の電力会社では，この方式を活用した都市形CATVと配電自動化伝送路の共用化が実施されている．

(c) 光ファイバケーブル伝送方式

光ファイバの特長を生かして，平衡ケーブル伝送方式よりもさらに信頼性を増すことができる．ただし，コスト高が問題となり試験運用にとどまっていたが，最近において大口需要家の受電情報収集などに本格採用される気運にある．

(a)〜(c)の方式は，専用線を用いることから次のような特徴を有する．

① 外部雑音による影響が少ない
② 伝送特性が良好で信頼性が高い
③ 通信回線の施設費が高い

これらの方式におけるおもな伝送方式としては，情報伝送で一般的に用いられている次のような方式が適用される．

① ベースバンド伝送方式
② 搬送波伝送方式
③ パルス伝送方式

(3) 配電線搬送方式

この方式は，既設の配電線に搬送信号を注入し，電力と通信の複合線路として使用することを目的とした方式である．

この方式は，伝送路を新設する必要がないことからコスト面で有利であるが，配電線路は電力の安定供給を目的として施設・運用されていることから，伝送線路としてみた場合，信号の減衰特性，雑音特性，インピーダンス特性において必ずしも信号伝送に適しているとは限らない．

しかし，配電機器が線路に直接接続されている利点を生かし，配電機器の情報収集・制御面の研究が行われ，通信線路に使用されている伝送技術に配電線路の特性を加味した改良が行われてきた．

テーマ 28 高圧カットアウト

高圧カットアウトは，おもに配電用変圧器の保護および開閉装置としてその一次側に設置される．使用される主目的は次のとおりである．
① 変圧器の二次側の短絡故障および過負荷の保護
② 変圧器負荷の開閉
③ 高圧カットアウトの負荷側端子から変圧器に至るまでの故障および変圧器内部短絡故障の保護

1 高圧カットアウトの施設と種類・仕様

配電系統の一例を第1図に示す．一般に，配電用変電所から6.6〔kV〕の高圧配電線を経て，さらに配電用変圧器を経て低圧需要家に電力を供給しているが，この配電用変圧器の保護として高圧カットアウトが設置されている．また，一部の高圧需要家では構内変圧器の保護用としても使用されている．

第1図　配電系統図

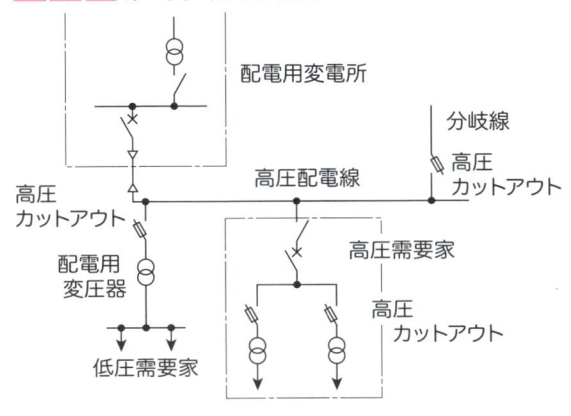

負荷開閉装置として使用される場合には，配電用柱上変圧器の取替工事，低圧配電線工事などのための開閉がある．特殊な場合にはヒューズ筒

テーマ28　高圧カットアウト

に導線を装着し，配電線路の分岐箇所に負荷開閉器あるいは断路器として用いることがある．

　第2図に変圧器装柱における高圧カットアウトの施設例を，第3図に高圧需要家の高圧カットアウト施設例を示す．また，第1表に高圧カットアウトの種類，第2表に高圧カットアウト定格を示す．一般的な仕様は電圧6.6〔kV〕，電流容量30〜100〔A〕となっている．

▰▰▰▰ 第2図　変圧器装柱における高圧カットアウトの施設例

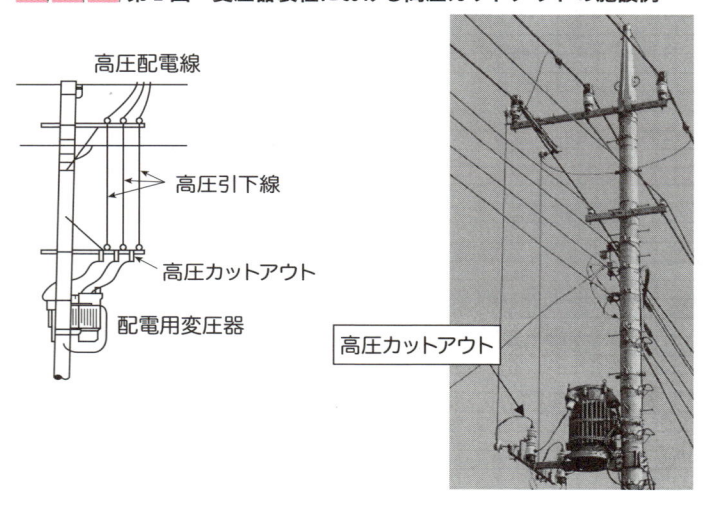

▰▰▰▰ 第3図　高圧需要家の高圧カットアウト施設例

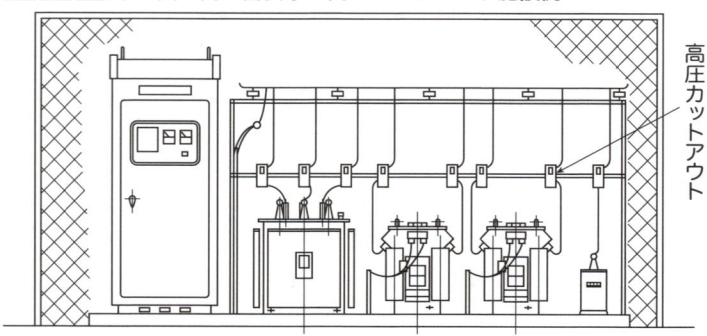

第1表　高圧カットアウトの種類

用途	耐塩性能	極数	遮断方法	形状
機器用	一般用 耐塩用	単　極 三　極	非限流形 限流形	箱　形 筒　形
断路用	一般用	単　極	—	箱　形

備考）機器用は，原則としてヒューズと組み合わせて使用するものをいい，断路用は，ヒューズなしで素通しによって使用するものをいう．

第2表　高圧カットアウトの定格

定格電圧〔V〕	7 200				
定格周波数〔Hz〕	50または60				
用　途　別	機器用			断路用	
定格電流〔A〕	30	50	100	100	200
定格負荷開閉電流〔A〕	30	50	100	100	100
定格短時間電流〔A〕	2 000	3 000	3 000	5 000	10 000
定格遮断電流〔A〕	1 500	3 000	8 000	12 500	—

備考）断路用の定格短時間電流は，通電の最初の周波において，その定格値（実効値）の2.5倍の波高値（直流分を含む）をもつものであること．

2　高圧カットアウトの構造

　高圧カットアウトの形状には箱形と筒形の2種類があり，作業者の安全確保や塩じん害に対する保守面を考慮し，固定接触子やヒューズ筒などの充電部を磁器本体およびふたのなかに組み込んで外部から直接触れることのできない構造になっている．開閉操作は専用の操作棒で行い，ヒューズの動作時には目視でわかるような表示装置が設けられている．

　高圧カットアウトは，負荷開閉の性能を高めるために細げき消弧室を設けており，開閉に伴うアークに消弧室壁の分解ガスを吹き付けて消弧する方式が採用されている．

(1)　**箱形カットアウト**

　　箱形カットアウトは第4図に示すように，高圧磁器で形成された本体およびふたと，尿素またはメラミン樹脂などの消弧性絶縁物よりなるヒューズ筒から構成される．

テーマ 28　高圧カットアウト

■■■ **第4図　箱形カットアウトの構造図**

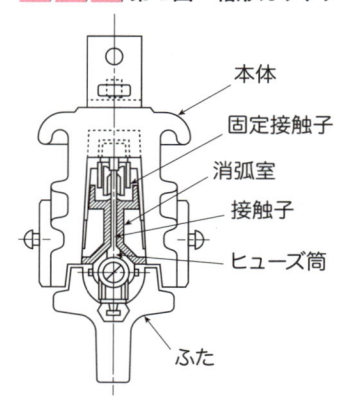

（本体／固定接触子／消弧室／接触子／ヒューズ筒／ふた）

　本体内側の上下には，外部接続電線を締付けできる電線端子と同電線端子に通ずる刃形の固定接触子を有している．この電極にはそれぞれ尿素またはメラミン樹脂などからなる細げき形消弧室が設けられている．また，第5図のとおり本体下部に蝶番（ちょうつがい）で連結されたふたの内側には着脱可能なヒューズ筒が装着されており，ふたの前面フック穴に操作棒を引っ掛けて開閉することにより，電路を開閉することができるようになっている．

　負荷電流開閉時のアークは，可動電極のヒューズ筒接触子が固定電極

■■■ **第5図　箱形カットアウトの操作方法**

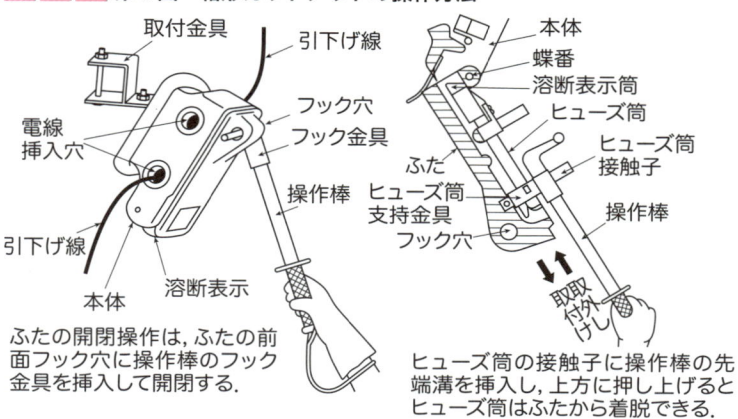

（取付金具／引下げ線／電線挿入穴／フック穴／フック金具／操作棒／引下げ線／本体／溶断表示）

ふたの開閉操作は，ふたの前面フック穴に操作棒のフック金具を挿入して開閉する．

（本体／蝶番／溶断表示筒／ヒューズ筒／ヒューズ筒接触子／ふた／ヒューズ筒支持金具／フック穴／操作棒／取付け取外し）

ヒューズ筒の接触子に操作棒の先端溝を挿入し，上方に押し上げるとヒューズ筒はふたから着脱できる．

から離れると，アークは細げき消弧室に導かれ消弧ガスを発生して負荷電流の開閉を可能としている．

(2) **筒形カットアウト**

筒形カットアウトは第6図に示すように，下端を開口部とした円筒状がい管の上下にそれぞれチューリップ形の固定接触子を有し，上部電極側に尿素またはメラミン樹脂製の細げき形消弧室を設けている．電路の開閉は第7図に示すとおり，ヒューズ筒を操作棒によって直接着脱する

第6図　筒形カットアウトの構造図

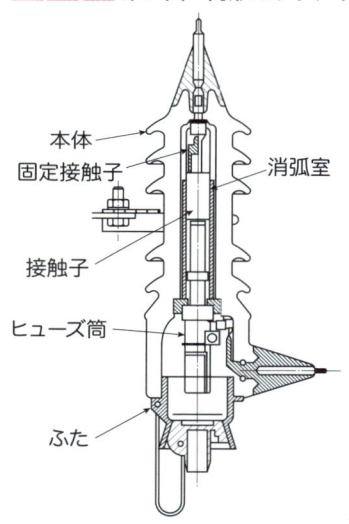

第7図　筒形カットアウトの開閉操作方法

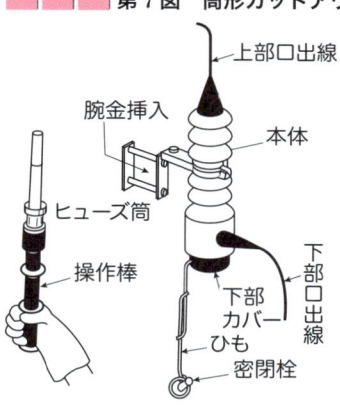

ことで行われる.

　消弧室は第8図に示すように，尿素またはメラミン樹脂からなる消弧筒と，この筒内に弱いスプリング圧力によって垂下させた消弧棒からなる．負荷開閉またはヒューズ動作時には，ヒューズ筒の降下とともに消弧棒が消弧筒内に降下し，両者間に細げきが形成される．発生アークは箱形と同様の細げき効果，ガス効果によって消弧されるものである．

第8図　筒形カットアウトの上部構造図

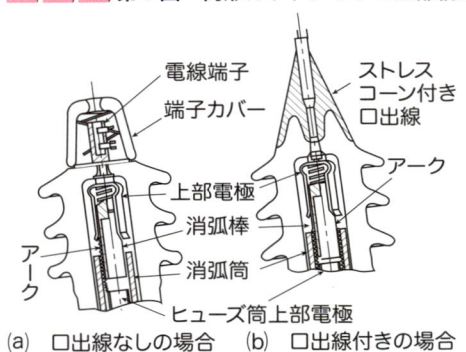

(a) 口出線なしの場合　(b) 口出線付きの場合

(3) ヒューズ筒

　箱形および筒形カットアウトのヒューズ筒は，第9図に示すように，尿素またはメラミン樹脂などからなる絶縁筒の上端を上部電極で閉そく

第9図　ヒューズ筒の構造図

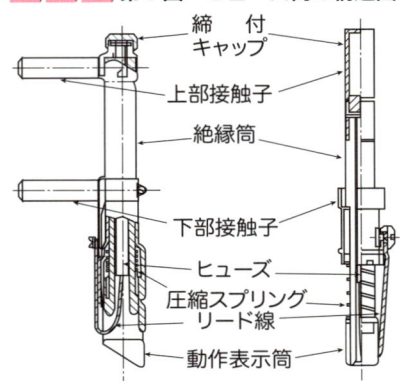

(a) 箱形カットアウト用ヒューズ筒　(b) 筒形カットアウト用ヒューズ筒

し，下端を開口した筒のやや上方に下部電極を配置している．また箱形，筒形とも開口部近くには溶断表示とヒューズに張力を掛けるための圧縮スプリングを設けている．

テーマ 29 高圧配電線路の雷害防止対策

　高圧架空配電線に侵入する雷は，線路に直接落雷する直撃雷と，線路周辺での落雷あるいは雷雲間での放電による空間の急激な電界の変化によって線路に誘起される誘導雷に分けることができる．配電線では直撃雷による雷害事故の頻度が少ないうえ，万一落雷した場合には線路機器の絶縁強度をはるかに超える異常電圧となるため，直撃雷に対する保護が困難である．

　したがって，従来，配電線の雷害対策は，線路を構成するがいしや機器の絶縁レベルが低いことから，誘導雷を主対象として行われてきている．

1 フラッシオーバ防止対策

(1) 架空地線

　架空地線は，雷直撃時の逆フラッシオーバの防止と誘導雷の抑制に効果のある耐雷施設で，その概要は次のとおりである．

① 直撃雷に対しては，雷電流を架空地線の接地を通して大地に流入させ事故防止を図るため，接地間隔が短く，かつ，各接地点の接地抵抗値が小さいほど，架空地線の効果が期待できる

② 誘導雷電圧に対しては，架空地線の接地点から流れ出す電流が導体との結合作用により相互誘導電圧を生じさせ，それが誘導雷電圧を低減させるため，架空地線と相導体の間隔や接地抵抗値の低減が重要である．つまり，電線との結合率を極力大きくする必要がある

(2) 避雷器

　配電線における避雷器は雷直撃による逆フラッシオーバ防止を主目的とするのではなく，線路に現れる誘導雷サージに対して，機器，がいしなどの絶縁協調を保つために使用し，線路保護と機器保護を目的としており，次のような箇所に取り付けられる．

① 耐雷上，過酷な条件となる線路末端・屈曲点

② 自動電圧調整器，開閉器などの重要機器，河川横断，鉄道・軌道横断，架空線とケーブルなどの重要な架空線部分など

誘導雷サージ抑制効果を高めるためには，接地抵抗値をできるだけ低くするとともに，機器と避雷器の接地の連接あるいは共用により避雷器の効果を高める方策をとることが重要である．

　また，誘導雷サージに対するサージ抑制率は避雷器施設箇所から離れるに従い減少するため，誘導雷によるフラッシオーバ防止効果を高めるためには，被保護機器と避雷器との設置間隔を短くし，かつ，接地抵抗低減剤の使用や補助接地極の打ち増しなどにより接地抵抗値を極力小さくすることが大切である．

　避雷器は従来，炭化けい素（SiC）形が主流であったが，最近次の理由から，酸化亜鉛（ZnO）形が採用されるようになった．
① 構造（とくにギャップ構造）の簡素化が図れること
② 非直線性に優れるため，制限電圧を低くできること

2　フラッシオーバ後の続流アーク防止

　高圧架空配電線の絶縁被覆化に伴い，雷サージフラッシオーバ時の続流アークによる電線の溶断事故がクローズアップされるようになってきた．そこで，前述の耐雷対策のほかに，次のような対策がとられている．

(1) 格差絶縁方式の採用

　変圧器周辺の絶縁レベルを本線部分より低くし，本線部分におけるフラッシオーバ事故を軽減するもので，高圧本線部分の絶縁レベルを従来の6号級から10号級に格上げしており，これによりフラッシオーバ箇所は変圧器周辺に集中するが，続流をPC（プライマリカットアウト）ヒューズで遮断することにより配電線故障となるのを防止している．

(2) アークホーン式（放電クランプ）の採用

　高圧がいし頂部にせん絡金具を取り付け，この金具とがいしのベース金具間（あるいは腕金間）で雷サージによるフラッシオーバおよびこれに伴うAC続流の放電を行わせ，高圧がいしの破損および電線の溶断を防止するものである．送電線のアークホーンと同一原理によるものであるが，配電線用にコンパクト化，充電部隠ぺい化などが図られている．

(3) 酸化亜鉛素子付きアークホーンの採用

　アークホーンの接地側に酸化亜鉛素子を取り付けたもので，雷サージ

のような高電圧領域では酸化亜鉛素子が容易に電流を通過させる反面，通常電圧のような低電圧領域では電流を阻止する働きをもつため，これによりAC続流を遮断して断線を防止するとともに，がいしの破損をも防止することができる．

(4) **改良形絶縁電線の採用**

改良形絶縁電線は素線径を大きくして，より線数を少なくし，かつ，スムースボディ化（圧縮形）にしたもので，従来形の絶縁電線に比較して溶断時間を10～20倍と大幅に改善することができる．

【解説】

(1) **絶縁電線使用の背景**

高圧架空配電線では，線路の事故防止，公衆安全および作業安全の観点より，昭和40年代後半から絶縁電線への切換えが進められてきた．また，昭和51年に改定の「電気設備に関する技術基準」において，新設配電線については裸電線の使用が禁止されるに至り，現在では全面的に絶縁電線が採用されている．

(2) **雷断線の様相**

雷によるアーク溶断現象は，雷サージにより電線被覆が貫通破壊してフラッシオーバしたとき，貫通破壊点（アークスポット）に続流アークが固定し，そのアーク熱によって電線が溶断するものである．

続流アークは，異相（3相または2相）間で同時に地絡が起こった瞬間，その相間では第1図のように，腕金あるいは架空地線を介して，線路に

第1図 架空配電線の2相同時地絡時の相間短絡現象

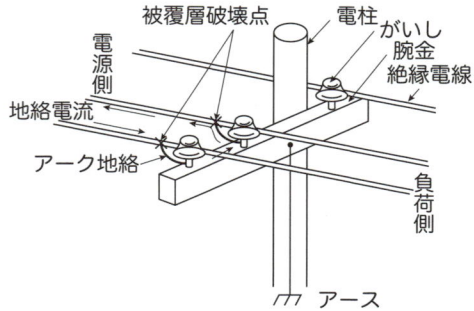

供給されている商用周波電源が短絡状態（相間地絡短絡）となり，その短絡電流（数kA）によって発生する．このアークは電源が遮断（1秒以内）されるか，自然消弧するまで持続する．

(3) 格差絶縁方式

　雷フラッシオーバ時における故障範囲の局限化と絶縁電線の続流アークによる溶断防止を目的として，高圧本線側の絶縁レベルを6号から10号に格上げすることにより，雷フラッシオーバ箇所を高圧本線部分から低減絶縁部（6号級）である変圧器周辺部へ移行させ，かつ，故障電流を変圧器一次側のPCヒューズで瞬時に遮断させる方式である．10号格差絶縁方式における各設備の絶縁レベルを第1表に示す．

第1表　10号格差絶縁方式における各設備の絶縁レベル

		雷インパルス耐電圧〔kV〕	設備機材
本　線	引留部分	75×2*	高圧耐張がいし2個連
	引通り部分	100	10号中実がいし
本線〜高圧カットアウト引下線支持がいし		100	10号中実がいし
高圧カットアウト		90	10号PC
PC〜変圧器の引下線支持がいし		65	高圧ピンがいし
変圧器	ブッシング	60	変圧器
	内　部	90	変圧器

＊　75×2とは雷インパルス耐電圧75〔kV〕の耐張がいしを2個連とした場合を指す

(4) 放電クランプ

　放電クランプは第2図のように，高圧がいしの頂部にせん絡金具を取り付け，このせん絡金具とがいしのベース金具間（あるいは腕金間）で雷サージによるフラッシオーバならびにこれに伴う続流の放電を行わせ，電線の溶断やがいしの破損を防止するものである．

(5) 耐雷ホーン

　耐雷ホーンは第3図のように，10号中実がいしにリングホーンを取り付け，リングホーンとがいしのベース金具の間に限流素子（酸化亜鉛抵抗体）を挿入したもので，がいし付近でフラッシオーバしても続流によるアークがほとんど流れないため，がいしの損傷がなく，電線の断線も

第2図　放電クランプ

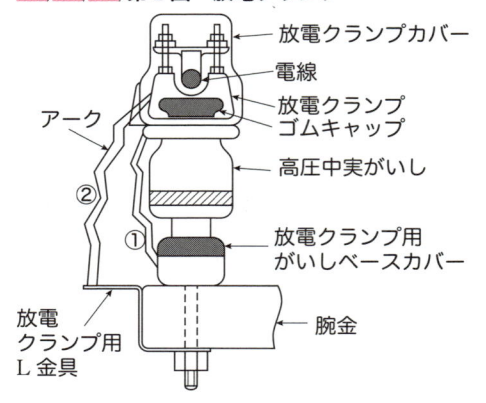

- 放電クランプカバー
- 電線
- 放電クランプゴムキャップ
- アーク
- 高圧中実がいし
- 放電クランプ用がいしベースカバー
- 放電クランプ用L金具
- 腕金

（アーク電流は電磁力の働きで，①→②へ移行する）

第3図　耐雷ホーン

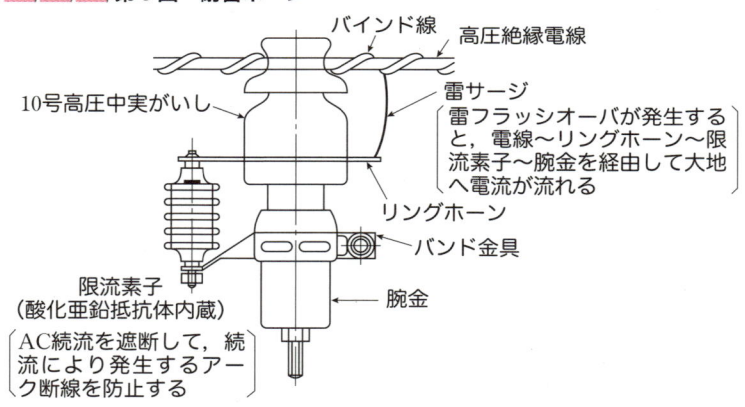

- バインド線
- 高圧絶縁電線
- 10号高圧中実がいし
- 雷サージ
  （雷フラッシオーバが発生すると，電線〜リングホーン〜限流素子〜腕金を経由して大地へ電流が流れる）
- リングホーン
- バンド金具
- 限流素子（酸化亜鉛抵抗体内蔵）
  （AC続流を遮断して，続流により発生するアーク断線を防止する）
- 腕金

発生しない．さらに，変電所の遮断器も動作せず，停電には至らない．また，気中ギャップがあるため，万一，限流素子そのものが劣化しても配電線故障にならないなどの特長があり，雷断線防止に大きな効果がある．

(6) 改良形絶縁電線

改良形絶縁電線は第4図のように，従来形の絶縁電線に比べ，素線径を大きくして，より線数を少なくしたうえに，さらに圧縮形にしたもので，この改良により電線の溶断時間が従来のものと比較して，10〜20

倍と大幅に改善されている．

第4図 従来形と改良形絶縁電線の構造比較

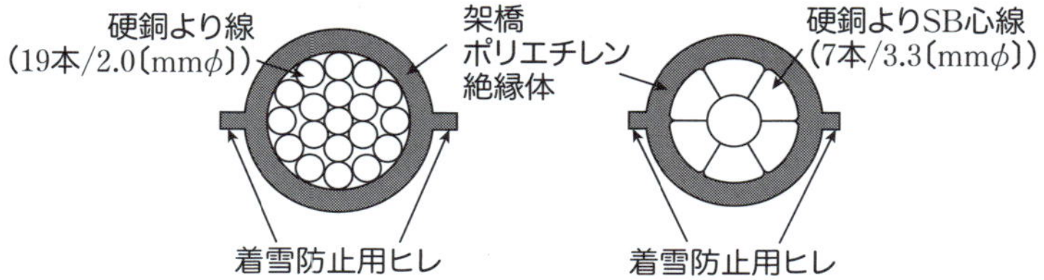

(a) 従来形OC電線
- 硬銅より線（19本/2.0〔mmφ〕）
- 架橋ポリエチレン絶縁体
- 着雪防止用ヒレ

(b) 改良形OC電線
- 硬銅よりSB心線（7本/3.3〔mmφ〕）
- 着雪防止用ヒレ

テーマ 30 電力用CVケーブルの絶縁劣化原因と絶縁性能評価方法

現場に布設された電力用CVケーブルが受ける種々の外的要因のうち，直接ケーブルを劣化させる要因として，次のものがあげられる．

① 電気的劣化
② 水トリー劣化
③ 化学的劣化
④ 熱的劣化
⑤ トラッキング劣化
⑥ 機械的要因劣化

1 電気的劣化

(1) 概要

系統に発生する持続性過電圧開閉サージ，雷サージなどの異常電圧が要因となる．これらの異常電圧がきっかけをつくり，常時の運転電圧が劣化を進行させる．とくに，絶縁体中に異物やボイド，内外半導電層と絶縁体間の層ばなれによるギャップ，布設工事中に働くストレスによって生じたクラックなどがあると，電圧が低くても部分放電（コロナ放電）が発生する．この放電の繰返しにより徐々に絶縁体が侵食され，最終的に絶縁破壊に至る．

また，ケーブルに突起などがあると，局部的に高電界の部分ができ，トリーの発生源となって，これが進展して絶縁破壊につながる．

(2) 部分放電とは

部分放電は局部的な放電現象をいい，第1図のようなCVケーブルの絶縁体中のボイド（気泡）やギャップに発生する．

第2図のように空気と固体絶縁体の複合系に電圧を掛けると，低い電圧でも絶縁破壊の強さが低い空気層が先に放電する．そして，この部分放電の繰返しにより，第3図のような先端の鋭いくぼみ（ピット）のようなものが形成されると，そこに放電が集中し，先端の電界が高まって樹枝状（ト

第1図　CVケーブルのおもな性能決定要因

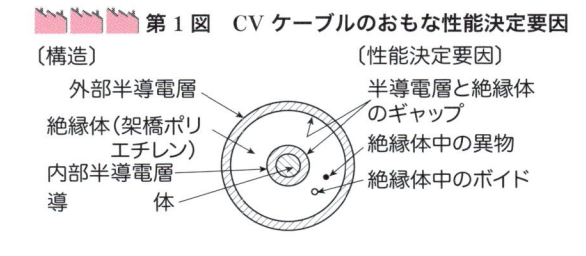

〔構造〕
- 外部半導電層
- 絶縁体（架橋ポリエチレン）
- 内部半導電層
- 導体

〔性能決定要因〕
- 半導電層と絶縁体のギャップ
- 絶縁体中の異物
- 絶縁体中のボイド

第2図　ボイドの部分放電

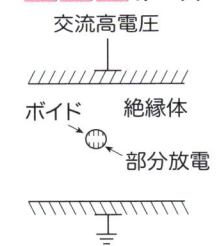

交流高電圧
ボイド　絶縁体
部分放電

第3図　部分放電から破壊に至る過程

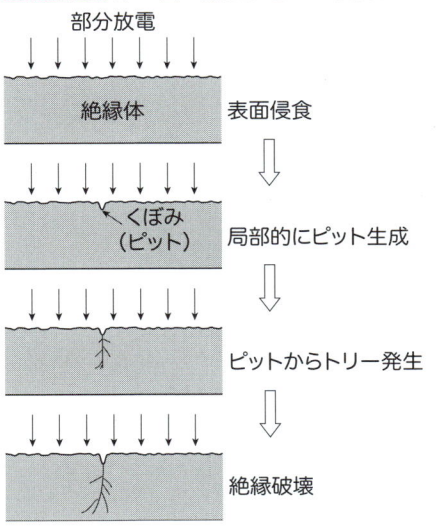

部分放電
絶縁体　→　表面侵食
⇩
くぼみ（ピット）　→　局部的にピット生成
⇩
ピットからトリー発生
⇩
絶縁破壊

リー状）の絶縁破壊を生じる．いったんトリー（樹枝状の破壊こん跡）が発生すると，そこに空気層ができ，そこでの部分放電が関与しながら長く伸びていく．

(3) トリーの進展

トリーが成長する現象をトリーの進展といい，第4図のようなモデルが考えられている．

第4図　トリー進展のモデル

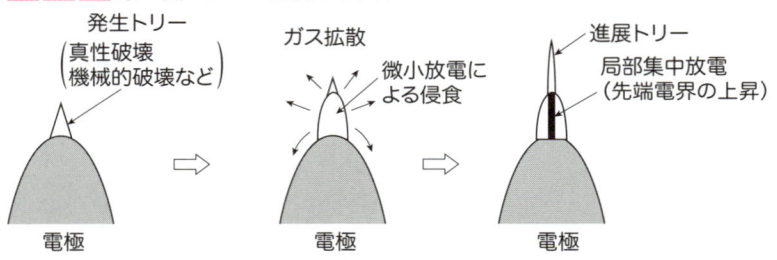

発生トリー（真性破壊，機械的破壊など）　⇒　ガス拡散／微小放電による侵食　⇒　進展トリー／局部集中放電（先端電界の上昇）

電極　　電極　　電極

トリーの進展形態は材料，電圧などにより変化し，第5図に示すような樹枝状トリー，ブッシュ状トリー，ボウタイトリーがあるが，樹枝状トリーがもっとも進展しやすく，その他は比較的伸びにくい性質がある．また，トリーの太さは通常，数ないし数百μmの微細な中空の管から成り立っている．

第5図　各種トリーの形態

(a) 通常の水トリー 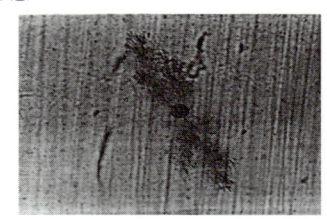　　(b) ボウタイトリー

(c) トリー状トリー 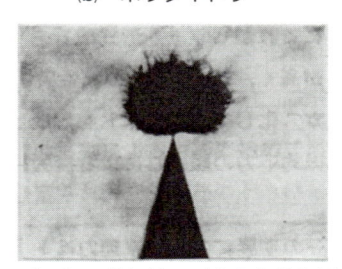　　(d) ブッシュ状トリー（まりも状トリー）

2　水トリー劣化

　ポリエチレンおよび架橋ポリエチレン（CV）ケーブルの絶縁体中に侵入した水と異物やボイド，突起などに加わる局部的な高電界との相乗作用によって，トリー状の欠陥が発生・進展し，ケーブルの絶縁寿命が著しく低下する．このトリーを電気的トリーと区別する意味で水トリーと呼んでいる．

　水トリーとは水分と電界の共存下で樹枝状に成長していく白濁部をいう．

　水トリーの発生要因は第6図のように，絶縁体中に侵入した水と異物，ボイド，突起などの欠陥に加わる局部的電界集中の相乗作用によるもので，電気トリーに比べてきわめて低電界で発生する．

第6図　水トリーの発生要因

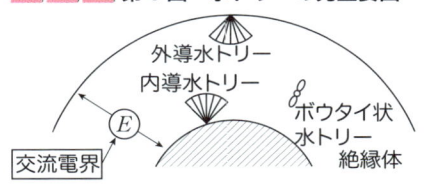

　水トリーの形態はさまざまであるが，発生の起点により内導水トリー，ボウタイ状水トリー，外導水トリーと呼ばれている．内導水トリーおよび外導水トリーは，内外半導電層に導電性テープを用いた場合が多く，布テープのケバなど突起物を起点として発生する．形状がちょうネクタイに似ているところから名付けられたボウタイトリーは，絶縁体中のボイド，異物を起点として発生する．

　水トリーは0.1〜1〔μm〕の無数の水滴の集合体で，水トリーが発生したケーブルでは$\tan \delta$，直流漏れ電流が増大するので，これらが劣化状況を推定する有力な手掛かりとなる．

3　化学的劣化

(1)　概要

　　油や薬品が内部へ浸透することにより材料の膨潤，機械的強度の低下，化学的分解などが生じ，絶縁抵抗の低下，$\tan \delta$の増加をきたす．また

硫化物が絶縁体を透過して銅導体と反応して硫化銅などを生成し，これが絶縁体中にトリー状に進展して絶縁破壊に至る化学トリー現象が生じる．

(2) **化学トリーとは**

化学トリーとは，化学工場の廃物などの硫化物が布設されたケーブルのポリエチレン層を透過し，導体の銅と反応して硫化銅などを形成し，それがポリエチレン層を押し広げてトリー状に成長したものである．

このトリーの特徴はトリー管内が金属であること，電圧を掛けなくても発生することがあり，電気トリーや水トリーと区別する意味から化学トリーと呼んでいる．

CVケーブルを構成する高分子材料は，油や薬品によっても影響を受け，その様相は，機械的強度の低下，化学的分解，配合物の抽出による硬化，ぜい化，重量減などがある．

とくに，硫黄イオンと銅が反応して絶縁体中に発生する化学トリーはケーブルの絶縁性能を低下させることがよく知られている．

このような化学的劣化に対しては，布設場所の汚染物質に応じて，鉛シース，アルミニウムシースなどの金属シースの使用，あるいはプラスチックシースの材料改良などのシース構造の変更による防止方法が有効と考えられている．

4 熱的劣化

架橋ポリエチレンなどの高分子材料は長時間高温にさらされると熱と酸素によって分子鎖が切断され，引張強さ，伸びの低下をきたすことがある．このような物性の低下が著しいと絶縁性能が低下する場合がある．

CVケーブルを構成する架橋ポリエチレン，ビニル，ポリエチレンなどの高分子材料は，長い間高温にさらされると，その引張強さ，伸びが低下する．この老化により，ケーブルの電気性能が低下する現象を熱的劣化と考えることができる．

一般に，このような老化による高分子材料の寿命の低下は，温度が10〔℃〕上昇すると，寿命が半分になると考えられており（10〔℃〕半減則と称される），高温でのケーブル使用に伴う劣化はかなり著しい．

5　トラッキング劣化

　テープ巻端末やモールドコーン差込形端末では塩分，じんあいによる汚損によって，表面リーク，微小沿面放電，表面炭化焼損が起こる．これをトラッキング劣化と称し，最終的に表面フラッシオーバに至る．また，紫外線やオゾンは端末表面にクラックを発生させ，トラッキング劣化を促進する．

　トラッキングとは，固体絶縁物表面上の沿面方向に電界が存在するところに炭化導電路を形成する現象で，沿面方向の絶縁性能を低下させる現象である．炭化導電路は局部加熱により形成される．その加熱源は電流が流れることによって発生するジュール熱やドライバンド形成により発生する部分放電やアーク放電による熱などである．

　分子構造上，導電性炭化トラックを生じないものでも放電によってしだいに侵食される．固体表面が乾燥状態で電極間のアーク放電にさらされるときもトラッキングを生じるが，これは通常，アーク劣化といっている．

　トラッキング劣化機構は以下のようである．

　導電性トラックの形成は固体からの遊離炭素の生成とその表面への堆積である．炭化の原因は放電とか導電電流にあるが，放電は一方で生成炭素を系外に取り除く効果もある．放電による炭素の生成は，固体分子構造内に含まれる炭素原子とその他の原子の比およびこれらの結合状態に関係する．これらが熱分解に際して遊離炭素となるか，揮発性の炭素化合物として系外に消散するかが重要である．

6　高圧CVケーブルの絶縁性能評価方法

　CVケーブルの劣化を示す特性値は，次のように類別される．
① 直流漏れ電流の変化
② 誘電緩和の変化
③ 部分放電の発生
④ 外観，形状の変化

　これらの正常の変化を検出する方法としては次の評価方法がある．

テーマ30 電力用CVケーブルの絶縁劣化原因と絶縁性能評価方法

(1) 直流漏れ電流測定

ケーブルに直流高電圧を印加し，そのときに流れる漏れ電流やその時間特性を調べる方法である．

(2) 誘電緩和の測定

劣化に伴う誘電緩和に着目したCVケーブルの絶縁測定法には，次の方法がある．
① 誘電正接の測定
② 直流電圧印加後の逆吸収電流の測定
③ 直流電圧印加後の残留電圧の測定

(3) 部分放電測定

劣化に伴って発生する部分放電の放電電荷量などを測定する方法である．

(4) 非電気的な特性値の測定

放電に伴う音波の検出などが知られているが，一般に，電気的な方法よりも測定感度が低下する．

【解説】

(1) 直流漏れ電流測定

この方法はケーブル絶縁体に直流高電圧を印加し，そのときに観測される漏れ電流の大きさあるいは，漏れ電流の時間特性の変化から絶縁性能を調べる方法である．第7図にCVケーブルが正常な場合と異常な場合の漏れ電流－時間特性の例を示す．

第7図 漏れ電流－時間特性（例）

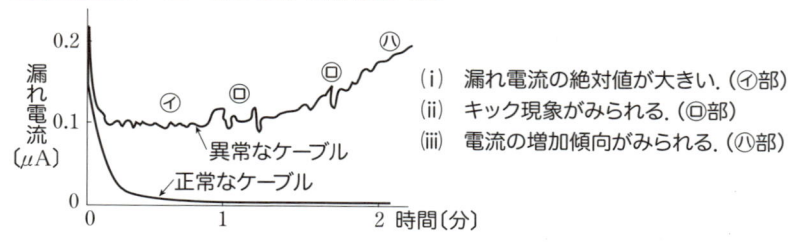

(i) 漏れ電流の絶対値が大きい．(㋑部)
(ii) キック現象がみられる．(㋺部)
(iii) 電流の増加傾向がみられる．(㋩部)

ケーブルが正常な場合には，直流電圧印加後の漏れ電流は時間とともに減少し，ある一定値となり，以後ほとんど変化しないが，異常の場合

には測定時間中の漏れの電流値の増加あるいは電流キック現象が現れる．また，測定される電流値は，正常な場合に比べて著しく大きい．このような漏れ電流の異常が測定される場合のケーブル絶縁体を橋絡するような水トリー，電気トリー，化学トリーの発生，または，施工不良のケーブル接続部への水の浸入による電極間短絡などが知られている．

このほかに，水トリー劣化および化学トリー劣化の場合には，電極間橋絡発生以前においても劣化に伴う絶縁抵抗の低下が生じるが，一般的に，電極の橋絡が発生しない場合のCVケーブルの漏れ電流値は微少であり，この程度の劣化状態を知るためには，現場測定の測定精度を十分高くする必要がある．

(2) 誘電緩和の測定

誘電体に電界を加えると分極が生じる．また，外部電界によって分極していた誘電体の電界を取り除くと分極が消滅する．電界が作用してから分極が平衡状態に達するまでにはある時間が必要で，電子分極，原子分極の場合には，ほとんど瞬間的に分極が形成または消滅するが，有極性分極の双極子モーメントの配合に基づく空間電荷分極（イオン分極）の場合には，分極が形成，消滅されるまでに比較的長時間を要する．このような現象を誘電緩和といい，誘電正接として現れる．

無極性高分子を絶縁材料としているCVケーブルの場合には，初期性能としては分極時間が短い．しかしながら絶縁体の極端な吸水，酸化あるいは薬品などによる変質が生じると，配向分極あるいは空間電荷分極特性が現れるようになると推定され，その結果，誘電正接の増加および第8図に示す直流電圧充放電時の吸収電流または吸収電荷・残留電荷の増加が予想される．

このような劣化に伴う誘電緩和の変化に着目したCVケーブルの絶縁測定法のおもなものは次のとおりである．

① 誘電正接（$\tan \delta$）の測定
② 直流電圧印加後の逆吸収電流の測定
③ 直流電圧印加後の残留電圧の測定

これらの測定のうち，誘電正接測定は従来，電力ケーブルの測定に広く用いられてきた方法であるが，吸収電流および残留電圧の測定は，新

第8図 直流充放電時の電荷，電流の時間変化

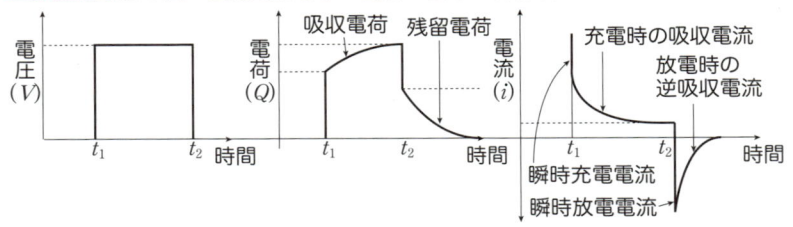

たに検討が進められている方法である．

劣化したCVケーブルの誘電正接と破壊電圧との関係については，6.6〔kV〕CVケーブルを用いた商用周波電圧による実験データが多数あり，特別高圧CVケーブルの劣化診断に対して参考になる．第9図はその一例を示すものである．この測定法の問題点としては，もともとCVケーブルの商用周波誘電正接の値が0.02〜0.05〔%〕程度の低い値であり，また，特別高圧CVケーブルに劣化が生じたとしても，第9図に示されるような誘電正接が1〔%〕を超えるまでの大幅な変化はそれほど期待できないと思われるので，現場測定の場合には測定精度を十分高くする必要があることである．

第9図 6.6〔kV〕CVケーブルの誘電正接と交流破壊電圧

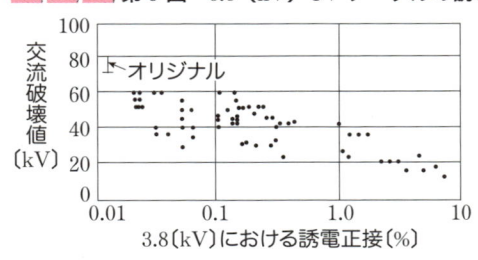

逆吸収電流および残留電圧測定については，まだ現場測定への適用例は少ないが，実験室段階での検討において，逆吸収電流測定が水トリー検出に有効であり，劣化が進行しているケーブルの残留電圧の値が大きいと報告されている．

(3) 部分放電測定

ケーブルの絶縁体中の小さなボイド，空げき，クラック，傷などの欠

陥が存在すると，高電圧の印加によって，これら欠陥部で部分放電が発生し，長時間には絶縁体を劣化してついには絶縁破壊に至ることがある．したがって，部分放電の諸特性を定量的に測定する部分放電測定はこれらの欠陥部を未然に，かつ非破壊検知できることから，きわめて有効な絶縁診断法として，電力ケーブルの保守点検に広く採用されている．

しかし，ケーブル実線路の部分放電測定においては，部分放電の発生場所およびケーブル線路長ごとに，パルスの検出感度が測定器の周波数範囲によって変化するので，測定に際しては，測定器の選定あるいは感度校正などに十分注意しなければならない．

また，微小な欠陥部で生じる部分放電の電荷は，第10図に示されるような微少な値になるので，雑音除去対策も十分に行う必要がある．

第10図　内導体直上のボイド直径と放電電荷

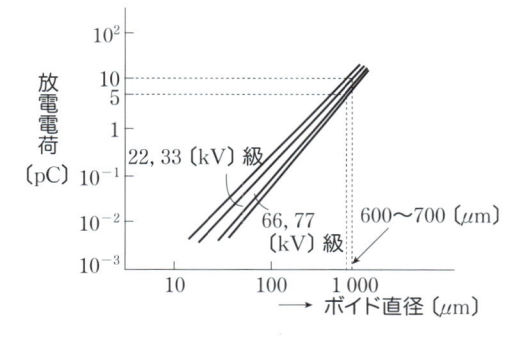

放電電荷〔pC〕／ボイド直径〔μm〕

22, 33〔kV〕級
66, 77〔kV〕級
600〜700〔μm〕

(4) **非電気的な特性値の測定**

非電気的な特性値による絶縁測定の例としては，放電に伴う音波を検出する部分放電測定などが知られているが，一般には非電気的な方法による劣化検出法は電気的方法に比較して測定の定量的取扱いが困難であるとか，測定感度がやや低下するなどの短所がある．

しかし，劣化に外観の変化あるいは形状の変化が伴う，たとえば終端接続部のシールドのずれなどの場合については，布設ケーブルの線路中で観測しうる場所は限られているものの，目視あるいはX線ラジオグラフィなどの非電気的特性値の測定によって重要な情報が得られる場合がある．

また，水トリー劣化，化学トリー劣化のように，布設環境に存在する水や化学物質が劣化の原因になるものについては，ケーブル線路沿いの環境調査から劣化進行を監視することが必要である．

テーマ 31

高圧ケーブルの活線劣化診断法

　従来のケーブル診断は停電状態で行われてきたが，近年はニーズの高度化などから停電が困難になり，おもに次の活線劣化診断法が開発・実用化されている．
① 直流成分法
② 直流電圧重畳法
③ 低周波重畳法
④ 活線 $\tan \delta$ 法

1　直流成分法の概要と原理

　直流成分法は，運転中のケーブルの接地線に流れる電流（充電電流）に含まれる直流成分を測定するもので，CVケーブルの水トリー劣化を的確に検出することができる．また，従来の方法では検出不能であった局部劣化や初期劣化も検出が可能であるとともに，診断はすべて接地系で行われるため，非常に安全である．

(1) 水トリーによる直流分発生機構（整流作用）

　　交流電圧印加時におけるCVケーブルの直流分発生機構は第1図のように考えられる．すなわち，交流電圧のうち負の半サイクルの電圧が水トリー部に印加されたときは，水トリー部から絶縁体に負の電荷（電子）が注入され，次に正の半サイクルで絶縁体中に注入された負電荷は，水トリー部に吸い上げられるか，あるいは正の電荷の新たな注入により中和されるが，すべて消滅せずに一部は絶縁体中に残存する．
　　この繰返しによって水トリーの先端部に負電荷が蓄積され，蓄積電荷自身による直流電界により，負電荷が対向電極に向かって移動する．この負電荷の移動が直流成分として観測されるものである．
　　つまり，高圧ケーブルの絶縁体に発生した水トリー部は，第2図に示すような整流作用があるので，交流電圧印加時に絶縁体と遮へい層間に直流電流が流れる．直流成分法は，この原理を利用したもので，活線下

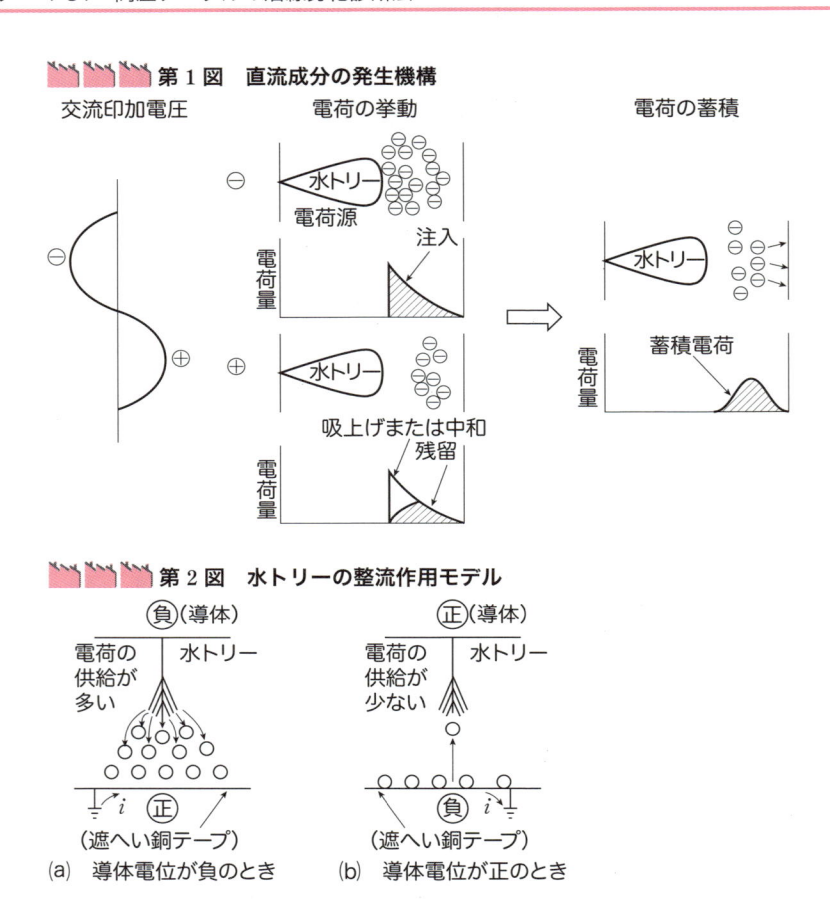

テーマ31 高圧ケーブルの活線劣化診断法

第1図 直流成分の発生機構

交流印加電圧　　電荷の挙動　　　　　電荷の蓄積

第2図 水トリーの整流作用モデル

(a) 導体電位が負のとき　　(b) 導体電位が正のとき

で絶縁体に流れる電流の直流成分を摘出し，劣化診断を行うものである．

(2) 測定原理

　直流成分法の測定回路を第3図に，実際の測定状況を第4図に示す．ケーブルの測定端において，遮へい層からの接地線は測定時に開放とする．直流成分測定時には，ケーブル導体→大地→EVTからなる直流成分についての閉回路が構成される．

　なお，この測定法の原理は以前から提案されていたが，直流成分電流がnAのオーダと微小な値であるため，従来の測定器では検出が困難であった．しかし，測定器の検出感度の向上により，実布設ケーブルでの測定にも適用できるようになった．

🏭🏭🏭 第3図 直流成分法の測定回路

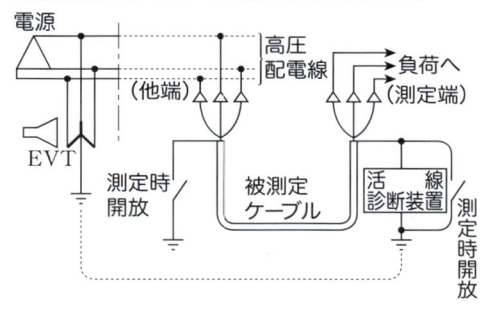

🏭🏭🏭 第4図 直流成分法の測定状況

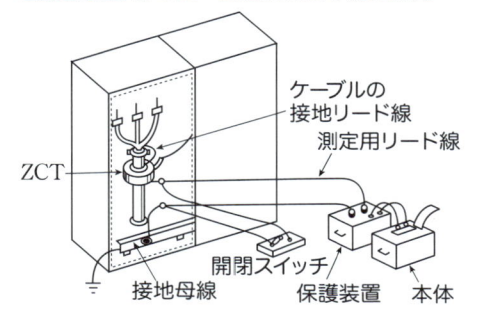

2　直流電圧重畳法の概要と原理

　直流重畳法には，直流電圧の重畳により電流の直流成分を検出する方法と，これを利用して絶縁抵抗を測定する方法とがある．

(1) **直流成分を検出する方法**

　(a) **概要**

　　高圧配電線に数V〜数十Vの直流電圧を重畳した後，被測定ケーブルの接地回路に流れる電流の直流成分を検出するものである．直流電圧の重畳は，水トリーの整流作用に伴う直流成分を大きく検出することを目的としている．

　(b) **原理**

　　第5図に示すように，高圧配電線の1相からインピーダンスLを通して直流電圧を印加し，商用電圧に重畳させる．

テーマ31　高圧ケーブルの活線劣化診断法

■■■■ 第5図　直流電圧重畳法の測定回路

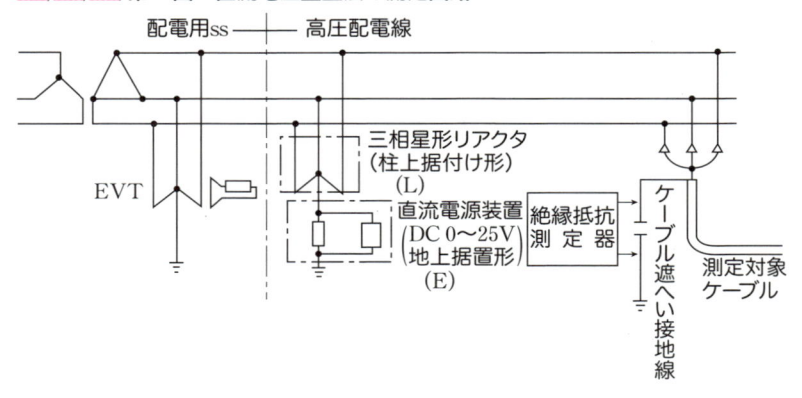

■■■■ 第6図　直流電圧重畳法の測定状況

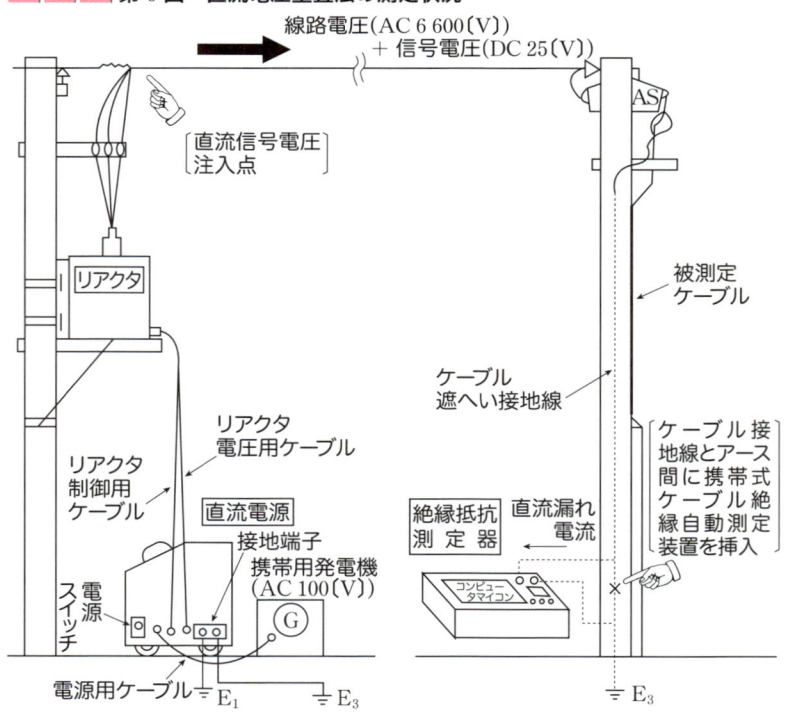

変電所変圧器の直流抵抗はほぼゼロなので，ほかの2相にも重畳電圧は同様に印加される．このとき，絶縁体中に流れる漏れ電流のうち，交流成分をフィルタで除去し，直流成分のみを検出する．ケーブルが劣化すると絶縁抵抗が低下し，直流重畳電圧により遮へい層に流れる直流電流が増大し，劣化が検出できる．実際の測定状況を第6図に示す．この方法では，零相電圧の発生，検出信号への迷走電流の混入などが問題となる場合があるが，次の方法により解決している．

(i) 最適な直流重畳電圧の設定

　直流重畳電圧印加によりEVTに直流電流が流れるが，この値が大きいとEVTの磁束飽和により零相電圧が発生し，変電所リレーを誤動作させるおそれがある．これについては，実験およびコンピュータ解析の両面から予想される現象を十分に把握し，発生する零相電圧を抑制することが行われている．

(ii) 迷走電流の消去

　外部雑音，シースの電池作用などによって発生すると考えられており，この電流の影響を受けると，正確な劣化診断ができなくなる可能性がある．これらの消去法を第7図に示す．直流重畳電圧の極性を変えることにより，直流重畳法による電流Iの方向は逆転するが，直流成分法による電流I'と迷走電流I''の方向は一定のままである．

第7図　迷走電流の消去法

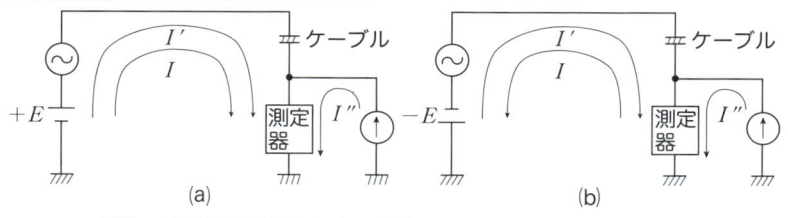

(注) I：直流電圧重畳法による電流，
　　 I'：直流成分法による電流(水トリーの整流作用による電流)，
　　 I''：迷走電流

したがって，$+E$印加時の測定値I_+（$=I+I'+I''$）と$-E$印加時の測定値I_-（$=-I+I'+I''$）の差（$I_+-I_-=2I$）を計算することに

より，迷走電流I''の影響は消去できる．

(2) 絶縁抵抗を測定する方法

(a) 概要

活線状態でケーブルの絶縁抵抗を測定するもので，EVTの中性点から直流電圧を印加し，EVT中性点と遮へい層間に形成したブリッジのバランスをとることによって絶縁抵抗を求めるものである．

(b) 原理

絶縁抵抗測定の回路図を第8図に示す．

第8図　絶縁抵抗測定の回路図

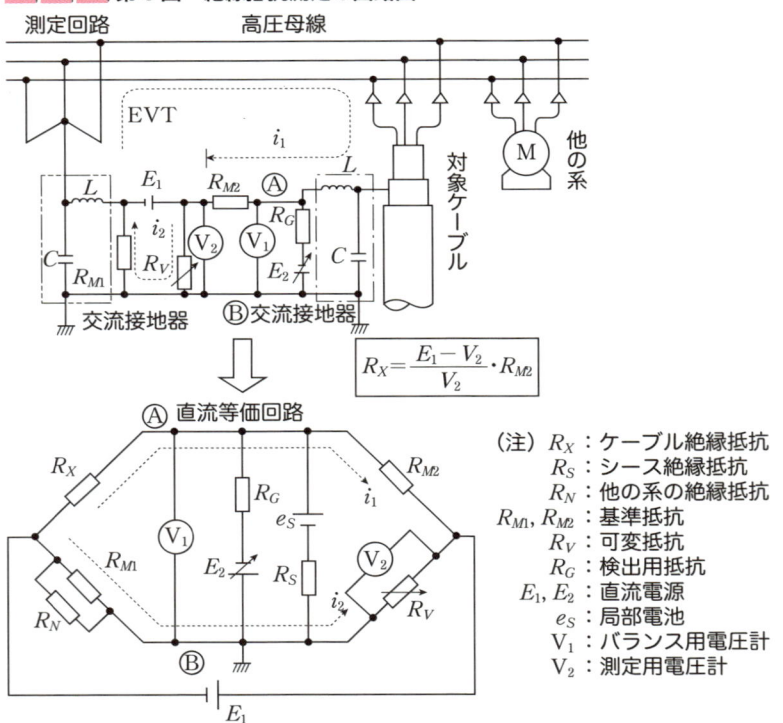

$$R_X = \frac{E_1 - V_2}{V_2} \cdot R_{M2}$$

(注) R_X：ケーブル絶縁抵抗
　　R_S：シース絶縁抵抗
　　R_N：他の系の絶縁抵抗
　　R_{M1}, R_{M2}：基準抵抗
　　R_V：可変抵抗
　　R_G：検出用抵抗
　　E_1, E_2：直流電源
　　e_S：局部電池
　　V_1：バランス用電圧計
　　V_2：測定用電圧計

EVTの中性点から直流50〔V〕を高圧母線に印加し，ケーブル絶縁体を通して流れる漏れ電流を検出して絶縁抵抗を測定するものである．EVTの中性点およびケーブルの遮へいはコンデンサで低インピーダンス接地させており，ブリッジの回路はケーブルの絶縁抵抗R_Xを

一辺とするホイートストンブリッジになっている．このため，高抵抗を高精度で測定することが可能である．

ケーブルの絶縁抵抗R_Xは，可変抵抗R_Vを調整してバランスメータV_1の指示をゼロにしたときに，基準抵抗R_{M2}の端子電圧と可変抵抗R_Vの端子電圧V_2が等しくなることで成立し，

$$\frac{R_{M2}}{R_X + R_{M2}} E_1 = V_2$$

$$\therefore \quad R_X = \frac{E_1 - V_2}{V_2} R_{M2} \tag{1}$$

と求められる．

(ⅰ) シース局部電圧e_Sのキャンセル

ケーブルシースに発生する局部電圧e_Sは第8図の等価回路で示されるようにブリッジの中央に入るために直流電源E_2を調整して電圧計V_1をゼロにする．

(ⅱ) シース絶縁抵抗R_Sの影響

シース絶縁抵抗R_SはR_Gと並列になり，その合成抵抗が検出抵抗となるために，ブリッジ平衡の検出感度に影響を与える．しかし，検出用抵抗R_Gを小さく選んでおけば，シース絶縁抵抗R_Sの影響を小さく抑えることが可能である．

(ⅲ) ほかの系の絶縁抵抗（モータ絶縁抵抗など）R_Nの影響

ほかの系の絶縁抵抗R_Nは，基準抵抗R_{M1}に対して並列に入るために，その合成抵抗がブリッジの抵抗比に影響を与える．しかし，(1)式のように電圧比R_Xを求めているので，R_Nを小さく選んでおけば，ほかの系の絶縁抵抗R_Nの影響はさらに小さく抑えることもできる．

3 低周波重畳法の概要と原理

(1) 概要

低周波重畳法は，運転中の配電線に低周波電圧を重畳してケーブル接地線に流れてくる低周波電流の有効分電流を検出し，それを絶縁抵抗に換算することで，ケーブルの劣化度合いを判定するものである．この方

法は交流で測定するため,直流で検出できない劣化も検出可能なほかに,重畳電圧が低い(20〔V〕程度)ので,印加電圧による劣化促進のおそれがない.

(2) **原理**

低周波重畳法の測定回路を第9図に,実際の測定状況を第10図に示す.配電線から低周波電圧(7.5〔Hz〕,20〔V〕)を高圧電路と対地間に重畳し,ケーブルの接地線から低周波電流を取り出すもので,第11図のように有効分電流 I_{XR} が大きいほど劣化が進んでいることになる.

第9図　低周波重畳法の測定回路

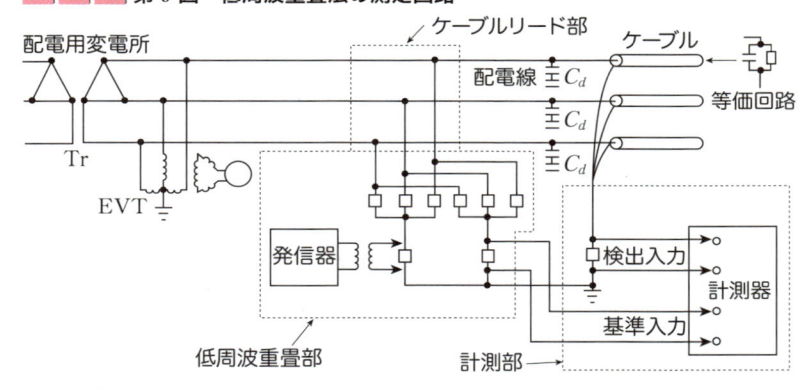

第10図　低周波重畳法の測定状況

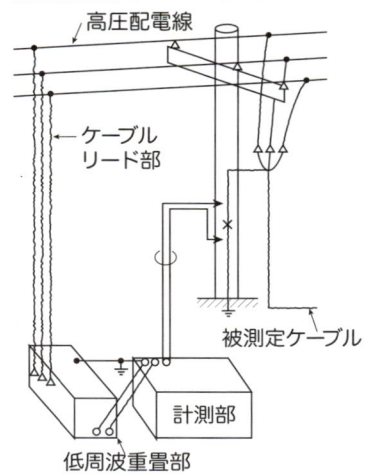

第 11 図　ケーブル絶縁体と電流

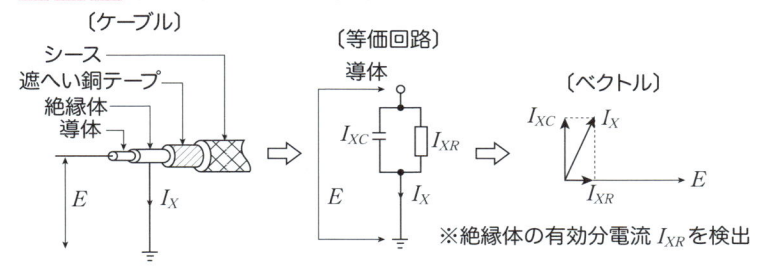

〔ケーブル〕　〔等価回路〕　〔ベクトル〕

※絶縁体の有効分電流 I_{XR} を検出

4　活線 tan δ 法の概要と原理

(1) 概要

　ケーブル絶縁体中に水トリーが多数発生すると，誘電正接（tan δ）が増加することが知られており，また，それに伴って絶縁破壊値が低下する．

　活線 tan δ 法は，活線状態のまま，被測定ケーブルに印加されている電圧および充電電流（接地線電流）を検出して tan δ を測定する．

(2) 原理

　活線 tan δ 法の回路図を第 12 図に示す．被測定ケーブルの端子から分圧器により電圧信号を，終端箱の接地回路から CT により電流信号を検出し，電圧信号と電流信号の位相差から tan δ を測定する．

第 12 図　活線 tan δ 測定回路

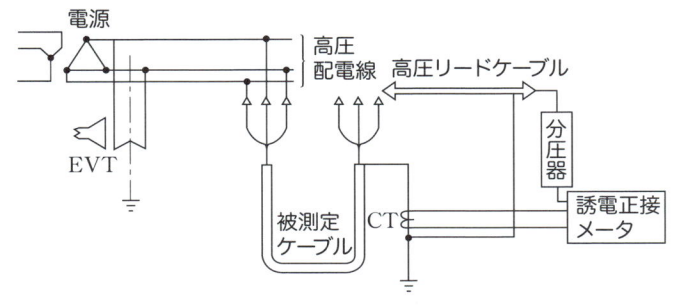

5 その他の方法の概要

(1) 複合判定法

一つの特性値から正確にケーブルの劣化度合いを判定するのは難しく，場合によっては誤った判定を下すおそれがある．そこで直流成分法（または直流重畳法）と活線 $\tan \delta$ 法の二つを組み合わせてケーブルの劣化診断を行う．

(2) 零相電流法

(a) 概要

ケーブルの劣化は3心一様ではないので，劣化が進行すると零相電流が増加する．この零相電流の増加をケーブルに接続されている零相変流器あるいは接地変圧器の中性点で送電中に測定して劣化診断を行う．

(b) 特徴

測定は簡単であるが，三相不平衡電圧によっても零相電流が増大するので，劣化の傾向を精度よく診断するには難しい面がある．

テーマ 32 電気設備の非破壊試験

　電線・ケーブルなどの劣化診断に用いられる非破壊試験とは，電気機器やその他の電気工作物の素材や構造物などの絶縁性能を損なうことなく，それらの絶縁特性を検査し，さらに内部の絶縁上の欠陥などを指摘する試験方法である．

　現在，発電機巻線・電力用変圧器・電力ケーブルおよびその他の電気機器などの高電圧機器に用いられている非破壊試験は，主として絶縁特性試験が行われている．この試験には，古くから適用されている絶縁抵抗測定に加えて直流電流試験，誘電正接試験，交流電流試験および部分放電試験などがあげられる．

1　直流試験と交流試験の概要

　電気機器ならびにその他の電気工作物は，使用目的や使用条件によって絶縁の種類や方法あるいは構成などがそれぞれ異なるので，目的や使用条件に合わせて，それに適した試験を行い，また，それらを適切に組み合わせて，絶縁特性の把握や絶縁劣化の進展の様子や，さらに機器の異常の有無などの性状を調べる必要がある．

　電力用変圧器，電力ケーブル，水車発電機の固定子巻線の絶縁劣化状態を判定するために行われる非破壊試験には，直流試験と交流試験がある．

　直流試験としては，絶縁抵抗測定，直流電流試験（直流高圧法）などがあり，絶縁抵抗測定は，絶縁抵抗計を用いて行うもので，保守・点検のほとんどの場合に実施される．一方，直流電流試験では，電圧印加後の電流は時間の経過とともに減衰するが，この電流の時間的変化の程度を表す指標として成極指数（成極比）がある．これは絶縁物の吸湿・汚損の状態を判断する目安として用いられている．

　交流試験としては，誘電正接試験，交流電流試験および部分放電試験がある．

　誘電正接試験は絶縁物の $\tan \delta$ を測定する試験である．$\tan \delta$ は絶縁物の

形状・寸法にあまり影響されず，固有の性質を示すものであり，絶縁物内部で放電が生じると値が大きくなる．また，絶縁物内で消費されるエネルギー損失である誘電損の目安ともなる．

交流電流試験は，電圧を印加し，その電流を測定する試験である．印加電圧を増加させていき，電流が急増した点の電圧およびそのときの電流の変化率などから劣化の程度を推定するものである．

部分放電試験は，電圧を印加し，固定子巻線表面または巻線絶縁物内部のボイドで発生する部分放電を測定する試験であり，最大放電電荷量などから劣化の程度を推定するものである．

一般に電気設備において行われる絶縁試験は，絶縁特性試験と絶縁耐力試験に分けることができる．

絶縁特性試験は，電気機器あるいは電気工作物などの絶縁上の欠陥の発見や絶縁特性を明らかにするなど，製作の過程において品質管理上行われたり，または，運転中の吸湿や枯れなどに原因する絶縁劣化や，有害な部分放電の発生や，損傷のないことなどの検証を行い，電気機器の絶縁事故の未然防止など保守管理上有益なデータを得ることをおもな目的としている．

一方，絶縁耐力試験は，商用周波交流電圧試験・衝撃電圧試験・開閉インパルス試験あるいは直流電圧試験などに大別できる．これらの試験は，電気機器やその他の電気工作物が指定された以上の絶縁強度を保持していることを検証する目的で行われる．

2　絶縁抵抗測定（メガー測定）の概要

絶縁抵抗によって絶縁特性を検出しようとする方法であるが，この値のみで絶縁の良否を判断することは危険である．しかし，注意して運用すれば，機器の吸湿状態の発見などに対してはもっとも簡易な方法であるので，現在広く採用されている．

絶縁抵抗は運転停止後なるべく早く巻線温度が運転中の温度に近いうちから，周囲温度に近い温度に低下するまでの各温度における絶縁抵抗値を測定記録し，巻線温度と絶縁抵抗との関係曲線をつくり，従来の記録と比較して絶縁状態の良否を察知する必要がある．

また，絶縁抵抗計についてはレベル合わせ，端子の適正使用，線路側導線に高絶縁のものを使用すること，1分値を採用するなどの考慮をしなければならない．

　電気設備技術基準では，低圧電路の絶縁抵抗値は第1表のように規定しており，高圧・特別高圧については絶縁耐力で規定している．

第1表　低圧電路の絶縁抵抗値

電路の使用電圧の区分		絶縁抵抗値
300〔V〕以下	対地電圧（接地式電路においては電線と大地との間の電圧，非接地式電路においては，電線間の電圧をいう）が150〔V〕以下の場合	0.1〔MΩ〕以上
	その他の場合	0.2〔MΩ〕以上
300〔V〕を超えるもの		0.4〔MΩ〕以上

　低圧の機器，配線では絶縁抵抗計の電圧からみて，測定値をそのまま絶縁状態と判定できる．また，変圧器の絶縁抵抗については第1図のように，変圧器温度と絶縁抵抗値で良否判定の参考としている．

第1図　変圧器の絶縁抵抗許容値（1 000〔V〕または2 000〔V〕絶縁抵抗計による）

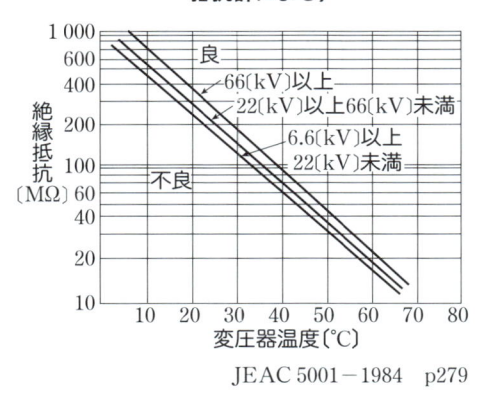

JEAC 5001-1984　p279

　電動機などの回転機では低圧でおよそ1〔MΩ〕以上，高圧で5〔MΩ〕以上あれば「良」判定とするのが一般的である．また，古くから参考値として使用されている式を紹介する．

① 絶縁抵抗〔MΩ〕 ≦ $\dfrac{\text{定格電圧〔V〕}}{\text{定格出力〔kW〕}+1\,000}$

② 絶縁抵抗〔MΩ〕 ≦ $\dfrac{\text{定格電圧〔V〕}+\text{定格回転数〔min}^{-1}\text{〕}/3}{\text{定格出力〔kW〕}+2\,000}+0.5$

3　tan δ 法（誘電正接試験）の概要

　誘電正接試験は，絶縁物に交流電圧を印加したときのtan δ値，tan δ−電圧特性およびtan δ−温度特性などから，吸湿，汚損あるいはボイドの発生などによる絶縁物の劣化状態を評価するものである．

　絶縁物に交流電圧を印加すると，ほぼ $\pi/2$ 〔rad〕進んだ充電電流が流れるが，絶縁物に劣化などによる損失があると第2図に示すように，$\pi/2$〔rad〕の進みより微小角度δだけ遅れた電流が流れる．つまり，絶縁物 C に交流電圧を印加したときの電流を I とすると，C は完全な誘電体ではなく，若干損失があるため，I は電圧より90°進まず，$(90°−δ)$ だけ進む．このときの位相角δを損失角といい，このtan δを誘電正接という．

第2図　絶縁物の tan δ

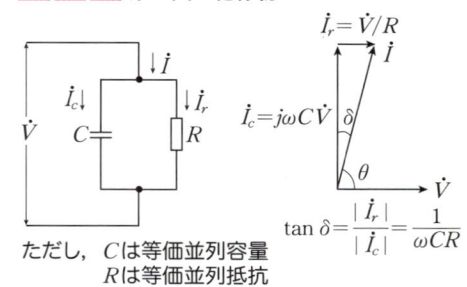

$\dot{I}_r = \dot{V}/R$

$\dot{I}_c = j\omega C\dot{V}$

$\tan\delta = \dfrac{|\dot{I}_r|}{|\dot{I}_c|} = \dfrac{1}{\omega CR}$

ただし，C は等価並列容量
R は等価並列抵抗

　いま，誘電体内の等価直列損失抵抗を R，誘電体の静電容量を C，印加電圧を E，角周波数を ω とすると，

$$\text{誘電正接} = \dfrac{|\dot{I}_r|}{|\dot{I}_c|} = \dfrac{\dfrac{V}{R}}{\omega CV} = \dfrac{1}{\omega CR} = \tan\delta$$

と表すことができる．

　このtan δは絶縁物の良否によってその値が変わるために，これの測定

によって絶縁物の状態を知ることができる．次に tan δ に対する各特性を示す．

ケーブル・コンデンサ類の tan δ は，第2表のように規格化されている．これらの値は実際より大きめの値であるが，絶縁状態を判断する場合の一つの目安となる．

第2表　ケーブルおよびコンデンサの誘電正接許容値

種類	温度	tan δ〔%〕	標準規格
ベルト紙ケーブル	常温	1.0 以下	JIS C 3601(1976)
SLケーブル	常温	0.7 以下	JIS C 3602(1978)
鉛被OFケーブル	常温	0.4 以下	JIS C 3607(1978)
アルミ被OFケーブル	常温	0.4 以下	JIS C 3613(1981)
低圧進相コンデンサ	常温および75〔℃〕	0.6 以下	JIS C 4901(1974)
高圧および特別高圧進相コンデンサ	常温	0.35以下	JIS C 4902(1977)
	80〔℃〕	0.40以下	

最近の回転機器では，合成樹脂の使用および含浸工程などの改善とともに，tan δ はしだいに減少してきて2～3〔%〕程度になっており，湿気に対しても影響が少なくなっている．油入変圧器については，1〔%〕以下のものが多いが，使用中の吸湿や油の劣化によりしだいに増加する．

(1) tan δ–電圧特性

　　高電圧の乾式絶縁に対しては，部分放電の発生状態を調べることを目的として，tan δ–電圧特性試験が一般に行われている．絶縁物の内部にギャップ（ボイド）がある場合，電圧が増加するにつれて部分放電が発生し，この損失によって tan δ が増加する．この増加開始電圧から部分放電の開始電圧を測定したり，増加の程度から部分放電の大きさを推定することもできる．

　　第3図は，11〔kV〕用発電機コイルの例であるが，(a)は良好の状態で電圧にあまり関係せず8〔%〕前後で定格電圧付近より上昇傾向をもつ．(b)は吸湿していないが，コイルが枯れて内部に空げきを生じていて，電圧が高くなると内部でイオン化を生じている場合．(c)は吸湿している場合で，電圧上昇時と下降時の tan δ の値にループを生じ，tan δ 値そのものも大きい．

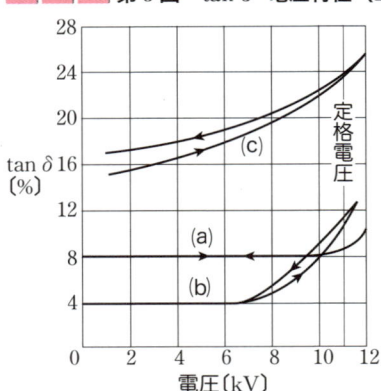

第3図　tan δ－電圧特性（11〔kV〕用発電機コイル）

(2) tan δ－温度特性

　一般に温度が上昇すればtan δの値は高くなる傾向にある．良品の場合は普通tan δの温度による急増点は60〔℃〕前後であるが，劣化品では40～50〔℃〕で急増するものもある．ケーブル，コンデンサ類では実際に使用される高温でのtan δの大小が問題になることが多く，第2表のように，高温でのtan δが標準規格として与えられているものもある．

　油入変圧器にはtan δの温度特性から絶縁の良否を判定する方法があり，その判定基準の例を第4図に示す．

第4図　油入変圧器絶縁の劣化判定基準の例

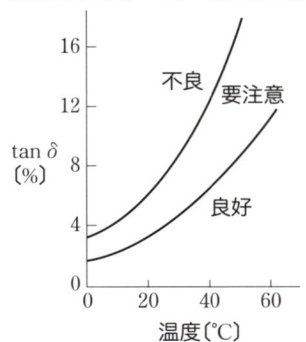

4　直流高圧法の概要

　直流高圧法は，第5図に示すような回路を用いて，絶縁物に直流高圧を印加した場合に流れる電流の時間特性より絶縁劣化程度を推定する方法である．一般に絶縁物に直流高圧を印加すると，第6図のような電流が流れる．この電流で印加電流を除すると直流絶縁抵抗が得られるが，直流絶縁抵抗は，明らかに時間の関数であり，その度合いは巻線の吸湿などによって影響される．

第5図　直流高圧法測定回路

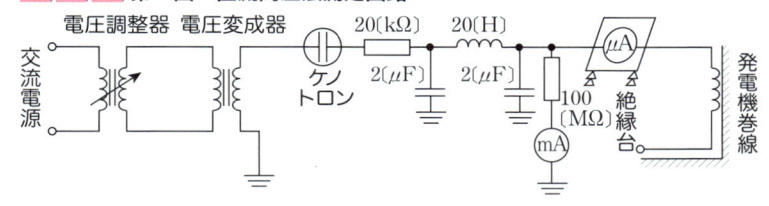

第6図　吸収電流曲線（$I-t$）

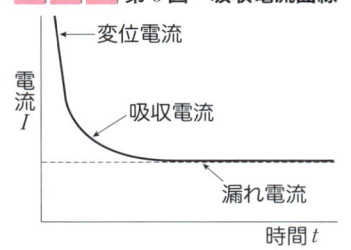

(1) 成極指数（時間の影響）

　　直流絶縁抵抗は良好な絶縁物では一般に徐々に上昇し，最終値に到達するのには長時間要し，かつその値も高いが，吸湿していると最終値も比較的低く，かつその値に落ち着くまでの時間も短い．

　　したがって，この絶縁抵抗の時間的変化を測定すれば，絶縁物の状態を判定することができる．この時間的変化を示すのに一般には，絶縁抵抗10分値と1分値の比をとって，これを成極指数（PI）と称している．一般には，その値は1～7程度で，清浄な乾燥した絶縁物では耐熱クラスAで1.5以上，耐熱クラスBでは2.5以上である．

$$成極指数 = \frac{R_{10}}{R_1}$$

R_{10}：電圧印加後10分の絶縁抵抗値（7分値をとることもある）

R_1：電圧印加後1分の絶縁抵抗値

成極指数による絶縁性能の判定基準を第3表に示す．

第3表 成極指数による絶縁性能の判定基準

成極指数	絶縁性能
3以上	非常によい
1.5～3	よい
1.5以下	要注意

(2) 弱点比（電圧の影響）

直流絶縁抵抗は印加電圧によって異なり，印加電圧の増加とともに減少し，劣化している絶縁物ほど変化率が大である．そのため絶縁物の良否の判定を印加電圧による抵抗の変化により行うことが提案され，11〔kV〕の巻線については2.5〔kV〕の15分値と15〔kV〕の10分値との比を弱点比といい，2以下を良，2～5を可，5以上を不良としている．

5　交流電流法の概要

絶縁物に交流電圧Vを印加すると次のような電流Iが流れる．

$$I = \omega CV\left(1 + \frac{1}{2}\tan^2\delta\right)$$

すなわち，絶縁物に流れる電流は，印加電圧の大きさ，周波数，静電容量および$\tan\delta$によって決まる．印加電圧が高くなるとコロナが発生し，第7図のように電流は電圧に比例せず非直線的に増加する．このときの印加電圧を電流急増点といい，P_iで表している．P_iはコロナ開始電圧であるとともに$\tan\delta$の増加開始電圧と一致する傾向がある．さらに電圧を上げると第2電流急増点P_{i2}が見られ，これから交流短時間破壊電圧の構造が可能であるといわれている．

第7図　電流−電圧特性

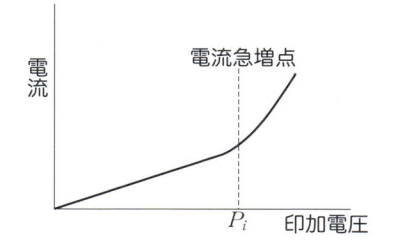

試験方法としては電流−電圧特性を求め，同時に電流波形も観測し，必要に応じて温度特性も測定する．

6　部分放電試験の概要

発電機巻線内部やケーブル絶縁体内部にボイドを生じた場合，ボイドは誘電体の破壊電圧以下で電離を起こし，いわゆる部分放電（コロナパルス）を発生する．したがって，このコロナパルスを適当な方法で検出し，その結果から誘電体の劣化程度を判断することも可能であることから，実用化されている．

絶縁体のなかにボイドがある場合，ボイド内は空気や低圧の気体で，その比誘電率ε_sは1であるのに対して，周囲の絶縁物のそれは2〜3であるため，ボイド部分に電界が集中する．

また，絶縁耐力もボイド部分は周囲の絶縁物の1/10以下であることから，ボイドのある機器や電力ケーブルなどに電圧を印加し上昇していくと，必ずボイド部分が先に放電することになる．さらに，ボイドが大きくなると常時使用電圧でも発生するようになり，周囲の絶縁物を炭化させるなどして劣化が進み，絶縁破壊に至る．

第8図の等価回路において，ボイド放電が発生すると，C_gは短絡され放電は停止するが，ふたたび回路から充電され，パルス状の放電を繰り返すようになる．絶縁体の放電電荷を直接測定することは不可能であるが，部分放電により発生するパルス状の微小な電圧変化は放電電荷量に比例することから，このパルス電圧を測定して，発生頻度と放電電荷量の大きさを測定している．

第8図　ボイド放電の等価回路

コロナパルスを検出するには種々の方法があるが，接地電流中の高周波分をとらえ，これをブラウン管を用いて波形観測してその発生の模様，パルスの大きさ，発生数，発生範囲などを調査する方法と，パルス計数装置を用いてパルスの大きさと，発生数との電圧特性を測定する方法がもっともよく行われている．

第9図に66〔kV〕CVケーブル接続部の部分放電測定オシログラムを示す．また，第10図のように，部分放電は放電電荷量の小さいものほど多く発生し，放電電荷量の大きいものほど発生頻度は小さくなることから，測定結果の判定にあたっては，1秒間に1発の割合で発生する部分放電パルスの放電電荷量の大きさによっている．

第9図　部分放電検出オシログラム（印加電圧 52〔kV〕，横軸 1/150〔S/DV〕，縦軸 5〔pC/DV〕，最大放電電荷 4〔pC〕）

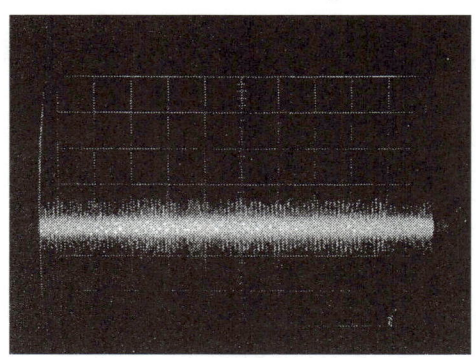

判定基準は，機器の種類や電力ケーブルなどで異なるが，一般に回転機巻線では 1×10^{-8}〔C〕以上の放電電荷量を不良とし，電力ケーブルでは 1×10^{-9}〔C〕以上を要注意としている．

▰▰▰ 第10図　直流印加の部分放電測定結果（CVケーブル）

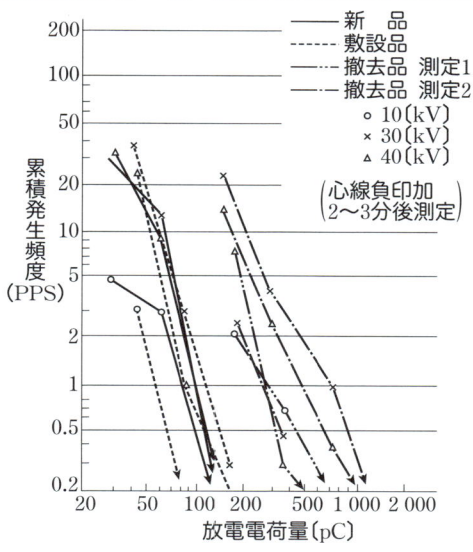

―――― 新　品
------ 敷設品
―‥―‥ 撤去品　測定1
―・―・ 撤去品　測定2
　　○ 10 (kV)
　　× 30 (kV)
　　△ 40 (kV)

$\begin{pmatrix}\text{心線負印加}\\ \text{2〜3分後測定}\end{pmatrix}$

縦軸：累積発生頻度 (PPS)
横軸：放電電荷量 (pC)

テーマ 33 電力系統で必要な予備力

電力系統を運用するうえから，供給設備の計画外停止（事故トラブルの発生など），渇水，需要の変動などの予測し得ない異常事態の発生があっても，安定した電力供給を行うのを目的として，あらかじめ需要想定以上の供給力を保有する必要があり，これを予備力という．

予備力には，供給計画面で考えられる予備力と日常運用面で考えられる予備力がある．

1 供給計画面で考えられる予備力（供給予備力）

電力需要に対し安定した供給を行うためには，現在および将来における需要を的確に把握し，これに応じられる電力供給設備を建設し，運用することが必要である．将来における需要は，長期的には景気の変動により，短期的には気象条件などにより変動する．

供給予備力は保有量が少なければ，供給支障の発生度合いが多くなり，また保有量が大きいと供給支障は少なくなるが，設備投資が過大となる．したがって，供給計画面から考えられる供給予備力の適正保有量は，供給信頼度との関連から検討されることとなる．このことは，日常運用面で考えられる予備力にもいえる．

一般に予備力は次式により表される．

予備力 $= B - A$

A（需要）：最大3日平均電力

B（供給力）：第V出水時点（最渇水日の最低5日の平均）における計画補修分を控除した無事故時の供給能力

また，一般には供給力と需要との関係を表す場合，供給予備率（供給予備力と最大需要との比）が使用される．

$$供給予備率 = \frac{供給力(B) - 需要(A)}{需要(A)} \times 100 〔\%〕$$

供給予備力は，事故，渇水あるいは需要増加に際しても，電力の安定供

給を確保するため，予測した需要を上回って保有する供給力である．

供給計画面における設備計画に使用する計画上の供給予備力としては，電源の事故，渇水および気温などにより短期かつ不規則に発生する需要増加など，偶発的需給変動によって生じる供給力不足に対処する供給予備力と，経済の好況などにより需要が持続的に想定値を上回る可能性に対処する供給予備力（景気変動対応分およびトレンドの想定偏差対応分）とを考える必要がある．

これらのうち，偶発的需給変動に対処する供給予備力については，電源の事故，河川の渇水，短期かつ不規則に発生する需要増加などの発生時期，大きさなどが予測できない．このため，従来の実績，統計などを基礎としてこれらの現象の発生から第1図に示すような確率分布を求め，これを用いた確率的手法により，供給予備力と供給信頼度（供給力見込不足日数）の関連を把握し，適正な供給予備力の保有量を求める方法が用いられる．

第1図 供給予備力算定用の確率計算結果の一例（電気工学ハンドブックより）

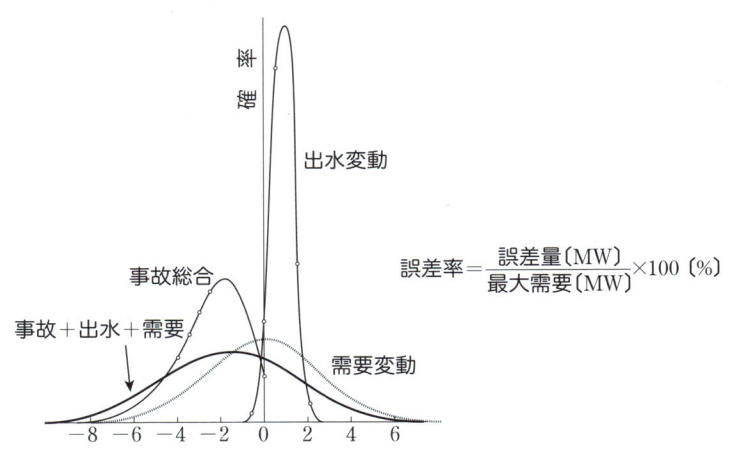

$$誤差率 = \frac{誤差量 (\mathrm{MW})}{最大需要 (\mathrm{MW})} \times 100 \ (\%)$$

ここで，供給力見込不足日数は，第2図に示すように供給力の低下確率と日最大需要の持続曲線から，

$$供給力見込不足日数 = \sum D_i = \sum (E_i \times P_i)$$

として求めることができる．必要供給予備力は，同図における供給予備力 R を変化させて計算された供給力見込不足日数が，目標とする供給力見込

不足日数と一致したときの供給予備力となる．すなわち，これが電源の供給信頼度でもある．

第2図　見込不足日数算定図（電気工学ハンドブックより）

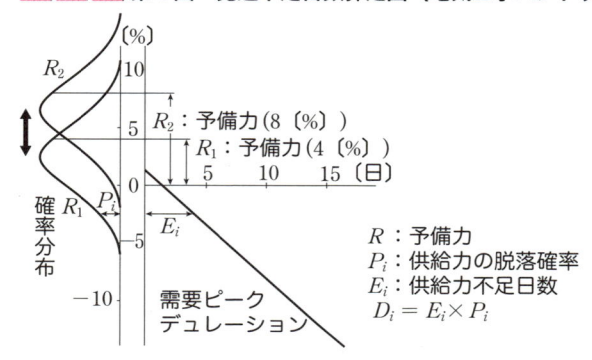

R：予備力
P_i：供給力の脱落確率
E_i：供給力不足日数
$D_i = E_i \times P_i$

このように必要供給予備力は目標供給信頼度，需要の変動量，設備事故の大小，渇水の変化状況のほか，供給力構成，連系容量などによって影響を受ける．また，将来需要特性，電源構成，連系容量などが変化した場合は，必要に応じて目標とする供給予備率の見直しを行うことが必要である．

わが国における供給予備率の保有量は，昭和62年に実施した中央電力協議会の検討結果をもとにしており，電力各社の目標予備率は需要構造や電源構成などが異なるため一律ではないが，おおむね8〜10〔％〕を保有目標値としている．

2　日常運用面で必要な予備力の種類

日常運用面での必要な予備力の種類，それぞれの機能および供給力は次のとおりである．

(1)　待機予備力

発電機の起動から全負荷をとるまでに数時間程度を要する供給力として，需要の想定値に対する持続的増加，渇水，停止までに相当の時間的余裕のある電源，または電源送電系統の不具合など相当の時間的余裕をもって予測し得るものに対応できるものをいう．

具体的な供給力としては，停止待機中の火力発電所で，起動後は長期間継続発電可能な設備がある．

(2) **運転予備力**

　即時に発電可能なもの，および10分程度以内の短時間で発電機を起動して負荷をとり，待機予備力が起動して負荷をとる時間まで継続して発電し得る供給力として，社会的事情，天候の急変などによる需要の急増，電源を即時または短時間に停止，出力抑制しなければならない場合などに即時または短時間に系統の不足電力に対応できるものをいう．

　具体的な供給力としては，水力発電所，火力発電所などの部分負荷運転中の発電機の余力分，およびダム式水力発電所，揚水発電所など停止待機中の水力設備がある．

(3) **瞬動予備力**

　電力系統の瞬時の周波数低下に対して即時に応動を開始し，10秒程度以内で急速に出力を上昇し，少なくとも瞬動予備力以外の運転予備力が発動されるまでの時間，継続して自動発電可能な供給力として，万一，大電源脱落事故時において，系統の周波数が許容最大値を超えないように瞬時に対応できるものをいう．

　具体的な供給力としては，ガバナフリー運転中の発電機のガバナフリー余力分がある．

　なお，このほか電力系統の不足電力による瞬時周波数低下には，水車発電機やタービン発電機のもつ系統の慣性エネルギーが放出され周波数低下を助ける．

　第1表に日常運用面における予備力の種類を，第3図に大電源脱落時の周波数，予備力応動状況例を示す．

　供給予備力は電力各社が連系することにより節減することができるが，連系する相互の系統の規模が類似しているときは，ほぼ同率の予備力必要量となるが，一方の系統に比し他方がかなり小さいと予備力必要量が大きい系統に偏る傾向となる．このため，各社は自社系統の安定運転のため，ある量の予備力を固有の予備力として保有している．

　その必要量は，前述のような大きさとしているが，実際には次のような事項を総合勘案して定めている．

① 万一，大電源脱落時に単独系統となっても，周波数低下が許容最大値を超えないような瞬動予備力を保有していること．

テーマ33 電力系統で必要な予備力

第1表　日常運用面における予備力

分　類	定義と具体的設備
待機予備力 （コールド）	起動から全負荷をとるまでに数時間程度を要する供給力 （停止待機中の火力で，起動後は長時間継続発電可能）
運転予備力 （ホット）	即時に発電可能なもの，および短時間内（10分程度以内）で起動して負荷をとり待機予備力が起動して負荷をとる時間まで継続して発電し得る供給力 （部分負荷運転中の発電機余力，および停止待機中の水力）
瞬動予備力 （上記の運転予備力の一部である）	電源脱落時の周波数低下に対して即時に応動を開始し，急速に出力を上昇し（10秒程度以内），少なくとも瞬動予備力以外の運転予備力が発動されるまでの時間，継続して自動発電可能な供給力 （ガバナフリー運転中の発電機のガバナフリー分余力）

第3図　大電源脱落時の周波数，予備力応動状況例

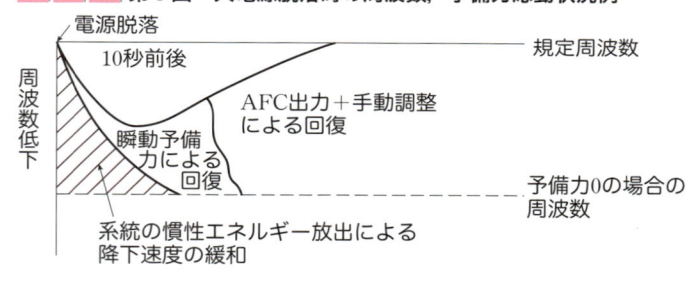

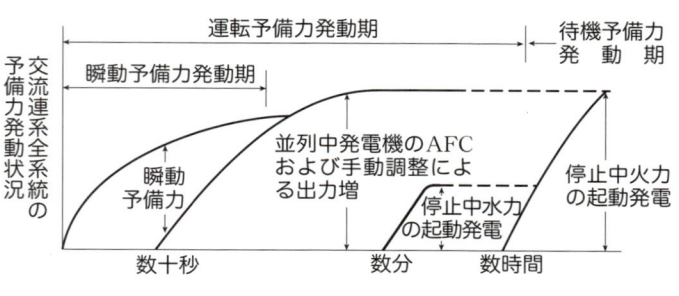

② 連系状態でも少なくとも最大ユニット級1台に相当する程度の予備力は自社で保有していること．

③ 予備力応援の受電頻度が他社に比べて大きくならないよう，かつ，送受の機会も均等に近くなるよう考慮すること．

テーマ 34 電力系統の短絡電流抑制対策

電力系統の拡大に伴う短絡容量の増大は系統の信頼度向上が図れる一方，短絡電流が増大することによる遮断器の遮断容量の増加，故障点の損傷，直列機器の電流強度の増加，近傍の弱電流電線の誘導障害の増加などの問題があり，現行の500〔kV〕，275〔kV〕の電力系統は短絡電流を50〔kA〕程度に制御する対策が施されている．

電力系統の短絡電流を抑制する対策には，次の方策がある．
① 高次の送電電圧を採用し，既設系統を分割
② 高インピーダンス機器の採用
③ 限流リアクトルの採用
④ 直流連系による交流系統の分割
⑤ 変電所の母線分割などによる系統構成の変更

1 短絡電流増大の要因と問題点

電力系統の短絡電流は，系統の拡大に伴う発電機並列台数の増加や連系強化によって増大する．短絡電流が過大になると，前述のように系統の安定度向上といった利点がある反面，遮断器および関連する直列機器の事故時の容量不足，事故電流による電磁誘導障害といった問題が生じる．

このため一般に，各系統における使用遮断器の定格遮断電流と協調のとれた故障電流の最大許容値を定め，この限界内に維持することを前提として系統の短絡電流を抑制し，適正な系統構成を行っている．たとえば，500〔kV〕系統では，第1図のように，短絡電流を50〔kA〕以下にすることを目標としている．

なお，短絡電流増大の要因を第2図に示す．

2 短絡電流抑制の対応策

(1) 高次の送電電圧を採用し，既設系統を分割

高次の電圧階級系統を導入し，従来の系統を部分的または全体的に分

テーマ34　電力系統の短絡電流抑制対策

第1図

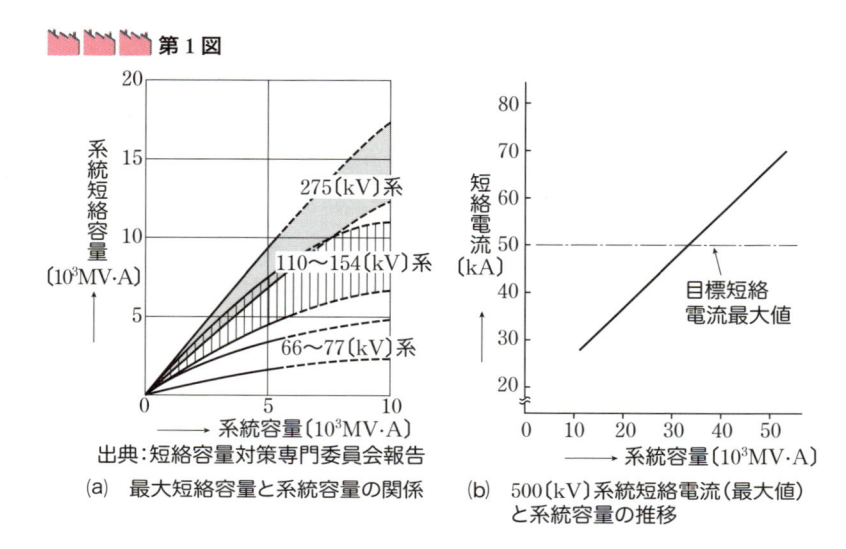

(a) 最大短絡容量と系統容量の関係
出典：短絡容量対策専門委員会報告

(b) 500〔kV〕系統短絡電流（最大値）と系統容量の推移

第2図　短絡電流増大の要因

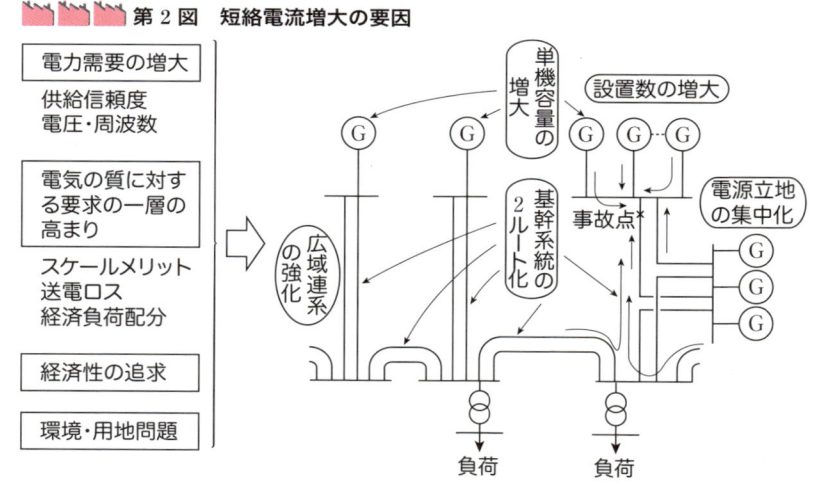

- 電力需要の増大
- 供給信頼度　電圧・周波数
- 電気の質に対する要求の一層の高まり
- スケールメリット　送電ロス　経済負荷配分
- 経済性の追求
- 環境・用地問題

割し，その系統の短絡電流を抑制する方法である．

　高次の電圧系統は電圧が高くなった分だけ電流が減少するので，故障点の損傷が少なくなり，遮断器の遮断容量面からも余裕ができ，系統の信頼度をほとんど低下させることなく短絡電流を抑制できる．なお，この方法は絶縁技術，経済性などの制約があり，短絡容量面だけでは採用が困難であるが，対策としてはもっとも基本的な対策の一つである．

【解説】 短絡電流のためだけに上位電圧階級を導入するのでは，建設費がかさんでメリットが少ないが，第3図のように系統安定度が向上して，送電線の1ルート当たりの送電電力を飛躍的に増加させることができるので，系統規模の拡大に合わせて，短絡電流抑制と系統安定度の確保の両方を狙った対策として採用されている．

第3図　送電電圧と系統安定度

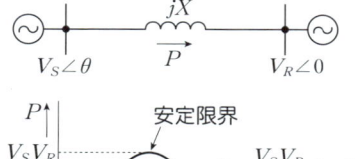

$$P = \frac{V_S V_R}{X} \sin \theta \propto V_S V_R$$

(2) 発電機や変圧器に高インピーダンス機器を採用

発電機や変圧器のインピーダンスを大きくして短絡電流を抑える方法である．たとえば，275〔kV〕，500〔kV〕系統の変圧器の％インピーダンスは14〔％〕程度が標準値であるが，20〔％〕程度の大きな変圧器を採用したり，発電機の過渡リアクタンスが大きいものを採用すればよい．

ただし，変圧器や発電機のインピーダンスを増加すると銅機械となり，電圧変動率が大きく，安定度を低下させるほか負荷損が増加することになるので，これらを十分検討して採用を決定する必要がある．

【解説】 発電機のインピーダンスを増すと短絡比が小さくなり，ギャップの狭い銅機械となる．銅機械では，
① 機械が小形になるため，励磁損，鉄損，風損などの無負荷損が小さくなる．また，価格が安くなる
② 励磁容量が小さくなる

などの利点があるが，
① 系統の電圧変動率が大きくなる
② 常時の内部相差角の増加により，定態安定度が低下する．

③ 漏れ磁束が増加し，初期過渡インピーダンス，過渡インピーダンスが増加するとともに，過渡安定度が低下する．
④ 過負荷耐量が小さくなる．

などの欠点もあるので，これらを総合してインピーダンスを決定する必要がある．

　変圧器については従来，超高圧用として 10〔%〕，12〔%〕のものが採用されていたが，これを標準値 11〔%〕，14〔%〕に統一したり，大容量火力，原子力の昇圧用主変圧器のインピーダンスとして，20〔%〕を採用することもある．

　電力用変圧器の一般的な系統回路の標準容量とインピーダンスを第1表に示す．

第1表　容量，結線方式，インピーダンス

電圧〔kV〕	標準容量〔MV·A〕	結線方式	%Z
500/275	1 500 (1 000)	Y－△	16
275/154	450	Y－Y－△	22
275/77	250	Y－△	22
275/33	200	Y－△	14
154/77	200	Y－△	11
154/33	150	Y－△	22
77/6.6	20/26	Y－Y－△	15
77/6.6	10	Y－Y－△	7.5
33/6.6	15/20	Y－Y－△	10

(3) 限流リアクトルの採用

　短絡電流を供給する発電機の出口や変電所の母線間などに限流リアクトルを挿入して，短絡電流を減少させる方法である．変電所に設置される限流リアクトルには2通りある．

(a) 直列リアクトル方式

　リアクトルに常時負荷電流が流れるので，リアクトルの容量が大きくなり，安定度の低下，無効電力損失などの欠点のほか，電圧調整面でも問題があるが，送変電設備の利用率を下げることはない．

(b) **分路リアクトル方式**

常時ほとんど負荷電流を流さないため，リアクトルの容量は小さくてよいが，送変電設備の利用率を低下させたり，系統運用を複雑にする欠点があるので，これらを十分検討してどちらを採用するかを決定する必要がある．

第4図に直列リアクトル方式と分路リアクトル方式を示す．

第4図

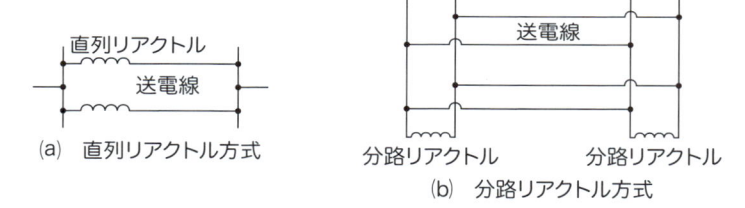

(a) 直列リアクトル方式

(b) 分路リアクトル方式

(4) **直流連系による交流系統の分割**

短絡電流の多くは無効電力であり，直流送電線は無効電力を運ぶことがないので，直流連系によって交流系統相互間を分割し，短絡電流を抑制するものである．この方法は，安定度や信頼性などに関する技術的な課題があるとともに，交直変換装置が高価という欠点がある．

交直連系系統は，交流系統の事故時に直流電流を制御することにより，短絡電流抑制効果をさらに向上することができる．また，既設の交流系統をいくつかの適正規模に分割し，直流系統で連系すると，全体としての系統容量を変えないまま短絡電流を抑制することができる．後者は，同一構内に順・逆変換装置を設置し，直流送電線なしに両変換装置を接続する，いわゆるback－to－back接続が有力である．

(5) **変電所の母線分割などによる系統構成の変更**

変電所の母線を分割したり，あるいは送電線のループ回線を減らして，系統のインピーダンスを増加させることにより，短絡電流の増大を避けるものである．これには常時分割と事故時分割の2方式があり，どちらも安定度の低下につながることから，所定の安定度を確保したうえで採用する必要がある．

テーマ34　電力系統の短絡電流抑制対策

(a) 常時系統を分割する方法

　常時系統を分割しているので短絡容量は小さくなるが，系統連系のメリットである負荷・電源の不等性，送電線・変圧器事故時の過負荷の増加など，系統の信頼度が低下するおそれがある．しかし，超高圧変電所の二次側母線の分割など，局地的な短絡容量軽減対策として，実系統で多く採用されている．

　常時分割方式は，第5図のように低圧側母線の運用状態によって2通りある．この方式は，短絡電流の抑制対策としてはもっとも確実で，しかも簡単な方法であるが，前述のように系統連系によるメリットが損なわれることになる．

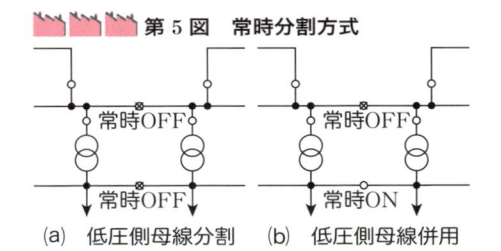

第5図　常時分割方式

(a)　低圧側母線分割　　(b)　低圧側母線併用

(b) 事故時だけ系統を分離する方法

　事故時分割方式は，第6図のように常時母線を併用しておき，事故が発生したときまず母線を分離して短絡電流を軽減させ，その後に事故点の遮断器を開放させるものである．

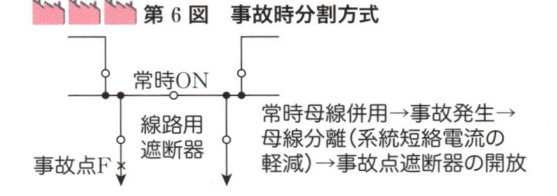

第6図　事故時分割方式

常時母線併用→事故発生→母線分離（系統短絡電流の軽減）→事故点遮断器の開放

　この方式では，系統連系のメリットを損なうことはないが，母線を分離した際に変電所バンク間の負荷配分が不平衡になり，一部のバンクが過負荷となって，著しい場合には，機器損傷などの事故を引き起こすおそれがある．また，短絡電流の大きな送電線至近端の事故であっ

ても，母線の分離をもって事故点を除去することになるため，事故継続時間が長びくという欠点がある．

3 短絡容量が増大した場合の対応策

(1) 遮断器の遮断容量の増加，誘導対策の強化

遮断器の遮断電流を増加させ，短絡電流が増加しても十分遮断できるようにする．たとえば，500〔kV〕，275〔kV〕では，50〔kA〕を63〔kA〕まで遮断できるものに取り換える．この場合，関連機器を含めた短絡強度の検討が必要である．

また，直接接地系で地絡を伴う短絡の場合は，付近通信線の誘導障害が大きくなるので，遮へい線の設置，中性点インピーダンスの増加，通信線への避雷器の設置により，その障害を軽減させることが必要となる．さらに，大地電位傾度の増大による接地物の接触電圧，歩幅電圧の増加対策について考慮する必要がある．

(2) 短絡強度の大きい機器を採用

前述の内容に応じて変圧器，断路器，交流機器，鉄構などに短絡強度の大きい機器を採用する．

テーマ 35 電力系統の安定度向上対策

1 送電系統の送電容量を決定する要因

送電系統の送電容量を決定する要因としては，次の項目があげられる．
① 送電線路の許容電流
② 送受電端間の許容電圧降下
③ 送電線路の許容電力損失
④ 系統安定度
⑤ 電圧安定性など

送電線の距離によりおおむね短距離，中距離送電線では①から③，長距離送電線では③から⑤が支配的である．

①から③の対策としては，電線の太線化，材質の改善による損失低減・耐熱性の向上，送電電圧の格上げがある．送電電力は送電端電圧と受電端電圧の積に比例するので，送電電圧の格上げは有効である．

2 安定度の定義を知る

電力系統の系統安定度は，負荷変動，系統操作，短絡や地絡事故などの系統内のじょう乱に対して安定に送電を継続できる限界電力をいい，定態安定度と過渡安定度とがある．

(1) 定態安定度

徐々に負荷を増加した場合や，送電線の停止操作など微小なじょう乱に対して安定な運転を行い得る度合いを定態安定度，その極限電力を定態安定度極限電力と呼ぶ．発電機の自動電圧調整装置（AVR）などの制御装置の応答特性の影響を受ける．送電線の受電端有効電力は次式で表される．

送電系統の送電電力 P〔W〕は，送電端送電電圧 E_s〔V〕，受電端相電圧 E_r〔V〕，相差角を θ とすると，次式で表される．

$$P = \frac{3E_s E_r}{X} \sin\theta \ \text{(W)} \tag{1}$$

第1図は，縦軸に送電電力 P，横軸に相差角 θ をとって(1)式を図示したものであり，電力–相差角曲線と呼ばれる．

第1図　電力–相差角曲線

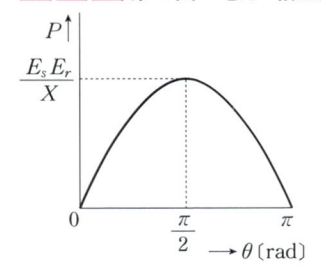

相差角 θ の小さな領域ではその増加とともに送電電力 P は増加するが，$\theta = 90°$ を超えると逆に減少するようになる．これは，負荷増加に対応して送電電力を増やそうと θ が拡大しても，反対に送電電力が減少することを意味し，同期外れを起こして安定な送電は継続できない．

(1)式は，送電線の送受電端電圧が一定に維持される場合の式を表し，定態安定極限電力は，$3E_s E_r / X$ 〔W〕である．実際には，負荷変化や系統操作などの微小な系統じょう乱に伴う発電機位相角動揺や電圧変化に対して AVR による発電機内部誘導起電力制御，静止形無効電力補償装置（SVC）による系統の中間電圧制御など各種制御装置の動作がじょう乱を抑制，あるいは逆に増幅する作用があるので，定態安定度は影響を受けることになる．

(2) **過渡安定度**

事故などの過酷なじょう乱が発生した場合に，安定運転を継続できる度合いを過渡安定度，その極限電力を過渡安定極限電力と呼ぶ．過渡安定度を検討する場合，厳密には調速機（ガバナ）動作による発電機への機械的入力や変化や，発電機の内部誘導起電力の変化も考慮する必要があるが，じょう乱発生後1～2秒程度の間の安定度であるため，実用的にはこれらを無視して取り扱うことができる．

3 安定度向上対策

安定度向上対策を列挙すると次のようである．

(1) 系統電圧を高める

同一電力を送電する場合，電圧を高めると，発電機－負荷間の電圧位相角を小さくできるので，定態・過渡安定度をともに向上できる．

(2) 系統のリアクタンスを低減する

系統のリアクタンスを低減することによって，前記(1)と同様に安定度を高められる．

(a) 送電線路並列回線増加，多導線の使用

線路リアクタンスを低減できる．とくに，多導体を使用すると，リアクタンスは20～30〔％〕低減し，コロナ開始電圧も高くなるので，系統電圧を高めるのにも有利である．

(b) 機器のリアクタンスを低減する

直接接地系統では，変圧器に単巻変圧器を用いることによってリアクタンスを大幅に低減できる．同期発電機のリアクタンスを小さくする（短絡比を大きくする）と，鉄心・体格が大きくなり GD^2 が大きくなる傾向にある．これも安定度向上に役立つ．なお，制動巻線を施すと初期過渡リアクタンスを小さくする効果がある．

(c) 直列コンデンサを用いる

直列コンデンサによって，送電線リアクタンスを相殺する．相殺の度合いを高めすぎると，鉄共振や同期機の負制動現象などによって不安定となるおそれもあるので，注意を要する．

(3) 電圧変動および，発電機入出力不均衡の軽減を図る

電圧が低下すると送電電力が小さくなる．また，たとえば，短絡事故などで発電機出力が減少すると発電機が加速され，位相角を大きくし安定を害する．これに対する対策として，次のようなものがある．

① 発電機の励磁方式に速応性の優れたものを採用し，電圧変動を少なくする

② 系統事故で発電機負荷が減少したとき，負荷抵抗（制動抵抗という）を回路に入れて，発電機に負荷させ，発電機の入出力のアンバランス

を軽減する
③　系統事故で発電機負荷が減少したとき，高速度の調速機や高速バルブを用いて，蒸気タービンへの入力を急速に抑制する
④　事故に伴う系統内の電源や負荷脱落などによって，電圧や周波数が急に変化したとき，負荷制限や電源制限を行う系統安定化装置を用いて，系統の安定化を図る
⑤　系統連系を強化することによって，事故時の電圧・周波数変動を小さくし，安定度を向上させる

(4) **事故の高速除去などによる事故波及防止**
①　高速度保護継電器・高速度遮断器を用い，事故点を高速度で除去し，電力系統の動揺を局限する
②　高速度再閉路あるいは高速度多相再閉路方式を用いて，事故除去後，速やかに線路の構成を復旧させる
③　発電機の脱調を生じたときは，脱調検出継電器の動作により，適切な点で系統分離を行う
④　長距離の送電線は，中間に開閉所を設け，送電線事故除去の際に停止すべき送電線の範囲を局限する

(5) **直流連系・超電導コイルなどによる安定化**
①　交流系統の送電電力調整は電圧位相差によって行われるのに対して，直流システムでは，変換器の点弧角制御によって行われるので安定度の問題がない．電源を直流連系し，迅速に潮流を制御することによって行われるので安定度を高める
②　電力貯蔵用の超電導コイルと半導体制御装置を組み合わせた装置により，事故時に電力を系統に放出して安定度を向上させる

4　AVRとPSSで安定度向上

　励磁装置内に設置される自動電圧調整装置（AVR）の目的は，定常運転時に同期機の電圧を一定に保持する機能によって，負荷が変化するときに電圧を一定に維持し，無効電力を調整し，動態安定度を向上させることおよび電圧急変時に速やかに電圧を回復する機能によって，負荷遮断時の電圧上昇を抑制し，過渡安定度を向上させることなどである．

この目的のために，AVRは総合電圧変動率（制御偏差）を小さくし，十分な速応度をもち，制御系として十分安定である（安定な利得余裕と位相余裕をもつ）ことが必要である．

大容量発電機には，系統安定化装置（PSS）を設けることがある．PSSは，フィルタと位相補償回路からなる静止回路で，発電機出力変化・軸回転速度変化・周波数変化のいずれかを入力信号とし，出力信号をAVRに加えて制動効果を増すように設計される．AVRの速応度がきわめて大きい場合の負制動現象を防止することができ，また，通常の励磁系の場合にも電力系統の動揺を速やかに抑制するなどの効果がある．

5 大容量電源脱落事故時の対応策は

(1) 運転予備力の確保

毎日の需要変動に応じて変化する供給予備力を，実際の需給状態に合わせてどのような形で保有するかによって，待機（コールド）予備力，運転（ホット）予備力，瞬動予備力に区分される．

このうち，即時に短時間に発動可能な予備力としては運転予備力と瞬動予備力であり，瞬動予備力は運転予備力の一部として扱っている．

(a) 運転予備力

即時に発電出力増加可能なものおよび10分程度以内の短時間で起動して負荷を取り，待機予備力が起動して負荷をとる時間まで継続して発電可能な供給力をいう．火力発電所，水力発電所などの低負荷（部分負荷）運転中の発電機余力，ダム式発電所，揚水発電所などの停止待機中の水力発電所，ガスタービン発電所などが該当する．

(b) 瞬動予備力

運転予備力の一部であり，電源脱落時の周波数低下に対して瞬時に応動し，10秒程度以内で急速に出力を増加して，運転予備力が発動されるまでの時間，継続して発電可能な供給力をいう．発電機ガバナフリー運転余力分などが該当する．

(2) 緊急融通

電力融通の広域運営体制については，電力9社間で締結する全国融通電力需給契約（全国契約）と関係会社で締結する2社融通電力需給契約（2

社契約）とがある．

(3) **系統分離**

広範囲な事故波及防止のため，電力会社関連系統または自社電力系統間を対象として系統分離点を設け，自動または手動により系統の連系を解くことをあらかじめ定めている．

(4) **負荷遮断**

最終的な対策として負荷遮断（負荷制限）を行う．系統負荷には，実際の需要負荷と自社の揚水機負荷とがあり，揚水機負荷は先行遮断する．系統内の各電気所に設置された周波数低下保護リレー（UFR）により，あらかじめ定められた負荷送電線および配電用変圧器バンクを優先順位に従って自動遮断する方法などがある．

テーマ 36 タービン発電機における系統の安定度向上対策

電力系統を運用するうえから,タービン発電機において系統の安定度向上対策は重要な方策である.

1 超速応励磁制御方式および電力系統安定化装置の採用

超速応励磁制御方式は,励磁機にサイリスタまたは高速応の交流励磁機を採用したもので,その応答性が数十ms以下ときわめて高速で,かつ励磁頂上電圧が高い励磁制御装置であり,一般に第2波以降の動揺抑制のために電力系統安定化装置(PSS:Power System Stabilizer)を付加している.

近年製作されている超速応励磁制御装置の特徴は,次のとおりである.

① 界磁制御にサイリスタを採用し,励磁系の応答をきわめて高速としている.(応答遅れは50〜100〔ms〕程度と従来の1/30以下である)
② 励磁系頂上電圧は,発電機界磁巻線の絶縁許容限度まで増大している.(火力約5.5〔p.u.〕,原子力約5.5(〜7.5)〔p.u.〕と在来形の2〜3倍)
③ 第2波以降の動揺抑制のためにPSSを付加している.

【解説】 第1図に示す1機対無限大の送電系統における故障発生時の同期発電機の電力動揺方程式は,タービンと発電機の慣性モーメントをM,制動係数をDとすると,次式で与えられる.

$$M\frac{\mathrm{d}^2\delta}{\mathrm{d}t^2} + D\frac{\mathrm{d}\delta}{\mathrm{d}t} = P_m - P_e \tag{1}$$

$$P_e = \frac{V_g V_B}{X_g + X_e}\sin\delta \tag{2}$$

機械入力P_mは,過渡安定度を問題とする短時間領域では一定と考えられ,送電線故障時の発電機の電気出力P_eと内部相差角δは第2図のように表すことができる.第2図において,動揺中の最大位相角は加速エネルギーAと減速エネルギーBが等しくなる位相角δ_2となるが,δ_2がδ_mを超過すると脱調状態となる.

第1図　1機対無限大母線送電系統

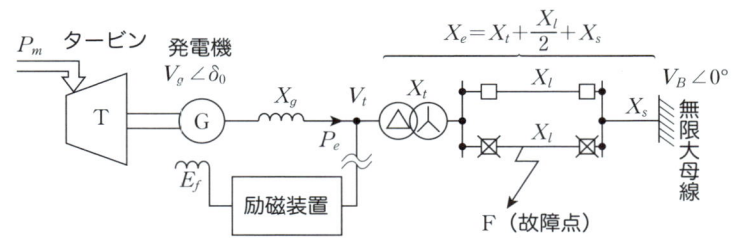

V_g：発電機の内部誘起電圧　　δ：発電機の内部相差角　　X_t：変圧器リアクタンス
V_t：発電機端子電圧　　　　　P_m：タービン入力　　　　　X_l：送電線リアクタンス
E_f：発電機界磁電圧　　　　　P_e：発電機出力（有効電力）　X_s：系統リアクタンス
V_B：系統電圧

$$X_e = X_t + \frac{X_l}{2} + X_s$$

第2図　有効電力（P_e）と相差角（δ）との関係

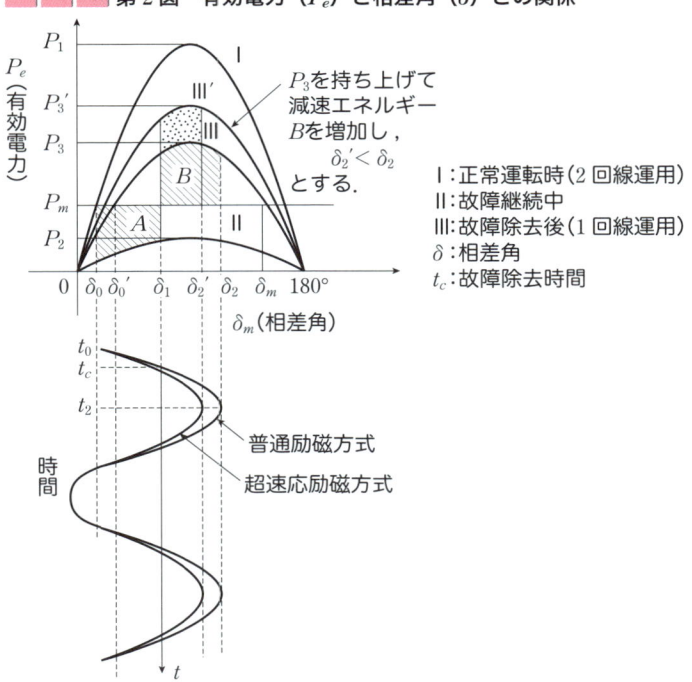

P_3を持ち上げて減速エネルギーBを増加し，$\delta_2' < \delta_2$とする．

Ⅰ：正常運転時（2回線運用）
Ⅱ：故障継続中
Ⅲ：故障除去後（1回線運用）
δ：相差角
t_c：故障除去時間

普通励磁方式
超速応励磁方式

このため過渡安定度向上対策として，励磁系の応答を速くするとともに，励磁の頂上電圧を大きくして故障発生後の発電機の内部誘起電圧V_gを急速に持ち上げ，電気出力P_eを増大し減速エネルギーBを大きくすることで，

過渡安定度を高める．これを超速応励磁制御方式と呼ぶ．

超速応励磁制御方式を採用すると，動揺の第1波（送電線故障後1秒程度）の過渡安定領域での抑制には効果があるが，第2波以降（数秒から10秒程度）の動態安定領域では，逆に動揺が発散あるいは持続することがある．

この動態安定度向上対策として，系の制御トルクを増大させればよいから，系統の動揺信号（ΔP, $\Delta \omega$, Δf）を検出し，この信号にゲイン位相補償をしてAVR回路へ補助信号として与える装置を設置する．これを電力系統安定化装置（PSS）という．

2　制動抵抗方式の採用

超速応励磁制御方式同様，送電系統における故障発生時の発電機の電気出力P_eを増大させるため，発電機の近端で抵抗器を投入する．これを制動抵抗方式（SDR：System Damping Resistor）と呼ぶ．その原理を第3図，第4図に示す．

第3図　制動抵抗器（SDR）方式

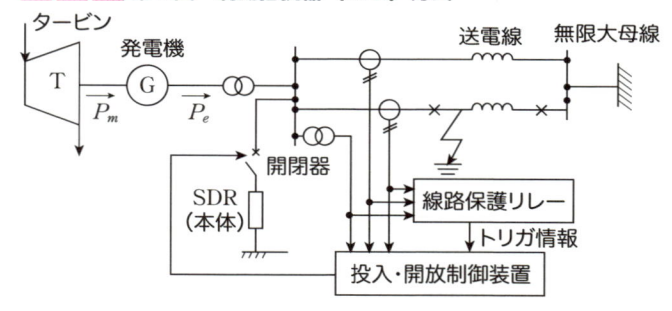

この方式は直接有効電力を制御するため，過渡安定度向上対策には非常に有効であるが，過度の抑制はかえって安定度を低下させるため，SDRの投入量，投入時間，開放時間の選定は重要である．

【解説】SDR方式は，故障時の発電機の加速抑制に有効であるが，過度の抑制はかえって安定度を低下させることになる．このため発電機の故障前電力，故障種類，加速の程度などに応じた適切な投入，開放を行う必要がある．

SDRの投入時期による影響は，投入継続時間が同じであっても，投入

第4図　SDR による安定化原理図

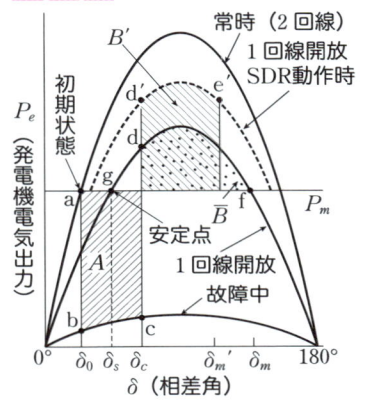

時間が早いほど効果がある．また，開放時期による影響は発電機が加速状態から減速状態に移行した直後が適正タイミングとなり，第2波以降を安定にできる．

3　タービン高速バルブ制御方式の採用

送電線故障時，タービンの蒸気入力（機械入力）を高速度で抑制制御し，発電機の加速を防止するとともに過渡安定度の向上を図るものである．これをタービン高速バルブ制御方式（EVA：Early Valve Actuation）と呼ぶ．

この方式の原理を第5図に示す．機械入力を一定とすると，加速エネルギー A が減速エネルギー B より大きい場合，相差角 δ_m を超えて脱調する．この場合でも EVA により，急速に機械入力を減少すれば，減速エネルギーが大きくなり，相差角 δ_m 以内で復元して，過渡安定度向上対策として有効である．動態安定領域での安定度が問題となる場合があり，この対策として，PSS の励磁系への適用などを考慮する必要がある．

【解説】　EVA システムは構成上から，送電線故障発生を検出し動作指令を発する検出部，タービンの弁を高速で制御する弁制御機構および高速で制御される弁の三つに大別されるが，送電線事故の検出部と，その信号の弁制御機構への伝達部のみの追加で EVA は実現可能であり，電気油圧式にも採用は可能である．

EVA は，発電機相差角動揺の第1波（送電線故障後1秒程度）の過渡安

テーマ36 タービン発電機における系統の安定度向上対策

第5図　EVAによる安定化原理図

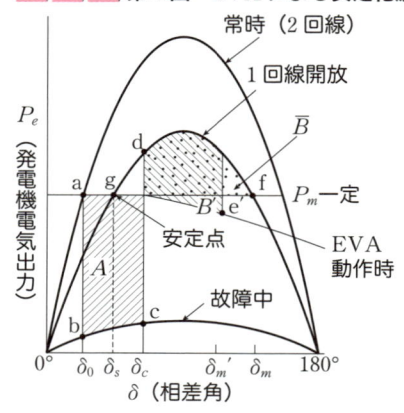

定領域での抑制には効果があるが，これ以降は制御弁動作によりタービン出力が回復するため，動態安定領域で問題となる場合があり，PSSの適用など安定化対策を考慮する必要がある．

4　発電機本体の改善による対策

以上の3点のほかに，一般的なものがあるが，効率・経済性などに十分配慮して発電機の定数を決定する必要がある．

① 同期リアクタンス，過渡リアクタンスを小さくし，内部相差角を小さくして，発電機本体の同期化力を強化する．

② 発電機に制動巻線を設け，逆相リアクタンスを大きくし，故障電流を減少させる．

③ タービン発電機の慣性定数を大きくし，故障時の回転数上昇を緩和する．

【解説】　前述の(1)式で $P_m - P_e$ は，タービンと発電機を加速する力になる．ここでδは発電機の軸角の変化分であるから，

$$M \frac{d^2\delta}{dt^2} = P_m - P_e \tag{3}$$

が成立する．

発電機の軸角の変化分 δ〔rad〕は，発電機誘起電圧の電圧位相に対応する量であり，また，慣性モーメント M は次式のように表される．

$$M = 2H \frac{C_0}{\omega_0} \ (\mathrm{MW \cdot s^2/rad}) \tag{4}$$

ここで，C_0〔MW〕は発電機の定格出力，ω_0〔rad/s〕は50〔Hz〕系で314，60〔Hz〕系で377であり，H〔s〕は単位慣性定数と呼ばれるパラメータで，次式により定まる．

$$H = \frac{\text{タービン発電機回転子の蓄積エネルギー〔MJ〕}}{\text{発電機の定格〔MW〕}} \tag{5}$$

中小形の火力機のHは4〔s〕程度であるが，新形の大形火力機のHは2.5～3〔s〕程度であり，大形新鋭機になればなるほど相対的に回転子の重量が軽くなり，慣性モーメントが小さくなっていることがわかる．

テーマ 37 電力用保護制御システムのサージ対策技術

最近，電力用保護制御システムやそのシステム設置環境は大きく変化してきている．

保護制御システムについては，近年において電磁形からマイクロプロセッサを用いたディジタル形が主流となってきている．

1 アナログ形からディジタル形に

保護継電装置において従来のアナログ形保護継電装置は，要求性能によっては技術的に実現しにくいものや，高信頼度化，保守点検の省略化のために装置が複雑・大形化する傾向があった．

一方，マイクロプロセッサを用いたディジタル形保護継電装置は演算性能に優れ，かつ自己診断機能によって保守点検の省略化が図れるなどの特徴をもっており，LSI技術の進歩によるマイクロプロセッサの高性能化・高信頼化とあいまって，今後，急速に拡大していくものと予想される．

また，設置環境面ではガス絶縁開閉装置（GIS）の幅広い採用，機器の近傍への保護制御システムの設置などによって，サージの形態や考慮すべきサージ耐量が変化してきている．

2 低圧制御回路におけるサージの種類

低圧制御回路における絶縁設計上および装置の信頼度設計上配慮すべき異常電圧はサージ性電圧であり，比較的値の大きいものは，雷サージ・断路器開閉サージによるCT移行サージで，直流回路の開閉サージがこれについでいる．

以下，これらのサージについて概説すると次のようである．

(1) 雷に起因するサージ性電圧
① 電気所の母線，接地線などに雷サージ電流が流れ，近接する制御ケーブルに誘導するもの
② 主回路に侵入した雷サージ電圧・電流が計器用変成器の二次回路に

誘導するもの
③　電気所の接地系に雷サージ電流が流入し，流入点の接地電位が上昇，近傍に設置された低圧制御回路に誘導するもの

(2)　主回路の開閉に起因するサージ性電圧
①　遮断器や断路器の開閉で主回路に発生した開閉サージが計器用変成器の二次回路に誘導するもの
②　GIS機器において発生した開閉サージが接地電位を上昇させ，近傍に設置された低圧制御回路に誘導するもの

(3)　直流回路の開閉に起因するサージ性電圧
直流回路の容量性や誘導性の負荷を接点で開放するとき，近傍に設置された低圧制御回路に発生するもの

【解説】　低圧制御回路の絶縁設計上配慮すべき異常電圧はサージ性電圧であり，雷サージ，開閉サージ，地絡サージ，直流回路サージに分類され，下記のように低圧制御回路に現れる．

(1)　雷サージ
①　接地線，母線に雷サージ電流が流れその誘導により移行
②　PD，CCの一次側に雷サージ電圧が加わり二次側に移行
③　CTの一次側に雷サージ電流が流れ二次側に移行

(2)　開閉サージ
①　主として断路器によって所内母線を開閉するとき発生し，PDなどの対地キャパシタンスを通してサージ電流が流れ，それからの誘導により移行
②　電力用コンデンサ投入時のサージ電流の誘導により移行

(3)　地絡サージ
ケーブル系統の地絡事故初期のサージ電流が，CT一次側に流れ二次側に移行

(4)　直流回路サージ
直流回路のインダクタンス電流遮断時に発生するサージ電圧で，おもにコイル端子間あるいは接点間に発生する．

3 低圧制御回路のサージ対策

これらのサージ対策としては，次のような事項があげられる．

(1) **サージ発生源における対策**

金属シース付きケーブルを採用し，シースの両端を接地する．低圧制御ケーブルを高電圧主回路の起誘導線から離すなど配置や工法の改善，リレーコイルなどに並列にコンデンサやダイオードを接続して直流回路開閉時のサージ電圧を抑制する．

(2) **配電盤側における対策**

避雷器またはコンデンサなどのサージ吸収装置を盤側端子に接続し，盤内へのサージ侵入を阻止する．また，絶縁変圧器，中和コイルなどによって，盤側へのサージ侵入を阻止する．

(3) **遠隔制御所における対策**

遠隔制御装置などで，電気所構外から引き込まれる信号線が直接接続される回路部分については，大きな雷サージが侵入するおそれがある．このため，

- 制御所の接地抵抗は極力低減して接地極の浮動電圧を抑制し，また金属シース付きケーブルを使用する．
- 制御ケーブルと装置間をサージ的に絶縁分離する適切な保安装置を設ける．
- 直流回路や論理回路には LC フィルタまたは組合せ形の保安器を使用する．
- 制御装置の各対地間および線間には機能的に低下をきたさない範囲でサージアブソーバを取り付ける．

【解説】

(1) **サージ発生源における対策**

(a) **金属シース付きケーブルの採用**

雷サージ，断路器開閉サージを低減するもっとも効果のある対策は金属シース付きケーブルを使用することで，金属シースの両端を接地すれば，金属シースのない場合に比較して数％程度に低減される．また遊休心線のある場合は，これも両端で接地するとか，ケーブルを金

属コンジットに入れるなどの方法も効果がある．

ただし，CT移行サージ，直流回路の開閉サージに対しては，これらの対策の効果はそれほど期待できない．

(b) **配置や工法の改善**

低圧制御ケーブルを高電圧主回路の起誘導線から離隔することは効果がある．とくに断路器開閉サージはPD部の立入りケーブルがもっとも大きな誘導を受けるため，この部分を遮へいするか，その接地線にできるだけそわせることがよい．または，PD本体の接地線を2本以上としてベースの対地電位上昇を低減させることも効果がある．

また，電気所の接地をメッシュ接地とするとともに，極力接地インピーダンスを低減させることが望ましい．

(c) **直流回路の開閉サージ対策**

リレーコイルや遮断器の制御コイルに流れる電流を遮断する場合に発生するが，その対策としては，コイルに並列にコンデンサやダイオードを接続してサージ電圧を吸収させる方法が一般に採用されている．

またとくに大きなサージを発生する場合は，電源を分割して，ほかへの影響をなくするなどの方法もとられている．

(2) **配電盤側における対策**

(a) **サージ吸収装置の適用**

避雷器またはコンデンサなどのサージ吸収装置を盤側端子に接続し，盤内へのサージ侵入を阻止する方法である．ただし，採用時にはその効果を十分検討することが必要である．

(b) **絶縁変圧器などの使用**

絶縁変圧器，中和線輪などにより，盤側へのサージ侵入を阻止するものであるが，サージ吸収装置と併用することにより一段と効果を増す．

(3) **遠方制御所における対策**

遠方制御装置などで電気所構外より引き込まれる信号線が直接接続される回路部分については，大きな雷サージが侵入することがあるのでその回路保護は別に考えて，以下に述べるような対策を講ずる必要がある．

(a) **基本的な対策**

制御所の接地抵抗は極力低下し，接地極の浮動電圧を抑制し，また

金属シース付きケーブルを使用することが望ましい.
  (b) **保安装置の適用**
  　　制御ケーブルと装置間に適切な保安装置を設ける．この保安装置としては，対サージ的に絶縁分離する形態のものを採用すれば効果的である．
  (c) **LC フィルタ，サージアブソーバの適用**
  　　直流電源回路や論理回路には LC フィルタまたは組合せ形の保安器を使用する．
  　　また制御装置の各対地間および線間には，機能的に低下をきたさない範囲でサージアブソーバを取り付ける．
  (d) **多段保護方式の採用**
  　　装置や器具の絶縁強度に見合う避雷器などの保安器を選定し，これを適所に使用する．

(4) **絶縁設計の考え方**
　　電力系統の高電圧主回路の絶縁設計（または絶縁協調）は，避雷器の設置を前提に，その保護レベルを基準として，サージによる絶縁破壊事故を皆無にすることを目標として行われているが，低圧制御回路の場合は，次の理由によりそれと同一に扱うことは適切でない．
① 　低圧制御回路では避雷器などを設置することは一般的に行わないので，機器，装置に侵入するサージの上限値を明確に設定することはできない．また，高電圧主回路では送電線からの雷サージのみを対象とするのに対し，低圧制御回路では進入サージの発生機構がきわめて多種である．
② 　低圧機器，装置は，その目的，原理，構成，回路種別，設置環境などが多様かつ複雑であり，さらにその重要性，経済性，その他の制約もまちまちであるので，絶縁耐力の異なる機器，装置が使用されるのが現状である．
　　上記のことを考慮して，低圧制御回路の絶縁設計の基本的考え方としては，第1図のようにすることが妥当とされている．
　　その考え方は，次のようである．
① 　低圧制御回路に発生するサージを統計的手法に基づいて予測して，

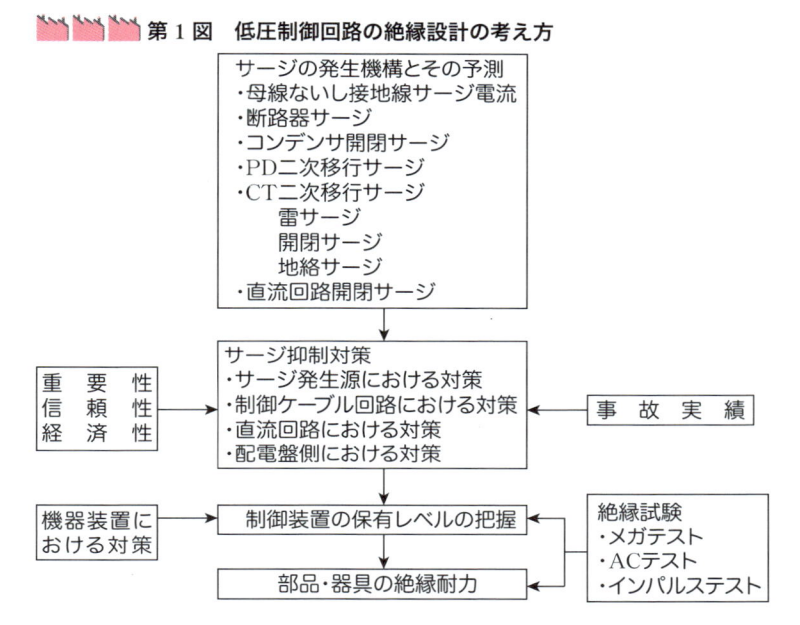

第1図　低圧制御回路の絶縁設計の考え方

```
                    ┌─────────────────────────┐
                    │サージの発生機構とその予測│
                    │・母線ないし接地線サージ電流│
                    │・断路器サージ            │
                    │・コンデンサ開閉サージ    │
                    │・PD二次移行サージ        │
                    │・CT二次移行サージ        │
                    │    雷サージ              │
                    │    開閉サージ            │
                    │    地絡サージ            │
                    │・直流回路開閉サージ      │
                    └───────────┬─────────────┘
                                │
┌─────────┐     ┌───────────────▼──────────────┐     ┌─────────┐
│重 要 性 │     │サージ抑制対策                │     │         │
│信 頼 性 │────▶│・サージ発生源における対策    │◀────│事 故 実 績│
│経 済 性 │     │・制御ケーブル回路における対策│     │         │
└─────────┘     │・直流回路における対策        │     └─────────┘
                │・配電盤側における対策        │
                └───────────┬──────────────────┘
                            │
┌──────────┐    ┌────────────▼─────────┐     ┌──────────┐
│機器装置に│───▶│制御装置の保有レベルの把握│     │絶縁試験  │
│おける対策│    └────────────┬─────────┘◀────│・メガテスト│
└──────────┘                 │                │・ACテスト │
                 ┌───────────▼─────────┐      │・インパルステスト│
                 │部品・器具の絶縁耐力 │◀─────┘          │
                 └─────────────────────┘      └──────────┘
```

そのなかから金属シースなしケーブルを使用した場合における通常の条件で発生する最大級のサージの波高値を選定し，かつ機器，装置の重要性をも勘案して「望ましいインパルス絶縁レベル」を決定する．

② 「望ましいインパルス絶縁レベル」に対応してそれぞれの機器，装置の「インパルス試験電圧値」を定める．

「インパルス試験電圧値」は「望ましいインパルス絶縁レベル」を上回ることが原則であるが，一部の機器，装置（たとえば，ワイヤスプリングリレーの接点間・テレホンリレーの異回路間・計器の電圧コイルの端子間）においては下回るものもある．これは，機器，装置の絶縁耐力を詳細に検討した結果から，現状より以上に高めることはほかの面からの制約（たとえば，接点間を広くすると動作時間が長くなったり，標準品が使用できないと経済的に影響する．）もあり，また，現在の耐力で実際上大きなトラブルを生じていないことも考慮した結果である．

また，インパルス試験は機器，装置に対して行うことが原則であるが，試験技術上製品に対して行い得ない場合（実際にはインパルスが

加わらないのに，試験のときは高電圧が印加されるなど）は，その構成器具，部品に対する試験をもって代えることもある．
③　上記によって絶縁協調は基本的に成り立つことになるが，種々の理由により機器，装置の絶縁耐力以上のサージが発生すると予想される場合などは，低圧制御回路の信頼性，重要性などを勘案し，必要に応じサージ抑制対策を講ずる．

抑制対策には，サージ発生源（回路）側で行う方法，機器，装置側で施す方法，これらを並用する方法がある．

テーマ38 演算増幅器

1 演算増幅器とは

演算増幅器（オペレーショナル・アンプ：Operational Amplifier）は，オペアンプとも呼ばれている．オペアンプは，差動増幅回路などを用いて構成されたIC（集積回路）である．

2 差動増幅器の構成

第1図にFET（電界効果トランジスタ）を2個用いて構成された差動増幅回路の一例を示す．二つのFETのゲートがそれぞれ差動増幅回路の入力端子であり，また二つのFETのドレーンが出力端子である．

第1図　差動増幅器回路の一例

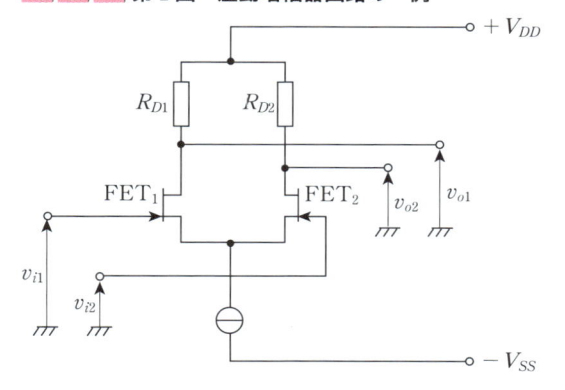

FETの出力インピーダンス r_d がドレーンに接続された抵抗 R_{D1}, R_{D2} に比べて十分大きいとして，差動増幅回路の小信号等価回路を描くと第2図が得られる．この図において，FETのソース端子が非接地であるのは，入力端子に与えられる入力信号（交流信号）が直流定電流源に流れないため交流的にみれば接地されていないことと等価なためである．

FET_1 および FET_2 のドレーン電流をそれぞれ i_{d1} および i_{d2} とすれば，出力端子の電圧 v_{o1}，v_{o2} は，それぞれ次式となる．

テーマ38 演算増幅器

▰▰▰▰ 第2図　差動増幅回路の小信号等価回路

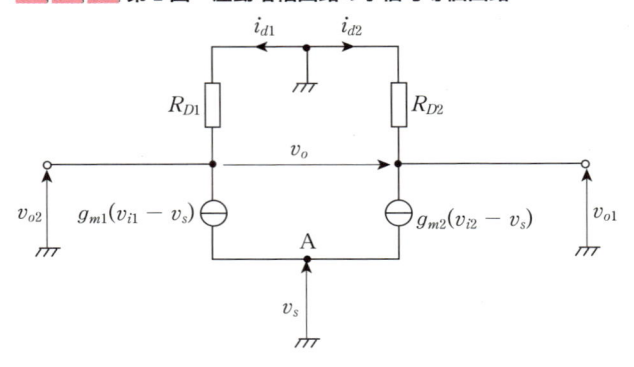

$$v_{o1} = -R_{D2} i_{d2} \tag{1}$$
$$v_{o2} = -R_{D1} i_{d1} \tag{2}$$

また，各FETの相互アドミタンスを g_{m1}，g_{m2} とし，ソース端子の電圧を v_s とすれば，i_{d1}，i_{d2} は，

$$i_{d1} = g_{m1}(v_{i1} - v_s) \tag{3}$$
$$i_{d2} = g_{m2}(v_{i2} - v_s) \tag{4}$$

となる．また点Aにおける電流は，キルヒホッフの電流則から，

$$i_{d1} + i_{d2} = 0 \tag{5}$$

となる．ここで，$R_{D1} = R_{D2} = R_D$，$g_{m1} = g_{m2} = g_m$ とすれば，(1)式〜(5)式から次式が得られる．

$$v_{o1} = \frac{g_m R_D}{2}(v_{i1} - v_{i2}) \tag{6}$$

$$v_{o2} = \frac{g_m R_D}{2}(v_{i2} - v_{i1}) \tag{7}$$

v_{o1} と v_{o2} の差電圧 v_o を求めると，

$$v_o = v_{o1} - v_{o2} = g_m R_D(v_{i1} - v_{i2}) = g_m R_D v_i \tag{8}$$

が得られる．ここで，v_o を**差動出力電圧**という．また $v_i = v_{i1} - v_{i2}$ は，二つの入力端子の差電圧であり，**差動入力電圧**と呼ばれる．

このように差動増幅回路は，二つの入力端子の差電圧を増幅し，その結果として二つの出力端子に差電圧として出力する．

差動増幅回路を構成する回路要素は，周囲温度の変化によってその特性

が変化する．とくにFETは，周囲温度の変化の影響を受けやすく，ドレーン電流の変化となって現れる．ここでFET$_1$とFET$_2$の温度特性が等しい場合，周囲温度の変化によるi_{d1}およびi_{d2}の変化量は，それぞれ等しくなる．さらにV_{GS}の変化もFET$_1$，FET$_2$で同様に変化するため，差動電圧出力は周囲温度の変化を受けることがない．

3　演算増幅器(オペアンプ)の構成

オペアンプは，第3図の図記号で表され，二つの入力端子と一つの出力端子を備える．二つの入力端子は，それぞれ反転入力と非反転入力と呼ばれる．またオペアンプは，一般に正電源および負電源の二つの直流電源が入力される電源端子を有している．

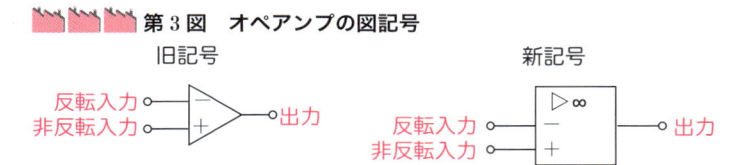

第3図　オペアンプの図記号

旧記号　　　　　　　　　新記号

反転入力　　　　　　　　反転入力
非反転入力　　出力　　　非反転入力　　出力

理想的なオペアンプの入力インピーダンスは，∞（無限大）〔Ω〕で，出力インピーダンスは，0〔Ω〕であり，増幅度（電圧利得）は，無限大である．また周波数特性は，0〔Hz〕（直流）〜∞〔Hz〕である．

長年使用されているμA741シリーズのオペアンプの特性を第1表に示す．

第1表　μA741シリーズのオペアンプの特性

μA741	代表値
入力インピーダンス	2〔MΩ〕
出力インピーダンス	75〔Ω〕
電圧増幅度	2×10^5
周波数特性	0〜1〔MHz〕

このようにオペアンプは，入力インピーダンスと電圧増幅度が大きい一方，出力インピーダンスはきわめて小さい．

このオペアンプは，第4図の等価回路に示すように差動増幅器の二つの入力端子をそれぞれ反転入力および非反転入力とし，この差動増幅器の出

テーマ38 演算増幅器

第4図 オペアンプの等価回路

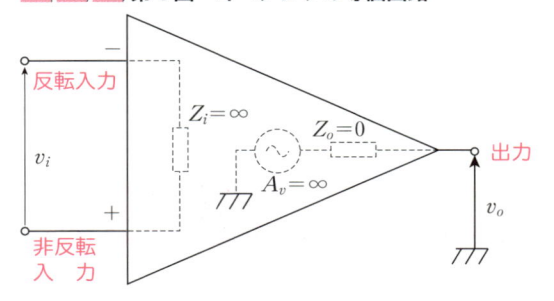

力端子に現れる差動電圧出力をさらに増幅した回路と考えることができる．

4 演算増幅器を用いた回路

(1) 非反転増幅器

きわめて大きな電圧増幅度を有するオペアンプを用いて増幅器をつくることができる．第5図は，非反転入力に入力された入力信号を増幅して出力する非反転増幅器の一例である．非反転増幅器は，入力信号（入力電圧v_i）と出力信号（出力電圧v_o）の位相が同相であることから同相増幅器とも呼ばれている．

第5図 非反転増幅器

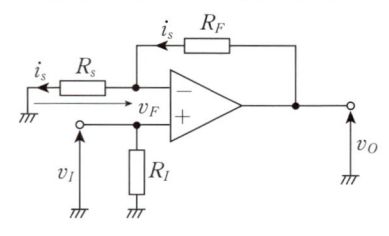

第5図のオペアンプの入力インピーダンス$Z_i=\infty$〔Ω〕，電圧増幅度$A_v=\infty$とし，入力電圧をv_I，反転入力に接続された抵抗R_sに現れる電圧（帰還電圧という）をv_Fとすると，差動入力電圧はv_I-v_Fであるから，出力電圧v_Oは，

$$v_O = A_v(v_I - v_F) \tag{9}$$

となる．この式を変形すると，オペアンプを特徴付ける興味ある式が得られる．つまり，

$$v_I - v_F = \frac{v_O}{A_v} = \frac{v_O}{\infty} = 0 \qquad (10)$$

$$\therefore \quad v_I = v_F \qquad (11)$$

となる．(10)式が意味するところは，非反転入力と反転入力の電圧差は，0〔V〕であり，また(11)式は，入力電圧v_Iと帰還電圧v_Fが常に等しいことを表している．言い換えれば，非反転入力と反転入力は，短絡した状態と等価であることを意味している．これを**仮想短絡**または**イマジナルショート**という．

したがって，反転入力に接続された抵抗R_sに流れる電流をi_sとすれば，次式が成立する．

$$v_F = R_s i_s = v_I \qquad (12)$$

また，入力インピーダンス$Z_i = \infty$〔Ω〕であるから，i_sは反転入力に流れ込まない．よって，出力端子と反転入力との間に接続された帰還抵抗R_Fにもi_sが流れる．したがって，出力電圧v_Oは，

$$v_O = (R_s + R_F) i_s \qquad (13)$$

となる．

(12)式，(13)式から電圧増幅度A_vを求めると次式のように求まる．

$$A_v = \frac{v_O}{v_I} = \frac{(R_s + R_F) i_s}{R_s i_s} = 1 + \frac{R_F}{R_s} \qquad (14)$$

となる．ちなみに$R_F = 1$〔MΩ〕，$R_s = 10$〔kΩ〕とすれば，

$$A_v = 1 + \frac{R_F}{R_s} = 1 + \frac{1 \times 10^6}{10 \times 10^3} = 101 \fallingdotseq 100$$

となり，大きな電圧増幅度を得ることができることがわかる．

(2) 反転増幅回路

第6図に示すように非反転入力を接地し，反転入力に信号を入力する回路を反転増幅回路という．

この増幅回路も前述したように反転入力と非反転入力のそれぞれがイマジナルショートによって短絡されたことと等価になる．したがって，この図に示すように非反転入力が接地されているので，反転入力も接地

第6図　反転増幅回路

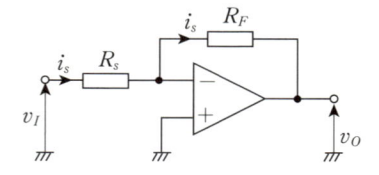

したことと等価になる．よって，

$$v_I = R_s i_s \tag{15}$$

となる．したがって，出力電圧 v_O は，i_s が反転入力に流れ込まないことから次式が成立する．

$$v_O = -R_F i_s \tag{16}$$

よって，電圧増幅度 A_v は，

$$A_v = \frac{v_O}{v_I} = \frac{-R_F i_s}{R_s i_s} = -\frac{R_F}{R_s} \tag{17}$$

と求まる．(17)式の負号は，入力電圧（入力信号）v_I と出力電圧（出力信号）v_O の位相が逆（逆相）であることを表している．このことから反転増幅器は，逆相増幅器とも呼ばれている．

また，この増幅回路の入力インピーダンス Z_i は，イマジナルショートによって，

$$Z_i = R_s \tag{18}$$

となる．つまり反転増幅回路の入力インピーダンスは，やや低いという特徴がある．

(3) 加算増幅回路

第7図に示すように複数の入力信号（入力電圧）を抵抗器を介して反転入力に与えると，これらの電圧の和に比例した電圧を出力する回路を加算増幅回路という．

この図に示した回路は，非反転入力を接地しているから，イマジナルショートの考え方を適用すると，次式を得ることができる．

$$I_1 = \frac{V_1}{R_1} \tag{19}$$

第7図 加算増幅回路

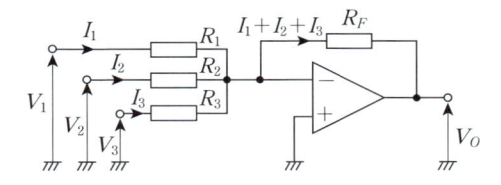

$$I_2 = \frac{V_2}{R_2} \tag{20}$$

$$I_3 = \frac{V_3}{R_3} \tag{21}$$

オペアンプの入力インピーダンスは，$Z_i = \infty$〔Ω〕であるから，I_1，I_2，I_3は，反転入力に流れ込まず，すべて帰還抵抗R_Fに流れる．よって，出力電圧V_Oは，

$$V_O = -R_F(I_1 + I_2 + I_3) = -R_F\left(\frac{V_1}{R_1} + \frac{V_2}{R_2} + \frac{V_3}{R_3}\right) \tag{22}$$

となる．ここで，$R_1 = R_2 = R_3 = R$とすれば，出力電圧V_Oは，

$$V_O = -\frac{R_F}{R}(V_1 + V_2 + V_3) \tag{23}$$

となり，加算増幅回路は，入力電圧の和に比例した出力電圧（負の電圧）が得られることがわかる．とくに，$R_F = R$とすれば，入力電圧の和を負の出力電圧として得ることができる．

(4) **減算増幅回路**

第8図に示すように二つの入力信号（入力電圧）の差電圧を出力する回路を減算増幅回路という．

第8図 減算増幅回路

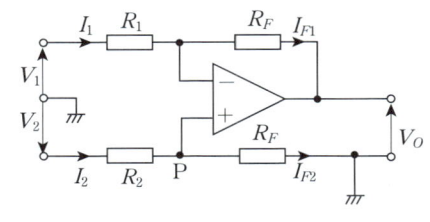

この図において出力電圧 V_O は,

$$V_O = \frac{R_F}{R_1}(V_2 - V_1) \qquad (24)$$

となる．また，非反転入力の電圧を V_P とすれば，出力電圧 V_O は，次式となる．

$$V_O = V_P - I_{F1} R_F \qquad (25)$$

この V_P は,

$$V_P = \frac{R_F}{R_2 + R_F} V_2 \qquad (26)$$

であり，また

$$I_{F1} = I_1 = \frac{V_1 - V_P}{R_1} \qquad (27)$$

が成立する．(27)式を(25)式に代入すると,

$$V_O = V_P - \frac{V_1 - V_P}{R_1} R_F = \left(1 + \frac{R_F}{R_1}\right) V_P - \frac{R_F}{R_1} V_1 \qquad (28)$$

が得られる．ついでこの式に(26)式を代入すれば次式となる．

$$V_O = \left(1 + \frac{R_F}{R_1}\right)\left(\frac{R_F}{R_2 + R_F}\right) V_2 - \frac{R_F}{R_1} V_1 \qquad (29)$$

ここで，$R_1 = R_2$ とすれば，(29)式から出力電圧 V_O は,

$$V_O = \frac{R_F}{R} V_2 - \frac{R_F}{R} V_1 = \frac{R_F}{R}(V_2 - V_1) \qquad (30)$$

が得られる．この式が示すように減算増幅回路は，二つの入力電圧の差に比例した電圧を出力する．とくに，$R_F = R$ とすれば，入力電圧の差に等しい出力電圧が得られる．

テーマ 39 半導体と電子デバイス

1 半導体の性質は

半導体は，導体と絶縁体の中間の抵抗率をもつ物体である．たとえば，導体の抵抗率は，銅が1.69×10^{-8}〔Ω・m〕，鉄が10×10^{-8}〔Ω・m〕であり，絶縁体の抵抗率は，ガラスが$10^9\sim10^{11}$〔Ω・m〕，磁器が3×10^{11}〔Ω・m〕である．一方，半導体の抵抗率は，$10^{-1}\sim10^4$〔Ω・m〕程度の値をとる．

また導体は，温度が上昇すると抵抗率も上昇し，温度が低下すると抵抗率も低下するという性質がある．とくに導体は，絶対温度の0〔K〕（-273〔℃〕）近くになると抵抗率が0〔Ω・m〕になるという性質がある．これは，超伝導現象といわれている．

一方，半導体の抵抗率は，導体の抵抗率と異なり，半導体の温度が上昇すると抵抗率は下がり，温度が低下すると抵抗率が上昇するという性質がある．すなわち，導体と半導体の抵抗率の特性は，逆である．

2 原子の構造は

すべての原子は，第1図に示すように原子核と，その原子核の周囲を取り巻くいくつかの軌道上を巡回する1個または複数の電子から構成されて

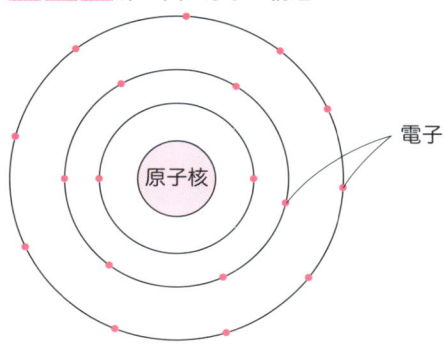

第1図　原子の構造

いる．軌道上にとどまる（存在する）ことのできる電子数は，軌道ごとに決まっており，原子核にもっとも近い軌道から遠ざかるに従って，その軌道上にとどまることができる電子数が多くなり，もっとも内側の軌道から順番に詰まっていく．

原子核のまわりに存在する軌道のうち，もっとも外側の軌道（**最外殻軌道**という）に存在する電子は，**価電子**（valence electron）または最外殻電子といわれる．この価電子は，原子の電気的性質を決める．価電子は，後述するように半導体の電気伝導を担う中心的役割を担う．

3 エネルギーバンド理論とは

原子核の周囲を取り巻くいくつかの軌道の間にはエネルギーレベルの差がある．そしてそれぞれの軌道のエネルギーレベルは，**エネルギー準位**（energy level）といわれる．原子核にもっとも近い軌道上に存在する電子は，原子核との結びつきが強く，もっとも大きな負のエネルギーレベルをもつ．一方，原子核から遠い軌道上に存在する電子は，原子核との結びつきが弱く，負のエネルギーレベルが小さい．

したがって電子は，軌道ごとにそれぞれがとり得るエネルギーをもつことになる．言い換えれば電子は，軌道ごとに異なる飛び飛びのエネルギーレベルをもつことになる．

ところで物体は，いくつもの原子が相互に結合してなりたっている．この場合，電子は互いに隣に存在する原子の影響を受けて，いくつかのエネルギーレベルの範囲（軌道の幅）をもつようになる．このとき原子の種類によっては，最外殻の電子（価電子）が，もとの原子核の存在を離れて自由に移動できるようになる．つまり原子核の束縛を離れて電子が自由に動き回る．このような電子は，**自由電子**（free electron）といわれる．

自由電子は，電流を流す役割を担い，キャリヤ（carrier）と呼ばれる．また，電子がとり得るいくつかのエネルギーレベルの範囲（幅）は，**エネルギーバンド**といわれる．

物質中を自由電子が自由に動き回り，電流を流す役割を演じるエネルギーレベルの幅（バンド）のことを**伝導帯**（conduction band）という．一方，原子核との結合が強く，電子が充満しているエネルギーレベルのバンドの

ことを**充満帯**（filled band）という．

電子は，前述したように飛び飛びのエネルギーしかとり得ることができないため，電子が存在しないエネルギーレベルが存在する．これを**禁止帯**（forbidden energy band）または**禁制帯**（forbidden band）という．

物質によってこれらのエネルギーバンドは，異なっている．電気伝導の性質が物質によって異なる原因は，ここにある．具体的に導体には，第2図(a)に示すように禁止帯がなく，伝導帯と充満帯が重なりあっている．このため，電子が自由に伝導帯を動き回ることができる．

第2図 エネルギーバンド

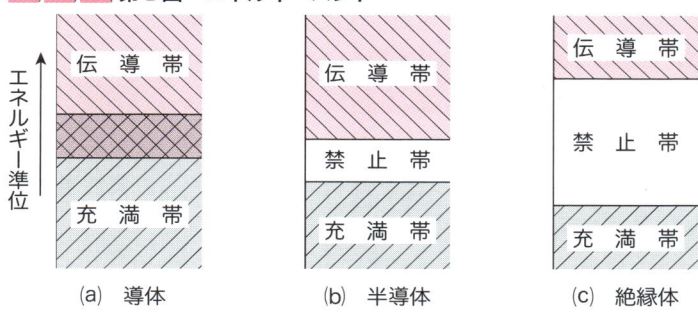

(a) 導体
(b) 半導体
(c) 絶縁体

絶縁体と半導体は，第2図(b)，(c)にそれぞれ示すように伝導帯と充満帯の間に禁止帯が存在している．とくに絶縁体は半導体に比べて絶縁帯の禁止帯の幅（これを**エネルギーギャップ**という）が大きい．物質は，このエネルギーギャップが4〔eV〕（eV：電子ボルトまたはエレクトロンボルト：electron voltという）を超えると容易に伝導作用が起こらないという性質がある．

一方，半導体のエネルギーギャップは，絶縁体ほど大きくない．具体的には，ゲルマニウム（Ge）が0.78〔eV〕，シリコン（Si）が1.2〔eV〕である．このため半導体に外部からエネルギーが与えられると，充満帯の電子が禁止帯から飛び出して伝導帯に移ることができる．そうして伝導帯に移った電子が電気伝導の役割を担うのである．

ゲルマニウムやシリコンは，半導体の一種であり，最外殻電子が4個の元素である．このように最外殻電子が4個ある元素のことを4属（4価）の元素という．

たとえば最外殻電子が、外部からエネルギーの供給を受けて、そのうちの1個が伝導帯に移ったとすると、その原子は、電気的に電子1個分の正の電荷をもつことになる。つまり、最外殻に正の電荷が1個分存在することと電気的性質が同じことになる。このような正の電荷に相当するものを**正孔**（ホール：electron hole）という。正孔は、電子が抜けて孔があいたという意味と考えればよい。

この正孔には、近くの電子が入り込み、このとき入り込んだ電子が抜けたところが新たな正孔になる。そして、新たにできた正孔にほかの自由電子が入り込む。この現象を外部から観測すると、ちょうど正孔が移動しているように見える。つまり正孔も電気を運ぶ役割を担うキャリヤである。

4 半導体の種類は

シリコンから不純物を取り除き、高純度（99.9999999999〔%〕）の単結晶を精製した半導体は、不純物がきわめて少ないことから、**真性半導体**（intrinsic semiconductor）といわれる。

シリコンは、前述したように最外殻電子が4個の元素であり、この最外殻にある電子が8個詰まった状態で安定状態を保つ。つまりシリコンの最外殻電子の軌道は、電子の定員が8個である。このためシリコンは、第3図に示すように隣り合う元素の最外殻電子を共有して、あたかも最外殻電子が8個あるように結合して単結晶になる。シリコンのように隣り合う元素の電子を共有して結合することを**共有結合**（covalent bond）という。

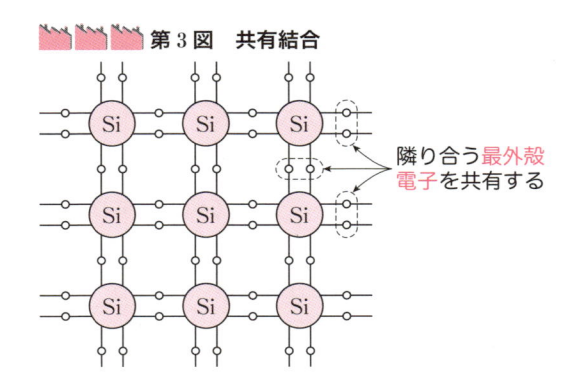

第3図 共有結合

隣り合う最外殻電子を共有する

シリコンの単結晶にごく微量の異種元素（不純物）を添加すると，添加した不純物によって性質の異なる半導体をつくることができる．

(1) n形半導体

不純物として5価の元素のりん（P），アンチモン（Sb）などをシリコンの真性半導体にごくわずか添加した半導体を**n形半導体**という．5価の元素をシリコンに添加し，シリコンと共有結合すると，第4図に示すように電子が1個余る．この電子は，原子核の束縛を受けることなく自由に動き回ることができ，自由電子になる．自由電子は，前述したように電気伝導の役割を担うキャリヤである．

第4図 n形半導体

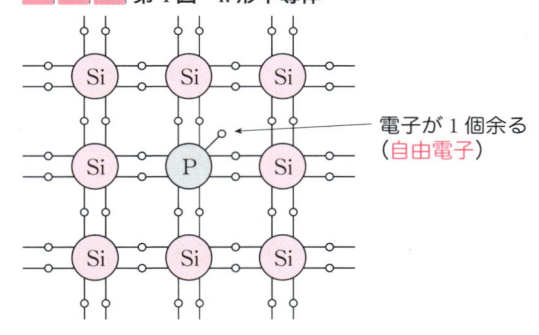

電子が1個余る（自由電子）

(2) p形半導体

シリコンに不純物として3価の元素であるボロン（B），インジウム（In）などをごくわずか添加したものを**p形半導体**という．3価の元素をシリコンに添加し，シリコンと共有結合すると，第5図に示すように共有結合に必要な電子が1個不足して，正孔ができる．正孔も前述したように電気伝導の役割を担うキャリヤである．

5　ダイオードの原理は

ダイオード（diode）は，第6図に示すように，p形半導体とn形半導体とを接合し，それぞれの半導体に電極を取り付けたものとして構成される．p形半導体側の電極をアノード（A：anode），n形半導体側の電極をカソード（K：cathode）という．

第5図　p形半導体

電子が1個不足
（正孔）

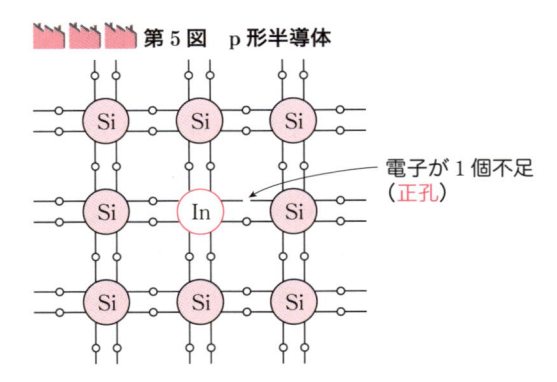

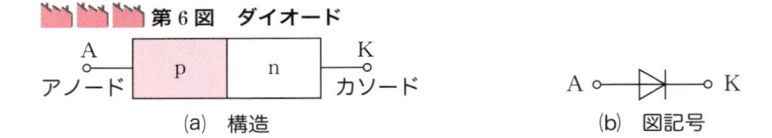

第6図　ダイオード

(a) 構造　　(b) 図記号

p形半導体とn形半導体の接合領域では，第7図に示すようにp形半導体の正孔と，n形半導体の自由電子とが中和した領域ができる．これを**空乏層**（depletion layer）という．

第7図　pn接合

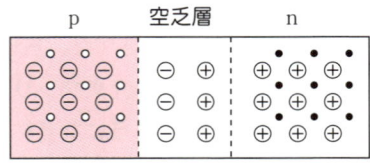

- 電子　⊖アクセプタイオン
- ○正孔　⊕ドナーイオン

空乏層は，p形半導体の正孔とn形半導体の電子とが中和してアクセプタイオンとドナーイオンとが残った領域（空間電荷層：space-charge layer）を形成したものである．この空間電荷層は，電子も正孔も存在せず，n形半導体からp形半導体へ向かう電界が生じる．この電界は，電子や正孔の移動を妨げる働きをする．

このような構造のダイオードに対して，第8図に示すように，アノード（A）側をプラス（＋），カソード側（K）をマイナス（−）になるように

第8図 順方向

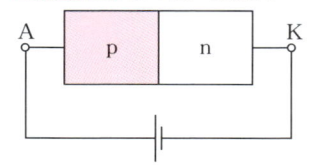

電圧を印加する．そして電圧を徐々に上げていくと，空間電荷層のなかにできた電界を打ち消し，空乏層が消滅してp形半導体の正孔がn形半導体の領域に，逆にn形半導体の自由電子がp形半導体の領域へ移動することができるようになる．つまりダイオードに電流が流れる．この電流を順方向電流といい，ダイオードに加えた電圧を**順方向電圧**という．

一方，第9図に示すように，ダイオードのカソード（K）側をプラス（＋），アノード（A）側をマイナス（－）になるように電圧を印加すると，空乏層の領域は，ますます拡大してわずかな電流（リーク電流）しか流れない．このような電圧の加え方を**逆方向電圧**という．

第9図 逆方向

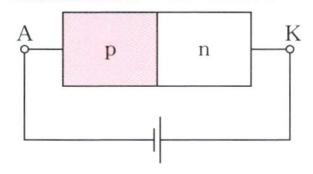

ダイオードに逆方向電圧を印加した状態でこの電圧を徐々に大きくしていくと，ある一定電圧を超えたところで，ダイオードが導通して電流が流れるようになる．これは，pn接合の**降伏**（breakdown）によるものである．この降伏現象は，第10図に示すように，逆方向電圧が高くなるにつれてpn接合部の障壁が薄くなるとともに，このpn接合部に加わる電界の大きさが大きくなり，やがて，p形半導体の電子がn形半導体に流れ込むことによって起こる．

つまり，逆方向電圧を高くすると，空乏層にかかる電界強度が高くなるので，空乏層の幅もその分だけ大きくなる．このとき伝導帯にあがった電子は，強電界の坂を一気に加速度を付けて駆け下りる．一方，正孔は，加

第10図　降伏現象

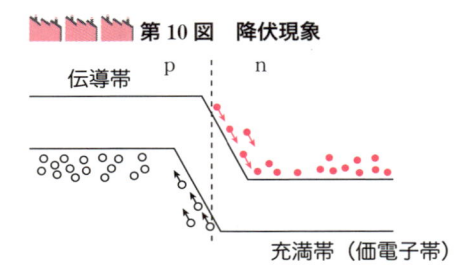

速度を付けて価電子帯を駆け上がっていく．

このようにして加速度の付いた電子（正孔）は，半導体を形成する共有結合に関係した電子をもはじき飛ばし，さらにはじき飛ばされた電子がほかの電子をはじき飛ばすというように，なだれ的に増加する．これが**電子なだれ**（electron avalanche）である．

このような特性を備えたダイオードの電圧・電流特性は，第11図に示すようになる．この図に示すように，ダイオードに順方向電圧を加えたときは，大きな電流が流れる一方，逆方向電圧を加えたときにはごくわずかな電流（リーク電流）しか流れない．そして，逆方向電圧が，ある一定の値を超えると，前述した降伏現象によって電流が急増する．

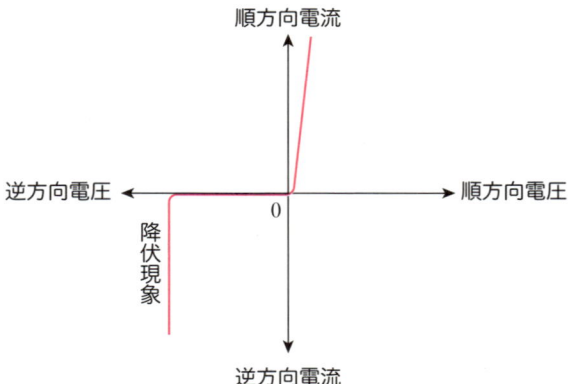

第11図　ダイオードの特性

6　トランジスタの原理は

　トランジスタ（transistor）は，第12図(a)に示すように，n形半導体をp形半導体で挟み込んで接合した三層構造，あるいは，第12図(b)に示すようにp形半導体をn形半導体で挟み込んで接合した三層構造の半導体素子である．

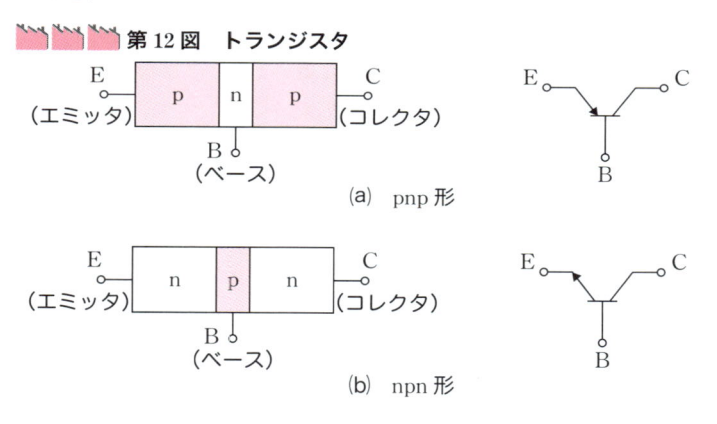

第12図　トランジスタ

(a)　pnp形

(b)　npn形

　前者をpnp形トランジスタ，後者をnpn形トランジスタという．このトランジスタは，電子と正孔の二つの極性のキャリヤによって動作することから**バイポーラ**（2極性：bipolar）**トランジスタ**といわれる．

　トランジスタを構成する各層の半導体には三つの電極が取り付けられて，コレクタ（C：collector），エミッタ（E：emitter），ベース（B：base）といわれている．pnp形トランジスタとnpn形トランジスタとも第13図に示すようにベース，エミッタ間には，順方向電圧を印加し，ベース，コレクタ間には逆方向電圧を印加する．

第13図　トランジスタの電圧印加方法

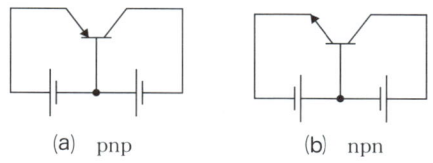

(a)　pnp　　　(b)　npn

　そしてトランジスタにベース電流I_Bを流すと，ベース電流より大きな

コレクタ電流I_Cが流れる.

第12図(b)に示すnpn形トランジスタを例にあげれば,エミッタ電流I_Eは,次式に示すようになる.

$$I_E = I_C + I_B \tag{1}$$

ここで,$I_C/I_E = \alpha$とおいて,上式に代入してベース電流I_Bを求める.

$$I_B = I_E - I_C = I_E - \alpha I_E = (1-\alpha)I_E \tag{2}$$

このαは,**ベース接地電流増幅率**といわれる.I_Cは,きわめて少ないI_BにI_Eを加えた値になる.したがって,αは1に近い1より小さな値となる.また,コレクタ電流I_Cとベース電流I_Bとの比は,(1)式と(2)式を用いれば次式に示すように求まる.

$$\frac{I_C}{I_B} = \frac{\alpha I_E}{(1-\alpha)I_E} = \frac{\alpha}{1-\alpha} = \beta \tag{3}$$

このβは,**エミッタ接地電流増幅率**といわれる.αの値は,1にきわめて近い値であり,たとえば$\alpha = 0.99$とすれば,上式のβは,次のようになる.

$$\beta = \frac{\alpha}{1-\alpha} = \frac{0.99}{1-0.99} = 99 \tag{4}$$

ここで第14図に示すエミッタ接地増幅回路において,コレクタに流れる電流I_C〔mA〕の値を求めてみる.ただし,トランジスタのエミッタ接地電流増幅率$\beta = 200$とし,ベース・エミッタ間電圧$V_{BE} = 0.7$〔V〕とする.

第14図 トランジスタ増幅回路

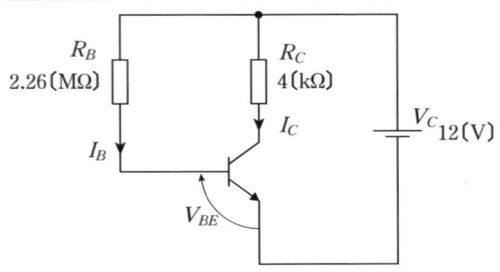

与えられた回路のベース回路において次式が成立する.

$$V_C = R_B I_B + V_{BE}$$

$$I_B = \frac{V_C - V_{BE}}{R_B} = \frac{12 - 0.7}{2.26 \times 10^6} = 5 \times 10^{-6} \text{ (A)}$$

エミッタ接地電流増幅率βが200であるから，求めるコレクタに流れる電流I_Cは，

$$I_C = \beta I_B = 200 \times 5 \times 10^{-6} = 1 \times 10^{-3} \text{ (A)} = 1.0 \text{ (mA)}$$

となる．

トランジスタは，このようにわずかなベース電流の変化が，大きなコレクタ電流の変化をもたらす．これがトランジスタの増幅作用である．

テーマ40 三相かご形誘導発電機と三相同期発電機

1 三相かご形誘導発電機が三相同期発電機に比べて優れている点

① 線路に短絡事故が発生すると，励磁電流が消滅するので，同期発電機に比べると短絡電流は小さく，かつ，持続時間も短い．
② 系統への同期化の必要がなく，運転が簡単である．誘導機は，回転速度が同期速度を超え，滑りが負になると誘導発電機として働く．滑りが負の領域で誘導発電機の回転速度がたとえ変化したとしても，周波数は変化せず，滑りの変化としてしか現れない．このようなことから誘導発電機は，同期化が不要である．
③ 同期発電機のように乱調や同期外れがなく，運転は安定している．
④ 同期発電機のような（直流）励磁機を必要としない．つまり誘導機は，系統から励磁電流を受けて発電を行うため，励磁回路が不要である．
⑤ かご形回転子を用いることができるので，構造が簡単で安価である．また，スリップリングがないので保守が容易である．

2 三相かご形誘導発電機が三相同期発電機に比べて劣っている点

① 誘導発電機は単独では動作しない．つまり誘導発電機は，有効電力を供給することはできても，遅れ無効電力を供給することができない．しかも誘導発電機は，励磁のための遅れ無効電力の供給を受ける必要がある．このため，誘導発電機の遅れ無効電力と負荷が要求する遅れ無効電力とを同期発電機に分担させるべく，誘導発電機に同期発電機を並列に接続して運転する必要がある．
② 系統並入時の突入電流が大きい．つまり誘導発電機は同期速度近くで系統に投入されるが，その際，定格電流の4～8倍程度の突入電流が流れ，系統の瞬時電圧降下につながるからである．

③　かご形誘導発電機では力率制御ができない．
④　電力系統の力率が低下する．誘導発電機に並列に接続されている同期発電機（あるいは電力系統）は負荷の要求する遅れ電流のほかに，誘導発電機に要する励磁電流も供給しなければならず，系統の力率が低下する．
⑤　同期発電機に比べてエアギャップが小さく，据付け，保守上の取扱いに注意を要する．誘導機は，固定子と回転子のギャップに比例して励磁電流が増加する．このためギャップが大きいと無負荷電流が増加し，力率低下の原因になる．そこで誘導機は，構造上許されるかぎりギャップを小さくしている．

　一方，同期機の場合（回転界磁形）は，回転子側から励磁電流を与える構造であり，それゆえ電機子反作用を考慮して誘導機より大きなギャップとしている．

　誘導機のようにギャップが小さい場合，ギャップに不同が生じると，磁気的な不平衡によるうなりや，回転子と固定子との接触による過熱，あるいは始動時に回転子が固定子に吸引されて始動不能になったりすることがある．このため誘導機の取扱いには注意が必要である．

3　誘導発電機とは

　誘導電動機は，電源の周波数と極数で定まる同期速度よりも若干遅い速度で回転する．誘導電動機の回転子に，回転方向と同じ方向に外部から回転力を与えて同期速度より速く回転させると，回転子の導体が回転磁界を追い越すことになる．このとき，回転子に生じる誘導起電力は電動機と逆方向になる．さらに回転子に加える動力を増加させると，固定子巻線の起磁力を打ち消し，電源へ電力が供給されるようになる．これが誘導発電機の原理である．

　誘導発電機として運転中の誘導機の滑り s は，回転速度 N が同期速度 N_s より大きいので，負になる．すなわち，

$$s = \frac{N_s - N}{N_s} < 0 \tag{1}$$

となる．

　誘導発電機も誘導電動機と同様に運転特性を円線図から導くことがで

第1図　L形等価回路

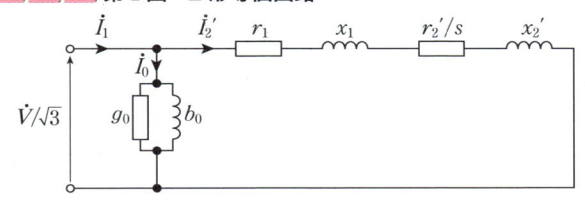

ただし、　$\dot{V}/\sqrt{3}$：一次1相の端子電圧
　　　　$\dot{I}_1$：一次電流
　　　　$\dot{I}_2'$：二次電流の一次換算値
　　　　$\dot{I}_0$：励磁電流
　　　　r_1+x_1：一次側のインピーダンス
　　　　$\dfrac{r_2'}{s}+x_2'$：二次側のインピーダンスを一次側に換算した値
　　　　g_0-jb_0：励磁アドミタンス

き、各種特性値を求めることができる。第1図に示す誘導電動機のL形等価回路において、発電機の場合は(1)式が示すように、滑りsが負であるから、二次電流I_2'、力率$\cos\theta'$は、

$$I_2' = \frac{V/\sqrt{3}}{r_1-(r_2'/s)+j(x_1+x_2')}$$

$$|\dot{I}_2'| = \frac{V/\sqrt{3}}{\sqrt{\{r_1-(r_2'/s)\}^2+(x_1+x_2')^2}}$$

$$\cos\theta' = \frac{r_1-(r_2'/s)}{\sqrt{\{r_1-(r_2'/s)\}^2+(x_1+x_2')^2}}$$

$$\sin\theta' = \frac{x_1+x_2'}{\sqrt{\{r_1-(r_2'/s)\}^2+(x_1+x_2')^2}}$$

となる。

　誘導電動機に対して、誘導発電機の有効電力は位相が180°逆であるから、第2図に示すように、$\overline{\mathrm{AB}}\sin\theta'=I_2'$となるように定めると、

$$\overline{\mathrm{AB}} = \frac{I_2'}{\sin\theta'} = \frac{V/\sqrt{3}}{x_1+x_2'}$$

となり、$\overline{\mathrm{AB}}$を直径とする下半分の半円が描ける（上半分は電動機領域）。

　次に励磁電流を考慮した電動機と発電機の円線図を描くと第3図に示す

テーマ40　三相かご形誘導発電機と三相同期発電機

🏭🏭🏭 **第2図　ベクトル図**

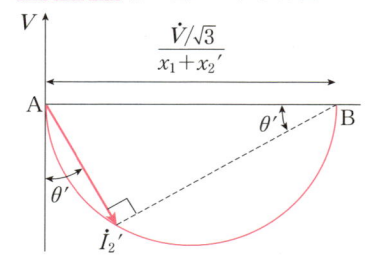

$$\frac{\dot{V}/\sqrt{3}}{x_1+x_2'}$$

🏭🏭🏭 **第3図　円線図**

電動機領域

発電機領域

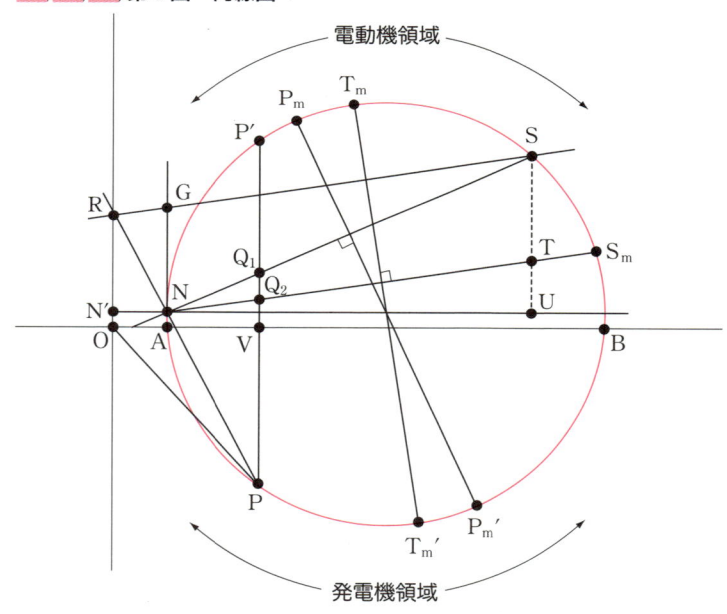

ようになる．

この図で上半分の円周の円弧$AP'P_mT_mS$が電動機の運転領域を示し，下半分の円弧$APT_m'P_m'B$が発電機領域を示す．円線図の点Sは電動機の始動時，すなわち滑り$s=1$の運転点を示し，回転速度が上昇するにつれて円弧の上を反時計方向へ運転点が移動する．点Nは誘導電動機が同期速度で回転している状態，すなわち，滑り$s=0$の状態であるとともに，誘導電動機の鉄損を電源から供給している状態である．さらに回転子の速

度が増加し，同期速度を超えると運転点は点Pへ移動して電力を電源へ供給する．

さて，誘導機が誘導発電機として運転しているとき，その運転特性は円線図から次のように求めることができる．

一次電流：$I_1 = \overline{\mathrm{OP}}$ 〔A〕

電気的出力：$P_E = \sqrt{3}\,V\overline{\mathrm{PV}}$ 〔W〕

機械的入力：$P_M = \sqrt{3}\,V\overline{\mathrm{PQ_1}}$ 〔W〕

トルク：$T = \dfrac{\sqrt{3}\,V\overline{\mathrm{PQ_2}}}{2\pi(N/60)}$ 〔N・m〕 （ただし，N：回転速度〔min^{-1}〕）

力率：$\dfrac{\overline{\mathrm{PV}}}{\overline{\mathrm{OP}}} \times 100$ 〔%〕

滑り：$s = -\dfrac{\overline{\mathrm{GR}}}{\overline{\mathrm{SG}}} \times 100$ 〔%〕

効率：$\eta = \dfrac{\overline{\mathrm{PV}}}{\overline{\mathrm{PQ_1}}} \times 100$ 〔%〕

発電機として運転する場合であっても第3図の円線図が示すように磁化電流は電源からとる必要がある（$\overline{\mathrm{ON'}}$）．このため誘導発電機には同期発電機のような直流励磁は不要である反面，電源がない状態，すなわち誘導発電機単独では発電を行うことができない．また停電にならなくても誘導発電機を接続している系統の電圧が低下した場合，磁化電流が減少する．このため発電機端子電圧が電源電圧の低下に伴って低下する．つまり系統になんらかの事故が発生して電圧が低下した場合，誘導発電機は系統に短絡電流を供給しないという利点がある．また，かご形誘導電動機は，同期発電機と異なり回転子巻線が不要なので安価で堅ろうな構造とすることができる．

　誘導発電機の出力を増加させるには，回転子に接続された原動機の入力を増加させるだけでよい．また，誘導発電機は，同期発電機のような同期化が不要であり，自ら系統に同期して発電を行うことができるほか，同期機のような乱調のおそれもなく取扱いが簡単であるという特徴がある．しかしながら，系統から磁化電流をとる必要があるため，誘導発電機は電源から見た場合，力率の悪い負荷とみなされる．このことは，誘導発電機か

ら負荷に遅れ無効電力を供給することができないことを意味している．したがって，誘導発電機が発電を行う場合は，ほかの同期発電機と並列運転して，同期発電機から負荷が要求する無効電力と誘導発電機の磁化電流を供給する必要がある．

　同期発電機は，励磁電流を調整すれば力率を調整することができるが，誘導発電機自体に力率調整機能はない．これは，誘導発電機の一次・二次巻線抵抗，一次・二次巻線の漏れリアクタンスが定数であることによる．

　誘導発電機は取扱いの容易さから発電設備として小容量の水力発電機に適用される．また，誘導電動機は広く産業用の電動機として利用されている．この場合，電動機の回転系がもつ運動エネルギーを電力回生によって電源側に返還して省エネルギーのために活用することがある．たとえば，ケーブルクレーン，ウィンチ，ケーブルカー，ホイストなどの荷重を降下させるときのエネルギーを原動力とし，誘導発電機として発電して動力を電源に返還する．誘導発電機として運転するには同期速度以上に回転させる必要があるが，電源と誘導電動機の間にインバータを接続して，インバータから電動機に与える周波数を低下させることによって，同期速度を低くすることができるので，回転子の回転速度を同期速度以上に回転させたことと同様な効果，すなわち発電機として働かせることができる．

テーマ41 同期発電機の三相突発短絡電流

1 三相突発短絡電流とは

無負荷で運転中の三相同期発電機の出力端子を突然短絡すると，持続短絡電流よりもはるかに大きな電流が流れる．この電流は，三相突発短絡電流と呼ばれ，時間の経過とともに徐々に減少して，やがて持続短絡電流に落ち着く．

ここに，a相，b相およびc相からなる三相同期発電機におけるa相の三相突発短絡電流は，近似的に次式で求めることができる．

$$i_a = \left\{ \frac{1}{x_d} + \left(\frac{1}{x_d'} - \frac{1}{x_d} \right) e^{-\frac{t}{T_d'}} + \left(\frac{1}{x_d''} - \frac{1}{x_d'} \right) e^{-\frac{t}{T_d''}} \right\} E_m \cos(\omega t + \alpha)$$

$$- \frac{1}{2} \left(\frac{1}{x_q''} + \frac{1}{x_d''} \right) E_m \cos \alpha \cdot e^{-\frac{t}{T_a}}$$

$$+ \frac{1}{2} \left(\frac{1}{x_q''} - \frac{1}{x_d''} \right) E_m \cos(2\omega t + \alpha) \cdot e^{-\frac{t}{T_a}} \quad (1)$$

ただし，

$E_m \sin(\omega t + \alpha)$：a相の無負荷誘導起電力

x_d：直軸同期リアクタンス

x_d'：直軸過渡リアクタンス

x_d''：直軸初期過渡リアクタンス

x_q''：横軸初期過渡リアクタンス

T_d'：直軸短絡過渡時定数

T_d''：短絡初期過渡時定数

T_a：電機子時定数

α：短絡瞬時における磁極軸のa相磁化軸に対する進み角差

(1)式の第1項は，交流成分を表している．この電流成分は，短絡瞬時に直軸初期過渡リアクタンス x_d'' によって制限され，短絡直後から直軸初期過渡リアクタンスの時定数 T_d'' に従って数サイクル中に急速に減少する．

その後は，直軸過渡リアクタンス x_d' によって制限され，直軸短絡過渡時定数 T_d' に従って徐々に減衰する．そうして十分時間が経過した後，直軸同期リアクタンス x_d によって制限される持続短絡電流となる．ちなみに制動巻線をもたない突極機の場合は，直軸初期過渡リアクタンス x_d'' と直軸過渡リアクタンス x_d' は等しくなるから，第1項は，短絡瞬時から x_d' によって制限された値になる．

次に第2項は，直流成分を示している．この電流成分は，電機子における短絡瞬時の磁束鎖交数を一定に保持しようとして電機子に流れる電流である．直流成分は，短絡瞬時における磁極軸のa相磁化軸に対する進み角差 α によって異なる値をとる．つまり直流成分は，$\alpha=0$ のとき最大になる．この電流は，電機子時定数 T_a の指数関数曲線に従って比較的急速に減衰する．

ついで第3項は，第2調波成分を示す．この電流成分は，円筒機や完全な制動巻線を備えた突極機にあっては横軸初期過渡リアクタンス x_q'' と直軸初期過渡リアクタンス x_d'' が等しくなるため，ほとんどゼロである．ちなみに制動巻線をもたない突極機の場合でも，その最大値は第1項の最大値の20〔％〕程度である．また，第2項の直流成分と同様，時間の経過とともに急速に減衰する．このため，一般に第3項を無視することが多い．そこで(1)式の第3項を無視し，$\alpha=0$ とし，制動巻線がない円筒機を考慮すると，前述したように $x_d''=x_d'$，$x_d''=x_q''$ であるから突発短絡電流の変化

第1図　三相突発短絡電流の一例

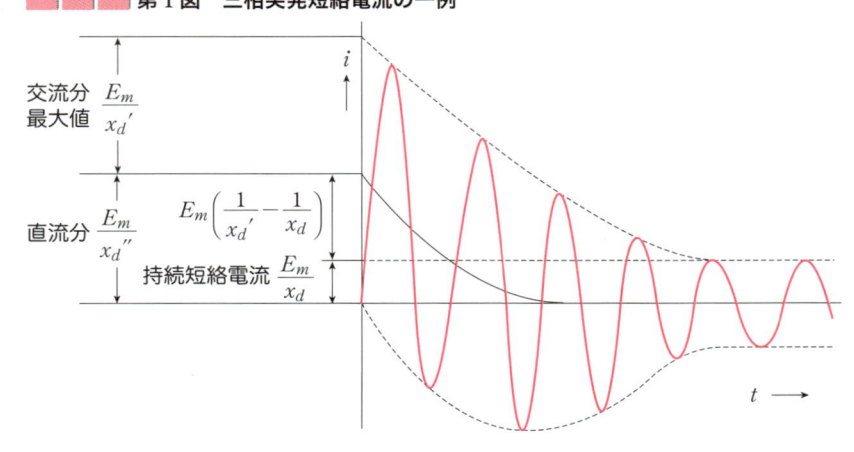

は，第1図に示すようになる．

突発短絡電流は，十分時間が経過すると(1)式に示されるように次式の定常値（持続短絡電流）に落ち着く．

$$i_a = \frac{E_m}{x_d}\cos(\omega t + \alpha) \tag{2}$$

なお，三相同期発電機の過渡現象を表現する時定数は，電流成分が初期値に対して36.8〔%〕（$e^{-1} = 0.3678$）に減少するまでの時間として定義されている．

また，b相およびc相の電流を求めるには，(1)式および(2)式のαの代わりに$\alpha - (2\pi/3)$および$\alpha + (2\pi/3)$をそれぞれ代入すればよい．

同期機を直軸分と横軸分とに分けて考えると，これらの等価回路は，第2図に示すようになる．この図において，r_aは電機子巻線抵抗，r_Fは界磁巻線抵抗，r_{Dd}およびr_{Dq}は，それぞれ直軸制動巻線抵抗および横軸制動巻線抵抗，x_{ad}およびx_{aq}は，それぞれ直軸同期リアクタンスおよび横軸同期リアクタンスである．この等価回路が示す値を用いて，同期機の過渡現象を表現する各種時定数が定義されている．

第2図 同期機の等価回路

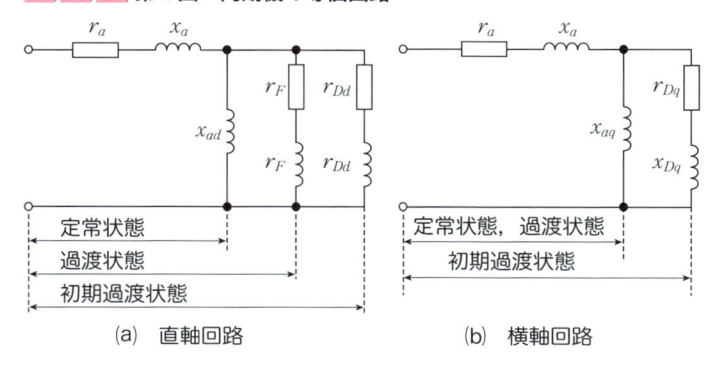

(a) 直軸回路 (b) 横軸回路

① 直軸開路時定数：T_{do}'

T_{do}'は，電機子巻線開路時における界磁回路の時定数であり，次式で表される．

$$T_{do}' = \frac{x_{ad} + x_F}{\omega r_F}$$

テーマ41 同期発電機の三相突発短絡電流

② 直軸短絡過渡時定数：T_d'

T_d'は，電機子巻線閉路時における界磁回路の時定数であり，次式で表される．

$$T_d' = \frac{x_d'}{x_d} T_{do}'$$

T_d'は，突発短絡時の最初の数サイクルだけに存在する急激な減衰電流を除外した交流分の減衰量を定める時定数である．また，上式が示すように，T_d'とT_{do}'の比は，(x_d'/x_d)となる．つまりT_d'とT_{do}'の比は，直軸過渡リアクタンスと直軸同期リアクタンスとの比に等しい．

③ 直軸短絡初期過渡時定数：T_d''

T_d''は，電機子巻線閉路時における直軸制動巻線回路の時定数であり，次式で表される．

$$T_d'' = \frac{x_d''}{x_d'} T_{do}''$$

この式のT_{do}''は，電機子巻線開路時における直軸制動巻線回路の時定数であって次式で表される．

$$T_{do}'' = \frac{x_{Dd} + x_{ad} x_F}{\omega r_{Dd}(x_{ad} + x_F)}$$

T_d''は，突発短絡電流の交流分が突発短絡初期に急激に減衰する直軸分の減衰量を定める時定数である．

④ 電機子時定数：T_a

T_aは，電機子回路の直流分電流に対する時定数で，突発短絡電流における直流分の減衰量を定める時定数である．この時定数は，逆相リアクタンスx_2に比例し，電機子巻線抵抗r_aに反比例する．

$$T_a = \frac{x_2}{\omega r_a}$$

2 同期機のインピーダンス測定方法

(1) 零相インピーダンスの計測方法

回転子が静止状態で，界磁回路は閉路しておき，第3図に示すように電機子巻線の全端子を短絡して，これと中性点との間に外部から定格周

波数の単相電圧を印加したときの電圧V〔V〕，電流I〔A〕および電力W〔W〕を計測する．零相インピーダンスZ_0および巻線抵抗Rは，それぞれ，次式で求めることができる．

$$Z_0 = \frac{3V}{I} \text{〔Ω〕}$$

$$R = \frac{3W}{I^2} \text{〔Ω〕}$$

第3図　零相インピーダンスの測定

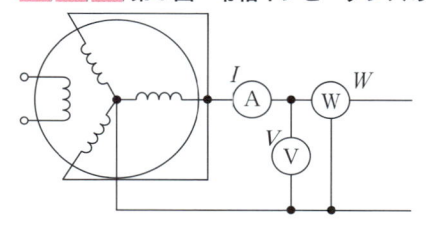

これらの値から零相リアクタンスX_0は，
$$X_0 = \sqrt{Z_0^2 - R^2} \text{〔Ω〕}$$
と求まる．なお，一般に$Z_0 \gg R$であるから，

$$X_0 \fallingdotseq Z_0 = \frac{3V}{I}$$

としてよい．

(2) **逆相インピーダンスの計測方法**

第4図に示すように電機子の2端子を短絡して界磁回路を励磁するとともに，ほかの原動機によって定格速度で回転させて相回転が逆方向と

第4図　逆相インピーダンスの測定

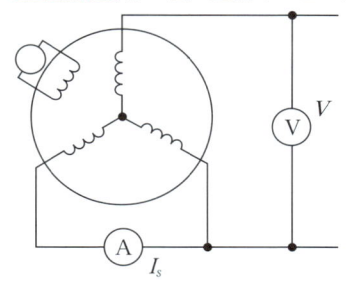

なる周波数が同一の電圧を加えたときの短絡電流 I_s 〔A〕と開放端子の電圧 V 〔V〕を測定する．逆相インピーダンス Z_2 は，次式で求めることができる．

$$Z_2 = \frac{V}{\sqrt{3}I_s} \text{〔}\Omega\text{〕}$$

なお，一般に $Z_2 \gg R$ であるから，

$$Z_2 \fallingdotseq X_2 = \frac{V}{\sqrt{3}I_s} \text{〔}\Omega\text{〕}$$

となる．この回路の測定原理は次のとおりである．a相電圧 $\dot{E}_a$ 〔V〕を基準として正相インピーダンスを $\dot{Z}_1$ 〔Ω〕，ベクトルオペレータを a とすれば，線間短絡であるから，短絡電流，すなわち電流計に流れる電流 $\dot{I}_s$ は，

$$\dot{I}_s = \frac{(a^2 - a)\dot{E}_a}{\dot{Z}_1 + \dot{Z}_2} \text{〔A〕}$$

となる．このとき電圧計に加わる電圧 $\dot{V}$ は，

$$\dot{V} = \dot{V}_a - \dot{V}_b = \frac{2\dot{Z}_2\dot{E}_a}{\dot{Z}_1 + \dot{Z}_2} - \frac{(a^2 + a)\dot{Z}_2\dot{E}_a}{\dot{Z}_1 + \dot{Z}_2} = \frac{3\dot{Z}_2\dot{E}_a}{\dot{Z}_1 + \dot{Z}_2} \text{〔V〕}$$

である．したがって，

$$\frac{\dot{V}}{\dot{I}_s} = \frac{3\dot{Z}_2}{a^2 - a}$$

となり，また $|a^2 - a| = \sqrt{3}$ であるから，

$$X_2 = \frac{|\dot{V}|}{\sqrt{3}|\dot{I}_s|} = \frac{V}{\sqrt{3}I_s} \text{〔}\Omega\text{〕}$$

である．したがって，逆相リアクタンス（逆相インピーダンス）を求めることができる．

なお，逆相インピーダンスは，第5図に示すように定格周波数の平衡三相電源に接続するとともに回転子の界磁を無励磁とし，これをほかの駆動用電動機で相回転と反対方向に定格速度で回転させたときの各計器の計測値から次式により求めることもできる．

$$Z_2 = \frac{V}{I} \text{〔}\Omega\text{〕}$$

第5図　逆相インピーダンスの別な測定法

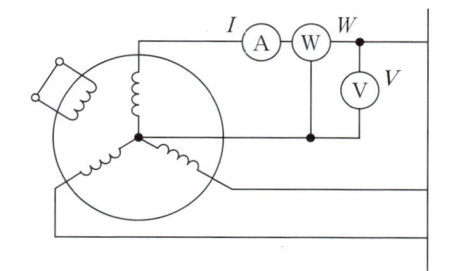

また抵抗分Rは，電力計の読みから$R=W/I^2$として求めることができるが，一般にRはX_2に比べて小さいので，求めたZ_2を逆相リアクタンスとしてよい．

(3) 滑り法による直軸および横軸同期リアクタンスの計測方法

発電機の界磁回路を開放して無励磁のまま回転子を駆動用電動機によって同期速度よりわずかに外れた速度（1.0〔％〕以内）で回転させ，電機子回路に定格周波数の三相平衡電源から電機子定格電圧の10〔％〕程度の電圧を加える．そして，電機子電流を徐々に増加および減少させることを繰り返す．このときの最小電流I_{min}とそのときの電圧E_{max}および最大電流I_{max}とそのときの電圧E_{min}から直軸同期リアクタンスx_dおよび横軸同期リアクタンスx_qは，それぞれ，次式に示すように求まる．

$$x_d = \frac{V_{max}}{\sqrt{3}I_{min}} \ 〔\Omega〕$$

$$x_q = \frac{V_{min}}{\sqrt{3}I_{max}} \ 〔\Omega〕$$

(4) 三相突発短絡電流の計測

まず同期発電機を無負荷，定格回転速度で運転し，励磁電流を調整して電圧を誘起させる．この電圧は，JEC－2130によれば，定格電圧の15〜30〔％〕にすると規定されている．この状態で同期発電機を突然三相短絡（突発短絡）したときの三相短絡電流の時間的変化をオシログラフで記録する．この波形は，たとえば第1図に示したように変化し，瞬時電流には交流分と直流分が含まれる．この電流は，時間の経過とともに減衰してやがて永久短絡電流となる．

このようにして得られたオシログラフの上下包絡線および中央線を描き，この中央線から包絡線までの長さ，すなわち交流分の$1/\sqrt{2}$（実効値）の三相平均をとり，これを時間軸に対して描くと第6図に示すような交流実効値減衰曲線が得られる．

第6図　交流実効値減衰曲線

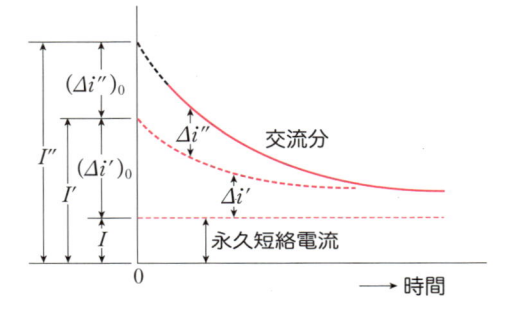

この交流分と永久短絡電流との差$\Delta i'$〔A〕を第7図に示すように縦軸だけを対数目盛にして描き，下方の直線部分を延長して縦軸との交点を$(\Delta i')_0$〔A〕，突発短絡前の端子電圧をV〔V〕とすると，直軸過渡リアクタンスx_d'を次式で求めることができる．

$$x_d' = \frac{V/\sqrt{3}}{I+(\Delta i')_0} = \frac{V}{\sqrt{3}I'} \ \text{〔Ω〕}$$

第7図　交流減衰曲線

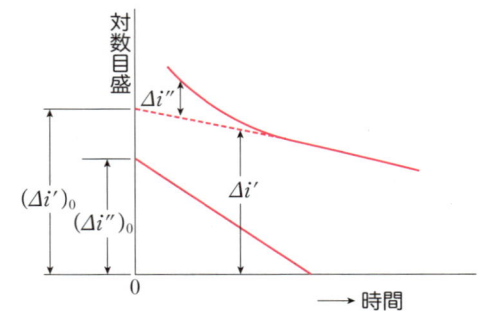

なお，回転子に制動巻線がない同期発電機の場合，短絡初期の電流は直線的に減少するものの，制動巻線がある場合，短絡初期の電流は第7図に示すような曲線となる．この曲線部分と直線部分の延長線との差

$\Delta i''$をふたたび縦軸だけを対数目盛に描くと直線になる．この直線を延長して縦軸との交点を$(\Delta i'')_0$とすれば，直軸初期過渡リアクタンスx_d''は次式で求めることができる．

$$x_d'' = \frac{V/\sqrt{3}}{I' + (\Delta i'')_0} = \frac{V}{\sqrt{3}I''} \text{ 〔Ω〕}$$

テーマ 42 誘導電動機のインバータ制御

　誘導電動機はもっとも一般的に用いられている交流電動機であるが，交流機であるため，その回転速度は同期速度によって，すなわち電源周波数によって決まり，直流機に比べて速度制御が難しいという問題があった．現在では電力用半導体の進歩に伴い，可変周波数，可変電圧の交流を容易に得ることができるようになったことから，インバータを使った誘導電動機の各種速度制御方式が適用されている．ここでは，インバータを用いた誘導電動機の速度制御のうち，一次側制御に関して解説する．

1　インバータ制御による速度制御の原理

　電源の周波数をf〔Hz〕，誘導電動機の極数をp，滑りをsとすれば電動機の回転速度Nは，

$$N = (1-s)N_s = (1-s)\frac{120f}{p} \text{〔min}^{-1}\text{〕} \tag{1}$$

　　ただし，N_s：同期速度

(1)式から電源周波数fを変化させると回転速度が変化することがわかる．したがって，誘導電動機の電源にインバータを用いて周波数を可変すれば回転速度を変化させることができる．

2　インバータの各種制御方法

(1)　一次電圧制御

　　インバータによって定格周波数fからf'に変化させたときの誘導電動機の特性変化を第1図に示す誘導電動機のT形等価回路をもとに考察してみよう．

　　この等価回路から電動機の一次電流$\dot{I}_1$は，

$$\dot{I}_1 = \frac{V_1}{R_1 + jx_1 + \dfrac{jx_m(R_2/s + jx_2)}{R_2/s + j(x_m + x_2)}} \text{〔A〕} \tag{2}$$

テーマ42　誘導電動機のインバータ制御

第1図　T形等価回路

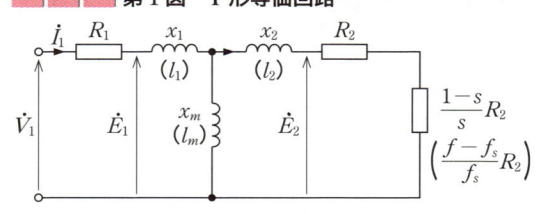

である．したがって二次電流 $\dot{I}_2$ は，

$$\dot{I}_2 = \frac{jx_m}{R_2/s + j(x_m + x_2)} \dot{I}_1 \ \text{[A]} \tag{3}$$

(2)式，(3)式から誘導電動機のトルク T は，電動機の相数を m，極数を p とすれば，

$$T = \frac{mp}{2\pi} |\dot{I}_2|^2$$

$$= \frac{mp}{2\pi} \cdot \frac{\dfrac{R_2}{f_s} \cdot \dfrac{(2\pi f_s l_m)^2}{R_2{}^2 + \{2\pi f_s(l_2 + l_m)\}^2}}{\left(\dfrac{R_1}{f} + \dfrac{R_2}{f_s} \cdot \dfrac{(2\pi f_s l_m)^2}{R_2{}^2 + \{2\pi f_s(l_2 + l_m)\}^2}\right)^2} *$$

$$* \frac{1}{+\left\{2\pi l_1 + 2\pi l_m \dfrac{R_2{}^2 + (2\pi f_s)^2 l_2(l_2 + l_m)}{R_2{}^2 + \{2\pi f_s(l_2 + l_m)\}^2}\right\}^2} \cdot \left(\frac{V_1}{f}\right)^2$$

$$= \frac{mp}{2\pi} \cdot \frac{X}{\left(\dfrac{R_1}{f} + X\right)^2 + Y^2} \cdot \left(\frac{V_1}{f}\right)^2 \tag{4}$$

ただし，

f_s：滑り周波数（f_S）

l_m：励磁インダクタンス

l_1：一次漏れインダクタンス

l_2：二次漏れインダクタンス

$$X = \frac{R_2}{f_s} \cdot \frac{(2\pi f_s l_m)^2}{R_2{}^2 + \{2\pi f_s(l_2 + l_m)\}^2}$$

$$Y = 2\pi l_1 + 2\pi l_m \frac{R_2^2 + (2\pi f_s)^2 l_2 (l_2 + l_m)^2}{R_2^2 + \{2\pi f_s (l_2 + l_m)\}^2}$$

となる．この式より周波数が一定の場合，トルクは一次電圧 V_1 の2乗に比例する．このため一次電圧を可変することで回転速度を可変することができる．これを**一次電圧制御**という．

周波数を一定として一次電圧を可変したときの速度-トルク特性を第2図に示す．

第2図　一次電圧制御

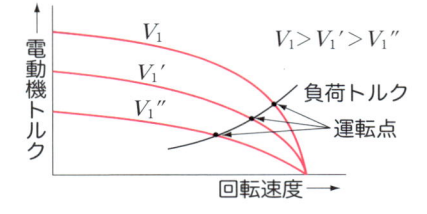

(2)　V_1/f 一定制御

次に電源の周波数が高い領域で(4)式の分母第1項における R_1/f の項が無視できるとする．このとき，V_1/f を一定とすればトルクは滑り周波数 f_s に依存する．この関係を図示した速度-トルク特性を第3図に示す．この図において周波数が低くなると最大トルクが小さくなるのは(4)式中の R_1/f の影響が大きくなるためである．

第3図　V_1/f 一定制御

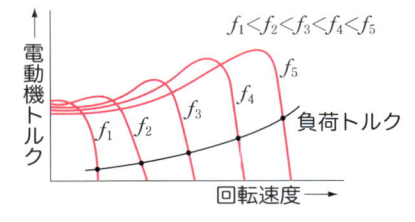

この影響からトルクを補償するため，周波数の低い領域で運転する場合は V_1/f を大きくして R_1/f の影響が小さくなるようにしている．

V_1/f 一定制御のように周波数と一次電圧を同時に変化させた場合，

テーマ42 誘導電動機のインバータ制御

全負荷電流と温度上昇は電圧変化によらずほぼ一定となり，力率と効率への影響もあまり大きくならない．しかし，負荷が定トルク特性の場合は，印加電圧と周波数をほぼ比例して可変する必要がある．このため，インバータに可変電圧可変周波数電源（VVVF）が用いられ，V/f一定の制御が行われる．

インバータの出力周波数は0～数百［Hz］まで連続可変が可能である．

(3) E_1/f一定制御

V_1/f一定制御では周波数の低い領域でR_1/fの影響が無視できなくなった．このR_1/fの影響を受けないようにするには第1図の等価回路中のE_1とfを制御すればよい．すなわち，一次電流がR_1に流れることによってR_1に生じる電流降下の影響がなくなるように制御する．

E_1とfを制御したときのトルクTは，

$$T = \frac{mp}{2\pi} \cdot \frac{\dfrac{R_s}{f_s} \cdot \dfrac{(2\pi f_s M)^2}{R_2^2 + \{2\pi f_s(l_2 + l_m)\}^2}}{\left(\dfrac{R_2}{f_s} \cdot \dfrac{(2\pi f_s M)^2}{R_2^2 + \{2\pi f_s(l_2 + l_m)\}^2}\right)^2 *}$$

$$* \frac{}{+ \left\{2\pi l_1 + 2\pi l_m \dfrac{R_2^2 + (2\pi f_s)^2 l_2(l_2 + l_m)}{R_2^2 + \{2\pi f_s(l_2 + l_m)\}^2}\right\}^2} \cdot \left(\frac{E_1}{f}\right)^2$$

$$= \frac{mp}{2\pi} \cdot \frac{X}{X^2 + Y^2} \left(\frac{E_1}{f}\right)^2$$

となる．

E_1/fが一定となるように制御すると誘導電動機の一次巻線に鎖交する磁束鎖交数は一定となる．このためE_1/f制御のことを**一次鎖交磁束制御**と呼ぶ．一次鎖交磁束制御における速度–トルク特性を第4図に示す．

V_1/f一定制御に比べて一次鎖交磁束制御では低周波領域のトルク特性が改善されている．

(4) E_2/f一定制御

E_1/f一定制御と同様にE_2/fを一定とする制御方法も考えられる．この場合は二次巻線に鎖交する磁束鎖交数が一定となる．これを**二次鎖交磁束制御**といい，そのトルクTは，

第4図 E_1/f 一定制御（一次鎖交磁束制御）

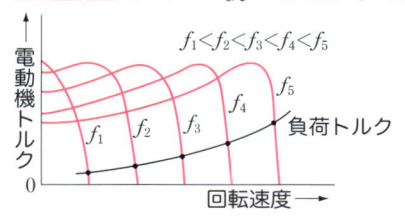

$$T = \frac{mp}{2\pi f} \cdot \frac{E_2^2}{R_2/s} = \frac{mp}{2\pi} \cdot \frac{f_s}{R_2} \left(\frac{E_2}{f}\right)^2$$

となる．この式から E_2/f を一定とすると，トルクは滑り周波数 f_s に比例することがわかる．

二次鎖交磁束制御の速度-トルク特性を第5図に示す．この図に示すように周波数 f に依存せず速度を可変できる．

第5図 E_2/f 一定制御（二次鎖交磁束制御）

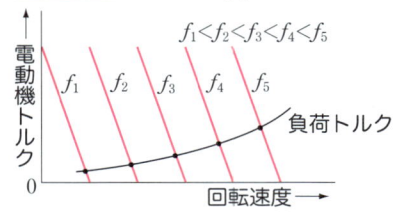

3 インバータの種類

インバータには出力の電圧波形が方形波になる電圧形インバータと，電流波形が方形波になる電流形インバータとがある．誘導電動機の速度制御には電圧形インバータが多用されている．電圧形インバータは負荷から電源を見た場合のインピーダンスが低く，誘導電動機の負荷電流が変化しても出力電圧の変化が小さい．このため，インバータの出力に複数の誘導電動機を並列に接続して駆動制御することが可能である．

電圧形インバータの出力周波数は0～200〔Hz〕程度が多いが，200～1 000〔Hz〕にもなる超高速電動機駆動用のインバータもある．

また，電圧形インバータの出力電圧をPWM（パルス幅変調）制御することによって，誘導電動機に流れる電流を正弦波状にすることができる．

このため，高調波電流を抑えることができるほか，高力率運転が可能となる．

一方，電流形インバータは負荷側から電源を見たときのインピーダンスが高いという特徴がある．このため誘導電動機の負荷電流が急変すると，大きな電圧変動が生じる．したがって，もっぱら1台の誘導電動機の制御に用いられる．

4　ベクトル制御とは

直流電動機の発生するトルク T は電機子電流 I_a と磁束 ϕ に比例し，

$$T = k\phi I_a$$

で与えられる．すなわち磁束 ϕ を一定とすれば電機子電流 I_a を制御することでトルクを制御できる．誘導電動機のベクトル制御はこの考え方に基づいて，一次電流とその位相を検出し，二次磁束とトルクを別々に制御する方式である．

ベクトル制御には磁界オリエンテーション形と滑り周波数制御形がある．ベクトル制御では二次磁束を検出しなければならないが，検出の容易なギャップ磁束で代用している．磁界オリエンテーション形は，誘導電動機の二次磁束を検出するためにホール素子を電動機に内蔵している．最近ではマイクロコンピュータで二次磁束を計算し，二次側変換係数を決定し，ホール素子を不要としたセンサレスベクトル制御も登場している．一方，滑り周波数形は二次磁束指令とトルク電流指令値とからベクトル制御に必要な磁化電流指令値と滑り角周波数指令値とを求めて制御する方式である．

電圧形インバータを用いた V/f 制御によれば多数のかご形誘導電動機を並列に接続し，可逆運転制御も可能である．とくに送風機やポンプに適用される誘導電動機の始動時における省電力化が可能となる．

一方，ベクトル制御方式はマイクロコンピュータを用いているため若干高価ではあるが，高精度のトルク制御と速度制御が可能である．とくに低速時のトルク特性が V/f 制御方式に比べて格段に優れているほか，四象限運転にも対応可能である．さらには通信機能をもったベクトル制御インバータも登場してきており，今後はさらに適用範囲が増えていくものと思われる．

テーマ 43 誘導電動機のベクトル制御

　誘導電動機の速度制御用として，一次電圧制御，周波数制御などを行う電源装置が用いられている．この種の電源装置には，もっぱらIGBT，MOSFETなどのパワーエレクトロニクス素子が用いられており，パワーエレクトロニクス素子の発展とともに，電動機制御への適用拡大が進んでいる．しかしながら，一次電圧制御あるいは周波数制御などによる誘導電動機の制御方法では，応答性の高い制御を行うことができないという問題があった．そこで，この問題を解決すべく考案された誘導電動機の制御方法がベクトル制御である．

1　ベクトル制御とは

　直流電動機が発生するトルク T は，電機子電流 I_a と磁束 ϕ に比例する．すなわち，

$$T = k\phi I_a$$

の関係として求めることができる．つまり，磁束 ϕ を一定に保てば，直流電動機のトルクは電機子電流 I_a の制御によってトルク制御が可能であることを示している．この考え方を誘導電動機の制御に応用したものがベクトル制御である．具体的には，誘導電動機に流入する一次電流を，磁束をつくる電流成分 I_0 とトルクを発生させる電流成分 I_2 とにベクトル的に分解する．そして，磁束を一定に，すなわち I_0 が一定となるよう制御する．そして，磁束を一定にしつつ，直流電動機の電機子電流に相当する I_2 を可変すれば誘導電動機のトルク制御が可能となる．

　また，ベクトル制御では一次電流を磁束をつくる電流成分とトルクを発生させる電流成分とを分離して制御するので，時定数が長い磁束成分を一定に維持しつつ，トルク成分だけを制御することが可能となる．このため，誘導電動機の電圧制御法や一次周波数制御法に比べて応答特性が改善される．

2 ベクトル制御の種類は

ベクトル制御は，間接形ベクトル制御と直接形ベクトル制御とに大別できる．

間接形ベクトル制御は，ベクトル制御装置から電動機に与える二次磁束指令値と，二次電流（トルク電流）指令値とからベクトル制御に必要な磁化電流指令値と，滑り角周波数指令値とを求めて制御する方式である．この方式には，滑り周波数制御形がある．この方式では，滑り角周波数を求めるためパルスエンコーダやタコジェネレータが誘導電動機の回転子に設けられている．

一方，**直接形ベクトル制御**は，誘導電動機の二次磁束をもとに，この磁束と直交する起磁力を制御することでトルク制御する方式である．この方式には，磁界オリエンテーション形がある．磁界オリエンテーション形は，二次磁束を検出するためホール素子が固定子に設けられている．

これらのベクトル制御方式はセンサを用いて，回転速度あるいは二次磁束を検出しているが，一次電流をもとにマイクロコンピュータで二次磁束を計算し，二次側変換係数を決定することで上述したセンサを不要とするセンサレスベクトル制御もある．センサレスベクトル制御は，センサを用いた制御方法に比べ若干精度が低下するが，従来の電圧制御法や一次周波数制御法に比べてトルクの応答特性が改善される．このため，ベクトル制御ほど性能が不要な用途に適用されてきている．

3 滑り周波数形の原理は

三相誘導電動機のＴ形等価回路を第1図(a)に示す．

第1図 三相誘導電動機の一次側換算1相分のＴ形等価回路

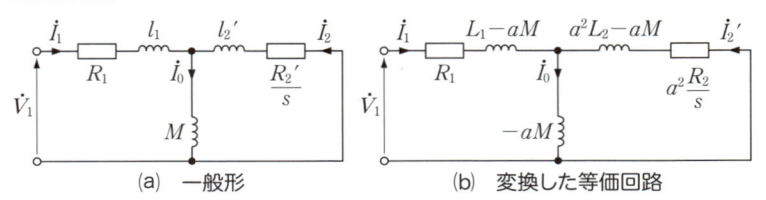

(a) 一般形

(b) 変換した等価回路

この等価回路では，
R_1：一次抵抗，R_2：二次抵抗
l_1：一次漏れインダクタンス，l_2：二次漏れインダクタンス
M：励磁インダクタンス，L_1：$M+l_1$，L_2：$M+l_2$
V_1：一次相電圧
I_0：励磁電流，I_1：一次電流，I_2：二次電流（トルク電流）
I_2'：一次側換算値
a：巻数比（$a=M/L_2$）

である．まず，この等価回路の定数を同図(b)に示すように変換する．この図から，

$$\dot{V}_1 = (R_1 + j\omega L_1)\dot{I}_1 + j\omega aM\dot{I}_2' \tag{1}$$

$$0 = j\omega aM\dot{I}_1' + \left\{a^2\left(\frac{R_2}{s}\right) + j\omega a^2 L_2\right\}\dot{I}_2' \tag{2}$$

が得られる．この(1)，(2)式を行列表示に直すと，

$$\begin{bmatrix} \dot{V}_1 \\ 0 \end{bmatrix} = \begin{bmatrix} R_1 + j\omega L_1 & j\omega aM \\ j\omega aM & a^2\left(\dfrac{R_2}{s}\right) + j\omega a^2 L_2 \end{bmatrix} \begin{bmatrix} \dot{I}_1 \\ \dot{I}_2' \end{bmatrix} \tag{3}$$

となる．(3)式を順次，二次側に換算していく．まず，一次電流を二次側に換算する．

一次電流I_1の二次側換算値をI_1'とする．

$$\begin{bmatrix} \dot{I}_1 \\ \dot{I}_2' \end{bmatrix} = \begin{bmatrix} 1/a & 0 \\ 0 & 1 \end{bmatrix} \begin{bmatrix} \dot{I}_1' \\ \dot{I}_2' \end{bmatrix} \tag{4}$$

であるから，(4)式を(3)式に代入して，

$$\begin{bmatrix} \dot{V}_1 \\ 0 \end{bmatrix} = \begin{bmatrix} R_1 + j\omega L_1 & j\omega aM \\ j\omega aM & a^2\left(\dfrac{R_2}{s}\right) + j\omega a^2 L_2 \end{bmatrix} \begin{bmatrix} \dfrac{1}{a} & 0 \\ 0 & 1 \end{bmatrix} \begin{bmatrix} \dot{I}_1' \\ \dot{I}_2' \end{bmatrix}$$

$$= \begin{bmatrix} \dfrac{1}{a}(R_1 + j\omega L_1) & j\omega aM \\ j\omega aM & a^2\left(\dfrac{R_2}{s}\right) + j\omega a^2 L_2 \end{bmatrix} \begin{bmatrix} \dot{I}_1' \\ \dot{I}_2' \end{bmatrix} \tag{5}$$

が得られる．次に一次電圧を二次側に換算するため，巻数比$1/a$を両辺に

テーマ43 誘導電動機のベクトル制御

掛ける. すなわち, (5)式の両辺に $\begin{bmatrix} 1/a & 0 \\ 0 & 1 \end{bmatrix}$ を左側からそれぞれ掛けて,

$$\begin{bmatrix} \dfrac{1}{a} & 0 \\ 0 & 1 \end{bmatrix} \begin{bmatrix} \dot{V}_1 \\ 0 \end{bmatrix} = \begin{bmatrix} \dfrac{1}{a} & 0 \\ 0 & 1 \end{bmatrix} \begin{bmatrix} \dfrac{1}{a}(R_1+j\omega L_1) & j\omega aM \\ j\omega M & a^2\left(\dfrac{R_2}{s}\right)+j\omega a^2 L_2 \end{bmatrix} \begin{bmatrix} \dot{I}_1' \\ \dot{I}_2' \end{bmatrix}$$

$$\begin{bmatrix} \dfrac{\dot{V}_1}{a} \\ 0 \end{bmatrix} = \begin{bmatrix} \dfrac{1}{a^2}(R_1+j\omega L_1) & j\omega M \\ j\omega M & a^2\left(\dfrac{R_2}{s}\right)+j\omega a^2 L_2 \end{bmatrix} \begin{bmatrix} \dot{I}_1' \\ \dot{I}_2' \end{bmatrix} \quad (6)$$

次に, 一次側に換算された二次電流 I_2' を二次側に換算した I_2 を求める.

$$\begin{bmatrix} \dot{I}_1' \\ \dot{I}_2' \end{bmatrix} = \begin{bmatrix} 1 & 0 \\ 0 & 1/a \end{bmatrix} \begin{bmatrix} \dot{I}_1' \\ \dot{I}_2 \end{bmatrix} \quad (7)$$

であるから, (7)式を(6)式に代入して,

$$\begin{bmatrix} \dfrac{\dot{V}_1}{a} \\ 0 \end{bmatrix} = \begin{bmatrix} \dfrac{1}{a^2}(R_1+j\omega L_1) & j\omega M \\ j\omega M & a^2\left(\dfrac{R_2}{s}\right)+j\omega a^2 L_2 \end{bmatrix} \begin{bmatrix} 1 & 0 \\ 0 & \dfrac{1}{a} \end{bmatrix} \begin{bmatrix} \dot{I}_1' \\ \dot{I}_2 \end{bmatrix}$$

$$= \begin{bmatrix} \dfrac{1}{a^2}(R_1+j\omega L_1) & j\omega \dfrac{M}{a} \\ j\omega M & a\left(\dfrac{R_2}{s}\right)+j\omega a L_2 \end{bmatrix} \begin{bmatrix} \dot{I}_1' \\ \dot{I}_2 \end{bmatrix} \quad (8)$$

最後に(8)式の両辺の左側にそれぞれ $\begin{bmatrix} 1 & 0 \\ 0 & 1/a \end{bmatrix}$ を掛けて,

$$\begin{bmatrix} 1 & 0 \\ 0 & \dfrac{1}{a} \end{bmatrix} \begin{bmatrix} \dfrac{\dot{V}_1}{a} \\ 0 \end{bmatrix} = \begin{bmatrix} 1 & 0 \\ 0 & \dfrac{1}{a} \end{bmatrix} \begin{bmatrix} \dfrac{1}{a^2}(R_1+j\omega L_1) & j\omega \dfrac{M}{a} \\ j\omega M & a\left(\dfrac{R_2}{s}\right)+j\omega a L_2 \end{bmatrix} \begin{bmatrix} \dot{I}_1' \\ \dot{I}_2 \end{bmatrix}$$

$$\begin{bmatrix} \dfrac{\dot{V}_1}{a} \\ 0 \end{bmatrix} = \begin{bmatrix} \dfrac{1}{a^2}(R_1+j\omega L_1) & j\omega \dfrac{M}{a} \\ j\omega \dfrac{M}{a} & \left(\dfrac{R_2}{s}\right)+j\omega L_2 \end{bmatrix} \begin{bmatrix} \dot{I}_1' \\ \dot{I}_2 \end{bmatrix} \quad (9)$$

となり, 第2図に示すような非対称等価回路を得ることができる. この図から一次電流 I_1 と二次電流 I_2 および励磁電流 I_0 の関係を図示すると, 第3図に示すベクトル図を描くことができる. この図に示すように誘導電動機に与えられる一次電流が, 励磁電流と二次電流とに分割される.

第2図に示す等価回路から, 二次側に供給される電力 P_2 (三相分) は,

第2図 ベクトル制御の等価回路

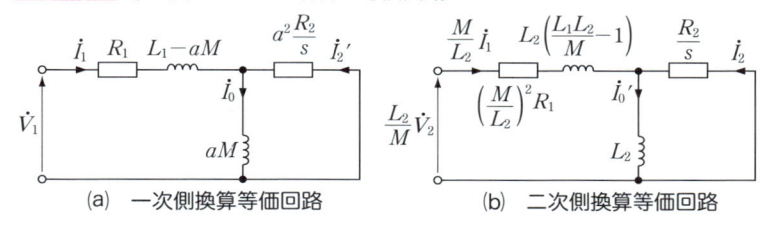

(a) 一次側換算等価回路

(b) 二次側換算等価回路

第3図 ベクトル図

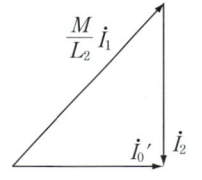

$$P_2 = 3\frac{R_2}{s}|\dot{I}_2|^2 \tag{10}$$

である．また，この等価回路の励磁回路および二次側回路から，

$$\omega L_2|\dot{I}_0'| = \frac{R_2}{s}|\dot{I}_2|$$

$$\therefore\quad |\dot{I}_2| = \omega s \frac{L_2}{R_2}|\dot{I}_0'| \tag{11}$$

が得られる．

電動機の発生トルク T は，(10)式を同期角速度 ω_0 で割ったものであるから，

$$T = \frac{P_2}{\omega_0} = 3\frac{\omega s R_2}{\omega_0 s R_2}L_2|\dot{I}_0'||\dot{I}_2| = 3\frac{\omega}{\omega_0}L_2|\dot{I}_0'||\dot{I}_2| \tag{12}$$

となる．

誘導電動機の電源周波数を f，極対数を p，同期速度を n_0 とすれば，同期角速度 ω_0 は，

$$\omega_0 = 2\pi n_0 = \frac{4\pi f}{p} \tag{13}$$

また，

テーマ43 誘導電動機のベクトル制御

$$\omega = 2\pi f \quad (14)$$

である．(13)，(14)式を(12)式に代入すると，

$$T = \frac{3}{2} p L_2 |\dot{I}_0'| |\dot{I}_2| \quad (15)$$

を得ることができる．この式から，励磁電流 I_0 を一定に保てば，トルク T は，二次電流 I_2 に比例することがわかる．

上述した原理に基づいて構成された，滑り周波数形の概略構成図を第4図に示す．この方式は，電動機の回転角速度から(11)式の演算を行い，二次電流を算出するため，回転速度を検出するパルスエンコーダやタコジェネレータが必要である．

第4図 滑り周波数形ベクトル制御

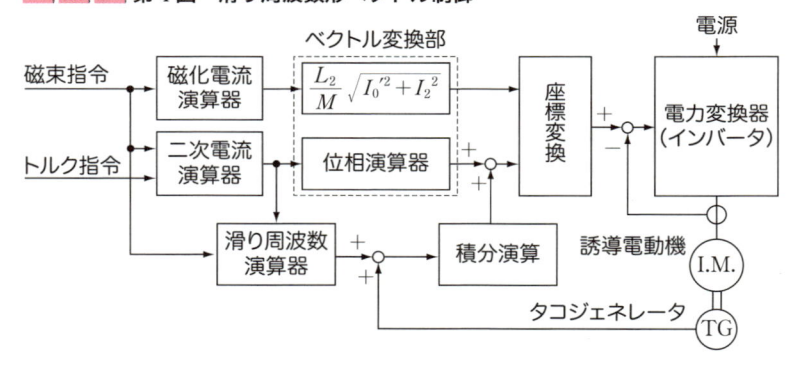

4 磁界オリエンテーション形の原理は

磁界中に置かれた導体に電流を流すと，その導体には力が生じる．この力は，磁界の方向と直交する方向に導体の電流が流れたとき最大となる．電動機はこの力を応用したものである．

磁界オリエンテーション形は，この考え方に基づき，誘導電動機の二次磁束を検出して，一次電流を制御することによってトルク制御を行う制御方式である．ただ，実機においては，二次磁束の検出は行わず，検出の容易なギャップ磁束で代用している．

第5図は磁界オリエンテーション形の概略構成図である．誘導電動機の

▰▰▰ 第5図　磁界オリエンテーション形ベクトル制御

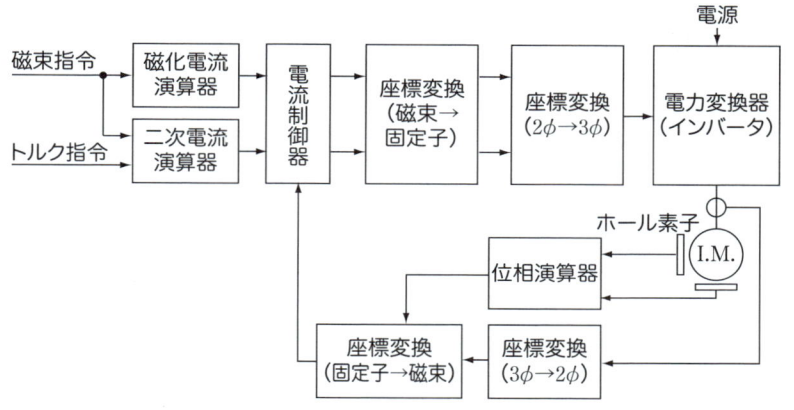

固定子側に電気角で90°ずらして磁束センサを配置する．この磁束センサにはホール素子などが用いられる．この磁束センサで得られる磁束はギャップ磁束であるので，結合係数と漏れ磁束成分の補正を行う．

テーマ 44 半導体電力変換装置が電力系統に与える影響と対策

　電力変換装置は，交流から直流，直流から交流あるいは交流の周波数変換，直流の電力変換など，電気エネルギーを変換する装置である．この電力変換装置を入力電力および出力電力の種類について分類すると第1表に示すようになる．また，これらの電力変換装置は半導体素子の開発・改良によって高電圧・大電流の電力制御装置だけではなく，一般家庭用電気製品に至るまで幅広く適用され利用されている．その反面，半導体電力変換装置特有の問題が，その適用範囲の拡大に伴ってクローズアップされるようになり，とくに電力系統への影響が無視できなくなってきた．

第1表　電力変換装置

出力＼入力	交　流	直　流
直流	順変換装置（コンバータ）	チョッパ
交流	交流電力変換装置	逆変換装置（インバータ）

　電力系統へのおもな影響としては，①無効電力の影響，②高調波の影響，などがある．

1　無効電力の影響と対策は

(1)　無効電力が生じる理由

　第1図に示す半導体を利用した順変換器（コンバータ）を取り上げて検討してみよう．
　この図で入力交流電圧の実効値を V〔V〕，制御角を α〔rad〕とすれば，直流の出力平均電圧 V_d は，

$$V_d = \frac{1}{\pi}\int_{\alpha}^{\pi+\alpha} \sqrt{2}V \sin\theta \, d\theta = \frac{\sqrt{2}V}{\pi}[-\cos\theta]_{\alpha}^{\pi+\alpha}$$

$$= 0.9V\cos\alpha \ \text{〔V〕} \tag{1}$$

ただし，$0 \leq \alpha \leq \pi/2$

第 1 図　単相ブリッジ整流回路

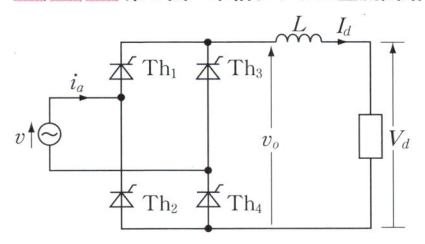

となる．直流側のリアクトル L が十分大きく $L=\infty$ であるとすれば，直流側の電流 I_d は第 2 図に示すように一定値となる．

第 2 図

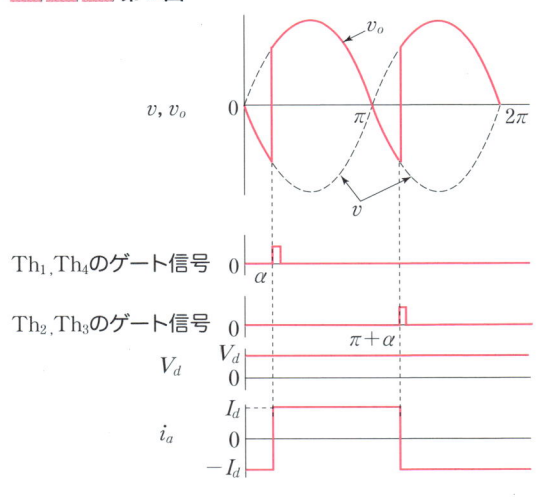

したがって交流側の電流 I_a も一定値となり，$I_d = I_a$ の関係が成立する．このときの交流側の皮相電力 S は，

$$S = V I_a = V I_d \tag{2}$$

となる．一方，有効電力 P は，(1)式から，

$$P = V_d I_d = 0.9 V I_d \cos \alpha \tag{3}$$

よって，交流側から見た力率 $p.f.$ は，

$$p.f. = \frac{P}{S} = 0.9 \cos \alpha \tag{4}$$

となる．(4)式からわかるように順変換器の制御角を大きくすると力率が

悪くなる．また，制御角$\alpha=0$のとき，力率は最良となるが，力率$p.f.=1$にはならず無効電力を生じていることがわかる．これは，変換装置で生じる高調波電力によるものである．

次に逆変換装置（インバータ）について検討する．ここでは第3図に示す他励式インバータを取り上げる．他励式インバータは，第1図の整流回路の負荷の代わりに直流電源を設けたもので，制御角を$\pi/2$以上にすることで直流を交流に変換することができる．

第3図の回路において，交流電圧の実効値をV〔V〕とすれば，次式で示す関係が成立する．

$$V_d = -V_i = -\frac{2\sqrt{2}}{\pi}V\cos\alpha = -0.9V\cos\alpha \ 〔V〕 \tag{5}$$

ただし，$\pi/2<\alpha<\pi$

第3図　他励式インバータ

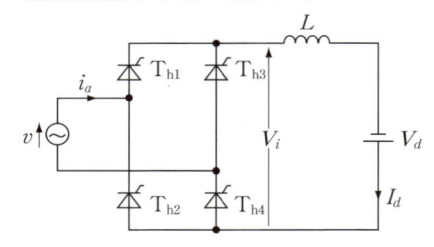

このときの電流波形は第4図に示すようになり，交流出力電流は交流電圧よりも位相が進む．これを進み角γとすれば，

$$\gamma = \pi - \alpha \ 〔\text{rad}〕 \tag{6}$$

となる．

したがってインバータとして動作する制御角αは(5)式から$\pi/2<\alpha<\pi$の範囲になければならない．よって(6)式で表される制御進み角γは，$0<\gamma<\pi/2$の範囲となる．また，直流側の電流をI_dとすれば，交流電流の基本波I_1は第4図の電流波形をフーリエ展開して，

$$I_1 = \frac{2\sqrt{2}}{\pi}I_d \tag{7}$$

となる．交流側への出力電力の平均値Pは基本波電流I_1と電圧の基本波成分Vとの積になる．よって，(5)式，(7)式から，

第4図

$$P = -VI_1 \cos \alpha = VI_1 \cos \gamma = V \frac{2\sqrt{2}}{\pi} I_d \cos \gamma = \frac{2\sqrt{2}}{\pi} V \cos \gamma \cdot I_d$$

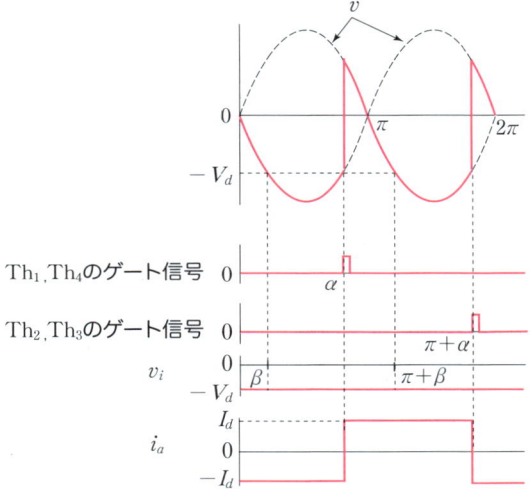

$$= V_d I_d \tag{8}$$

となる．すなわち(8)式から交流側の平均電力は直流側の平均電力に等しくなることがわかる．言い換えれば直流電力が交流側に変換されて伝達されていることになる．一方，交流側の皮相電力 S は，

$$S = VI_d \tag{9}$$

である．したがって交流側の力率 $p.f.$ は，(8)式および(9)式から，

$$p.f. = \frac{P}{S} = \frac{V_d I_d}{VI_d} = \frac{2\sqrt{2}}{\pi} \cos \gamma = 0.9 \cos \gamma \tag{10}$$

(2) 無効電力の影響

このように半導体電力変換装置では，(4)式または(10)式に示すように，順変換器または逆変換器のいずれも無効電力を必要とする．そして，無効電力は上述のように制御角を大きくするほど増大し，この無効電力が電力系統の送配電線に流れると電力損失を生じる．

また，負荷変動に伴って制御角を変化させると，それにつれて無効電力も変化する．無効電力の大きな変動は電力系統の安定度を損なう要因

となり，とくに電圧の変動要因となる．

(3) 無効電力の対策

(a) 位相制御に限度を設ける

制御角を大きくすると力率は低下して，無効電力が増加する．このため，制御角に限度を設ける．

(b) 複数の変換器の組合せ

大きさの等しいn組の変圧器を用意してそれぞれの出力が所定の位相差になるよう構成する．そして，変圧器の出力側にはそれぞれブリッジ整流回路を設け，それぞれのブリッジ回路を同一制御角で運転する．このようにすることで1台の変圧器で運転したときに交流側に生じるパルス数に対してn倍となるのでひずみ率を小さくすることができる．すなわち力率を改善することができる．

(c) 制御角の非対称制御

第1図に示す単相ブリッジ回路は単相半波整流回路を2アーム組み合わせた構成となっている．そして，それぞれのアームの半波整流回路は同じ制御角で運転される．このアームの制御角をそれぞれ異なる値にすることによって，ある程度力率を改善することができる．

(d) 強制転流方式の採用

サイリスタを制御角αで運転するとサイリスタは保持電流以下になるか，または逆極性の電圧が印加されるまで導通状態を維持する．たとえば順変換器（コンバータ）は，その出力電圧を下げるために位相角αを大きくする必要がある．ところが(4)式に示すようにαの増加に伴って力率も低下する．そこで，GTO（ゲートターンオフ）サイリスタやIGBT（絶縁ゲートバイポーラトランジスタ）などの自己消弧素子を用いて，消弧角の制御もあわせて行うことにより力率を改善する．具体的にはパルス幅変調（PWM）方式を用いて力率が最良となるよう改善する．

(e) 無効電力吸収源や無効電力補償装置の併設

交流側に流れる無効電流を補償するため，電力コンデンサや無効電力補償装置などによって無効電力を補償して，半導体電力変換装置による無効電力の影響を補償する．

2　高調波の影響と対策とは

(1) 高調波が生じる原因

第2図に示す順変換器（コンバータ）の交流電流をフーリエ展開すると，

$$i = \frac{2\sqrt{2}I_d}{\pi}\left\{\sin(\omega t - \alpha) + \frac{1}{3}\sin(3\omega t - \alpha) + \frac{1}{5}\sin(5\omega t - \alpha) + \cdots\cdots\right\}$$

となり，基本波に加えて3倍，5倍，……，n倍の周波数成分を含んでいることがわかる．第3図に示す逆変換器（インバータ）についても同様である．このように半導体電力変換装置の交流側電流には，基本周波数電流の$1/n$に相当する高調波電流が含まれる（nは基本周波数の奇数整数倍であって高調波次数を表す）．

(2) 高調波の影響

高調波が電力系統に流入すると通信線への電磁誘導，回転機のトルク振動，電力用コンデンサの過負荷，制御機器や保護リレーの誤動作などさまざまな支障を及ぼす．近年は半導体電力変換装置の適用拡大に伴って，系統に含有される高調波が増加してきている．

1987年5月に出された通商産業省（現，経済産業省）資源エネルギー庁長官の私的座談会「電力利用基盤強化懇親会」における報告書によれば，商用電力系統の高調波環境目標レベルとして，総合電圧ひずみ率が6.6〔kV〕配電系で5〔％〕，特高系では3〔％〕が妥当であるとされている．

(3) 高調波対策

(a) シャントフィルタの適用

交流側（系統側）に低域通過フィルタ（ローパスフィルタ）を挿入して，高調波を吸収する．

(b) 変換器の多相化

変換器を多相化して，それぞれのアームの制御角を異なる値にする．たとえば大きさの等しいn組の変圧器を用意してそれぞれの出力が所定の位相差になるよう構成する．そして，変圧器の出力側に設けたブリッジ整流回路を同一制御角で運転する．このようにすると1台の変圧器で運転したときのパルス数と比べてn倍となるため，低次の高調波を低減させることができる．

(c) **自励PWM方式の採用**

自己消弧形素子を用いた自励PWM方式を採用することによって低次高調波の発生を防止する．

(d) **アクティブフィルタの設置**

アクティブフィルタを交流側（系統側）に設けて高調波を低減させる．このアクティブフィルタは交流側に存在する高調波を検出し，その高調波と大きさの等しい逆位相の高調波を発生させ，この高調波と系統の高調波を合成して相殺するものである．

(e) **機器の設計段階での対策**

商用電力系統の高調波環境目標レベルを考慮して，家電・汎用品を設計・製造するに際し必要となる「発生する高調波電流の抑制レベル」と「測定方法」などを示すものとして通商産業省から，「家電・汎用品高調波抑制ガイドライン」が出された．これは300〔V〕以下の商用電源系統に接続して使用する定格電流20〔A/相〕以下の電気・電子機器（家電・汎用品）に適用される指標である．このガイドラインでは家電・汎用品を四つのクラスに分類して，それぞれの高調波レベルを規定している．

本ガイドラインに準じて設計された商品の取扱説明書などには「高調波ガイドライン適合品」と表示されている．

このように電力半導体素子を用いた電力変換装置の利便性が大きく，その使用機器は年々増加傾向にある．一方，このような装置が増加することによって電力系統に与える影響も無視できなくなってきている．とくに電力系統に接続されている機器，あるいは通信設備への半導体電力変換装置による高調波の影響がクローズアップされてきている．このため，高調波の発生を抑えた機器などの高調波対策機器を適用することや，アクティブフィルタなどの高調波抑制装置を設けるなどして高調波を系統に出さないような対策を行うことが望ましい．

テーマ45 鉛蓄電池

　二次電池は充電をすることによって繰り返し使うことができる電池である．自家用電気設備の二次電池としては鉛蓄電池とアルカリ蓄電池が主として用いられている．これらの蓄電池は商用電源のバックアップ用電源や自家用（非常用）発電機の始動電源として適用されている．

　このうち鉛蓄電池は金属鉛の化学変化を利用した電池であり，すでに約100年の歴史をもつ二次電池である．また，これまで種々の改良が行われ品質的に安定した蓄電池でもある．

1　鉛蓄電池の原理

　鉛蓄電池は希硫酸の水溶液（電解液）に浸した金属鉛の化学反応を利用した電池である．鉛蓄電池の化学反応式を以下に示す．

$$充電 \Leftrightarrow 放電$$

陰極側　　　　　$Pb + SO_4^{2-} \Leftrightarrow PbSO_4 + 2e^-$

陽極側　$PbO_2 + 4H^+ + SO_4^{2-} + 2e^- \Leftrightarrow PbSO_4 + 2H_2O$

全反応　　$PbO_2 + Pb + 2H_2SO_4 \Leftrightarrow 2PbSO_4 + 2H_2O$

この反応式で左側から右側に反応する場合が放電であり，右側から左側へ反応する場合が充電である．放電が進むに従って電解液の硫酸の濃度が低下するので液の比重が低下する．逆に充電が進むに従って電解液の硫酸の濃度が上昇するので電解液の比重が上昇する．

　充電が完了すると両電極の硫酸鉛はほとんど分解されて元の活物質に戻る．さらに充電を続けると水の電気分解が生じ，陰極板から水素ガス，陽極板からは酸素ガスが発生する．このため，電解液の水（H_2O）成分が減少する．

2　鉛蓄電池の構造

(1)　電極材料

　鉛蓄電池にはペースト式とクラッド式の2種類の電極が主として用い

られている.

(a) ペースト式極板

鉛または鉛とアンチモンの合金，鉛とカルシウムの合金などに鉛酸化物を混ぜて希硫酸で練り上げ，ペースト状にしたものをグリッド（格子）に充てんして乾燥させた後，化成したものである．

ペースト式でつくられた電極は鉛蓄電池の陰極に使用されるが，自動車用，小形運搬車用の蓄電池などは陽極板にも使用されることがある．

(b) ファイバークラッド式極板

ガラス繊維またはプラスチック繊維でつくった多孔性のチューブを鉛合金製くし状格子（心金）に通し，このチューブと心金間に鉛粉を充てんする．そして，このチューブを化成して活物質化することで電極として形成したものである．

チューブに活物質を充てんする構造であるため活物質の脱落がなく，活物質と電解液との接触性がよい．この極板は振動を受けることのない据え置き形の鉛蓄電池の陽極のほか，振動を伴う車両などの鉛蓄電池にも用いられる．

(2) 隔離板（セパレータ）

陽・陰極間の短絡を防止するために設けられる．隔離板は長時間の使用においても劣化せず，不純物が溶出することなく，また両極間のイオンの導通を妨げないものでなければならない．

このような性質を備えた隔離板の材料として，微孔性ゴム板，多孔性プラスチック，樹脂セパレータなどが用いられる．

(3) 電　槽

耐酸性がよく，しかも機械的強度が強いポリエチレン，ポリプロピレンや繊維強化プラスチックが用いられる．

(4) 電解液

鉛蓄電池では純粋な希硫酸が電解液として用いられる．この電解液は比重で管理され，20〔℃〕における比重値を標準としている．完全充電時の電解液標準比重は1.280である．

3 鉛蓄電池の特性

(1) 起電力

鉛蓄電池の公称起電力は 2.0〔V〕である．ちなみに車両用の 12〔V〕のバッテリは内部を仕切り板で仕切り，鉛蓄電池 6 セルを直列に接続した構造をとっている．

(2) 充電特性

鉛蓄電池の起電力を E〔V〕，充電電流を I〔A〕，鉛蓄電池の内部抵抗を r〔Ω〕とすれば，充電電圧 V_c〔V〕は，

$$V_c = E + Ir 〔V〕 \tag{1}$$

で求めることができる．

鉛蓄電池の充電は通常は 5 時間ないし 10 時間程度の時間をかけて行う．鉛蓄電池を一定の電流（定電流）で充電したときの鉛蓄電池の端子電圧と電解液比重の一例を第 1 図に示す．

第 1 図 鉛蓄電池の充電特性

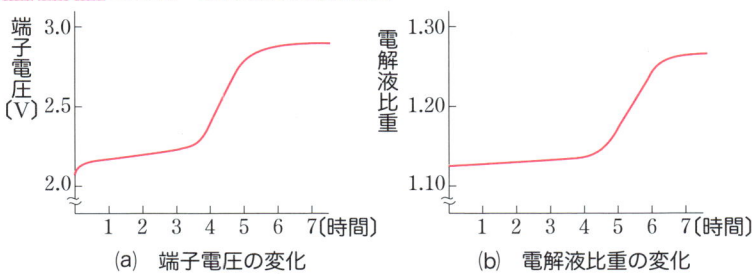

(a) 端子電圧の変化
(b) 電解液比重の変化

この図に示すように充電が進み，端子電圧が 2.35〔V〕を超えるとガスが発生し，端子電圧が急上昇する．さらに充電が進むと一定電圧，一定比重に落ち着く．この状態になると電解液中の水の電気分解が起こり，鉛蓄電池の温度が急上昇する．

また，この図が示すように電解液の比重は充電が進むにつれて上昇していくことがわかる．

(3) 放電特性

鉛蓄電池の起電力（開路電圧）を E〔V〕，放電電流を I〔A〕，鉛蓄電

池の内部抵抗を r〔Ω〕とすれば，放電時の端子電圧 V_d〔V〕は，
$$V_d = E - Ir \text{〔V〕} \tag{2}$$
で求めることができる．

鉛蓄電池1セル当たりの放電容量は放電終止電圧を低くとれば大きくすることができるが，放電終止電圧の低下に伴って，蓄電池はより深い放電をすることになる．このため，蓄電池の活物質の劣化の進行が早まり寿命が短くなる．このため放電率によって，放電終止電圧を第1表のように定めている．

第1表 放電終止電圧

放電率	放電終止電圧
1時間放電率	1.55〔V/セル〕
3時間放電率	1.65〔V/セル〕
5時間放電率	1.70〔V/セル〕

また放電電流が大きくなると，(2)式に示すように電池の内部抵抗によって端子電圧が低下するので電池容量も低下することになる．放電率と放電容量を表した一例を第2図に示す．

第2図 放電率と蓄電池容量の関係

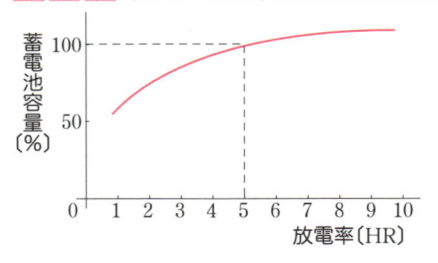

この図は5時間率（5〔HR〕）を基準の100〔％〕としている．この図に示すように鉛蓄電池を短時間に放電させるとその容量低下は著しくなる．

ちなみに電池容量が200〔A・h〕の場合，上記放電率における放電電流は次のように求めることができる．

(a) **1時間放電率（1〔HR〕）**

$$I = \frac{200 \text{〔A・h〕}}{1 \text{〔h〕}} \times 0.6 = 120 \text{〔A〕}$$

(b) 3時間放電率（3〔HR〕）

$$I = \frac{200 \,〔\mathrm{A \cdot h}〕}{3 \,〔\mathrm{h}〕} \times 0.85 = 56.7 \,〔\mathrm{A}〕$$

(c) 5時間放電率（5〔HR〕）

$$I = \frac{200 \,〔\mathrm{A \cdot h}〕}{5 \,〔\mathrm{h}〕} \times 1.0 = 40.0 \,〔\mathrm{A}〕$$

鉛蓄電池の単位時間当たりの放電電流が大きい場合，(2)式が示す内部抵抗による電圧降下が大きくなるため端子電圧が低下する．第3図に鉛蓄電池の放電時間と端子電圧との関係を表した一例を示す．

第3図　放電率特性

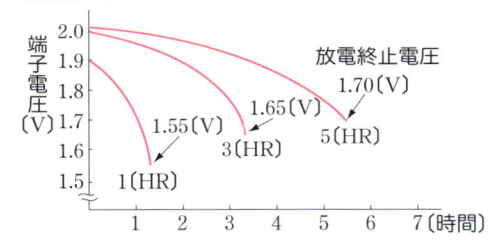

4　鉛蓄電池の取扱い上の注意

(1) 充　電

充電が進むと前述したように鉛蓄電池の端子電圧が上昇した後，水の電気分解が起こり端子電圧は一定になる．この水が電気分解されるときに生じる熱によって蓄電池の温度は上昇する．このとき電極活物質が劣化するとともに，とくに陽極の格子の腐食が進むため電池の寿命に影響を及ぼす．

また，充電中は陰極板から水素ガス，陽極板からは酸素ガスが発生する．水素ガス濃度が3.8〔％〕以上になると爆発するおそれがあるため，充電中は換気に留意するとともに，火を近づけたりスパークさせたりしないことが必要である．

(2) 放　電

鉛蓄電池が置かれている周囲温度にも注意が必要である．低温環境下では化学変化が鈍くなり，内部抵抗が増加する．このため電池容量が減

テーマ 45　鉛蓄電池

少するため過放電領域まで使ってしまう懸念がある．また，鉛蓄電池は，深い放電（充電された電気量を多く取り出す放電）と充電を繰り返す場合より，浅い放電と充電を繰り返す方が電池寿命を延ばすことができる．

鉛蓄電池は放電が進むにつれて内部抵抗が増加し，放電終止時に最大の抵抗値を示す．これは放電反応に伴って電極板に導電性の悪い硫酸鉛が形成されるためである．また，放電した鉛電池を放置しておくと白色硫酸鉛が形成される**サルフェーション現象**が起こる．いったんサルフェーションが起こった鉛蓄電池は，電池容量が減少し，元の容量を維持することができない．

鉛蓄電池を満充電した状態で全く放電させなかったとしても電池内部では化学反応が起こり時間の経過とともに，電池容量が低下する．これを**自己放電**という．したがって，鉛蓄電池を放置しておくと自己放電によってやがて過放電となりサルフェーション現象が起こる．このため，定期的に電解液の比重を計測して，放電が進んでいるようであれば充電を行う必要がある．

おおむね1～3か月程度に1回程度，自己放電を補う補充電を行えば十分である．

(3) 周囲温度

充電完了時は水の電気分解によって電池が発熱する．また，放電時は電池の内部抵抗が増加するため，内部抵抗によるジュール損が発生して電池温度が上昇する．このため，充放電時は0～40〔℃〕程度の周囲温度の範囲で使用することが望ましい．

(4) 電解液の補水

鉛蓄電池は充放電を繰り返すと徐々に電解液が減少し，液面が低下する．また，蓄電池を使わなくても電解液の水（H_2O）成分だけが蒸発して電解液がしだいに減少する．このため定期的に精製水を補水する必要がある．

補水は規定液面の範囲内になるように注意して補水する．補水最高液面を超えて補水すると充電時に液栓から漏液するおそれがある．逆に補水最低液面を下回った状態で放置しておくと極板が空気中に露出してしまい極板を痛めるおそれがある．

なお，補水時に鉛蓄電池内部に不純物が混入すると電池の極板を痛めて寿命が短くなることがあるので不純物が入り込まないように注意する．

テーマ 46 電食とその防止対策

1 電食とは

　電食とは，イオン化傾向の異なる金属が接触している場合や，地中や水路，海中などを流れる迷走電流が金属構造物を経由する場合，イオン化傾向の高い金属が陰極になり，ほかの金属あるいは地中や水路，海中などに存在する金属が陽極となるため一種の電池が形成され，この陽極となった側の金属が腐食する現象をいう．とくに，電流の出口となる金属部に激しい局部的な電食を生じ，腐食する．迷走電流による電食は迷走電流腐食とも呼ばれる．

　迷走電流腐食として，たとえば直流電気鉄道の影響があげられる．これは，レールから流れ出た漏れ電流が地下に埋設された水道管やガス管などの埋設金属に流れ，この電流が変電所付近でふたたびレールに向かって流出すると埋設金属が腐食する電食現象である．

　この電食現象は，直流電気鉄道などの人工の電流だけでなく地電流などの自然現象による弱電流によっても生じる．地電流には，自然地電流や誘導地電流などがある．

　自然地電流は，地質の構造や地形の影響あるいは地下水の流れなどによって生じる電流で，とくに硫化物の鉱床が地表近くにある場合などに顕著に見られる．

　一方，誘導地電流は，地球内部に存在する導電性物質に地磁気の強さや方向が時間的に変化するときに生じる電磁誘導によるものである．

　これらの地電流によって金属が電解腐食することを電食に含むこともあるが，直流式電気鉄道の帰線（レール）などの人為的電気設備からの漏れ電流による腐食を電食とすることが一般的である．

　これらの電食は，埋設金属が陰極となり，この埋設金属から電流が流れ出す，いわゆる電気分解が生じて金属が腐食する現象である．そして，この電食量 M はファラデーの法則から次式に示すように求めることができる．

$M = Zit$

ただし，Z：金属の電気化学当量

　　　　i：通過電流

　　　　t：通電時間

2　電食の防止対策は

　電食による金属の腐食（溶出）は，金属が陽極となって流れ出す箇所に起こる．このため，金属全体が陰極になるようにすれば電食を生じない．

　直流電気鉄道の場合，き電線側を陽極に，レール側を陰極になるようにしている．このようにすることによって埋設金属から流出する範囲を限ることができ，電食の範囲を限定することが可能となる．もし，逆極性の場合，埋設金属から流れ出す電流の場所が，電気車の移動につれて変化する．このため，広範囲にわたり埋設金属に電食を受けることになる．これら，直流電気鉄道による電食の防止対策として排流方式が用いられる．

　また，海水などの電解質水溶液中にある金属の電食防止対策には，外部電源方式や流電陽極方式の電気防食法や，被防食金属を不浸透性絶縁物で覆う方法が用いられる．

(1)　排流方式

　　この方式は，地中に埋設した金属に流入した漏れ電流を大地に流出させることなく，直接レールに戻す（排流する）方式であり，直接排流法，選択排流法，強制排流法の3方式がある．このうち，直流電気鉄道による電食の防止対策としては，一般的には選択排流方式が用いられている．

(a)　直接排流方式

　　第1図(a)に示すように埋設金属とレールとを低抵抗の導体で直接接続して排流する方法である．埋設金属の周辺に電気鉄道用の変電所付近が1か所しかなく，レール側から電流が逆流するおそれがない場合にしか適用できない．

(b)　選択排流方式

　　第1図(b)に示すように，埋設金属とレールとを選択排流器（整流器）を介して接続する方法である．この方法は埋設金属の電位がレールよりも高電位のときだけ電流を流すものである．排流にあたり，排流装

第1図　電気鉄道用排流方式

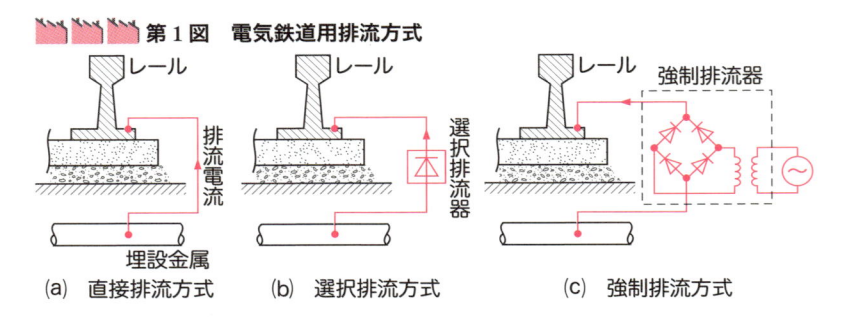

(a) 直接排流方式　　(b) 選択排流方式　　(c) 強制排流方式

置が簡易であり，電源や接地などが不要でコストもかからないことから一般的に用いられている．

(c) 強制排流方式

第1図(c)に示すように鉄道のレール側が陽極となるように外部直流電源により電圧を加え，埋設金属側がレールに対して常に負電位になるようにして，埋設金属から地中へ流出する電流を消滅させる方法である．この方式は，防食効果が大きい反面，電気鉄道側の信号回路などへ影響を及ぼすことがある．

(2) 外部電源方式

第2図に示すように，保護する金属体に対して別の金属を同一腐食媒体中に入れ，それぞれを電極として，保護する金属体側が陰極，別の金属体が陽極となるように外部から直流電流を印加する．このようにすることで，保護する金属から電流が流出することがないので電食が起こらない．しかし，この方式では陽極となる金属体が電食して消耗するので，適切な時期で陽極を交換する必要がある．

この方式は，外部電源によって強制的に電食電流を抑えることから強

第2図　外部電源方式

制通電方式とも呼ばれている．

(3) 流電陽極方式

　　金属のイオン化傾向の違いを利用したものであり，第3図に示すように防食の対象とする金属よりもイオン化傾向の高い金属を用意して，それぞれの金属間を電気的に接続する．すると，イオン化傾向の違いによって電池が形成される．この電池の電位はイオン化傾向の高い金属側が陽極，イオン化傾向の低い金属が陰極となり，防食電流を流すことができる．したがって，電食防止のため電源を用意する必要がない．しかし，外部電源方式と同じように，陽極となる金属体が電食して消耗するので，適切な時期で陽極を交換する必要がある．

第3図　流電陽極方式

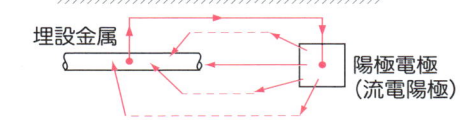

埋設金属
陽極電極
（流電陽極）

　流電陽極方式は，陽極（アノード）側の金属を犠牲にして負極となる埋設金属を保護することから犠牲アノード方式とも呼ばれる．

3　その他の防食対策は

　電食は埋設金属から電流が流れ出すことによって発生する．このため，埋設金属を電気的に絶縁して電食の発生を防止する．

(1) 電気鉄道の場合

　　直流電気鉄道側でレールから流れ出す電流を減少させるため，
　① 　レールに流れる負荷電流を小さくする
　② 　変電所間隔を短縮する
　③ 　レールの導体抵抗を小さくする
　④ 　大地漏れ抵抗を大きくする
　などの対策が行われている．

(2) 電解質中に埋設された金属の場合

　　水門などに用いられる金属ゲートに発生する電食防止対策としては，表面を塗装処理して電食電流の流れを少なくするとともに，アルミニウ

ムやマグネシウムなどの金属を陽極にする流電陽極方式または直流電源を用いた外部電源方式の電気防食が行われる．

ちなみに，これらの方式による電気防食の効果として塗装処理だけの場合に比べて耐用年数が1.5倍程度長くなるとの報告がある．

4　法的規制は

電気設備技術基準第54条に「直流帰線は，漏れ電流によって生じる電食作用による障害のおそれがないように施設しなければならない」とあり，同法の解釈第209条に直流帰線を大地から絶縁すること，直流帰線と埋設金属との離隔距離，帰線の施設方法など，第210条には排流施設の接続方法などが詳細に規定されている．

テーマ 47

オペレーティングシステム

　コンピュータシステムは，ハードウェアとソフトウェアとを組み合わせてユーザが所望する処理を実行する．そして，このハードウェアとソフトウェアを効率よく管理するソフトウェアとして用意されたのがオペレーティングシステムである．オペレーティングシステムは，第1図にその位置付けを示すように，ハードウェアとソフトウェアとの仲立ち（インタフェース）を行い，コンピュータのシステム管理とユーザに利用しやすいコンピュータシステムを提供する．

第1図　オペレーティングシステムの位置付け

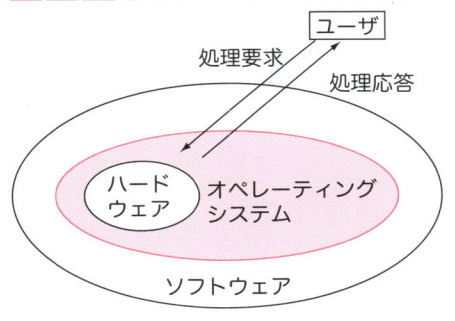

　このオペレーティングシステムは基本ソフトウェアと呼ばれることもある．

1　オペレーティングシステムの目的

(1) ハードウェア資源の管理

　コンピュータシステムは，第2図にその概略構成を示すように中央処理装置（CPU：central processing unit）と記憶装置および入出力装置などの各種装置から構成されている．これらの各種装置はコンピュータシステムのハードウェア資源（hardware resource）と呼ばれている．オペレーティングシステムは，これらのハードウェア資源を効率よく利用できるように管理する．

12　情報伝送・処理

第2図 コンピュータシステムの概略構成

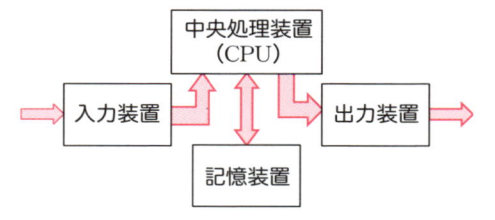

```
入力装置 → 中央処理装置（CPU） ⇅ 記憶装置 → 出力装置
```

(2) コンピュータシステムの安定稼動の確保

コンピュータシステムの安定稼動を確保するための要素として，以下に示す五つをあげることができる．

(a) 信頼性（Reliability）
故障率が低く正常に処理を実行できること．

(b) 可用性（Availability）
必要なときに使用できること．

(c) 保守性（Serviceability）
障害の発生に対して簡単に復旧できること．

(d) 保全性（Integrity）
データの矛盾などが発生しないこと．

⑤ 機密性（Security）
使用が許されていないユーザの使用を許可しないこと．

これら五つの要素の頭文字をとり，一括してRASIS（レイシス）と呼ばれる．オペレーティングシステムはこのRASISの向上を図っている．

(3) 操作・運用支援

コンピュータシステムをユーザが操作しやすくなるようにオペレーティングシステムは操作支援機能を備えている．たとえばディスプレイなどに適切なメッセージの表示を行いながら，その結果を適切に表示するなどしてユーザの操作支援を行う．また，GUI（graphical user interface）と呼ばれるディスプレイ上に表示されたアイコンやウインドウなどのグラフィカルな要素を用いて，ユーザがマウスなどで操作することによって容易に操作することができる手段なども備えている．

さらにオペレーティングシステムは，コンピュータシステムの自動連

続処理の実行などの運用支援機能も備えている．

2　オペレーティングシステムの構成

オペレーティングシステムは，制御プログラム，言語プロセッサ，サービスプログラムから構成されている．それぞれの働きを以下に示す．

(1) **制御プログラム**（control program）
制御プログラムのおもな機能としては次のものがあげられる．

(a) **ジョブ管理**

ジョブ（job）はユーザから見たひとかたまりの仕事の単位のことをいい，一つのジョブは複数のプログラムから構成されている．

オペレーティングシステムはこのジョブをジョブ制御言語 JCL（job control language）を利用して制御する．**ジョブ制御言語**はジョブの実行手順の指示を行い，ジョブごとにどの処理プログラムとデータファイルを使ってジョブを実行すべきかを中央処理装置に指示する．

(b) **タスク管理**

タスク（task）はハードウェア資源を使う処理実行の最小単位のことをいう．ジョブがユーザ側から見たコンピュータの仕事の単位であるが，タスクはコンピュータが管理する仕事全体もしくは中央処理装置が実行しているプログラムを意味する．

オペレーティングシステムは，タスク管理プログラム（task management program）によって，中央処理装置がタスクを処理する時間を割り当てて，コンピュータシステムの効率的な利用を行う．

タスクは**プロセス**（process）と呼ばれることもある．

(c) **データ管理**

コンピュータシステムには種々の入出力装置が接続されているが，それぞれの入出力装置が取り扱うデータ管理方法は異なっている．このため，オペレーティングシステムは入出力装置の違いを意識せず一括して入出力データとして取り扱えるようなデータ管理（data management）機能を備えている．

データ管理は，コンピュータが扱うデータの入出力管理とともに，ファイルの編成方法も管理する．ファイルの編成方法としては順編成，

テーマ47 オペレーティングシステム

直接編成,索引編成などがある.

これらのデータ管理によって,コンピュータシステムの処理効率を向上させることができる.

(d) 記憶管理

コンピュータのハードウェア資源のうち,記憶装置の管理を行う機能である.記憶装置には主記憶装置と補助記憶装置とがあり,一般的に主記憶装置の記憶容量に比べて補助記憶装置の記憶容量は大きい.

主記憶装置には物理アドレス(physical address)といわれる番地が付けられて管理されている.物理アドレスは,主記憶装置上に付けられた実際のアドレスであり,実記憶アドレス(real storage address)といわれる.

記憶管理機能は補助記憶装置などに主記憶装置の容量よりも大きな記憶場所を確保して,この記憶場所を主記憶装置の記憶領域の一部とみなし,あたかも記憶装置が大きくなったかのように利用できるような工夫がされている.これを**仮想記憶システム**(virtual storage system)と呼ぶ.仮想記憶システムを用いることで,実際の主記憶装置の容量以上に記憶装置があるものとしてコンピュータシステムを動作させることができる.

具体的には,主記憶装置上の記憶領域の容量が不足した場合,たとえば磁気ディスクなどの補助記憶装置上に仮想的にデータの記憶領域を構築して主記憶装置と補助記憶装置とを一つの大きな記憶領域として利用することができる.このためオペレーティングシステムは,補助記憶装置内の記憶領域を一定の大きさ(数kバイト程度)のページ(page)に細分して記憶管理する.

(e) 運用管理

コンピュータシステムの稼動状況の把握,ユーザ管理やセキュリティ管理などを行う機能である.

コンピュータシステムの稼動状況はログ(log)と呼ばれるファイルに記録される.また,利用者ごとにコンピュータシステムの利用できる範囲を設定するユーザ管理や暗証番号,パスワード(password)などを利用したセキュリティ管理も行う.

コンピュータシステムの利用者識別には識別名（IDコードやユーザ名）などを用いる．

(f) **障害管理**

コンピュータシステムが安定に運用できるように，コンピュータシステムを絶えず監視して運用状況の把握をするとともに，その運用状況を記録する．コンピュータシステムに異常・障害が発生したときにはその回復処理なども行う．

(g) **入出力管理**

コンピュータシステムに接続された各種入出力機器の制御を行う．たとえば，優先度の高い入出力装置からの処理要求や，ジョブの優先度に応じた入出力処理を実行・処理する機能を備えている．

入出力管理ではデータを一連のかたまりとして取り扱う．この単位を論理レコード（logical record）または物理レコード（physical record）と呼ぶ．

(h) **通信管理**

ほかのコンピュータシステムとの間で相互にデータのやりとり，あるいはコンピュータに接続されている端末との通信管理を行うための機能である．

通信管理機能は，国際標準化機構ISOが規定したOSI参照モデル（OSI reference model）に準拠している．

(2) **言語プロセッサ**

アプリケーションプログラムは，たとえばFORTRANやC言語などのプログラミング言語で記述されている．この言語はプログラムを作成するプログラムには理解しやすい言語体系をとっているが，コンピュータシステムはその言語のままでは実行することができない．このため，コンピュータが理解できるような言語（機械語）に変換（翻訳）する必要がある．この役目を担うオペレーティングシステムの機能が言語プロセッサ（language processor）である．言語プロセッサがあることによって，コンピュータのプログラムは人間が普段使っている言語（自然言語）に近い表記のプログラム言語を使うことができ，効率的なプログラムの開発，運用，保守が可能となる．

(3) サービスプログラム

サービスプログラム（service program）は，ユーティリティプログラム（utility program）とも呼ばれている．

サービスプログラムには，テキストを編集するエディタ（editor）や，プログラムの不具合を見つけやすくするデバッガ（debugger）などのほか，言語プロセッサで作成された機械語のプログラムを，実行プログラムに変換する連携編集プログラム（linkage editor program）などがある．

このようにサービスプログラムはコンピュータの処理を効率よく行うことができるようにする機能を備えている．

3　オペレーティングシステムの性能評価

オペレーティングシステムの性能評価として，時間を尺度にしたターンアラウンドタイムとレスポンスタイムとがある．

(1) ターンアラウンドタイム

ターンアラウンドタイム（turn around time）は，コンピュータシステムにジョブの処理を依頼してから，結果が得られるまでの経過時間のことをいう．ちなみに，単位時間当たりにコンピュータシステムが処理した仕事量のことは**スループット**（throughput）と呼ばれる．

(2) レスポンスタイム

レスポンスタイム（response time）は，コンピュータシステムに指示を与えてから応答が返ってくるまでの時間をいう．

4　オペレーティングシステムの処理能力向上

オペレーティングシステムはターンアラウンドタイムとレスポンスタイムの短縮を行い，処理能力を向上させている．このため，多重プログラミングやジョブの連続処理などを行っている．

(1) 多重プログラミング

多重プログラミング（multi programming）は，複数のプログラムを1台の中央処理装置で処理し，ハードウェア資源を有効に活用する方法である．この方法によれば，処理に時間のかかる入出力処理をプログラムが実行している間に，別のプログラムの処理を先に行い，中央処理装

置にむだな空き時間をつくらないようにすることができる．したがって，コンピュータシステムに効率的な処理を実行させることができる．

　たとえば第3図(a)に示すように処理Aのなかに入出力処理を行う命令があったとする．このとき，中央処理装置は入出力の動作が完了するまで，ほかのいっさいの処理を行わない．一方，第3図(b)に示すように入出力処理を実行中の中央処理装置の処理が空いている時間を次の処理Bに割り当てる．入出力処理が完了すると処理Aの実行を再開する．このため全体の処理時間を短縮することが可能となる．

第3図　多重プログラミングの例

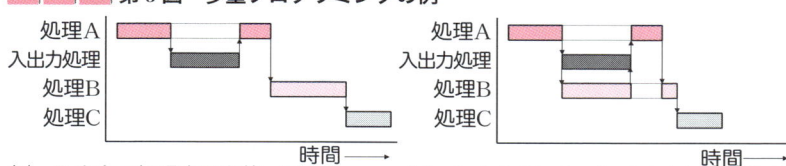

(a) 入出力の処理完了を待ってから次の処理を実行した場合（多重プログラミングを用いない場合）

(b) 入出力中に次の処理を実行した場合（多重プログラミングを適用した場合）

　このように，多重プログラミングによれば中央処理装置の空き時間をつくらず，効率的な処理を実行することができる．

(2) ジョブの連続処理

　ジョブの連続処理は，一つのジョブの処理が終了したら続けて次のジョブの処理が行えるようにジョブの準備作業と後始末を自動的に行い，コンピュータシステムの効率的な処理を行う方法である．

(3) マルチタスク

　マルチタスク（multi-task）は，コンピュータシステムがユーザの指示に基づき，ある処理を実行しているときに別の複数の処理をこまめに自動的に切り換えながら，あたかもそれらの処理を同時に行っているように実行させることをいう．たとえばユーザがエディタでプログラムや文章を作成中に，バックグラウンドで通信データの処理や，演算処理などを行わせることなどである．したがって，マルチタスクによってコンピュータの利用効率を向上させることができる．

(4) **割込み処理**

コンピュータシステムでは一連の処理が順序よく行われていくが，緊急を要する処理が必要とされる場合は，割込み（interrupt）によってこの処理を先行処理する．割込みが起こると，中央処理装置は現在実行中のプログラムを中断し，ほかの割り込まれたプログラムを先に実行する．

5　オペレーティングシステムの種類

(1) **シングルユーザオペレーティングシステム**

コンピュータシステムを同時に一人の利用者（シングルユーザ）だけしか使用することができないオペレーティングシステムのことをいう．たとえばパーソナルコンピュータのオペレーティングシステムが相当する．

(2) **マルチユーザオペレーティングシステム**

大形計算機などの汎用コンピュータのように同時に複数の利用者（マルチユーザ）が利用することができるオペレーティングシステムである．シングルユーザのオペレーティングシステムに比べて機能が豊富で，複雑である．

テーマ48 電子計算機の高信頼化

　近年のコンピュータシステムは人々の生活に深くかかわりあい，コンピュータの存在しない生活は考えられなくなってきている．また，コンピュータはネットワークで相互に接続されており，多量の情報が伝送され相互に複雑に関連しながら巨大なコンピュータネットワークを構成している．このようななか，ひとたびコンピュータシステムが停止すると多大な影響を与え，社会問題にもなることになる．したがってコンピュータをいかに安定に稼動させるかということがコンピュータシステムにおける重要な要素といえる．

1　RASISとは

　コンピュータを安定に稼動させる要素には次の五つがある．
① 信頼性：故障率が低く安定に処理を実行できる能力（Reliability）
② 可用性：使いたいときに使うことができる能力（Availability）
③ 保守性：障害が発生しても速やかに復旧できる能力（Serviceability）
④ 保全性：データなどに誤りや矛盾が生じない能力（Integrity）
⑤ 機密性：不正なアクセスを防止する能力（Security）

　これらの要素の頭文字をとって**RASIS**（レイシスまたはラシスと読む）が定義されている．

　コンピュータシステムでは障害が発生する頻度やシステムに障害が発生した場合の修復に要する時間などの信頼性評価が重要である．この信頼性（Reliability）はコンピュータシステムがいかに安定して稼動するかを表す指標として定義する．すなわちコンピュータシステムの使用目的に応じた条件の下で要求している機能を時間的に満足するかどうかというのを数値化して表す．数値化には**平均故障間隔**（MTBF）と**平均修復時間**（MTTR）の二つがある．

2 信頼性を表す指標

(1) 平均故障間隔

コンピュータの信頼性を表す指標でMTBF（Mean Time Between Failures：平均故障間隔）といわれる．MTBFはコンピュータシステムがなんらかの原因によって故障してから次に故障が生じるまでの時間の平均をとったものである．すなわち，

$$\mathrm{MTBF} = \frac{\text{コンピュータが正常に稼動している時間の累計}}{\text{故障回数}} \quad (1)$$

の式で表すことができる．(1)式が表す値が大きいほど故障せずに稼動している時間が長いこと，すなわち信頼性が高いことを表す．

(2) 平均修復時間

コンピュータシステムがなんらかの原因で故障したときに故障の修理・修復を行い使用可能になるまでの修復時間の平均値（Mean Time to Repair）として定義する．すなわち，

$$\mathrm{MTTR} = \frac{\text{修理に要した時間の累計}}{\text{故障回数}} \quad (2)$$

の式で表すことができる．(2)式の表す値が小さいほど故障の修理・修復を行う時間が短く，保全性が高いことを表す．

(3) 稼動率

コンピュータシステムの可用性（Availability）を表す指標であり，コンピュータシステムが正常に稼動している割合を示す．稼動率は次式で定義されている．

$$\text{稼動率} = \frac{\text{コンピュータが正常に稼動している時間の累計}}{\text{コンピュータ通電時間の累計}} \quad (3)$$

この式からわかるように値が大きいほど可用性が高いこと，すなわち正常に稼動している割合が高いことを示している．

(3)式はMTBFとMTTRを用いれば，

$$\text{稼動率} = \frac{\mathrm{MTBF}}{\mathrm{MTBF} + \mathrm{MTTR}} \quad (4)$$

と表すこともできる．なお，MTBFとMTTRの関係を図示すると第1

第1図　MTBFとMTTR

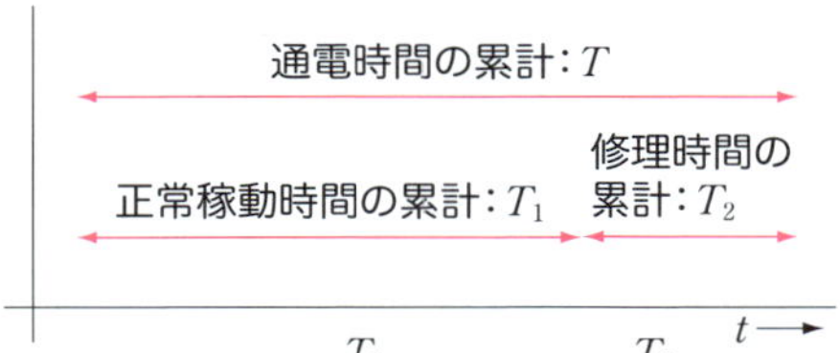

通電時間の累計：T
正常稼動時間の累計：T_1
修理時間の累計：T_2

$$\mathrm{MTBF} = \frac{T_1}{T} \quad \mathrm{MTTR} = \frac{T_2}{T}$$

図に示すようになる．

3　信頼性を向上させる方法

　信頼性を向上させるためにはMTBFを長くし，MTTRを短くすることが原則である．このためにコンピュータを構成している部品に高信頼性の部品を用いたり，信頼性の高いネットワークを適用したりすることなどのほか，不具合の起こらないソフトウェアを適用することなどを行う．しかしながら，現実的にはコンピュータを構成する部品の物理的欠陥や経年変化，ソフトウェアの潜在的不具合（バグ）を完全に除去することは不可能である．このため，コンピュータシステムには必ず不具合が生じることを前提として，システムを構成している要素に故障が生じてもシステム全体として障害を起こさない工夫を行う必要がある．このため，重要なシステムには単独のコンピュータシステムだけでは構成せず，コンピュータシステムを二重化または多重化した冗長化構成とする．

　信頼性を向上させるための冗長化の具体例としては通常のシステム以外に予備（バックアップ）装置を設ける方法がある．この予備装置はコンピュータシステム全体に及ぶこともあるし，特定の装置だけの冗長化の場合もある．特定の装置だけの冗長化の例としてはディスク装置や電源装置，ネットワークに用いられる伝送線などの二重化などがあげられる．これらはコンピュータシステムのコスト，信頼性の重要度などを考慮してバランスのとれた構成をとる．

　おもなコンピュータシステムとしては以下のような構成がある．

(1)　**シンプレックスシステム**

　　第2図に示すようにもっとも簡単な構成であり，ほかのシステムに比

第2図　シンプレックスシステム

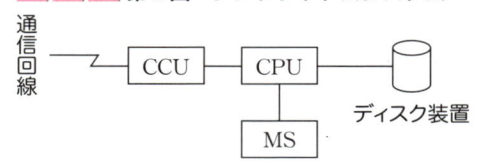

べてコストがもっとも安い．しかしながら，いずれかの装置が故障するとシステムダウンになってしまうので信頼性の要求されない処理システムや，復旧に時間がかかってもよいシステムなどに用いる．ほかのシステムに比べて信頼性はもっとも低い．

　この図でCPUは中央処理装置（Central Processing Unit）であり，コンピュータシステムの制御，判断，処理などを統合的に行う中核的な装置である．

　CCUは通信制御装置（Communication Control Unit）であり，通信回線とCPUとの間におけるデータの流れの制御を行う．具体的には通信回線の伝送速度とCPUの伝送速度の差の調整，符号の組立てと分解，データの集信と配信および誤り検出などの機能である．

　MSは主記憶装置（Main Storage）であり，データやプログラムなどの保管をする装置である．

(2) **デュプレックスシステム**

　常用系と待機系の二つの処理系統をもつ第3図に示すような構成である．通常時は常用系で処理（オンライン処理など）を行い，待機系ではバッチ処理などを行わせる．常用系がなんらかの原因で異常になったときは待機系に切り換えて処理を継続させる．このため，切り換えに要す

第3図　デュプレックスシステム

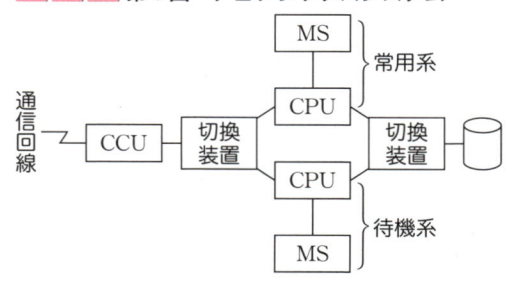

る時間だけシステムがダウンする．

なお，常用系または待機系はそれぞれ主系または従系ということもある．

(3) デュアルシステム

第4図に示すように二つの処理系があり，それぞれの処理系で同一処理を行わせて，一定時間ごとに処理結果を相互チェックしながら処理を行う．このチェックのことを**クロスチェック**という．二つの処理系が同時にダウンする確率は低いことから，ダウンしたときはダウンした処理系だけを切り離して，処理を継続させる．

第4図 デュアルシステム

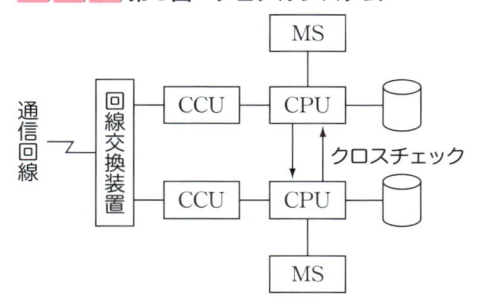

稼動率は向上するが，コストが高くなるという欠点がある．

(4) マルチプロセッサシステム

第5図に示すように二つの処理系があり，主記憶とファイルを共有する構成をとっている．複数のCPUが分散して並行に処理を実行しており，CPUのいずれかが故障したときは，そのCPUを切り離して処理を継続する．このため，処理の中断がなく，処理効率と信頼性が高いシステムである．

第5図 マルチプロセッサシステム

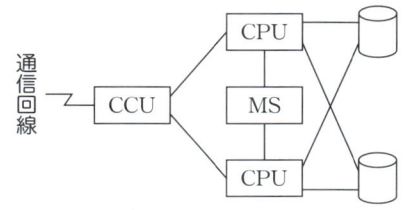

(5) 記憶装置の冗長化

　記憶装置には重要なデータが保存されているため，なんらかの原因によって障害が発生すると取り返しの付かないことが起きる．このため，データを分割して複数の記憶装置に対して並列にアクセスすることが行われる．この方式を **RAID**（Redundant Array of Inexpensive Disks）といい，**レイド**と読む．複数の記憶装置を用いているので一つの記憶装置に障害が発生してもほかの装置でバックアップすることでデータの健全性を保障することができる．

4　信頼性設計とは

　コンピュータシステムの信頼性設計手法としては，なんらかの障害が発生しても性能を低下させることなく処理を継続できる能力をもたせる**フェイルセイフ**と，ある程度の性能低下を許容しても処理を継続する**フェイルソフト**の考え方がある．

　「3　信頼性を向上させる方法」で述べたコンピュータシステムについてはデュプレックスシステムとデュアルシステムがフェイルセーフに相当し，マルチプロセッサシステムがフェイルソフトに相当する．

テーマ49 ネットワーク

1 アナログ伝送とディジタル伝送の違いは

　コンピュータが扱う0または1のディジタルデータを送信側でアナログ信号に変換して伝送路に送出するとともに，受信側は伝送路から受けたアナログ信号をディジタルデータに変換してデータ伝送する方式をアナログ伝送またはブロードバンド方式という．一方，ディジタルデータをそのまま伝送路を介して伝送する方式をディジタル伝送またはベースバンド方式という．

(1) アナログ伝送（ブロードバンド方式）

　ディジタル信号を伝送路に送出するためアナログ信号に変換することを**変調**（modulation）という．そして，伝送路を介して伝送されたアナログ信号をディジタル信号に変換することを**復調**（demodulation）という．

　アナログ伝送は，このように変調と復調を行ってデータ伝送する．このような変調と復調を行う装置を**モデム**（MODEM）といい，コンピュータと伝送路との間に挿入して用いられる．モデムは，変調のmodulationと復調のdemodulationの文字をとって組み合わせて略記したものである．モデムがディジタル信号とアナログ信号との相互変換を行うことによってアナログ回線の伝送帯域に適合したデータ伝送を行うことができる．

　なお，モデムが行う変調の種類には，振幅変調，周波数変調，位相変調などがある．これら変調の詳細は次節で解説する．

(2) ディジタル伝送（ベースバンド方式）

　ディジタル伝送は，コンピュータが扱うデータをディジタル信号のまま伝送路で伝送する方式である．アナログ伝送に比べて伝送路の帯域が広い必要がある．このためディジタル伝送は，光ファイバなどの伝送帯域の広い伝送路に適用される．

　ディジタル伝送方式は，伝送路を介して伝送する信号のレベルの違いによって1または0に意味付けされた信号（ビット情報）を伝送する方

式であり，単流方式，複流方式，バイポーラ方式などの各種伝送方式がある．

2　アナログ変調方式とディジタル変調方式の違いは

アナログ変調方式は，ディジタルデータをアナログ信号に変換して伝送路に送出する方式であり，ディジタル変調方式は，ディジタルデータのまま伝送路に送出する方式である．

(1) アナログ変調方式

(a) 振幅変調方式

振幅変調（AM：amplitude modulation）方式は，データ端末装置（DTE）から出力されるディジタル信号に対応して搬送波の振幅を変化させる．たとえば第1図に示すようにディジタルデータが0のときの振幅値を $V=0$，ディジタルデータが1のときの振幅値を $V=V_1$ のように割り当てて，この振幅変化の（信号）データを伝送路に送出する．

第1図　振幅変調方式

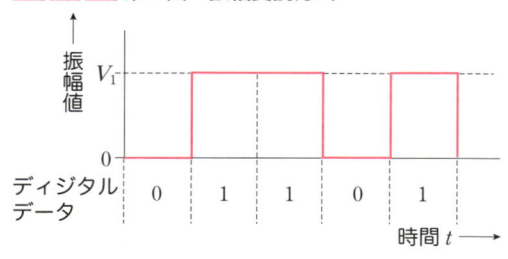

振幅変調方式は，振幅の変化によってデータを伝送するため，伝送路上での減衰や雑音に対して弱いという欠点がある．このため振幅変調方式だけが単独で用いられることはなく，後述する位相変調方式と組み合わせて用いられる．

(b) 周波数変調方式

周波数変調（FM：frequency modulation）方式は，データ端末装置（DTE）が出力するディジタル信号に応じて搬送波の周波数を変化させる方式である．たとえば，第2図に示すようにディジタルデータが0または1のとき，それぞれのデータに対応して搬送波の周波数

第2図　周波数変調方式

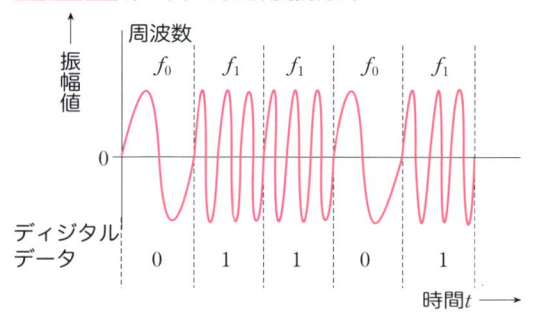

を f_0 または f_1 というように変化させる．

　周波数変調方式は，振幅が一定なので振幅変調（AM）に比べて雑音やレベル変動に強いという特長がある．

(c) **位相変調方式**

　位相変調（PM：phase modulation）方式は，データ端末装置（DTE）が出力するディジタル信号に応じて搬送波の位相を変化させる方式である．たとえば第3図(a)に示すようにディジタルデータが0または1のとき，それぞれのデータに対応して搬送波の位相 ϕ を0°または180°のように割り当てる．この場合，ディジタル信号に応じて二つの位相を割り当てていることから**2値位相偏移変調**（BPSK：binary phase shift keying）という．

　位相変調方式は，前述したようにデータ（ビット）単位ごとに位

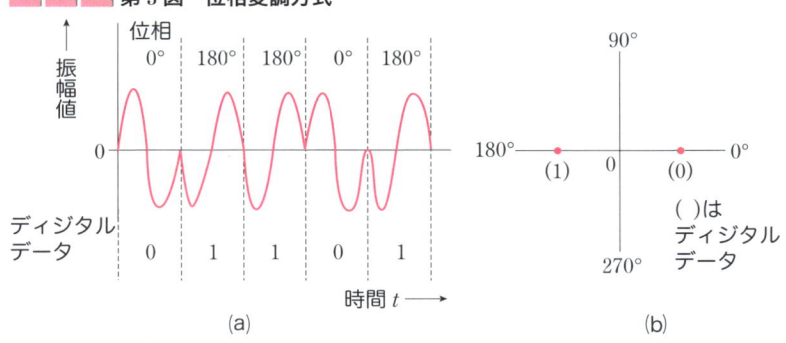

第3図　位相変調方式

12　情報伝送・処理

相を変化させるだけでなく，データが0のとき位相を180°反転させる一方，データが1のときはそのときの位相を維持する方式もある．これを**差分**（差動）**位相偏移変調方式**（DPSK：differential phase shift keying）という．この位相変調方式の角度をガウス座標（直交座標）に表示すると第3図bに示すように位相が0°と180°の二つのレベルの信号だけが存在する．

また位相変調方式は，第4図に示すように，2ビットのデータを組み合わせて位相を90°単位で変化させたり，3ビットのデータを組み合わせて位相を45°単位で変化させたりする方法もある．前者を4相位相偏移変調（QPSK）方式，後者を8相位相偏移変調方式という．

第4図 多相位相変調方式

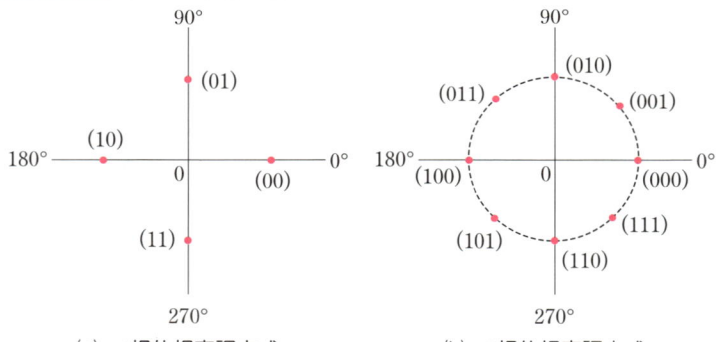

(a) 4相位相変調方式　　(b) 8相位相変調方式

このように位相変調方式は，一度に複数のビット情報を伝送することができるので高速データ伝送に適した変調方式である．

また，前述した振幅変調方式と位相変調方式とを組み合わせることによって，さらに一度に多くの情報を伝送することが可能となる．このような変調方式を，**振幅位相変調**（AM–PM）方式という．たとえば，8通りの組合せがある8相位相変調方式，さらに二つの振幅レベルをそれぞれ割り当てると，第5図に示すように16通り（4ビット）の情報を一度に伝送することができる．この場合，4ビット情報の先頭ビットの0または1に振幅を対応付けて設定し，残りの3ビットを8相位相変調方式と同じように設定する．この変調方式は，**直交振幅変**

第5図　直交振幅変調方式

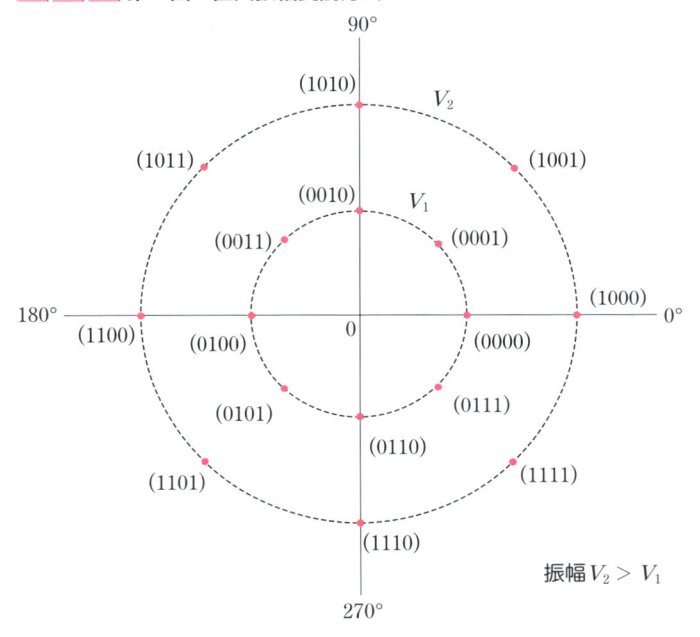

振幅 $V_2 > V_1$

調（QAM：quadrature amplitude modulation）方式と呼ばれる．

(2) ディジタル変調（パルス変調）方式

　　ディジタル変調方式は，データ端末装置（DTE）から出力されるディジタルデータ（0または1）のパルス信号のまま伝送する方式である．パルス信号には，広い周波数帯域の信号情報が含まれている．このためディジタル変調方式は，アナログ方式に比べて，広い伝送帯域の伝送路が必要である．

(a) パルス変調の種類

　(i) 単流方式

　　　単流方式は，電圧の有無でビット情報を伝送する方式であり，RZ（return to zero）方式とNRZ（non return to zero）方式とに分けることができる．RZ方式は，第6図に示すようにビットデータ間で必ず0に戻る期間があり，NRZ方式はビットデータ間で0に戻る期間がない．

第6図　パルス変調方式

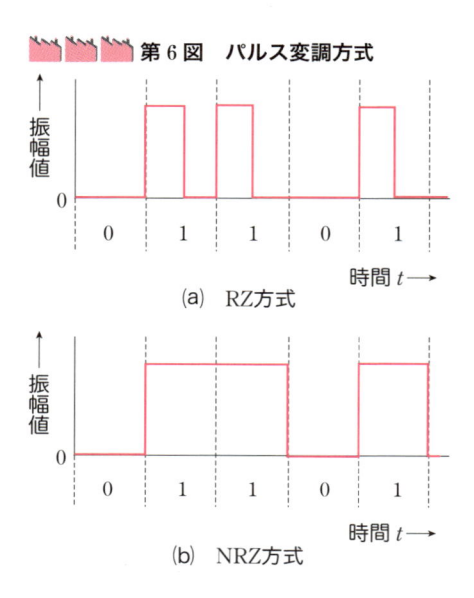

(a) RZ方式

(b) NRZ方式

(ii) 複流方式

　　複流方式は，異なる極性の電圧を用いてビット情報を伝送する方式である．複流方式も単流方式と同様にRZ方式とNRZ方式とがある．

(iii) バイポーラ方式

　　バイポーラ方式は，単流方式と複流方式とを組み合わせた方式である．この方式は，ディジタルデータが0のときは電圧なしとして，1のときは電圧ありとしている．そして，ディジタルデータに1が含まれるたびに，その極性を反転させる．

(b) **PCM方式**

　　アナログデータをパルス信号として伝送する方式として**パルス符号変調**（PCM：pulse code modulation）方式がある．この変調方式は，第7図に示すようにデータの送信側でアナログ信号を**標本化**，**量子化**して得られた信号を**符号化**によってディジタル信号に変換してネットワークに送出する．一方，この信号を受けた受信側では，復号化して元のアナログ信号を再生する．

第7図　PCM方式

送信側：入力信号 → 標本化 → 量子化 → 符号化 → 伝送路 → 受信側：復号化 → フィルタ → 出力信号

(i) 標本化

　標本化は，一定の時間間隔でアナログ信号のレベルを取り出すことをいい，サンプリングとも呼ばれている．第8図に示すようにアナログ信号をサンプリングする周期を長くすると元のアナログ信号（原信号）を忠実に再現することができなくなる．**シャノン（Shannon）の標本化定理**によれば，サンプリング周期は原信号の1/2の周期（2倍の周波数）とすれば，元の信号波形を再現できることが証明されている．具体的には，原信号の周期をt〔s〕，原信号の周波数をf〔Hz〕，サンプリング周期をT〔s〕とすれば，

$$T = \frac{1}{2}t = \frac{1}{2f} \text{〔s〕}$$

となる．したがって，この式の条件を満たすサンプリング周期を設

第8図　標本化

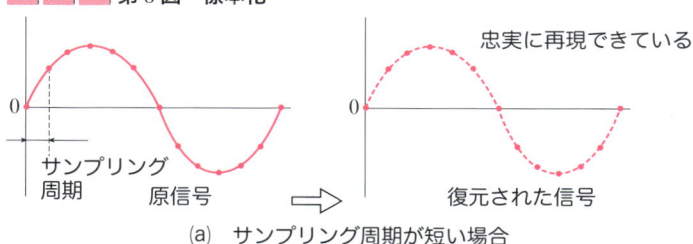

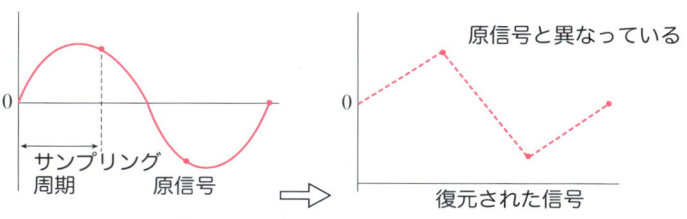

(a) サンプリング周期が短い場合　→　忠実に再現できている

(b) サンプリング周期が長い場合　→　原信号と異なっている

12　情報伝送・処理

テーマ49 ネットワーク

定すればよい．
(ii) 量子化

量子化は，標本化で得られた信号のレベルに対応する重み付けを行うものである．たとえば，標本化した信号のレベル（入力レベル）が，第9図に示すように0～0.5の範囲にある場合は0，入力レベルが0.5～1.5の範囲は1，入力レベルが1.5～2.5の範囲は2，……，というように入力レベルに対応する出力信号の規格化を行うことが量子化である．

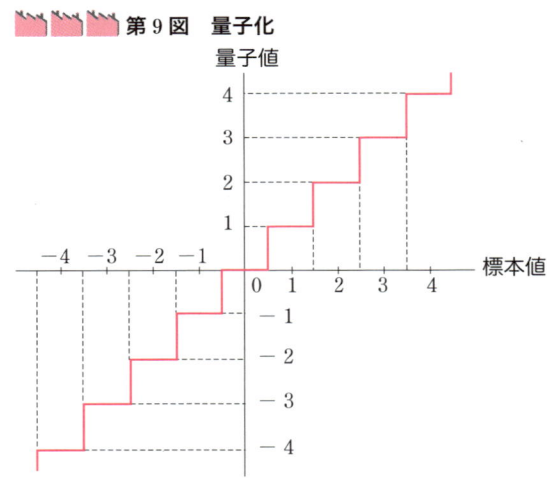

第9図　量子化

しかし，このような量子化をすると，標本化したあるレベルの範囲の信号が一定の決められた値に置き換えられてしまう．このため原信号と標本化した後の信号との間に差異が生じることになる．これを**量子化雑音**という．量子化雑音があると，原信号を忠実に再現することができなくなる．

量子化雑音を低減させるためには，標本化された信号の重み付けをより細かくして量子化すればよい．
(iii) 符号化

符号化は，量子化して得られた信号に対して特定の符号を割り当てるものである．たとえば，256ステップに量子化された信号を2進数で符号化する場合，$256 = 2^8$ であるので，8ビットの2進数を用

いれば符号化が可能である．

(iv) 復号化

復号化は，PCM変調波信号を原信号に変換するものである．これは，D/A（ディジタル/アナログ）変換回路を用いて，受信したディジタル信号をアナログ信号に変換する．

このD/A変換回路には，重み抵抗形，はしご形抵抗回路などが用いられる．このD/A変換回路で変換された信号は，パルス振幅変調（PAM：pulse amplitude modulation）された信号波である．このPAM信号には，原信号に含まれない余分な高調波成分が含有されているので，ローパスフィルタ（LPF：low pass filter）を用いて高調波成分を取り除く．

3　誤り制御とは

伝送路を用いてデータ伝送する場合，この伝送路に外部から到来するノイズ，隣接伝送路から信号が漏れる漏話（クロストーク：cross talk），伝送路上でのデータの衝突（conflict）あるいはデータの減衰などによって伝送データに誤りが生じることがある．このような障害によってデータに生じた誤りを検出する誤り制御は，データ通信において重要なテーマである．

(1) 誤り制御

データの送信側で，伝送すべきデータにデータチェック用のビット（冗長ビット）を付与して伝送路に送出する．一方，このデータを受信した側では，冗長ビットを用いて，受信したデータに誤りがないかどうかをあらかじめ決められた方法で検出する．

ここでは，代表的な誤り検出方式のパリティチェック方式，CRC方式とハミング符号方式について解説する．

(a) パリティチェック方式

パリティチェック方式は，特定のビット数ごとに冗長ビットを付与してエラー検出を行う方法であり，垂直パリティチェック方式と水平パリティチェック方式とがある．

(i) 垂直パリティチェック方式

垂直パリティ（VRC：vertical redundancy check）方式は，伝送

する1文字ごとに1ビットの冗長ビットを付与したものである．この冗長ビットは，伝送する1文字の各ビットに含まれる1の数が奇数または偶数になるように付与するものであり，それぞれ奇数パリティまたは偶数パリティと呼ばれている．

たとえば，伝送する文字として，「A」(31h)，「B」(32h)，「C」(33h)，「D」(34h)，「E」(35h)，「F」(36h)，「G」(37h) があるとする．それぞれのデータに含まれるビットの1の数は，A＝3，B＝3，C＝4，D＝3，E＝4，F＝4，G＝5である．偶数パリティ方式の垂直パリティのデータは，データに含まれるビットの数を垂直パリティを含めて全体として1の数が偶数になるように設定する．したがって，パリティビットは，Aが1，Bが1，Cが0，Dが1，Eが0，Fが0，Gが1となる．

この関係を示すと第1表のようになる．

第1表　パリティ

データ	2進数で表したデータ								垂直パリティ	
	b_7	b_6	b_5	b_4	b_3	b_2	b_1	b_0	奇数	偶数
A(31h)	0	0	1	1	0	0	0	1	0	1
B(32h)	0	0	1	1	0	0	1	0	0	1
C(33h)	0	0	1	1	0	0	1	1	1	0
D(34h)	0	0	1	1	0	1	0	0	0	1
E(35h)	0	0	1	1	0	1	0	1	1	0
F(36h)	0	0	1	1	0	1	1	0	1	0
G(37h)	0	0	1	1	0	1	1	1	0	1
水平パリティ	0	0	1	1	0	0	0	0		

同様に奇数パリティ方式の垂直パリティは，データに含まれるビットの数を垂直パリティを含めて全体として1の数が奇数になればよいので，第1表に示すようにAが0，Bが0，Cが1，Dが0，Eが1，Fが1，Gが0となる．

なお，JIS規格によれば，同期方式の場合は奇数パリティを，非同期方式（調歩同期方式）の場合は偶数パリティの使用を規定している．

(ii) 水平パリティチェック方式

水平パリティチェック（LRC：longitudinal redundancy check）方式は，複数のデータ列から構成されるブロック単位でエラー検出を行うものであり，複数のデータ列の同一ビットごとに冗長ビットを付与したものとなっている．具体的には第1表に示すように複数の文字列の同一ビットごとに冗長ビットが付与される．この冗長ビットは前述したパリティチェック方式と同様に，水平パリティを含む1の数が奇数または偶数になる値をとる．第1表は偶数パリティを示している．

(iii) パリティチェック方式の限界

パリティチェック方式は，上述したようにデータに含まれる1の数が偶数か奇数かどうかを検査するものである．したがって，パリティチェック方式では，2ビット以上の誤りが生じた場合，誤りを正しく検出することができない．このため，高い信頼性が要求される場合，CRC方式やハミング符号方式が用いられる．

(b) **CRC方式**

CRC（cyclic redundancy check）方式は，巡回冗長検査方式とも呼ばれる．この方式は，送信データのビット列をあらかじめ定めた生成多項式を用いて特殊な割り算（モジュロ2）を行って検査ビットを生成するものである．たとえば，16進数でA5（10100101）のデータを送出するものとする．このデータは，2進数で，

$$10100101 = X^7 + X^5 + X^2 + 1 = M(x)$$

として表すことができる．次に生成多項式$P(x)$を，

$$P(x) = X^8 + X^6 + X^3 + 1$$

とすれば$P(x)$の最高次はX^8となる．このX^8と$M(x)$との積を$F(x)$とおくと，

$$F(x) = M(x) \cdot X^8 = X^{15} + X^{13} + X^{10} + X^8$$

となる．次に$F(x)$を生成多項式$P(x)$によってモジュロ2の割り算を施す（〈計算1〉参照）．

この$C(x)$がCRC方式の冗長符号となり，この値を$M(x)$に付与して送出する．つまり送出データを$T(x)$とすれば，

〈計算1〉

$$X^8+X^6+X^3+1 \overline{\smash{\big)}\ X^{15}+X^{13}+X^{10}+X^8} X^7+1$$

$$\underline{X^{15}+X^{13}+X^{10} +X^7}$$

$$X^8+X^7$$

$$\underline{X^8 +X^6+X^3+1}$$

余り $C(x)$ … $X^7+X^6+X^3+1$

〈計算2〉

$$X^8+X^6+X^3+1 \overline{\smash{\big)}\ X^{15}+X^{13}+X^{10}+X^8+X^7+X^6+X^3+1} X^7+1$$

$$\underline{X^{15}+X^{13}+X^{10} +X^7}$$

$$X^8 +X^6+X^3+1$$

$$\underline{X^8 +X^6+X^3+1}$$

$$0$$

$T(x) = \underbrace{10100101}_{M(x)} \underbrace{11001001}_{C(x)}$

$\rightarrow X^{15}+X^{13}+X^{10}+X^8+X^7+X^6+X^3+1$

となる．このデータ $T(x)$ を受信した受信側では，生成多項式 $P(x)$ でモジュロ2の割り算を行う（〈計算2〉参照）．

受信側で受け取ったデータに誤りがなければ $T(x)$ が割り切れて0になる．

CRC方式は上述したように生成多項式を用いて送信データ列をつくる一方，受信側では，受信した符号を生成多項式で割ることによって求められる余りからデータの正誤を判断している．

CRC方式に用いられる生成多項式として代表的なものは，次のとおりである．

(i) CRC–12

　6ビットのキャラクタ同期式伝送に用いられる．

　$P(x) = X^{12}+X^{11}+X^3+X^2+X+1$

(ii) CRC–16

　8ビットのキャラクタ同期式伝送に用いられる．

$$P(x) = X^{16} + X^{15} + X^2 + 1$$

(iii) ITU-T勧告 V.41

8ビットのキャラクタ同期伝送方式に用いられる生成多項式であり，HDLC（high level data control）方式の伝送にも適用されている．また，JIS規格ではベーシック伝送制御手順を用いることが定められている．とくにHDLC方式で用いられるCRC符号は，FCS（frame check sequence）と呼ばれる．

CRC方式は，パリティチェック方式と同様にブロック単位で誤りを検出する冗長符号方式である．これをBCC（block check character）方式という．CRC方式は，パリティチェック方式とは異なり，多ビットの誤り検出が可能である．

〈参考：モジュロ2の演算〉

  $0 + 0 = 0$
  $0 + 1 = 1$
  $1 + 0 = 1$
  $1 + 1 = 0$
  $-1 = 1$

(c) **ハミング符号方式**

ハミング（hamming）符号方式は，受信側で受け取ったデータの誤り検出に加えて，誤り訂正ができる冗長符号を送出データに付与する方式である．たとえば3ビットの冗長符号を用いるとすれば，この3ビットで表し得る数の組合せは$2^3 = 8$通りである．つまり，

  $2^2\ 2^1\ 2^0$
  $0 = 0\ 0\ 0$
  $1 = 0\ 0\ 1$
  $2 = 0\ 1\ 0$
  $3 = 0\ 1\ 1$
  $4 = 1\ 0\ 0$
  $5 = 1\ 0\ 1$
  $6 = 1\ 1\ 0$
  $7 = 1\ 1\ 1$

である．ここで，2進数のビットごとにモジュロ2の演算を施すと，

$2^2 = X^7 + X^6 + X^5 + X^4 = 0$
$2^1 = X^7 + X^6 + X^3 + X^2 = 0$
$2^0 = X^7 + X^5 + X^3 + X^1 = 0$

となる．この性質を巧みに利用したものがハミング符号方式である．具体的には上式を，

$c_2 = X^7 + X^6 + X^5 + X^4$
$c_1 = X^7 + X^6 + X^3 + X^2$
$c_0 = X^7 + X^5 + X^3 + X^1$

とおく．このとき，7ビット符号長のデータ（4ビットが情報，3ビットが検査符号）であるとする．そして，検査符号を（X^7，X^6，X^5）の3ビットに割り当てて，残りの4ビットを情報ビット（X^4，X^3，X^2，X^1）に割り当てるものとする．いま，情報が0101であったとすると，$c_2 \sim c_0$のそれぞれが0になるための検査ビットの値は，$X^7 = 1$，$X^6 = 0$，$X^5 = 1$になる．

よって，送信側が送出するデータは，（X^7，X^6，X^5，X^4，X^3，X^2，X^1）= 1010101となる．

たとえば，送信側が送出したデータになんらかの不具合が生じてX^4のデータにビット誤りを生じたものとする．そして受信側で1011101のデータを受信したとする．すると，

$c_2 = X^7 + X^6 + X^5 + X^4 = 1011 = 1$
$c_1 = X^7 + X^6 + X^3 + X^2 = 1010 = 0$
$c_0 = X^7 + X^5 + X^3 + X^1 = 1111 = 0$

となる．この結果から，

$e = 2^2 \times c_2 + 2^1 \times c_1 + 2^0 \times c_0 = 4 \times 1 + 2 \times 0 + 1 \times 0 = 4$

が得られる．この値は，受信したデータ（ビット列）の左から何番目にデータ誤りがあるのかを示している．つまり，この場合はX^4のデータを1から0に反転することで正しいデータを得ることができる．

このようにハミング符号方式は，データの誤り検出だけでなく，データの誤り訂正も同時に行うことができる誤り検出方法である．

テーマ50 ネットワークの伝送路

　コンピュータや各種通信端末などは，網の目のように張り巡らされたネットワーク（通信網）に接続されて運用されている．このネットワークは，導体（銅線）または光ファイバなど伝送媒体を用いた有線方式と，これらの伝送媒体を用いない無線方式とが組み合わされて複雑な系を構成している．

1 有線方式の伝送路の種類は

　有線方式の伝送媒体としては，2本の線をより合わせたより対線（ツイストペアケーブル）や1本の心線をシールド線で覆った構造の同軸ケーブル，あるいは光ファイバなどがある．

(1) ツイストペアケーブル

　ツイストペアケーブル（twisted pair cable）は，第1図に示すように絶縁被覆が設けられた導体2本をより合わせた構造をしている．2本の導体をより合わせることで外来ノイズの影響を低く抑えることができる．このため，ケーブルのシールドが不要である．これをUTP（unshielded twisted pair cable：非シールドより対線）という．

第1図 ツイストペアケーブル
ビニル被覆
導線

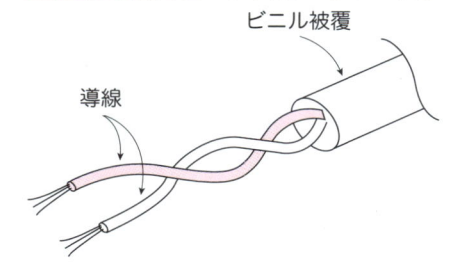

　より合わされた導体（UTP）の周囲を，さらに導体の網線で包み込むようにしてシールドしたケーブルをSTP（shielded twisted pair cable：シールドより対線）という．STPは，UTPに比べて外来ノイズ

の耐性が向上するため伝送信号の雑音特性および伝送品質が向上する一方，コストが高く，あまり利用されない．

　ツイストペアケーブルは，構造が簡単で布線が容易である．しかし，伝送路の距離が長くなると外来ノイズの影響を受けやすくなるので，もっぱら短距離の伝送路として用いられる．このため加入者区間に多用されるほか，数Mbps〜1 000 Mbps程度の伝送速度のLAN用に用いられている．

(2) **同軸ケーブル**

　同軸ケーブルは，第2図に示すように中心導体の周囲を覆うようにポリエチレンなどの誘電体を充てんし，さらにその周囲を覆うように導体の網線を用いてシールドを施してケーブル状にしたものである．

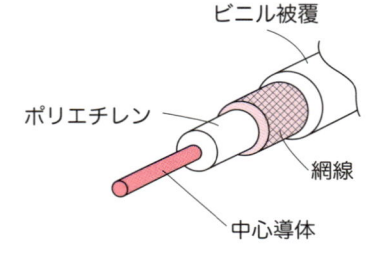

第2図　同軸ケーブル

ビニル被覆
ポリエチレン
網線
中心導体

　この同軸ケーブルは，データの伝送路となる心線の周囲にシールドが設けられているので外来ノイズに強いという特長がある．このため，同軸ケーブルを用いることで，高速かつ長距離のデータ伝送路を構築することができる．

　同軸ケーブルは，伝送速度数十Mbps〜数百Mbpsの伝送路に用いられるほか，CATVや構内の基幹LANの伝送路として用いられている．

(3) **光ファイバ**

　光ファイバは，メタルファイバ（金属導体）と比べると，低損失，広帯域，軽量，無誘導であるという優れた性質を備える．この光ファイバは，第3図に示すように屈折率の大きな円柱形媒質の**コア**と，屈折率の小さな**クラッド**をコアの外周に設けた円柱構造をとっている．

　光ファイバのコアおよびクラッドは，外圧に弱い．このためクラッド

第3図 光ファイバ

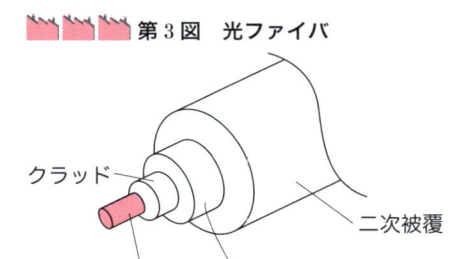

クラッド
コア
二次被覆
一次被覆

の外周に一次被覆（ナイロンやUV樹脂）が設けられている．この一次被覆は，外圧からコアおよびクラッドを保護するほか，クラッドの表面にホコリが付着して傷が付くのを防止する役割も担っている．一次被覆の外側には，さらに二次被覆（ナイロンやUV樹脂）が設けられて，コアおよびクラッドに加わる外圧を和らげるとともに，損失増加を抑制している．

　光ファイバが，上述したように屈折率の異なる媒質を用いているのは，それぞれの媒質の境界面における光の屈折と反射を利用するためである．光ファイバは，光ファイバ中を伝搬する光の伝搬モードによりマルチモード光ファイバとシングルモード光ファイバとに分類されている．

(a) **マルチモード光ファイバ**

　　マルチモード光ファイバは，多モードファイバとも呼ばれ，複数のモードの光を同時に伝搬することができる．しかし，各モード間の伝搬時間に差が生じるため伝送帯域に制限が生じる欠点がある．マルチモード光ファイバの伝送帯域は，おおむね10MHz・km～数GHz・kmである．

　　また，マルチモード光ファイバは，さらに，第4図に示すようにコア部の屈折率が一定の**ステップインデックス形**（SI形）と，コア部の屈折率がコアの半径に対してn乗になる分布を示す**グレーデッド形**（GI形）とに分類することができる．

　　GI形で，屈折率の分布がほぼ2乗曲線で表される場合（$n=2$），各モード間での伝送時間の差を最小にすることができるため，広い伝送帯域が得られる．

第4図　マルチモード光ファイバ

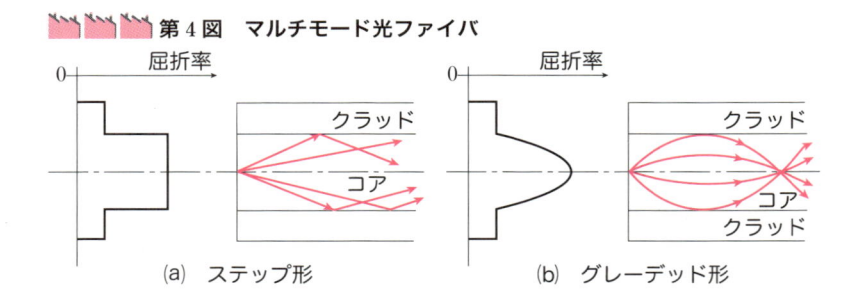

(a) ステップ形　　(b) グレーデッド形

(b) **シングルモード光ファイバ**

シングルモード光ファイバは，一つの伝搬モードしか取り得ることができない反面，マルチモード光ファイバのようなモード間の伝搬時間の差がない．このため，10GHz・km以上の広い伝送帯域をとることができる．シングルモード光ファイバは，コア部の屈折率が一定である．

(c) **光ファイバを構成する材料**

光ファイバを構成する材料を損失が少ない順に分類すると，石英系光ファイバ，多成分系光ファイバ，プラスチック光ファイバとなる．

石英系光ファイバのコア材は，二酸化けい素（SiO_2）を主原料として，これにゲルマニウム（Ge），りん（P），ふっ素（F），ほう素（B）などを添加して構成したものである．石英系光ファイバはシングルモード光ファイバやマルチモード光ファイバに適用される．

多成分系光ファイバは，ソーダ石灰系ガラスおよびほうけい酸塩系ガラスが主体であり，石英系光ファイバより安価であるが，損失が若干増える．多成分系光ファイバは，マルチモード光ファイバに適用される．

プラスチック光ファイバは，各種プラスチックをコア材とした光ファイバであり，安価である反面，損失が大きい．プラスチック光ファイバは，マルチモード光ファイバに適用される．

このように光ファイバは，光を伝送しているため，メタリックケーブルと異なり，伝送路に対する電気的・磁気的影響を受けない．また，きわめて広い伝送帯域を有しており，かつ伝送損失が少ない．このため，長距離伝送および高速伝送が可能である．さらに非常に細いケー

ブルであり，石英であるので重量も軽い．このため，光ファイバケーブルを束ねても布設面積をとらずにすむ．とくにメタルファイバと比較すると同一伝送回線数を実現するための布設面積が少ないという優れた特長を有している．

このようなことから光ファイバは基幹通信回線の伝送媒体として用いられている．

2　無線方式の伝送路の種類は

無線方式は，有線方式とは異なり，ネットワークを構成するための伝送路を布設する必要がなく，有線方式よりも割安で早期に回線を整備することができる特徴がある．無線方式としては，電波を用いる方式と光（赤外線）を用いる方式とがある．

(1)　**電波を用いる方式**

1864年にマクスウェル（ドイツ）が電磁波（電波）の存在を予言した24年後の1888年，ヘルツ（ドイツ）が実験によって電磁波の存在を確かめている．その後，1895年にマルコーニ（イタリア）が遠距離通信の実験に成功している．20世紀に入ると，無線技術が急速に発展して，無線電話装置，無線放送（ラジオ・テレビ）電話装置の開発がなされた．最近では，この無線技術がネットワークシステムに適用されている．

(a)　**無線LAN**

無線LANは，ネットワークを構築するための布線が不要であるという利便性からオフィスや家庭などに適用されるようになってきた．また，駅や大規模小売店舗などのなかにホットスポットと呼ばれるインターネットへのアクセスポイントが設けられている．

無線LANが用いる電波は，マイクロ波帯の高周波である2.4GHz帯（ISMバンド：industrial scientific medical band），または，5.6GHz帯の周波数が用いられている．

2.4GHz帯のISMバンドを用いる無線LANの規格としてIEEE802.11b/g/n，Bluetoothなどがあり，5.6GHz帯の無線LANの規格には，IEEE802.11aがある．

(b) FWA

FWA (Fixed Wireless Access) は，広帯域の電波を使用したアクセス回線であり，加入者系無線アクセスともいわれている．FWAは，準ミリ波の22GHz帯，26GHz帯，38GHz帯の周波数の電波が用いられる．

FWAは，データ伝送速度が最大156MbpsのP–P (point to point) 伝送方式と，データ伝送速度が最大10MbpsのP–M (point to multipoint) 伝送方式とがある．

(c) 衛星通信

衛星通信は地球上の高度約500〔km〕〜40 000〔km〕の地球周回軌道上にある人工衛星を利用した無線通信方式である．地上通信と比べた場合，衛星通信のメリットは，

① 広いエリアをカバーできる広域性があること
② 多地点へ情報を分配することができる同報性があること
③ 地上の多地点からの情報を1か所に集めやすいというマルチアクセス性があること
④ 地上の任意の場所から任意に回線を迅速かつ柔軟に設定することができること
⑤ 伝送コストが通信距離によらないという経済性があること
⑥ 地震や風災害の影響を受けにくいという耐災害性があること

などがあげられる．

このように衛星通信は，地上通信に比べて多くのメリットがあるが，次のようなデメリットもある．

① 通信経路が長くなることによる通信遅延の発生があること
② ほかの通信システムとの干渉防止を考える必要があること
③ ロケットや衛星の信頼性について考慮する必要があること

衛星通信に用いられる通信衛星 (CS：communication satellite) は，地上約36 000〔km〕の赤道上に配置した静止衛星である．この通信衛星では次のようなサービスが提供されている．

① 音声伝送サービス：電話，音声番組，PCM音声通信データなど
② データ伝送サービス：ファクシミリデータ伝送，移動体データ伝

送やネットワークデータなど

③　映像伝送サービス：テレビ放送（CS放送），TV用中継回線やテレビ会議など

　衛星通信は，ディジタル伝送方式を主体としている．このため，ディジタルデータ帯域圧縮技術による多重伝送が容易であり，アナログ方式と同一帯域で約4～5倍のチャネルをとることが可能である．

(2) 光を用いる方式

　赤外線（infrared rays）を用いた通信方式であり，業界標準のIrDA（infrared data association）がある．IrDAの伝送速度には，115kbit/s，1.152Mbit/s，4Mbit/sの3種類がある．主としてパソコン同士の通信，パソコンと周辺装置あるいは携帯電話間のデータ伝送に用いられている．

テーマ 51

データ通信の標準化

　従来，コンピュータはほかのコンピュータと接続されることなく，単独で与えられたデータ処理や演算などを行っていた．しかし，インターネットに代表されるようなIT化社会においては，多数のコンピュータ同士が互いに接続され，巨大なコンピュータネットワークが構築され，もはやコンピュータ1台が単独で動作していることはまれになってきている．

1　ネットワークアーキテクチャとは

　複数のコンピュータ同士を相互接続するためにはコンピュータネットワークを構成する必要がある．このコンピュータネットワークの構成要素としては，コンピュータや端末装置，通信回線などがある．コンピュータネットワークを構成するには，これらの要素の機能を論理的に定義して，構成要素間で通信を行うときの手順を体系的，かつ，統一的に規定する必要がある．これをネットワークアーキテクチャという．

　ネットワークアーキテクチャとして最初に登場したのは1974年にIBMが発表したSNA（Systems Network Architecture）である．その後，1975年にDECのDNS（Digital Network System），1976年にバローズ（現，UNISIS）がDNS（Decentralized data processing Network Architecture），翌1977年にはNTTがDCNA（Data Communication Network Architecture）を発表した．これらはデータ通信のネットワークを効率的に機能させるために通信手順などを規定したものである．この通信手順などの規定のことを**プロトコル**という．プロトコルを言い換えれば，データ通信システムの構成要素間での情報交換について，その方法や書式（フォーマット）を決定する規約と定義できる．

　コンピュータ同士をネットワークを経由して相互接続するためにはプロトコルに従った伝送制御手順を行えばよい．しかしながら，上述したSNA，DNS，DCNAなどは相互に互換性がない．そのため，コンピュータネットワークの拡大に伴って異機種間での相互接続ができないという問

題が顕著になってきた．このため国際的な標準化が進められることとなった．

2　OSIとは

　上述のように，ネットワークの拡大に伴ってコンピュータ間で相互接続できないという問題を解決するため，ISO（国際標準化機構）とCCITT（国際電信電話諮問委員会）で異機種間の相互接続をするためのインタフェース標準化作業を行った．その結果，1980年にOSI（Open Systems Interconnection：開放形システム間相互接続）基本参照モデルとして標準化された．

　OSIは第1図に示すようにプロトコルを七つの階層（layer）にわけてまとめた規定である．この7階層のうち第1層から第4層までの下位4層には通信機能に関する規約を，第5層から第7層までの上位3層にはデータ処理に関する規約をまとめている．

第1図　OSIの7層モデル

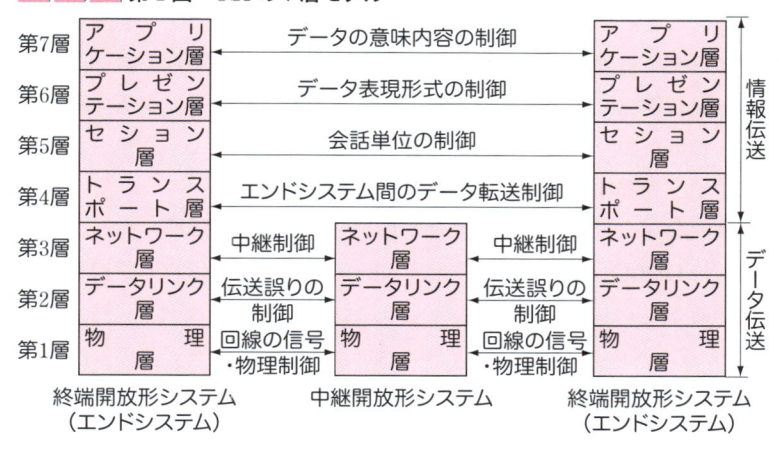

	終端開放形システム（エンドシステム）		中継開放形システム		終端開放形システム（エンドシステム）	
第7層	アプリケーション層	データの意味内容の制御			アプリケーション層	情報伝送
第6層	プレゼンテーション層	データ表現形式の制御			プレゼンテーション層	
第5層	セション層	会話単位の制御			セション層	
第4層	トランスポート層	エンドシステム間のデータ転送制御			トランスポート層	
第3層	ネットワーク層	中継制御	ネットワーク層	中継制御	ネットワーク層	データ伝送
第2層	データリンク層	伝送誤りの制御	データリンク層	伝送誤りの制御	データリンク層	
第1層	物理層	回線の信号・物理制御	物理層	回線の信号・物理制御	物理層	

(1) 物理層（physical layer）

　　通信装置や通信端末あるいは通信回線などの媒体の物理的，電気的な規約を取り扱う層である．物理層で扱う装置としてはデータ端末装置（DTE：Data Terminal Equipment）やデータ伝送機能を有するデータ回線終端装置（DCE：Data Circuit-terminating Equipment）などがある．物理層ではこれらの装置に対してビット単位のデータ伝送を保証す

るための規約が定められている．また，通信回線に接続するためのコネクタの形状や接続ピンの配置，電気信号の極性や電圧，電流などが規定されている．

物理層の規格としてはRS-232C，RS-422やRS-485，X.21などのDTEとDCE間のインタフェースに関する規定がある．

(2) **データリンク層（data link layer）**

ネットワークの交換機能や伝送機能，あるいはネットワーク管理機能などを有する装置を総称して**ノード**という．また，このノードの間をつなぐ通信回線を**リンク**といい，データリンクは隣接するノード間に設けられたデータ回線のセットのことをいう．

データリンク層はこの隣接ノード間のリンクレベルでの伝送制御手順（リンクプロトコル）が規定されている．また，通信する相手方がデータ交換可能かどうかを確認する手段と，データ通信を行っているときにデータの誤り（ビット誤り）を生じたときの対処方法および送受信のタイミングなどについても規定されている．さらには隣接ノード間でビット列から構成される情報をフレームと呼ばれるデータ単位で扱い，このフレームを確実に転送することを保証するのもデータリンク層の役目である．このため，データリンク層ではビット誤りの検出，回復，フロー制御や順序制御などの機能が規定されている．

具体的なプロトコルとしては基本形データ伝送制御手順（ベーシック手順）やHDLC（High level Data Link Control）と呼ばれるプロトコルなどがある．

なお，LANのMAC（Media Access Control）プロトコルはこのデータリンク層に相当する．

(3) **ネットワーク層（network layer）**

この層には，データ通信端末からネットワークに対してネットワーク接続の確立，開放を依頼する接続制御手順やネットワークでのデータ伝送制御手順などが規定されている．

その他，異なるネットワーク間の接続手順（**ルーティング**）なども規定されている．

代表的なネットワーク層プロトコルとしては，ITU-T勧告X.25のレ

イヤ3プロトコルと，TCP/IPのIPプロトコル（Internet Protocol）がある．

⑷ **トランスポート層（transport layer）**

データ通信を行う二つの端末間（エンドプロセス間）でデータ交換を保証する規約が定められている．また，トランスポート層にはネットワーク層から提供されるサービスを補完して高い品質を保証するため，使用する通信回線の伝送品質と伝送効率を考慮した5種類のクラスが用意されている．

⑸ **セション層（session layer）**

アプリケーション層がやりとりする対話的なデータ伝送の構造に着目した制御機能を実行する層である．具体的にはデータ伝送を行うために基本となる論理的通信路を提供し，その通信路上での送信権制御や通信モード（全二重，半二重など）の制御，同期などの制御を行う．

セション層のプロトコルにX.225セションプロトコルがある．

⑹ **プレゼンテーション層（presentation layer）**

セション層の規約に基づいてアプリケーション層が授受するデータの表現方法を規定する層である．符号や文字セットの変換，データ形式の変更などもこの層で行う．

⑺ **アプリケーション層（application layer）**

各種の適用業務に対する通信の機能が規定されている．この層は利用者がOSI環境にアクセスするための手段を提供し，情報を交換するためのアプリケーションプロセスの窓口的な意味合いをもつ．具体的にはファイル転送，ジョブ転送やファイルアクセル手順，メール転送手順などが規定されている．

3 OSIの実例

OSIの実例として工場などの量産ラインで用いられている標準プロトコルについてMAP（Manufacturing Automation Protocol）を取り上げる．

米国の自動車メーカであるGM（ゼネラル・モーターズ）社は，自社工場内での生産ラインの自動化を進め，生産効率を向上させ，高品質の維持および価格競争に生き残るための努力をしてきた．このため，各種の自動工作機械を生産ラインに投入したが，これらの自動工作機械をネットワー

テーマ51 データ通信の標準化

クで接続しようとしても，それぞれの機械ごとの伝送制御手順が全く異なっており，相互接続することができないという問題が生じた．そこでGMは工場内の自動工作機械やコンピュータを相互接続できるようにOSIに準拠する通信プロトコルを開発し，1984年にMAPバージョン1として発行した．

MAPは第2図に示すようにOSIの7層すべてに完全準拠したフルMAPと，第1層，第2層および第7層だけをもつ簡易版のミニMAPとがある．

第2図　MAPのOSI 7層モデル

		MAP	
		フルMAP	ミニMAP
アプリケーション層		FTAM, MMS, ネットワーク管理など	MMS
		ACSE	
プレゼンテーション層		カーネル	なし
セション層		カーネル, 全二重	
トランスポート層		クラス4	
ネットワーク層		インターネット	
データリンク層	LLC	タイプ1	タイプ3
	MAC	トークンバス	トークンバス
物理層		10Mbpsブロードバンド 5Mbpsブロードバンド	5Mbpsキャリアバンド

MAPは，伝送データの量が増加してネットワークの負荷がピークになってもリアルタイム通信が可能となるように構成されている．また，製造機器を監視・制御するために国際標準化された通信規格であるMMS（Manufacturing Message Service）が適用されている．このMMSはロボットや工作機器を制御するための情報をメッセージとして表現したものである．

4　中継装置とは

複数のネットワーク間を接続するため，OSI基本参照モデルに基づいた装置が用意されている．

(1) リピータ

比較的規模の小さなネットワークでは問題ないが，伝送距離が長くなると伝送ケーブルによって伝送される電気信号や光信号などの信号が弱まってくる．さらには，外来雑音（ノイズ）などの影響を受けることに

よって伝送信号が劣化してしまう．このため，弱まった電気信号や光信号などを増幅して中継する装置のことをリピータという．

リピータには同一敷地内や同一建物内のネットワークであるLAN（Local Area Network）に用いられるローカルリピータと比較的広いエリアのネットワークであるWAN（Wide Area Network）に用いられるリモートリピータとがある．

(2) **ブリッジ**

リピータは単なる信号増幅器であるが，ブリッジは物理層の形態が異なるネットワーク同士やアクセス方式の異なるネットワーク同士を相互接続するために用いられる装置である．ブリッジで接続されたネットワーク同士は論理的に一つのネットワークとみなすことができる．

ブリッジを用いることで，異なるネットワーク間に不要な伝送データを送出しないように制御することができ，ネットワークシステム全体を流れる情報量を減らすことができるのでネットワークの効率向上にも寄与する．このため，ある程度以上の大きなネットワークを小さなネットワークに分割して，相互間をブリッジで接続する構成をとることがある．

ブリッジにはLANで用いられるローカルブリッジとWANで用いられるリモートブリッジとがある．

(3) **ルータ**

OSI基本参照モデルの第3層のネットワーク層における中継装置である．ルータは第3層以下のプロトコルが異なるネットワーク同士でも，ルータ内でそれぞれのネットワークに適合するようにプロトコル変換を行うため相互接続することができる．また，必要に応じて伝送されているデータの内部に含まれるアドレス情報をもとに中継経路を自動的に選択制御する．この中継経路の選択制御はルーティングと呼ばれる．

(4) **ゲートウェイ**

OSIの第1層から第7層までのすべてのプロトコルが異なるネットワーク同士を相互接続するための装置である．

テーマ 52 インターネットプロトコル

　インターネットやイントラネットでデファクトスタンダードの通信プロトコルといえば，**TCP/IP**である．このTCP/IPは，米国防総省高等研究計画局で開発された標準プロトコルである．TCP/IPは，IPとTCPの二つのプロトコルを組み合わせたものであり，IP（internet protocol）は，OSI基本参照モデル第3層（以下，単に第3層と称する）のネットワーク層に相当し，TCP（transmission control protocol）は，同じくOSI基本参照モデル第4層（以下，単に第4層と称する）のトランスポート層に相当する．

　ここで，TCP/IPのうち，IPについて解説する．

1　IPとは

　IPは，送信元ノード（送信元端末など）と宛先ノード（宛先端末など）との間のコネクションレス形通信を実現するプロトコルとして規定されたプロトコル（伝送規約）である．この**コネクションレス形通信**は，送信元端末と宛先端末間とで通信に先立って回線の確立をすることなく，送信元端末が宛先端末のアドレスを指定してデータを送出する方式である．

(1) IPパケットのフォーマット

　現在，おもに用いられているIPのバージョン4（IPv4またはIPと称する）では，IPが扱うデータのことをIPデータグラムと呼び，次世代のIPプロトコルの規定であるIPバージョン6（IPv6）が扱うデータは，IPパケットと呼ばれることがある．ここでは，IPパケットと称する．

　IPパケットは，第4層のTCP層またはUDP層から受け渡されるデータにIPヘッダを付与した第1図に示すフォーマットの形態をとっている．

(a) バージョン番号

　IPプロトコルのバージョンを示す4ビットの領域である．IPv4の場合は4（2進数で0100），IPv6の場合は6（2進数で0110）となる．受け取ったパケットがどのようなフォーマットの構成であるかを，こ

第1図　IPパケットのフォーマット

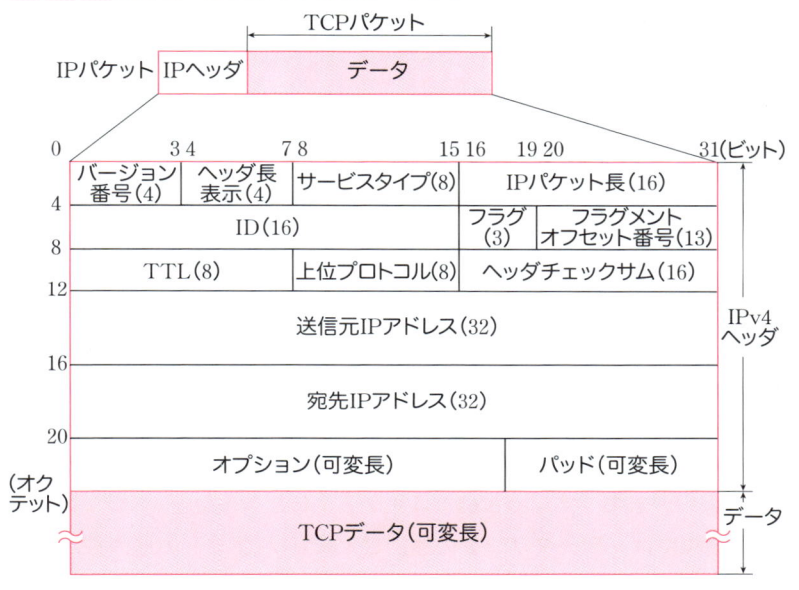

```
                    TCPパケット
IPパケット  IPヘッダ      データ
```

0	3 4	7 8	15 16	19 20	31(ビット)
バージョン番号(4)	ヘッダ長表示(4)	サービスタイプ(8)		IPパケット長(16)	
ID(16)			フラグ(3)	フラグメントオフセット番号(13)	
TTL(8)		上位プロトコル(8)	ヘッダチェックサム(16)		
送信元IPアドレス(32)					
宛先IPアドレス(32)					
オプション(可変長)			パッド(可変長)		
TCPデータ(可変長)					

(左端: 0, 4, 8, 12, 16, 20 オクテット / 右側: IPv4ヘッダ, データ)

のバージョン番号から知ることができる．

(b) **ヘッダ長表示**

IPヘッダのフィールド長を示す4ビットの領域で，IPヘッダのフィールド長を32ビット（4オクテット）単位で表した値が保持される．IPヘッダのフィールド長は，後述するオプションの有無で変化する．ちなみに，オプションをもたないIPパケットのヘッダ長は，20オクテットとなるので，ヘッダ長は5となる．

(c) **サービスタイプ**

IPパケットが要求するサービス品質を示す8ビット長の領域である．この領域は，第1表に示すフィールド構成をとっている．

(d) **IPパケット長**

IPパケットの長さをオクテット（バイト）単位で示す16ビット長の領域である．

(e) **識別子（ID）**

IPパケットを識別する用途に用いられる16ビットの領域である．

第1表　サービスタイプ

ビット	サービスタイプの品質
0～2	優先権（0～7のレベル）
3	低遅延要求
4	高スループット要求
5	高信頼性要求
6	コスト最小
7	未使用

送信側がIPパケットを送出するたびに，新しい識別子を割り振る．この識別子は，後述するIPパケットのフラグメントを再構築するために用いられる．

(f) フラグおよびフラグメントオフセット

IPパケット長は，16ビットの領域であるので，IPパケットの最大長は，2^{16}まで，すなわち65 535オクテットとなる．

実際には，データリンクの種別ごとにIPパケットの最大長が決められており，これを最大伝送単位（MTU：maximum transfer unit）という．MTUは，言い換えればデータリンク上で伝送することができる最大のデータ長，を示す値である．このMTUは，具体的には第2表に示すように定められている．

第2表　MTU

データリンク	MTU（オクテット）（FCSを含まない）
IP	68～65 535
イーサネット	1 500
PPP	1 500
IEEE802.3イーサネット	1 492

IPパケットがMTUを超えるデータ長を扱う場合，複数のIPパケットに分割して送出する．この分割処理をフラグメントという．

IPヘッダのフラグおよびフラグメントオフセットは，このフラグメントしたIPパケットを制御するために用いられる．

フラグは，3ビットから構成されて，各ビットは第2図に示すよう

に意味付けされている．フラグのビット1（DF）は，IPパケットの分割可否を表示するものであり，この値が0のとき分割可能，1のとき分割不可を示す．また，ビット2（MF）は，分割されたパケットの最終パケットを示すビットであり，0のとき最終パケット，1のとき途中のパケットであることを示している．なお，このフラグのビット0は，常に0である．

第2図　フラグ

| 0 | 1 | 2 | （ビット） |

0	DF	MF

次にフラグメントオフセットは，13ビット構成をとっている．この値は，IPパケットのフラグメントの位置を8オクテット単位で示したものである．フラグメントオフセットは13ビットなので，0〜8 191までの値をとる．

(g) TTL

TTL（time to live）は，8ビットの値であり，IPパケットがインターネットに存在することのできる最大転送回数を示している．このTTLは，IPパケットの送出元が付与するものであって，このパケットがルータを介して中継されるたびに，TTLの値が一つずつ減じられる．そして，TTLが0になったIPパケットを見つけたルータは，そのIPパケットを廃棄するとともに，IPパケットの送出元にICMP（internet control message protocol）を利用してエラーメッセージ（time exceeded）を送出してパケットの破棄を通知する．

(h) 上位プロトコル

上位プロトコルは第3表に示される番号で表示される．

第3表　上位プロトコルの一例

番号	プロトコル名
1	ICMP
6	TCP
17	UDP
41	IPv6

(i) **ヘッダチェックサム**

　　ヘッダチェックサムは，16ビットの値であり，ヘッダ長フィールドとオプションヘッダのチェックサム値とを保持している．

　　IPパケットを受信した機器は，ヘッダチェックサムに異常のあるIPパケットを受信した場合，そのパケットを破棄する．

(j) **IPアドレス**

　　IPアドレスは，32ビットの送信元アドレスと32ビットの宛先アドレスとを保持する領域である．IPアドレスについては，後述する．

(k) **オプションおよびパディング**

　　オプションは，IPパケットが中継されるルータの中継経路の指定をしたり，中継経路，通過時間の記録などをヘッダ部にするなどの特殊処理を指定するものである．

　　パディングは，後述するオプションを指定したとき，IPヘッダの長さを32ビットの整数倍となるように調整する詰め物（padding）の役割を担う補助フィールドである．

(l) **データ部**

　　データ部は，IPの上位層が扱うTCPまたはUDPのデータやICMPのメッセージなどのデータ領域である．

2　IPアドレスの表現方法

IPパケットに用いられる送信元アドレスと宛先アドレスは，それぞれ32ビット（IPv4）の領域から構成される．このIPアドレスは，(1)に示すようにクラスA～Eに分類されて，用途やネットワークの規模に応じて使い分けられている．しかしながら，これらのクラス分けでは，IPアドレスを効率的に配分することができないため，CIDR（classless inter-domain routing）も使われている．

(1) **IPアドレスのクラス分類**

(a) **クラスA**

　　クラスAは，IPアドレスの先頭の1ビットが0であり，続く7ビットをネットワークアドレスに，残る24ビットをホストアドレスとして用いるアドレス指定方法である．

ネットワークアドレスは，ネットワークを識別するアドレスであり，同一ネットワークに属するホストは，ホストアドレスによって識別する．したがって，クラスAの場合，ネットワークアドレスは最大128個であり，それぞれのネットワークのホストアドレスは，$2^{24}=16\,777\,216$ 個とることができる．

(b) **クラスB**

クラスBは，IPアドレスの先頭の2ビットが2進数の10であり，続く14ビットをネットワークアドレスに，残り16ビットをホストアドレスに割り当てるアドレス指定方法である．

クラスBの場合，ネットワークアドレスは最大16 384個であり，それぞれのネットワークのホストアドレスは，最大で65 536個とることができる．

(c) **クラスC**

クラスCは，IPアドレスの先頭の3ビットが2進数の110であり，続く21ビットをネットワークアドレスに，残り8ビットをホストアドレスに割り当てるアドレス指定方法である．

クラスCの場合，ネットワークアドレスは，最大で2 097 152個，ホストアドレスは，最大で256個とることができる．

(d) **クラスD**

クラスDは，IPアドレスの先頭の4ビットが2進数の1110であり，残り28ビットを**マルチキャストアドレス**（multicast address）に割り当てるアドレス指定方法である．マルチキャストアドレスは，ネットワーク内の特定のノードにメッセージを伝えるために用いられるアドレスである．

マルチキャストアドレスに対するアドレスとしてユニキャストアドレス（unicast address）がある．これは，上述したクラスA～CのIPアドレスが相当する．ユニキャストアドレスは，パケットを送出する宛先IPアドレスを指定して1対1の通信を行うために用いられる．このため，複数の宛先に同一内容のデータを送出する場合は，宛先アドレスを変えた複数のパケットを送出する必要がある．

一方，マルチキャストアドレスは，複数の宛先に一度に同一内容の

パケットを送出するために用いられる．言い換えれば，マルチキャストアドレスを用いれば1対多の通信を行うことが可能となる．また，IPパケットを一つ送出するだけで一度に複数の宛先に送ることができるので，ネットワーク上の無駄なトラフィックの増加を防ぐこともできる．IPマルチキャストは，たとえばビデオオンデマンドなど動画像を一度に複数のノードに送出する用途に用いられる．

マルチキャストアドレスを用いたIP通信は，IPマルチキャストと呼ばれ，RFC1112でマルチキャスト用のIPアドレス群が定義されている．

(e) **クラスE**

クラスEアドレスは，IPアドレスの先頭の5ビットが2進数の11110で定義されたアドレスであり，実験用に特別に割り当てられたものである．

(2) **IPアドレスの表記方法**

IPアドレス（IPv4のIPアドレス）は，上述したように32ビットの2進数で表現されている．このIPアドレスをわかりやすくするため，8ビットずつ四つに区切り，それぞれ10進数で表示するとともに，各10進数の間にピリオドを設けて表現する．これを10進記法またはドット付き10進記法という．

（例） 11000000 10101000 00000001 01100101 （2進記法）
　　　　192.　　168.　　1.　　101 （10進記法）

(3) **プライベートアドレス**

プライベートアドレスは，社内ネットワークなどの閉じたネットワークに用いられるIPアドレスである．このアドレスは，RFC1918で規定されており，クラスA，クラスBおよびクラスCのそれぞれのアドレスクラスごとに割り当てられている．

　　クラスA：10.0.0.0　～　10.255.255.255
　　クラスB：172.16.0.0　～　172.31.255.255
　　クラスC：192.168.0.0　～　192.168.255.255

(4) **グローバルアドレス**

グローバルアドレスは，インターネットに接続されたすべてのノード（ホ

スト）が通信を行うときに用いるアドレスであって，全世界で一意のアドレスとなるものである．つまり重複したIPアドレス（グローバルアドレス）があると正しく通信を行うことができなくなるので，インターネットでは重複したIPアドレスの存在を認めていない．このため，IPアドレスの重複を防ぎ，世界中のすべてのIPアドレスの割り当て方針を決定する組織が設けられている．この組織として，アメリカのICANN（internet corporation for assigned names and numbers）の一部門であるIANA（internet assigned numbers authority）がある．そして，IANAの割り当て方針の下，各地域ごとに設けられたRIR（regional internet registry）や，RIRの下部組織のNIC（network information center）がIPアドレスを割り振っている．ちなみに日本のNICは，JPNIC（日本ネットワークインフォメーションセンタ）である．このJPNICは，日本国内のプロバイダなどにIPアドレスを配分している．

⑸ **ブロードキャストアドレス**

ネットワークに接続されたすべての機器に対して通報（同報通知）を行う目的で用意されたアドレスである．たとえばクラスCのプライベートアドレスのネットワークアドレスが，192.168.0である場合，ホストアドレスは0〜255の256種類をとることができるが，このうち，ホストアドレスの255をブロードキャストアドレスに割り当てている．すなわち，この場合は，192.168.0.255がブロードキャストアドレスになる．ちなみに，192.168.0.0は，このネットワークを示すアドレスである．

3 サブネットマスク

ネットワークに接続されるノード（ホスト）の台数に応じて，適切なクラスのIPアドレスを用いればよいが，たとえばホスト数が30台のネットワークにクラスCのアドレスを適用した場合，254−30＝224個のアドレスが使われることなく無駄なアドレスとなる（ネットワーク自体を示すホストアドレスの0およびブロードキャストアドレスの255を除くため，ホストアドレスの最大値は254になる）．

このような無駄なアドレスが増えると，たとえホストの台数が少なかったとしてもネットワークアドレスを使い切ってしまうという問題が生じる．

テーマ52　インターネットプロトコル

このため，ホストの台数が少ないとき，ネットワークアドレスを複数に分割して使用することが望ましい．このとき用いられるのがサブネットマスクである．たとえばネットワークアドレスが，192.168.0であり，ホストが30台の場合，ホストアドレスとしては$2^5=32$個あればよい．この場合，サブネットマスクの下位5ビットを0に設定して，ホストアドレスが5ビットであることを明示する．

　　　（例）　11000000 10101000 00000001 00000000（2進記法）
　　　　　　　　192．　　168．　　1．　　0　（10進記法）

サブネットマスク

　　　（例）　11111111 11111111 11111111 11100000（2進記法）
　　　　　　　　255．　　255．　　255．　　224　（10進記法）

このようにサブネットマスクを設定した場合，サブネットのネットワークアドレスは，以下の五つに分割される．

192.168.1.0
192.168.1.32
192.168.1.64
192.168.1.96
192.168.1.128

このサブネットマスクは，それぞれのサブネットに接続される機器のすべてに設定する必要がある．

4　CIDRとは

サブネットマスクを用いてネットワークを構成する場合，前述したようにネットワークに接続されたすべての機器に同じサブネットマスクを設定する必要がある．

CIDR（classless inter-domain routing）は，サブネットごとにネットワークアドレスの長さを変えることができる方法であり，サブネットマスクを用いた方法に比べて無駄なIPアドレスの割り当てを少なくすることができる．

たとえば，IPアドレスの先頭から27ビット目までをネットワークアドレスとした場合，ホストアドレスは次に示すようになる．

（例）　11000000 10101000 00000001 00000000（2進記法）
　　　　　　192.　　168.　　　1.　　　 0（10進記法）

サブネットマスク
　　（例）　11111111 11111111 11111111 11100000（2進記法）
　　　　　　255.　　 255.　　 255.　　 224（10進記法）

一方，CIDRを用いた場合のアドレスは，ネットワークアドレスに設定したビット数がわかるように，192.168.1.1/27と表記する．ちなみに上述した例は，サブネットマスクが255.255.255.224と等価である．

5　ICMPとは

ICMP（internet control message protocol）は，IPプロトコルの状態を管理するメッセージプロトコルである．たとえばICMPは，IPパケットを用いたデータ転送中に生じたエラーの通知やIPプロトコルの診断に用いられる．ネットワークに接続された機器間で，接続確認を行うpingコマンドもICMPコマンドの一つである．

(1)　**メッセージフォーマット**

　　ICMPメッセージのフォーマットは，IPパケットのデータ部にICMPのメッセージを組み込んだIPパケットの形式をとる（データ部にコマンドを組み込むことをエンカプセル化という）．

(2)　ping

　　ping（ピング）は，IPアドレスで指定した機器までの伝送路が正常であり，相手局が通信可能であるかどうかを診断するICMPメッセージである．タイプを8にコードを0に設定し，送信時間をオプションのデータ領域に付加したICMPメッセージをIPパケットの宛先アドレスに指定した相手方に送出する．一方，このpingを受けた相手先は，タイプを0に，コードを0に設定して送出元にそのまま返信する．そうしてpingの返信を受けた送出元の機器は，pingに付与した送出時間を取り出して到着時間との差を求めれば相手先までの往復に要する時間を計測することができる．

　　またpingを受けた相手先は，ICMPメッセージに含まれるIDとシーケンス番号をそのまま送信元に返信する．このため送信元から複数の

pingコマンドを送出したとき，シーケンス番号が1ずつ増加していれば，pingコマンドの欠落がなく，それ以外はパケットの欠落や順序違いがあるものと検出することができる．

テーマ53 データ通信システム

1 データ通信システムとは

　データ通信システムは，第1図に示すようにセンタ装置とデータ端末装置間またはコンピュータ同士をデータ回線で接続してデータのやりとりを行うものである．図中のデータ端末装置は，DTE（data terminal equipment）とも呼ばれている．

第1図　データ通信システムの構成

```
データ端末      データ回線          センタ装置
装置      ┌──伝送路──┐    ┌──────┐
[DTE]─[DCE]────────[DCE]─[CCU]─[CPU]
```

　一方，データ端末が接続されるセンタ装置には，複数のデータ端末装置との通信とコンピュータ（CPU）とを仲介する通信制御装置（CCU：communication control unit）が設けられている．この通信制御装置は，データ回線とコンピュータとのインタフェース機能のほか，
① データ変換機能：データ伝送を行う文字列などのデータ分解／組立て
② 伝送誤り機能：データ回線上で生じたデータの誤りを検出するとともに，その修復またはデータ端末装置に対して再送要求
③ 伝送制御文字の処理：データ端末装置との間で伝送に必要となる特殊な制御文字（制御コード）の処理
などを行う．

　CPUとデータ端末装置間に通信制御装置を設けて，データ端末装置とのデータ通信処理を行わせる．このように構成することで，CPUはデータ通信処理以外の，別の処理を同時に行うことができ，センタ装置の処理能力の向上を図ることができる．

　このようなデータ端末装置とセンタ装置との間に設けられたデータ回線の方式には，有線方式と無線方式とがある．

テーマ53　データ通信システム

　有線方式の伝送線路としては，2本の平行電線をより合わせたツイストペア線や同軸ケーブルまたは光ファイバなどがある．
　一方，無線方式は，マイクロ波や衛星回線を用いている．無線方式は，配線の敷設工事が不要であり，データ端末が移動しても通信を行えるなどの利点がある．しかし，データ伝送に使用できる周波数も有限であり，むやみに無線局を開設してデータ通信を行うことはできない．
　ここでは，データ通信の基本的な概念をとらえるため，有線方式に限定して解説する．
　まず，伝送されるデータの信号形式から分類すると，アナログ信号を扱うアナログ回線とディジタル信号を扱うディジタル回線とがある．
　アナログ回線は，一般の公衆通信回線などに用いられている回線である．アナログ回線は，音声帯域の信号を伝送することが主目的であり，データ端末装置またはセンタ装置などの通信装置が扱うディジタル信号をいったんアナログ信号に変換する必要がある．この信号変換を行う装置をMODEM（modulator–demodulator）という．
　一方，ディジタル回線では，通信装置とデータ回線とのインタフェースを行うDSU（digital service unit）が用いられる．このDSUは，信号波形と伝送速度の変換および制御信号の挿入／削除などを行う．
　次に，データ回線を回線方式で分類すると，交換回線方式と専用回線方式とに大別することができるが，これらの回線方式をさらに詳細に分類すると第2図に示すようになる．
　交換回線方式は，多数の加入者が交換機を介して相互接続可能となるように構成された方式で，公衆通信回線とディジタルデータ交換網とがある．

■■■ 第2図　データ回線の分類

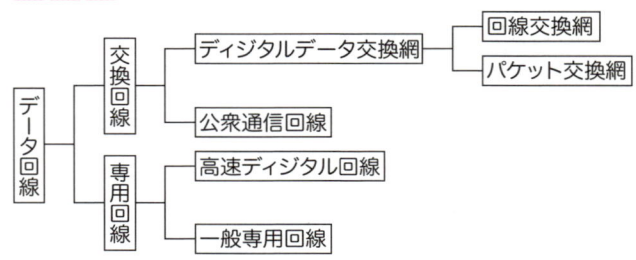

```
                  ┌─ ディジタルデータ交換網 ─┬─ 回線交換網
          ┌─ 交換回線 ─┤                          └─ パケット交換網
データ回線 ─┤            └─ 公衆通信回線
          └─ 専用回線 ─┬─ 高速ディジタル回線
                        └─ 一般専用回線
```

さらにディジタルデータ交換網には，回線交換網とパケット交換網とがある．回線交換網は，データ通信を行うときだけ，通信回線を接続して相互に通信ができるようにする方式である．ちょうど，電話番号で通話相手先を選択して回線を接続した後に通話を行う方式と同じ方式である．

　一方，パケット交換方式は，データをパケットと呼ばれる一定ブロック長のサイズのデータに分割してパケット交換網に送出する．このパケットには，伝送データのほかに送り先アドレス情報，誤り制御符号などの制御情報が付加されている．そして，パケット交換網のパケット交換機が，これらの制御情報を判断して，宛先の端末装置に伝送する．

　パケット交換方式の場合，端末からパケット交換網に送出されたパケットを，いったんパケット交換機の内部に蓄積することができるので，送り出し側の端末の伝送速度と受け取り側の端末の伝送速度を合わせる必要がない（回線交換方式の場合は，伝送速度を一致させる必要がある）．

　次に，専用回線方式は，特定の装置間を相互接続する方式である．交換回線方式に比べて，データ回線の品質が高く，大容量のデータ通信を行うことができる．専用回線であるため，不特定多数の相手と通信を行うことができない反面，セキュリティを確保することが可能である．なお，公衆通信回線を専用線のように利用することができる**仮想施設網**（**VPN**：virtual private network）があり，企業グループなどで用いられている．これは，ユーザが任意の番号体系を設定することができ，専用回線方式よりも安いという特徴がある．

　ところで，データ端末装置とセンタ装置とを相互に接続するデータ回線の末端にはデータ回線終端装置（DCE：date circuit-terminating equipment）が設けられている．このDCEはデータ端末装置あるいはセンタ装置が扱う信号と，通信回線上に流れる信号とを変換する装置である．

2　モデムとは

　「1　データ通信システムとは」で述べたように，一般の公衆回線などのアナログ回線を用いてデータを伝送する場合，通信装置が扱うディジタル信号をアナログ信号に変換（変調）してデータ回線に送出するとともに，データ回線から受けたアナログ信号をディジタル信号に変換（復調）して通信

装置に与える変換装置が必要である．この変換装置がMODEM（モデム）である．

ディジタル信号をアナログ信号に変換する変調には大きく三つの方式がある．

(1) 振幅変調

第3図(a)に示すように，一定振幅の搬送波をディジタル信号によって制御する変調方式である．この図ではディジタル信号が1のとき搬送波を出力し，ディジタル信号が0のとき搬送波を出力しない例を示している．振幅変調は，このようにディジタル信号のデータによって，データ回線の搬送波の大きさ（有無）を変化させる方式である．この振幅変調は，振幅偏移変調（ASK：amplitude shift keying）とも呼ばれる．

第3図　各種変調波形

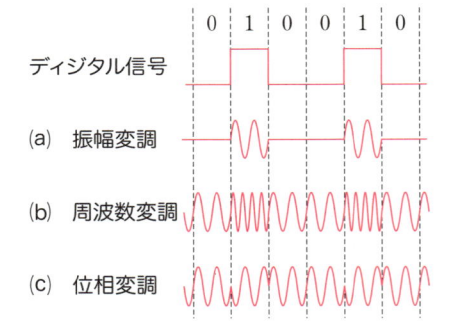

| | 0 | 1 | 0 | 0 | 1 | 0 |

ディジタル信号

(a) 振幅変調

(b) 周波数変調

(c) 位相変調

振幅変調は，データ回線上でノイズや信号の減衰の影響を受けやすく，振幅変調だけではデータ伝送に用いられない（位相変調と組み合わせて用いられる）．

(2) 周波数変調

第3図(b)に示すように，一定振幅の搬送波をディジタル信号によって周波数を変化させる変調方式である．この図では，ディジタルデータが1のとき搬送波の周波数をf_1，ディジタルデータが0のとき搬送波の周波数をf_0に設定している．この変調は，周波数偏移変調（FSK：frequency shift keying）とも呼ばれている．

周波数変調は，一定振幅の信号を用いているので振幅変調に比べてノ

イズの影響を受けにくい特徴があるが，伝送速度を高速化することが難しい欠点がある．

(3) 位相変調

第3図(c)に示すように，一定振幅の搬送波の位相をディジタル信号によって変化させる方式である．この図では，ディジタル信号が0のときの位相を0°（正相），ディジタル信号が1のときの位相を180°（逆相）に設定している．この位相変調は，位相偏移変調（PSK：phase shift keying）とも呼ばれる．また，この図に示す位相変調は，ディジタル信号によって2通りの位相状態をとることから2相PSKまたはBPSK（binary phase shift keying）とも呼ばれている．このBPSKをベクトル図で表すと第4図(a)に示すようになる．

第4図　位相変調のベクトル図

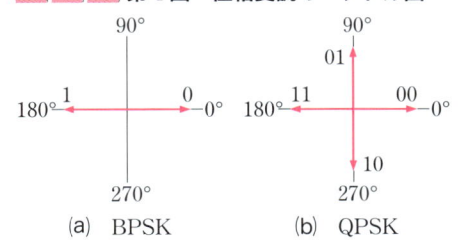

```
        90°                  90°
                             01
   1         0                11        00
180°────────0°        180°────────0°
                             10
       270°                 270°
   (a)  BPSK              (b)  QPSK
```

位相変調はさらに，2ビットのディジタルデータを組み合わせて第4図(b)に示すような4通りの位相状態をとる4相PSK（QPSK：quadrature phase shift keying）や，さらに8通りの位相状態をとる8相PSKなどの多相PSKがある．

位相変調は相数が増えると，回路構成が複雑になる反面，高速伝送が可能である．

3　伝送制御とは

伝送制御は，データ回線を用いて通信機器間でデータを伝送するために行う制御のことをいう．すなわち，データ通信を効率よく行うために定めた制御と手続きのことをいう．

この伝送制御は，回線制御，同期制御，誤り制御，データリンク制御か

テーマ53 データ通信システム

ら構成される．

代表的な伝送制御手順として，基本形データ伝送制御手順とハイレベルデータリンク制御手順がある．

(1) 基本形データ伝送制御手順

この制御手法は，第1表に示す伝送制御文字を組み合わせて伝送制御する．

第1表 基本形データ伝送制御手順で用いられる伝送制御文字

伝送制御文字	名称	内容
SOH	start of heading	情報メッセージの開始
STX	start of text	テキストの開始
ETX	end of text	テキストの終了
EOT	end of transmission	伝送終了
ENQ	enquiry	応答要求
ACK	acknowledge	肯定応答
DLE	data link escape	拡張符号
NAK	negative acknowledge	否定応答
SYN	synchronous idle	同期符号
ETB	end of transmission block	伝送ブロック終了

この伝送制御手順で伝送されるデータは第5図(a)に示すように，ヘディングとテキストとから構成される情報メッセージの形態をとる．

ヘディングはテキスト（情報の内容が含まれる）の先頭に設けられた特殊データでヘッダとも呼ばれている．このヘディングには，テキストの順番，優先度，伝送経路などの情報が含まれている．

第5図 情報メッセージの構成

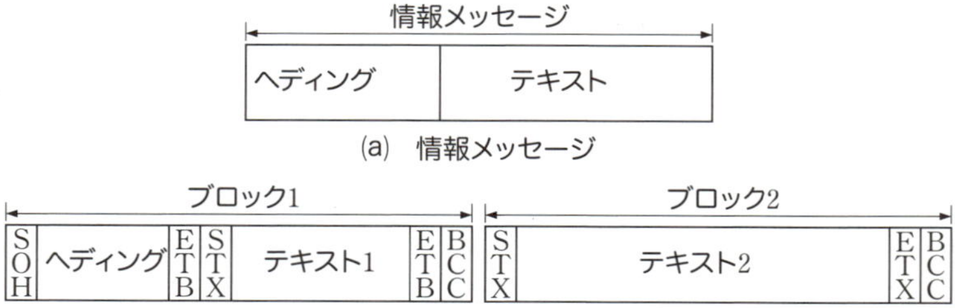

```
      情報メッセージ
┌──────────────────┐
│ ヘディング │  テキスト │
└──────────────────┘
      (a) 情報メッセージ
```

```
   ブロック1                     ブロック2
┌─┬───┬─┬─┬────┬─┬─┬─┬──────┬─┬─┐
│S│ヘディング│E│S│テキスト1│E│B│S│テキスト2│E│B│
│O│     │T│T│    │T│C│T│      │T│C│
│H│     │B│X│    │B│C│X│      │X│C│
└─┴───┴─┴─┴────┴─┴─┴─┴──────┴─┴─┘
      (b) 二つのブロックに分割されたテキスト
```

基本形データ伝送制御手順で伝送される情報メッセージは，通信異常時のデータ損失を少なくするため，第5図(b)に示すブロック単位に区切って伝送されることがある．

このブロック中のBCCは，ブロック誤り検出文字（Block Check Character）である．このBCCを用いることで伝送中に生じたデータエラーを検出することができる．

第5図(b)に示す情報メッセージを基本形データ伝送制御手順に従って伝送すると，たとえば第6図に示すように端末Aから端末Bにデータが伝送される．また，この図は上から下に時間が経過することを表している．

第6図　基本形データ伝送制御手順によるデータ伝送例

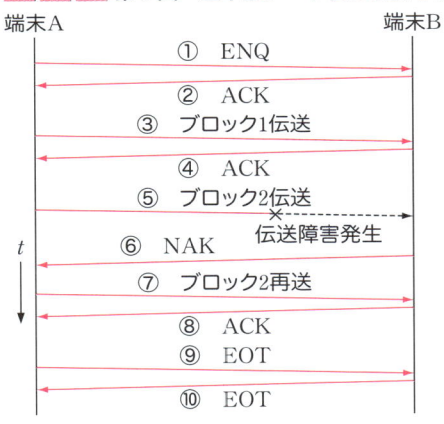

```
端末A                    端末B
  │    ① ENQ           │
  │────────────────────▶│
  │    ② ACK           │
  │◀────────────────────│
  │    ③ ブロック1伝送  │
  │────────────────────▶│
  │    ④ ACK           │
  │◀────────────────────│
  │    ⑤ ブロック2伝送  │
t │────────×------------│ 伝送障害発生
  │    ⑥ NAK           │
↓ │◀────────────────────│
  │    ⑦ ブロック2再送  │
  │────────────────────▶│
  │    ⑧ ACK           │
  │◀────────────────────│
  │    ⑨ EOT           │
  │────────────────────▶│
  │    ⑩ EOT           │
  │◀────────────────────│
```

① 通信に先立ちデータリンクを確定するため端末Aが端末Bに対してENQを送出する

② ENQを受けた端末Bは，データリンクが確立できるときはACKを返す（データリンクが確立できないときはNAKを返す）

③ 端末BからACKを受けた端末Aは，データリンクが確立されたので，ブロック1を送出する

④ 端末Bがブロック1のデータを正しく受信できたときはACKを返す

⑤ 端末BからACKを受けた端末Aは，次のブロック2を送出する

⑥ このとき，回線上に異常が生じたとすると，端末Bは正しいデータ

を受け取れなかった（BCC異常があった）と，端末Aに対してNAKを送信してブロック2の再送を要求する

⑦　端末Bから再送要求を受けた端末Aは，再度，ブロック2を送出する

⑧　端末Bがブロック2のデータを正しく受信できたときはACKを返す

⑨　端末Aのデータの送出が完了したので，伝送終了（EOT）を端末Bに送出する

⑩　端末Bは，データリンクの解放（EOT）を通知して，一連のデータ伝送を終了する

　このような手順で伝送を行う基本形データ伝送制御手順は，ベーシック手順とも呼ばれる．

(2) ハイレベル・データリンク制御手順

　この制御手法は，**HDLC**（High-level Data Link Control）とも呼ばれ，第7図に示すようなフレーム形式を用いてデータを伝送する．このフレームの前後にはフラグシーケンスという特定なビットパターン（16進数で7E，2進数では01111110）が用いられフレームを構成している．

第7図　HDLCフレーム形式

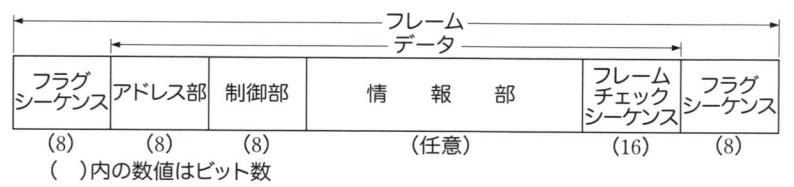

フラグシーケンス	アドレス部	制御部	情報部	フレームチェックシーケンス	フラグシーケンス
(8)	(8)	(8)	(任意)	(16)	(8)

（　）内の数値はビット数

　また，HDLCは，相手側の応答を待たずに連続的に送信し，さらに端末間で両方向同時通信を行っている．このため，効率の高い伝送を行うことができる．つまり，HDLCでは，基本形データ伝送制御手順のようなブロックごとに授受確認は行っていない．このためHDLCでは16ビットのフレームチェックシーケンス（FCS）が誤り検出用に用意されている．このFCSを用いてアドレス部から情報部までの内容の整合性を保証することができる．

テーマ 54 伝送制御手順

　伝送制御手順とは，伝送路を用いて効率よくデータ伝送をするため定めた制御手続きのことをいう．この伝送制御手順は，回線制御，同期制御，データリンク制御，誤り制御からなっている．
　代表的な伝送制御手順には，ベーシック伝送制御手順（basic mode data transmission control procedure）と，HDLC（high level data link control：ハイレベル・データリンク制御）手順とがある．

1　ベーシック伝送制御手順

　ベーシック伝送制御手順には，基本モードと拡張モードとがある．

(1) ベーシック伝送制御手順の種類

　基本モードは，半二重通信を行うモードであり，一方の通信が終了するとデータリンクを解放する伝送制御手順である．
　一方，拡張モードは，基本モードを拡張したモードであり，会話モード，全二重モード，複数従局セレクションモード，コードインデペンドモードなどが追加されている．

(a) **会話モード**

　会話モードは，一方の通信（送信）が終了した後もデータリンクを解放することなく，伝送方向を切り換えて交互に通信を行うことが可能なモードである．

(b) **全二重モード**

　全二重モードは，全二重通信回線に適用することが可能なモードである．このモードは，会話モードと異なり，一方の端末装置（ノード）が送信中であっても，他方の端末装置（ノード）が送信することが可能である．

(c) **複数従局セレクションモード**

　複数従局セレクションモードは，センタ局に接続されている複数のノードに対して同報通信を行うモードである．このモードは，あらか

じめ複数のノードのそれぞれに個別のアドレスが付与されている．そしてセンタ局となるノードは，同報通信するノードのアドレスを指定して呼び出した後，同報通信を行う．

(d) **コードインデペンドモード**

コードインデペンドモードは，後述する伝送制御キャラクタを含めたすべてのコードを伝送することが可能である．

(2) **データリンク確立方式**

ベーシック伝送制御手順には，コンテンション方式とポーリング／セレクティング方式の2種類のデータリンク確立方式がある．

(a) **コンテンション方式**

コンテンション方式は，ポイント・ツー・ポイント接続に用いられるデータリンク確立方式である．この方式において伝送路を介して接続されたノードは，互いに対等な関係にある．つまり，主局／従局（親局／子局）といった従属関係はない．

この方式は，データを相手局に伝送するつど，データリンクを確立してデータ伝送を行う．具体的には，第1図に示す手順に従って通信

第1図　コンテンション方式

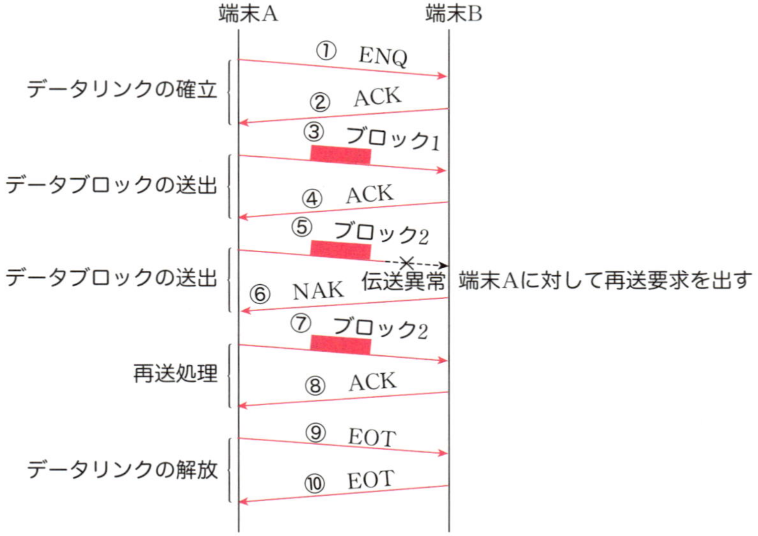

データリンクの確立	端末A		端末B
		① ENQ →	
		← ② ACK	
データブロックの送出		③ ブロック1 →	
		← ④ ACK	
データブロックの送出		⑤ ブロック2 →×（伝送異常）	端末Aに対して再送要求を出す
		← ⑥ NAK	
再送処理		⑦ ブロック2 →	
		← ⑧ ACK	
データリンクの解放		⑨ EOT →	
		← ⑩ EOT	

が行われる．
① データリンクを確立するため，端末Aが端末Bに対してENQ（enquiry：相手局からの応答の督促）を送出する．
② ENQを受けた端末Bは，データリンクが確立可能なとき，ACK（acknowledge：肯定応答）を返す一方，データリンクが確立できないときはNAK（negative acknowledge：否定応答）を返す．
③ 端末BからACKを受けた端末Aは，送信権を得た主局となり，端末Bに対してデータを送出することができる．そして端末Aは，データ（ブロック1）を端末Bに送出する．
④ 端末Bは，端末Aが送出したブロック1のデータを正しく受信できたとき，ACKを返す．
⑤ 端末BからACKを受けた端末Aは，次のデータ（ブロック2）を送出する．
⑥ このとき，たとえば回線上でのデータ伝送異常が生じて端末Bが正しいデータを受け取れなかった（BCCあるいはBCSに異常があった）とき，端末Bは，異常があったことを端末Aに通知する．この通知は，端末Bが端末Aに対してNAKを送信することで，ブロック2の再送を要求するものである．（BCC：block check character，BCS：block check sequence）
⑦ 端末Bから再送要求を受けた端末Aは，再度，ブロック2を送出する．
⑧ 端末Bがブロック2のデータを正しく受信できたとき，端末AにACKを返す．
⑨ 端末Aは，データの送出が完了すると，伝送終了（EOT：end of text）を端末Bに送出する．
⑩ 端末Aが送出したEOTを受けた端末Bは，データリンクの解放（EOT）を通知して，一連のデータ伝送を終了する．

(b) **ポーリング／セレクティング方式**

ポーリング／セレクティング方式は，センタと端末装置（ポイント・ツー・ポイント方式）あるいは，センタと複数の端末装置（ポイント・ツー・マルチポイント）とから構成されたネットワーク構成に用いら

れる伝送制御方式である．この方式は，センタ局（制御局）から端末装置（従属局）に対してデータ送出の有無を問いかける方式である．そして，センタ局は，データ送出を要求した端末装置（従属局）に対して，センタへのデータ送出を許可する．このようにセンタ局から端末装置（従属局）に対して問い合わせを行い，送信の許可を与える動作を**ポーリング**という．

一方，**セレクティング**とは，センタ局から端末装置にデータを送出するとき，送出に先立って端末装置の準備ができているかどうか（受信可能かどうか）を問い合わせることである．

このようにポーリング／セレクティング方式は，センタ局が常に送信権を握る伝送制御方式である．しかしこの方式は，従属局に対して常にポーリングを行う必要があるため伝送路（回線）の利用効率が低下するという短所がある．

(3) 情報メッセージの種類

ベーシック伝送制御手順で伝送されるデータは，第2図(a)に示すように，ヘディングとテキストとから構成される情報メッセージのフォーマットをとっている．

第2図 情報メッセージの種類

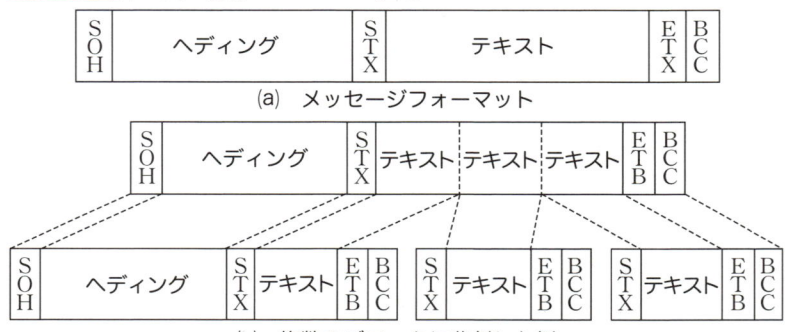

| SOH | ヘディング | STX | テキスト | ETX | BCC |

(a) メッセージフォーマット

(b) 複数のブロックに分割した例

ヘディングは，テキスト（情報の内容が含まれるデータ）の先頭に設けられた特殊データでヘッダとも呼ばれている．このヘディングには，テキストの順番，優先度，伝送経路などの情報が含まれている．

なお，伝送制御手順で伝送される情報メッセージは，通信異常時のデー

タ損失を少なくするため，第2図(b)に示すブロック単位に区切って伝送されることがある．

(4) 伝送制御文字

ベーシック伝送制御手順には，第1表に示す10種類の伝送制御文字が用いられる．

第1表　伝送制御文字の定義

伝送制御文字		機能名称	
記号	ASCII/JISコード		
SOH	01	ヘディング開始	start of heading
STX	02	テキスト開始	start of text
ETX	03	テキスト終結	end of text
EOT	04	伝送終了	end of text transmission
ENQ	05	問い合わせ	enquiry
ACK	06	肯定応答	acknowledge
DLE	10	伝送制御拡張	data link escape
NAK	15	否定応答	negative acknowledge
SYN	16	同期信号	synchronous idle
ETB	17	伝送ブロックの終結	end of transmission block

(5) ベーシック伝送制御手順

ベーシック伝送制御手順は，データ伝送に先立ってデータリンクの確立を行い，データ伝送が終了するとデータリンクを解放するものである．このベーシック伝送制御手順は，五つのフェーズに分けられている．この五つのフェーズは，たとえば電話を掛けることを想定すると理解しやすい．

なお，ベーシック伝送制御手順は，フェーズ2から4までを規定している．つまり回線があらかじめ接続されているものとしている（たとえば専用回線（直通回線）は，回線の接続と切断は不要である）．

(a) フェーズ1（回線の接続）

フェーズ1は，一般の電話回線で電話を掛けるときと同じように，相手の電話番号をダイヤルする．つまり，このフェーズは，接続相手先にダイヤリングを行って回線接続を確立するフェーズである．

なお，前述したように，専用回線の場合は，フェーズ1の動作は不要である．

(b) **フェーズ2（データリンクの確立）**

　フェーズ2は，電話を掛けたときに行う相手確認と同様の処理を行うフェーズである．つまり，フェーズ2は，回線確立の完了を受けてデータリンクの確立を行うため，制御局がENQシーケンスを送信するフェーズである．このENQシーケンスの形式は，第3図に示すような形式で構成されたデータである．ENQシーケンスのSA1およびSA2は，局指定コード，UAは，出力指定コード，ID1～5は，識別コードである．

　このENQシーケンスを受けた相手局（従属局）は，制御局に対してデータ受入れの準備が整っていればACK（肯定応答），整っていない場合はNAK（否定応答）を返す．

▰▰▰ 第3図　ENQ シーケンスの形式

SA1	SA2	UA	ID1～5	ENQ

(c) **フェーズ3（データの転送）**

　フェーズ3は，相手に用件を伝えるフェーズである．このフェーズは，データリンクが確立した制御局から従属局へ，ヘディングとテキストから構成される情報メッセージを伝送する．ただし，この情報メッセージは，メッセージの長さによって，複数のブロックに分割されて送出されることがある．この各ブロックにBCC（BCS）が付与され受信側（従属局）で受け取ったブロックに誤りがないかを確認する．従属局は，制御局に対して受信したブロックに誤りがなければACKを，誤りがあった場合はNAKをそれぞれ返す．

　制御局は，NAKを受けると伝送誤りのあったブロックを再度，従属局へ伝送する．

　このようなブロックの送達確認は，ブロックの送受信のたびに行われる．これは伝送途中でブロックが欠落したとしても，該当するブロックから再送できるようにするためである．

(d) **フェーズ4（終結）**

　フェーズ4は，一連の電話の会話が終了した後，要件を再確認して

了解を得るフェーズである．つまり，フェーズ3で一連のデータ伝送が終了すると，フェーズ4でデータリンクが解放される．具体的に制御局は，従属局に対してEOTを送信する．このEOTを受けた受信側は，データリンク解放を許諾するEOTを制御局に送信し，フェーズ4が完了する．

(e) **フェーズ5（回線の切断）**

フェーズ4でEOTを互いに送信した後，フェーズ5で回線を切断する．

2 ハイレベル・データリンク制御（HDLC）手順

ハイレベル・データリンク制御手順は，HDLC（High-level Data Link Control）とも呼ばれている．

(1) **HDLC手順の特徴**

HDLC手順は，ベーシック伝送制御手順の制約を取り除いた伝送方式である．具体的には，ベーシック伝送制御手順の制約は，次のようなものをあげることができる．

① 伝送制御符号を用いているので，この伝送制御符号に相当するデータを送出する場合，工夫が必要である（データの透過性がないという）．

② ブロックごとに送達確認を相互に行っているので伝送効率が悪い．

HDLC手順は，このような制約を取り除いたほか，送受信されるすべてのデータのエラーチェックができるしくみを取り入れており，高信頼性を確保できるという特徴がある．

具体的なHDLC手順にあっては，相手側の応答を待たずに連続的にデータを送信するとともに，端末間で双方向同時通信を行っている．このため，効率の高い伝送を行うことができる．つまり，HDLC手順は，ベーシック伝送制御手順のようなブロックごとの送達確認を行うものではない．またHDLC手順の誤り制御は，16ビットのフレームチェックシーケンス（FCS：flame check sequence）を用いている．HDLC手順は，このFCSを用いることで，アドレス部から情報部までの内容の整合性を保証している．

(2) **HDLC手順の局**

HDLC手順には，一次局と二次局および複合局とがある．

(a) **一次局**

二次局に対してデータリンクを制御する指令(コマンド)を送信する権利がある局である.

(b) **二次局**

一次局の指令(コマンド)を受けて,この指令に対する応答(レスポンス)を一次局に返す局である.

(c) **複合局**

一次局と二次局の両方の機能をもつ局であり,コマンドとレスポンスを送信することができる局である.

(d) **局のモード**

局のモード(状態)には,切断モード(DCM),初期モード(IM),動作モード(ABM,ARM,NRM)の3種がある.

(i) 切断モード

切断モード(DCM:disconnect mode)は,データリンクが確立されていないモード(状態)を示すものである.

(ii) 初期モード

初期モード(IM:initial mode)は,局内で制御機能の初期化を行っている状態を示すものである.通常,このモードは,ほとんど使わない.

(iii) 動作モード

動作モードには,非同期平衡モード(ABM:asynchronous balanced mode),非同期応答モード(ARM:asynchronous response mode),正規応答モード(NRM:normal response mode)がある.これらは次項に記述する三つの手順クラスに対応するものである.

(3) **HDLC手順のクラス**

HDLC手順のクラスには,平衡形と不平衡形の接続形態がある.不平衡形は,さらに一次局と二次局とをポイント・ツー・ポイントで接続する形態と,一次局と複数の二次局とをポイント・ツー・マルチポイントで接続する形態とがある.

(a) 平衡形

平衡形は，第4図に示すように，複合局同士の接続のように，主従関係がなく対等な関係でコマンドとレスポンスを送出できる接続形態をいう．これを**平衡形非同期応答クラス**（BA：balanced asynchronous response mode）という．

第4図　平衡形非同期応答クラス

```
          ①コマンド
複合局 ───────────→ 複合局
      ←───────────
          ②レスポンス
```

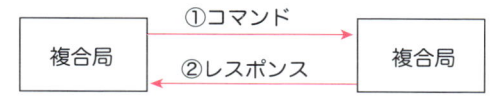

(b) 不平衡形

不平衡形は，一次局と二次局とのように主従関係がある局を接続する形態をいう．第5図に示すように一次局と二次局とをポイント・ツー・ポイントで接続する形態をとる場合，一次局から送出されるコマンドと同期せず（非同期）二次局のレスポンスを送出することができる．これを**不平衡形非同期応答クラス**（UA：unbalanced asynchronous response mode）という．

第5図　不平衡形非同期応答クラス

```
          ①コマンド
一次局 ───────────→ 二次局
      ←───────────
          ②レスポンス
```

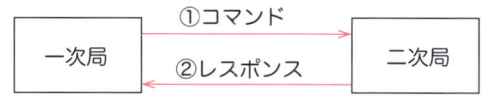

第6図に示すように，一次局と複数の二次局とをポイント・ツー・マルチポイントで接続する形態をとる場合，二次局は，一次局からのコマンドに従ってだけしかレスポンスを送出することができない．これを**不平衡形正規応答クラス**（UN：unbalanced normal response mode）という．

第6図　不平衡形正規応答クラス

```
          ①コマンド
一次局 ───────────→ 二次局
      ←───────────
          ②レスポンス
                     二次局
```

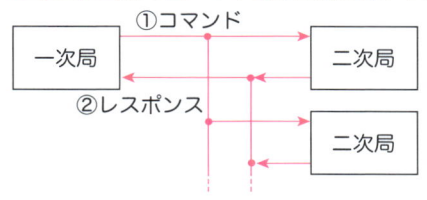

(4) HDLCのフレーム構成

HDLCのフレーム構成を第7図に示す．HDLCのフレームは，フラグシーケンス，アドレスフィールド，制御フィールド，情報フィールド，フレームチェックシーケンスから構成される．

第7図　HDLCのフレーム構成

フラグシーケンス F	アドレス部 A	制御部 C	情報部 I	フレームチェックシーケンス FCS	フラグシーケンス F
(8)	(8)	(8または16)	(任意)	(16)	(8)

（　）内は，ビット数

⒜　フラグシーケンス

フラグシーケンスは，16進数の7Eh（2進数で01111110）の値であり，HDLCフレームの最初と最後に付けられてフレームの区切りを表すものである．受信側は，ビットデータとして1が連続して6回続いた場合，フラグであると判定する．ただし，HDLCは，どのようなデータも送受信することができるので，フレームチェックシーケンス以外にも情報フィールド中に1のビットが連続して6個続く場合もある．このため，フレームチェックシーケンス以外に1のビットが連続して6個続くデータがあった場合，送信側で6個目に0を強制的に挿入してデータを送出する．一方，受信側では，1のビットが5個連続したデータを受信したとき，次のビットの0を除去する．このような方法を**ゼロインサート・リムーブ**と呼ぶ．

このようなゼロインサート・リムーブを用いることによって，HDLCではあらゆるビットパターンのデータを送出することが可能となる．たとえば，8ビットのデータであれば00h〜FFhまでの256種類すべてを送出することができる．これをデータの透過性（transparency）があるという．

⒝　アドレスフィールド

HDLC手順では，すべての局を識別することができるユニークなアドレスがそれぞれの局に付与されている．このアドレスは，アドレスフィールドに設定され，フレームを受信すべき局のアドレスが記述

される．具体的には，第8図に示すようにコマンドフレームの場合は，受信局のアドレスがアドレスフィールドに設定され，レスポンスフレームの場合は，送信局のアドレスがアドレスフィールドに設定される．つまり，二次局のアドレスがアドレスフィールドに設定される．

第8図　アドレスフィールド

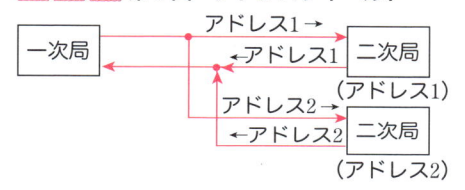

```
          アドレス1→
┌─────┐●────────────→┌─────┐
│一次局│ ←アドレス1      │二次局│
└─────┘●               └─────┘
       │                （アドレス1）
       │ アドレス2→
       └────────────→┌─────┐
         ←アドレス2    │二次局│
                      └─────┘
                      （アドレス2）
```

複合局同士の通信の場合も同様であり，アドレスフィールドに自局のアドレスが設定される場合，レスポンスを表すフレームであり，相手局のアドレスが設定される場合，コマンドを表すフレームである．

(c) **制御フィールド**

制御フィールドは，後述するフレームの種類により相手局に通知するコマンドまたはレスポンスの種類およびフレーム番号が設定される（第9図）．

第9図　制御フィールドの内容

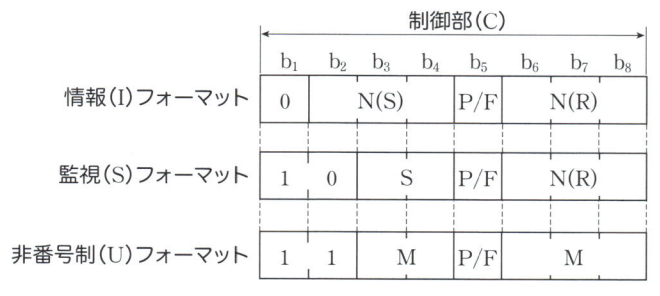

	b_1	b_2	b_3	b_4	b_5	b_6	b_7	b_8
情報(I)フォーマット	0	\multicolumn{3}{N(S)}		P/F	\multicolumn{3}{N(R)}		
監視(S)フォーマット	1	0	\multicolumn{2}{S}		P/F	\multicolumn{3}{N(R)}		
非番号制(U)フォーマット	1	1	\multicolumn{2}{M}		P/F	\multicolumn{3}{M}		

制御部(C)

情報(I)フォーマット：b_1=0, b_2〜b_4=N(S), b_5=P/F, b_6〜b_8=N(R)
監視(S)フォーマット：b_1=1, b_2=0, $b_3$$b_4$=S, b_5=P/F, b_6〜b_8=N(R)
非番号制(U)フォーマット：b_1=1, b_2=1, $b_3$$b_4$=M, b_5=P/F, b_6〜b_8=M

この図の記号は次の意味を表している．

　　N(S)：送信シーケンス番号（S=0〜7），b_2がLSB（last significant bit：最下位ビット）

　　N(R)：受信シーケンス番号（R=0〜7），b_6がLSB

　　S：監視機能ビット

　　M：修飾機能ビット

P：ポールビット
F：ファイナルビット

(i) P/Fビット

P/F（pole/final）ビットは，送達確認用のビットである．Pビットは，コマンドフレームに表示される．一方，Fビットは，レスポンスビットに表示される．

一次局がP＝1に設定したコマンドを送出したとき，このコマンドを受けた二次局は，F＝1のレスポンスを返す．二次局からF＝1のレスポンスを受けるまで，一次局は次のP＝1のコマンドを送ることができない．このようにPビットとFビットは，ペアで用いられる．

ちなみに，NRM以外のモードの場合，P＝1を受信した二次局は，F＝1のレスポンスをただちに返送しなければならない．

(ii) 送信順序番号N(S)

送信順序番号N(S)は，情報フレームだけがもつ番号である．この送信順序番号N(S)は，送信側が1フレームを送出するごとにその値をインクリメント（＋1）していく．ただし，N(S)は3ビット構成であるので0～7までの値をとり，7を超えると0に戻る．このように0～7までの8個の数値を順番（サイクリック）に使うことをモジュロ8と呼んでいる．

(iii) 受信順序番号N(R)

受信順序番号N(R)は，情報フレームおよび監視フレームに付けられる番号である．この受信順序番号N(R)は，フレームを受信した受信局が，次の情報フレームを送出するための順序番号を指示するものである．この受信順序番号N(R)を用いることで，フレームの受信抜けによる再送処理を送信局に行わせることができる．

(d) **情報フィールド**

情報フィールドには，送出すべきユーザデータが設定される．

(e) **フレームチェックシーケンス**

フレームチェックシーケンス（FCS）には，誤り検出のためのビット列が設定される．このビット列は，アドレスフィールドから情報

フィールドまでのデータをCRC（cyclic redundancy check）を行って演算したものである．

(5) HDLCのフレームの種類

HDLCで使用するフレームは，非番号形式フレーム，情報形式フレームおよび監視形式フレームの3種類に大別することができる．

(a) 非番号形式フレーム

非番号形式（U）フレームは，データリンクの確立と解放のときに用いられるフレームである．Uフレームは，ほかのフレームと異なり，フレームの順序番号をもたないことから非番号形式フレームと呼ばれる．

(b) 情報形式フレーム

情報形式（I：information）フレームは，ユーザのデータ伝送を行うフレームである．このフレームには，送受確認用の送信順序番号N(S)と受信順序番号N(R)が付けられる．

(c) 監視形式フレーム

監視形式（S：supervisor）フレームは，フレームのフロー制御，再送要求を行うものである．このフレームには，受信順序番号N(R)が付けられる．

(6) HDLC伝送手順

HDLC手順は，データリンクを確立した後，データを転送する．そして，データ転送が完了すると，データリンクのコネクションを解放する．

(a) データリンクの確立

第10図に示すように，送信局は，受信局に対して，SABM（set asynchronous balanced mode：非同期平衡モード）コマンドを発行する．SABMを受けた受信局は，UA（unnumbered acknowledge：非番号制御確認）のレスポンスを送信局に返す．このようにして送信局と受信局間のデータリンクが確立する．

第10図　データリンクの確立

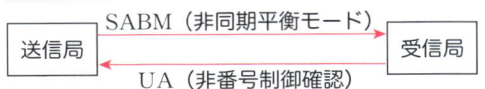

このSABMコマンドに対して，受信局が応答しない場合（無応答），送信局はあらかじめ定められた一定時間待機した後，ふたたびSABMフレームを送出して受信局からUAレスポンスを待つ．もし，受信局からUAレスポンスが返らない場合，送信局は再度SABMコマンドを受信局に送出してUAを待つことを繰り返す．このSABMの再送回数は，あらかじめ設定されており，送信局が所定回数SABMを送出しても受信局からUAレスポンスがないとき，エラーとしてユーザに通知する．

(b) **データの転送**

データリンクが確立した送信局は，I（information）フレームを受信局に送出する．受信局は，データが正しく受信できたとき，RR（receive ready：受信可）レスポンスを送信局に送出する．

ちなみに送信局から送出されたIフレームが正しく受信局へ到着したかどうかを確認することを送達確認という．この送達確認は，HDLCフレームの制御フィールドのP/Fビットを用いる方法と，二次局からIフレームを送出する方法とがある．

(i) P/Fビットを用いる方法

送信局は，第11図に示すようにIフレームのP/FビットをP＝1に設定して受信局に送出する．たとえば送信順序番号N(S)と受信順序番号N(R)がそれぞれ0であったとする．受信局は，このIフレームを正しく受信できたとき，P/FビットをF＝1に設定してRRレスポンスを返信する．このときのRRフレームの受信順序番号N(R)は，1に設定される．

第11図　P/Fビットを用いた送達確認

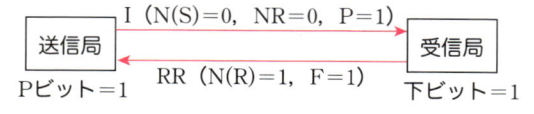

```
                I (N(S)=0, NR=0, P=1)
    [送信局] ──────────────────────▶ [受信局]
             ◀──────────────────────
    Pビット=1  RR (N(R)=1, F=1)      Fビット=1
```

(ii) Iフレームによる方法

HDLC手順は，双方向同時通信が可能である．このため第12図に示すように，A局が送出したIフレームを受けたB局は，A局に

第12図　Ⅰフレームを用いた送達確認

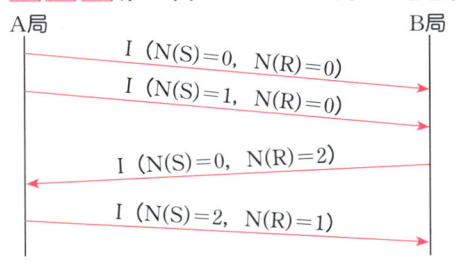

```
A局                                           B局
 |   I (N(S)=0, N(R)=0)                        |
 |-------------------------------------------->|
 |   I (N(S)=1, N(R)=0)                        |
 |-------------------------------------------->|
 |                                             |
 |          I (N(S)=0, N(R)=2)                 |
 |<--------------------------------------------|
 |   I (N(S)=2, N(R)=1)                        |
 |-------------------------------------------->|
```

送出するⅠフレームの受信順序番号N(R)を設定して送出する．

　このとき送信局から受信局に対してⅠフレームを無制限に送出すると，受信局側の受信バッファがオーバフローしてⅠフレームを取りこぼすことがある．このとき受信局は，送信局に対してフレームの送出を一時的に中断させる必要がある．これを**フロー制御**という．第13図に示すようにHDLC手順では，受信局の受信バッファがいっぱいになると送信局に対してRNR（receive not ready：受信不可）レスポンスを送出して，Ⅰフレームの送出を一次的に中断させる．その後，受信バッファに空きが生じて受信準備が整った受信局は，RR（受信可）レスポンスを送信局に送出してⅠフレームの送出を再開させる．なお，このとき送出されるRRレスポンスの受信順序番号N(R)には，中断したⅠフレームの送信順序番号N(S)が含まれる．

第13図　RNR/RRを用いたフロー制御

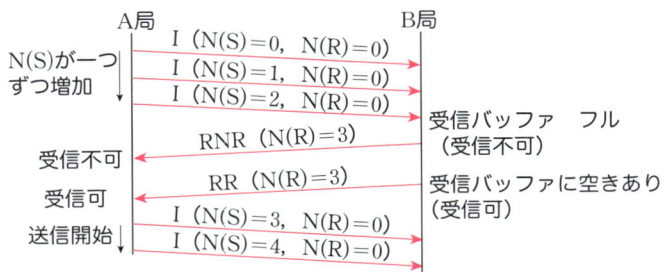

```
                       A局                    B局
                        |  I (N(S)=0, N(R)=0)  |
  N(S)が一つ            |--------------------->|
  ずつ増加              |  I (N(S)=1, N(R)=0)  |
       ↓                |--------------------->|
                        |  I (N(S)=2, N(R)=0)  |
                        |--------------------->|  受信バッファ　フル
                        |                      |   （受信不可）
   受信不可             |     RNR (N(R)=3)     |
                        |<---------------------|
   受信可               |     RR  (N(R)=3)     |  受信バッファに空きあり
                        |<---------------------|   （受信可）
   送信開始             |  I (N(S)=3, N(R)=0)  |
       ↓                |--------------------->|
                        |  I (N(S)=4, N(R)=0)  |
                        |--------------------->|
```

　HDLC手順は，このようなRNRとRRを用いるフロー制御のほかに，ウィンドウ制御によるフロー制御も用意されている．これは，受信局

があらかじめ送達確認を行わなくても連続的にIフレームを送出できる数を送信局に通知して，フレームの連続受信をするものである．この数をウィンドウサイズ（window size）という．送信局は，このウィンドウサイズに達するまで送達確認を行わずIフレームを連続送出することができる．

送信局の送出したフレームが，なんらかの原因によって受信局に受信されなかったとき，第14図に示すように受信局のフレーム内の送信順序番号N(S)が非連続の値となる．受信局は，送信順序番号N(S)が非連続であることを検出すると，欠落したフレームの番号を受信順序番号N(R)に設定してREJ（reject）レスポンスを送信局に返す．

第14図　REJを用いたフレーム順序誤り回復

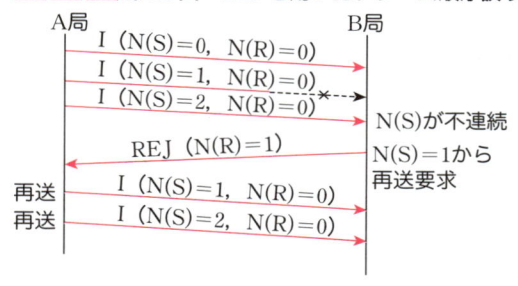

```
A局                              B局
 │   I (N(S)=0, N(R)=0)    →    │
 │   I (N(S)=1, N(R)=0)    →    │
 │   I (N(S)=2, N(R)=0) --×--→  │ N(S)が不連続
 │   REJ (N(R)=1)          ←    │ N(S)=1から
再送│                              再送要求
 │   I (N(S)=1, N(R)=0)    →    │
再送│   I (N(S)=2, N(R)=0)    →    │
```

このREJレスポンスを受けた送信局は，受信順序番号N(R)によって指定されたIフレーム以降を再送する．

また，受信局で受信したフレームがなんらかの原因によって未定義のフレームであった場合，このフレームを受信すると受信局が正常動作できなくなるおそれがある．このため受信局は，第15図に示すように送信局に対してFRMR（frame reject）を送出して，送信局から送出されたフレーム受信の拒否を行う．

受信局のフレーム拒否を解放する方法は，データリンクの再設定をする方法と，データリンクコネクションをリセットして初期化する方法とがある．

第15図は，後者の方法を示すものであり，送信局からRSET（reset）コマンドを受信局に発行する．このRSETコマンドを受けた受信局は，

第15図　フレーム誤りの回復

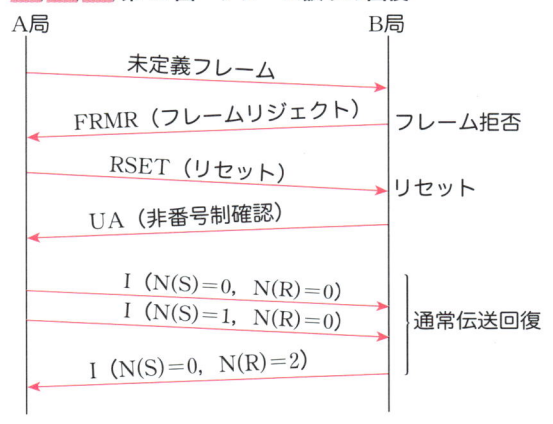

```
A局                                  B局
    ──── 未定義フレーム ────▶
    ◀── FRMR（フレームリジェクト）──    フレーム拒否
    ──── RSET（リセット）────▶         リセット
    ◀── UA（非番号制確認）────
    ──── I（N(S)=0, N(R)=0）────▶  ┐
    ──── I（N(S)=1, N(R)=0）────▶  │ 通常伝送回復
    ◀── I（N(S)=0, N(R)=2）────    ┘
```

受信の準備が整っていればUAレスポンスを返してデータリンクを確立する．

(c) **終結**

通信が終了すると送信局は受信局に対してDISC（disconnect）コマンドを送出して回線切断を指示する．受信局は，送信局からのDISCコマンドを受けてUA（unnumbered acknowledge）レスポンスを送出してデータリンクを解放する．

索 引

A
AVR ································ 8, 263

C
CO_2+CO ····························· 86
CRC方式 ····························· 371
CT ···································· 152
CTのバックターン ··················· 157
CTの負担 ····························· 155
CT移行サージ ······················· 272
CVケーブル ························· 216

D
DCリンク方式 ························ 71
DGR ··································· 191

E
EVA ··································· 269
EVT ··································· 191

F
FCB(Fast Cut Back) ················· 50

G
GCB ··································· 147
GIS ····································· 95

H
HDLC ································· 406
HDLC手順 ··························· 413

I
IPアドレス ··························· 392

L
LCフィルタ ·························· 276
LNG発電所 ···························· 59

N
n形半導体 ···························· 291

O
OSI ···································· 383
OVGR ································· 193
OVR ··································· 191

P
PCM方式 ····························· 366
PSS ····························· 264, 266
p形半導体 ···························· 291

R
RASIS ·························· 348, 355

S
SDR ··································· 268
SF_6ガスの純度管理 ················ 100
SF_6ガス絶縁開閉装置 ··············· 95
SLF ··································· 129
SN比 ·································· 115

T
TCP/IP ······························· 388
TRV ··································· 129

U
UHV送電 ···························· 166

V
VCB ……………………………… 147

Z
ZCT ……………………………… 191

あ
アークエネルギー……………………… 134
アークの消弧…………………………… 135
アーク放電……………………………… 142
アークホーン…………………………… 211
アーク溶断現象………………………… 212
アーマロッド…………………………… 163
アプリケーション層…………………… 385
圧力変動………………………………… 1
油流出防止対策………………………… 148
安定度向上対策……………………260, 266
案内軸受………………………………… 6
案内羽根………………………………… 8

い
イマジナルショート…………………… 283
インタロック回路……………………… 188
硫黄酸化物対策………………………… 41
位相誤差………………………………… 153
位相特性………………………………… 192
位相比較方式…………………………… 189
位相変調方式…………………………… 363
一次鎖交磁束制御……………………… 318
一次電圧制御…………………………… 317

う
渦電流…………………………………… 35
運転予備力………………………… 251, 264

え
エアギャップ…………………………… 4
エネルギーギャップ…………………… 289
エネルギーバンド……………………… 288
液化天然ガス…………………………… 59

遠隔監視………………………………… 196
演算増幅器……………………………… 279
円線図…………………………………… 301
遠方監視制御装置……………………… 200

お
オペレーティングシステム…………… 347
温度上昇限度…………………………… 75
温度上昇試験…………………………… 76

か
ガイドベーン……………………………1, 8
カットアウト風速……………………… 72
カットイン風速………………………… 72
ガスクロマトグラフ…………………… 91
ガス遮断器…………………………133, 147
ガバナ…………………………………… 261
ガバナフリー運転……………………… 251
カルマン渦……………………………… 1
カルマン渦（流）……………………… 161
回線選択継電方式……………………… 187
回転アーク式ガス遮断器……………… 138
回転子コイル…………………………… 28
外部短絡………………………………… 75
外部ノイズ……………………………… 115
開閉サージ………………………… 174, 273
開閉試験………………………………… 102
化学的劣化……………………………… 216
架橋ポリエチレン……………………… 219
格差絶縁方式…………………………… 211
加算増幅回路…………………………… 284
過剰空気率……………………………… 23
仮想記憶システム……………………… 350
仮想短絡………………………………… 283
活線 tan δ 法…………………………… 227
過電圧継電器…………………………… 191
価電子…………………………………… 288
過電流継電方式………………………… 185
過渡安定度………………………256, 261, 268
稼動率…………………………………… 356
過渡回復電圧…………………………… 129

過負荷運転……………………………… 75
過負荷耐量……………………………… 256
可用性…………………………………… 348
環境保全対策…………………………… 144
乾式アンモニア接触還元法…………… 45
慣性モーメント………………………… 270
間接形ベクトル制御…………………… 322

き

キャビテーション……………………… 1
キャリヤ………………………………… 288
機械的要因劣化………………………… 216
気化器…………………………………… 61
気泡……………………………………… 216
基本形データ伝送制御手順…………… 404
基本参照モデル………………………… 383
機密性…………………………………… 348
逆吸収電流……………………………… 224
逆相電流………………………………… 32
逆フラッシオーバ……………………… 210
吸収電荷………………………………… 223
吸収電流………………………………… 223
供給信頼度……………………………… 250
供給予備率……………………………… 248
供給力見込不足日数…………………… 249
供試変圧器……………………………… 80
強反限時特性…………………………… 185
共有結合………………………………… 290
極限電力………………………………… 260
局部過熱………………………………… 90
距離継電方式…………………………… 186
緊急融通………………………………… 264
近距離線路故障………………………… 128
禁止帯…………………………………… 289
禁制帯…………………………………… 289

く

クラッド………………………………… 376
クランプ………………………………… 164
空気比…………………………………… 23
空乏層…………………………………… 292

け

ゲートウェイ…………………………… 387
ケーブル火災…………………………… 149
系統安定化装置………………………… 264
系統安定度……………………………… 255, 260
経年劣化診断…………………………… 86
減算増幅回路…………………………… 285
懸垂がいし……………………………… 182
限流リアクトル………………………… 256

こ

コア……………………………………… 376
コロナパルス…………………………… 245
コロナ放電……………………………… 142
コンバインドサイクル………………… 65
高圧カットアウト……………………… 203
高圧結合器……………………………… 200
広域運営体制…………………………… 264
高速度再閉路方式……………………… 34
高調波の影響…………………………… 333
交直変換装置…………………………… 167
後備保護………………………………… 183
高分子材料……………………………… 220
高方向性けい素鋼板…………………… 145
交流遮断器……………………………… 133
交流電流試験…………………………… 237
誤差特性………………………………… 153
固定子鉄心……………………………… 4, 28
誤動作…………………………………… 184
誤不動作………………………………… 184
固有振動数……………………………… 4

さ

サージアブソーバ……………………… 276
サージ抑制率…………………………… 211
サイクル効率…………………………… 19
サイクロン……………………………… 47
サイリスタ……………………………… 167
サルフェーション現象………………… 340
最外殻軌道……………………………… 288

再気化	59	自由電子	288, 291
再起電圧	129	充電電流	235
再生サイクル	19	周波数変調方式	362
再点弧	120, 126	充満帯	289
再点弧サージ	126	主保護	183
再熱サイクル	19	寿命診断	94
差動方式	189	瞬動予備力	251, 264
3段限時距離継電方式	186	消弧性能	136, 140
三相突発短絡電流	305	小電流領域	153
残留磁気	27	初期過渡インピーダンス	256
残留電荷	223	所内単独運転	50
		所内比率	17

し

じんあい管理	95	真空遮断器	133, 147
シャノンの標本化定理	367	真空バルブ	134
シンプレックスシステム	357	真性半導体	290
ジョブ管理	349	振動対策	40
ジョブ制御言語	349	振幅変調方式	362
磁界オリエンテーション形	326	信頼性	348
磁気探傷試験	27		
磁気ひずみ	145		

す

磁気不平衡	4	ストール制御	72
軸受ギャップ	6	ストックブリッジダンパ	163
軸受メタル	30	スラッジ	88
軸電流	27	スループット	352
軸封装置	30	水圧変動率	8
自己放電	340	水撃作用	8
地震対策	148	水質汚濁対策	37
自然消弧	213	吸出し管内旋回流	1
持続性過電圧開閉サージ	216	水分管理	95
実負荷法	80	水力的振動	2
湿分分離羽根	56	進み小電流遮断	120, 126
自動開閉器	200		

せ

自動開閉器用遠方制御器	200	セション層	385
自動検針	198	セレクティング	410
自動電圧調整装置	263	成極指数	243
弱点比	244	制御プログラム	349
遮断器	120, 126, 133	正孔	290
遮断現象	126	静電誘導電流遮断	124
遮断装置	126	制動抵抗方式	268
遮断容量	253	制動巻線	270

絶縁回復	126, 141
絶縁距離	178
絶縁設計	169, 276
絶縁耐力	140, 174
絶縁耐力回復特性	136
絶縁耐力試験	102
絶縁抵抗測定	102, 237
絶縁破壊	75, 110, 158, 216
絶縁破壊電圧	88
絶縁物の寿命	76
絶縁油全酸価試験	86
絶縁油耐圧試験	86
絶縁劣化	110, 237
絶縁レベル	210
接触抵抗	107
接地変圧器	191
設備利用率	197
選択遮断	34, 183, 191
線路故障遮断	131

そ

騒音対策	40
騒音防止対策	145
総合効率	15
送電端効率	15
送油風冷式変圧器	147
速度変動率	8
素線切れ	162
損失法	18

た

タービン高速バルブ制御方式	269
タービン効率	20
タービン室効率	17
タービンバイパスシステム	52
ターンアラウンドタイム	352
ダイオード	291
タスク管理	349
タップ電圧差	83
タンク形	137
大気汚染対策	37

待機予備力	250
耐電圧特性	182
耐雷ホーン	213
多重プログラミング	352
脱調	263
脱調状態	266
他励式インバータ	330
短時間交流過電圧	174
端子短絡故障遮断	132
断線	163
単相再閉路	33
単独運転	73
短絡強度	259
短絡電流	153, 253
短絡電流抑制	255
短絡電流抑制対策	253
短絡容量	166, 253
断路器	120

ち

地球温暖化	66
窒素酸化物	46
窒素酸化物対策	45
中性点	193
超速応励磁制御方式	266
調速機	261
直撃雷	210
直接形ベクトル制御	322
直流回路サージ	273
直流成分法	227
直流電圧重畳法	227
直流電流試験	237
直流漏れ電流	219
直流漏れ電流測定	222
直流連系	257
直列コンデンサ	262
地絡過電圧継電器	193
地絡サージ	273
地絡電流	192
地絡方向継電器	191
地絡方向継電方式	192

つ

ツイストペアケーブル……………… 375

て

ディジタル形保護継電装置………… 272
データ管理…………………………… 349
データリンク層……………………… 384
デュアルシステム…………………… 359
デュプレックスシステム…………… 358
定限時特性…………………………… 185
低周波重畳法………………………… 227
低騒音化……………………………… 145
定態安定度…………………… 255, 260
電圧変動率……………………………… 8
電気集じん装置……………………… 47
電気的検出法………………………… 114
電気的振動…………………………… 4
電気的劣化…………………………… 216
電磁振動……………………………… 4
電子なだれ…………………………… 294
電磁誘導作用………………………… 152
電磁誘導障害………………………… 253
電磁誘導電流遮断…………………… 124
電食…………………………………… 342
添線式ダンパ………………………… 164
転送遮断装置………………………… 73
転送引外し方式……………………… 190
伝送方式……………………………… 201
伝導帯………………………………… 288
電流さい断現象……………………… 127
電流遮断現象………………………… 120
電力系統安定化装置………………… 266
電力−相差角曲線…………………… 261
電力融通……………………………… 264
電力用保護制御システム…………… 272

と

トーショナルダンパ………………… 163
トラッキング劣化…………………… 216
トランジスタ………………………… 295

トランスポート層…………………… 385
トリーの進展………………………… 218
等価負荷法…………………………… 80
動作コイル…………………………… 188
動作時間……………………………… 185
動作時限差…………………………… 185
同軸ケーブル………………………… 376

な

ナセル………………………………… 69
鉛蓄電池……………………………… 335

に

二次鎖交磁束制御…………………… 318
入出熱法……………………………… 18

ね

ネットワークアーキテクチャ……… 382
ネットワーク層……………………… 384
熱勘定図……………………………… 15
熱的安定性…………………………… 140
熱的劣化……………………… 78, 216
熱伝達性……………………………… 140
熱伝達特性…………………………… 143
熱分解………………………………… 90
熱劣化………………………………… 87

は

ばいじん対策………………………… 46
ハイレベル・データリンク制御手順
　……………………………… 406, 413
ハミング符号方式…………………… 373
パイロットワイヤ継電方式………… 188
パッファ式ガス遮断器……………… 137
パリティチェック方式……………… 369
パルス電流検出法…………………… 112
パルス変調…………………………… 365
排煙脱硝……………………………… 45
排煙脱硫方式………………………… 41
廃棄物処理対策……………………… 40
配電自動化…………………………… 196

配電線搬送結合装置･･････････ 200
配電線搬送方式･････････････ 202
配電用変電所･･･････････････ 144
排流方式･･････････････････ 343
発電機効率･･･････････････ 21
発電端効率･･･････････････ 15
搬送継電方式･･････････････ 189
搬送信号･････････････････ 202
反転増幅回路･･････････････ 283
半導電層･････････････････ 216

ひ

ピッチ制御･･･････････････ 72
光CT ･････････････････ 159
光ファイバ･･･････････････ 376
比誤差･･････････････････ 153
非破壊試験･･･････････････ 237
非反転増幅器･････････････ 282
微風振動･･･････････････ 161
表示線継電方式･･･････････ 188
避雷器･････････････････ 179

ふ

ファラデー効果･･･････････ 159
フェイルセイフ･･･････････ 360
フェイルソフト･･･････････ 360
フラッシオーバ試験･･･････ 142
フラッシオーバ電圧･･･････ 174
フランシス水車･･･････････ 1
ブリッジ･･･････････････ 387
フルフラール･･･････････ 86
プレゼンテーション層･････ 385
プロセス･･････････････ 349
プロトコル････････････ 382
プロパンガス･･････････ 62
プロペラ水車･････････ 1
プロペラ風車･････････ 67
風車の出力係数･･････ 68
風力発電･････････････ 66
負荷開閉装置･･････････ 203
負荷遮断試験･････････ 8

負荷損･･････････････ 80
負荷率･･････････････ 77
複合サイクル･･････････ 25
復水器真空度･･････････ 22
復水器の真空度･･･････ 56
復調････････････････ 361
物理層･････････････ 383
部分放電････････ 105, 110, 216, 245
部分放電測定･･･････ 222
部分放電発生頻度･････ 111
不平衡負荷･･･････ 32
粉じん対策･･･････ 49

へ

ベーシック伝送制御手順･････ 407
ベクトル制御･･･････ 320, 321
平均故障間隔････ 355, 356
平均重合度残率････ 92
平均修復時間･･･ 355, 356
変圧運転････････ 26
変圧器の負荷試験･････ 80
変圧器励磁電流･････ 127
返還負荷法･･･････ 80
変調･･･････････ 361
変電所･･･････ 144
変流器･･･････ 152

ほ

ホール･･････ 290
ボイド･･････ 216
ボイド放電･･ 245
ボイラ効率･･ 18
ポーリング･･ 410
ポンプ入力遮断試験･････ 8
防火対策･････ 148
方向継電器･･ 187
方向比較方式･ 190
防災対策････ 144
放電クランプ･ 211
放電電荷量･･ 245
放熱器･････ 82

索引

飽和蒸気‥‥‥‥‥‥‥‥‥‥‥‥‥56
保護継電装置‥‥‥‥‥‥‥‥‥184
保持環‥‥‥‥‥‥‥‥‥‥‥‥‥32
保守性‥‥‥‥‥‥‥‥‥‥‥‥348
保全性‥‥‥‥‥‥‥‥‥‥‥‥348

ま

マイクロ波‥‥‥‥‥‥‥‥‥‥189
マイクロ波搬送方式‥‥‥‥‥‥189
マイクロプロセッサ‥‥‥‥‥‥272
マルチタスク‥‥‥‥‥‥‥‥‥353
マルチプロセッサシステム‥‥‥359

み

水トリー‥‥‥‥‥‥‥‥‥‥‥219
水トリー部‥‥‥‥‥‥‥‥‥‥227
水トリー劣化‥‥‥‥‥‥‥‥‥216

む

無拘束速度‥‥‥‥‥‥‥‥‥‥‥9
無効電力の影響‥‥‥‥‥‥‥‥328
無負荷運転‥‥‥‥‥‥‥‥‥‥‥8
無負荷損‥‥‥‥‥‥‥‥‥‥‥80

め

迷走電流‥‥‥‥‥‥‥‥‥‥‥231

も

モー継電器‥‥‥‥‥‥‥‥‥‥190
モデム‥‥‥‥‥‥‥‥‥‥‥‥361

ゆ

有効冷却面積‥‥‥‥‥‥‥‥‥82
誘電緩和の測定‥‥‥‥‥‥‥‥222
誘電正接‥‥‥‥‥‥‥‥‥‥‥223
誘電正接試験‥‥‥‥‥‥‥‥‥237
誘導発電機‥‥‥‥‥‥‥‥71, 299
誘導雷‥‥‥‥‥‥‥‥‥‥‥‥210
誘導雷サージ‥‥‥‥‥‥‥‥‥211
油中ガス分析試験‥‥‥‥‥‥‥86

よ

溶存ガス‥‥‥‥‥‥‥‥‥‥‥90
抑制コイル‥‥‥‥‥‥‥‥‥‥188
予備力‥‥‥‥‥‥‥‥‥‥‥‥248

ら

ランキンサイクル‥‥‥‥‥‥‥20
ランナ‥‥‥‥‥‥‥‥‥‥‥‥1
雷サージ‥‥‥‥‥‥‥174, 216, 273

り

リピータ‥‥‥‥‥‥‥‥‥‥‥386
量子化雑音‥‥‥‥‥‥‥‥‥‥368

る

ルータ‥‥‥‥‥‥‥‥‥‥‥‥387
ループ電流開閉‥‥‥‥‥‥‥‥122
累積遮断電流‥‥‥‥‥‥‥‥‥107

れ

レスポンスタイム‥‥‥‥‥‥‥352
励磁電流‥‥‥‥‥‥‥‥‥‥‥127
零相電流‥‥‥‥‥‥‥‥‥‥‥192
零相変流器‥‥‥‥‥‥‥‥‥‥191
冷熱発電‥‥‥‥‥‥‥‥‥‥‥59
劣化度‥‥‥‥‥‥‥‥‥‥‥‥87

©Teruo Ohshima, Yasuo Yamazaki 2011

これも知っておきたい電気技術者の基本知識

2011年10月 3日　第1版第1刷発行
2024年 5月27日　第1版第1刷発行

著　者　大
おお
　嶋
しま
　輝
てる
　雄
お
　　　　山
やま
　崎
ざき
　靖
やす
　夫
お

発行者　田　中　　　聡

発行所
株式会社　電気書院
ホームページ　www.denkishoin.co.jp
(振替口座　00190-5-18837)
〒101-0051　東京都千代田区神田神保町1-3 ミヤタビル2F
電話(03)5259-9160／FAX(03)5259-9162

印刷　精文堂印刷株式会社
Printed in Japan／ISBN978-4-485-66537-4

• 落丁・乱丁の際は，送料弊社負担にてお取り替えいたします．

JCOPY 〈出版者著作権管理機構 委託出版物〉

本書の無断複写（電子化含む）は著作権法上での例外を除き禁じられています．複写される場合は，そのつど事前に，出版者著作権管理機構（電話：03-5244-5088，FAX：03-5244-5089，e-mail：info@jcopy.or.jp）の許諾を得てください．また本書を代行業者等の第三者に依頼してスキャンやデジタル化することは，たとえ個人や家庭内での利用であっても一切認められません．

書籍の正誤について

万一，内容に誤りと思われる箇所がございましたら，以下の方法でご確認いただきますようお願いいたします．

なお，正誤のお問合せ以外の書籍の内容に関する解説や受験指導などは**行っておりません**．このようなお問合せにつきましては，お答えいたしかねますので，予めご了承ください．

正誤表の確認方法

最新の正誤表は，弊社Webページに掲載しております．書籍検索で「正誤表あり」や「キーワード検索」などを用いて，書籍詳細ページをご覧ください．

正誤表があるものに関しましては，書影の下の方に正誤表をダウンロードできるリンクが表示されます．表示されないものに関しましては，正誤表がございません．

弊社Webページアドレス
https://www.denkishoin.co.jp/

正誤のお問合せ方法

正誤表がない場合，あるいは当該箇所が掲載されていない場合は，書名，版刷，発行年月日，お客様のお名前，ご連絡先を明記の上，具体的な記載場所とお問合せの内容を添えて，下記のいずれかの方法でお問合せください．
回答まで，時間がかかる場合もございますので，予めご了承ください．

郵便で問い合わせる
郵送先　〒101-0051
東京都千代田区神田神保町1-3
ミヤタビル2F
㈱電気書院　編集部　正誤問合せ係

FAXで問い合わせる
ファクス番号　03-5259-9162

ネットで問い合わせる
弊社Webページ右上の「**お問い合わせ**」から
https://www.denkishoin.co.jp/

お電話でのお問合せは，承れません

（2022年5月現在）